全国高职高专医药院校药学及医学检验技术专业工学结合“十二五”规划教材

供高职高专药学及相关医学类专业使用

分析化学

主　编　夏河山　卢庆祥　张和林

副主编　牛学良　宋克让　马建军　李兆君

编　者（以姓氏笔画为序）

马建军（浙江医学高等专科学校）

尹计秋（大连医科大学）

方苗利（浙江医学高等专科学校）

牛学良（山东万杰医学院）

王洪涛（郑州铁路职业技术学院）

卢庆祥（枣庄科技职业学院）

卢鹏宇（山东滕州环保局监测站）

田大年（宁夏医科大学）

宋克让（宝鸡职业技术学院）

张伟丽（山东万杰医学院）

张和林（鄂州职业大学）

李兆君（宁夏医科大学）

杨爱娟（枣庄科技职业学院）

周建庆（安徽医学高等专科学校）

夏河山（郑州铁路职业技术学院）

高先娟（山东万杰医学院）

高　佳（漳州卫生职业学院）

華中科技大學出版社

http://www.hustp.com

中国·武汉

内 容 简 介

本书是全国高职高专医药院校药学及医学检验技术专业工学结合"十二五"规划教材。

本书由分析化学理论和分析化学实验两部分组成。理论部分共十七章，介绍了化学分析方法和仪器分析方法的基本理论。实验部分共介绍了十八个基础实验项目及实验室基本规则和安全常识。为了增加本书的知识性和趣味性，在书中增加了"知识链接"的内容，在有的章节最后还安排了"小结"、"能力检测"等内容，以便学生在课后能对所学重要内容和知识点有一个比较明确的认识和理解。

本书适合于高职高专药学及相关医学类专业使用。

图书在版编目(CIP)数据

分析化学/夏河山，卢庆祥，张和林主编．—武汉：华中科技大学出版社，2013.1(2022.1重印)
ISBN 978-7-5609-8467-4

Ⅰ.①分…　Ⅱ.①夏…　②卢…　③张…　Ⅲ.①分析化学-高等职业教育-教材　Ⅳ.①O65

中国版本图书馆CIP数据核字(2012)第257798号

分析化学　　　　夏河山　卢庆祥　张和林　主编

策划编辑：荣　静
责任编辑：熊　彦
封面设计：范翠璇
责任校对：代晓莺
责任监印：徐　露
出版发行：华中科技大学出版社(中国·武汉)　　电话：(027)81321913
　　　　　武汉市东湖新技术开发区华工科技园　　邮编：430223
录　　排：华中科技大学惠友文印中心
印　　刷：武汉市籍缘印刷厂
开　　本：787mm×1092mm　1/16
印　　张：22.25
字　　数：537千字
版　　次：2022年1月第1版第10次印刷
定　　价：48.00元

全国高职高专医药院校药学及医学检验技术专业工学结合“十二五”规划教材

总序

ZONGXU

高职高专药学及医学检验技术等专业是以贯彻执行国家教育、卫生工作方针，坚持以服务为宗旨、以就业为导向的原则，培养热爱祖国、拥护党的基本路线，德、智、体、美等全面发展，具有良好的职业素质和文化修养，面向医药卫生行业，从事药品调剂、药品生产及使用、药品检验、药品营销及医学检验等岗位的高素质技能型人才为人才培养目标的教育体系。教育部《关于推进高等职业教育改革创新，引领职业教育科学发展的若干意见》(教职成〔2011〕12号)明确提出要推动体制机制创新，深化校企合作、工学结合，进一步促进高等职业学校办出特色，全面提高高等职业教育质量，提升其服务经济社会发展能力。文件中的这项规划，为高职高专教育以及人才的培养指出了方向。

教材是教学的依托，在教学过程中和人才培养上具有举足轻重的作用，但是现有的各种高职高专药学及医学检验技术等专业的教材主要存在以下几种问题：①本科教材的压缩版，偏重于基础理论，实践性内容严重不足，不符合高等卫生职业教育的教学实际，极大影响了高职高专院校培养应用型人才目标的实现；②教材内容过于陈旧，缺乏创新，未能体现最新的教学理念；③教材内容与实践联系不够，缺乏职业特点；④教材内容与执业资格考试衔接不紧密，直接影响教育目标的实现；⑤教材版式设计呆板，无法引起学生学习兴趣。因此，新一轮教材建设迫在眉睫。

为了更好地适应高等卫生职业教育的教学发展和需求，体现国家对高等卫生职业教育的最新教学要求，突出高职高专教育的特色，华中科技大学出版社在认真、广泛调研的基础上，在教育部高职高专相关医学类专业教学指导委员会专家的指导下，组织了全国60多所设置有药学及医学检验技术等专业的高职高专医药院校近350位老师编写了这套以工作过程为导向的全国高职高专医药院校药学及医学检验技术专业工学结合“十二五”规划教材。教材编写过程中，全体主编和参编人员进行了认真的研讨和细致的分工，在教材编写体例和内容上均有所创新，各主编单位高度重视并有力配合教材编写工作，编辑和主审专家严谨和忘我的工作，确保了本套教材的编写质量。

本套教材充分体现新教学计划的特色，强调以就业为导向、以能力为本位、以岗位需求为标准的原则，按照技能型、服务型高素质劳动者的培养目标，坚持“五性”(思想性、科学性、先进性、启发性、适用性)，强调“三基”(基本理论、基本知识、基本技能)，力求符合高职高专学生的认知水平和心理特点，符合社会对高职高专药学及医学检验技术等专业人才的需求特点，适应岗位对相关专业人才知识、能力和素质的需要。本套教材的编写原则和主要特点如下。

(1) 严格按照新专业目录、新教学计划和新教学大纲的要求编写，教材内容的深度和广度严格控制在高职高专教学要求的范畴，具有鲜明的高职高专特色。

(2) 体现“工学结合”的人才培养模式和“基于工作过程”的课程模式。

(3) 符合高职高专医药院校药学及医学检验技术专业的教学实际，注重针对性、适用性以及实用性。

(4) 以“必需、够用”为原则，简化基础理论，侧重临床实践与应用。

(5) 基础课程注重联系后续课程的相关内容，专业课程注重满足执业资格标准和相关工作岗位需求。

(6) 探索案例式教学方法，倡导主动学习。

这套教材编写理念新，内容实用，符合教学实际，注重整体，重点突出，编排新颖，适合于高职高专医药院校药学及医药检验技术等专业的学生使用。这套规划教材得到了各院校的大力支持和高度关注，它将为新时期高等卫生职业教育的发展作出贡献。我们衷心希望这套教材能在相关课程的教学中发挥积极的作用，并得到读者们的喜爱。我们也相信这套教材在使用过程中，通过教学实践的检验和实际问题的解决，能不断得到改进、完善。

全国高职高专医药院校药学及医学检验技术专业工学结合“十二五”规划教材
编写委员会

前言

QIANYAN

分析化学是药学及相关医学类专业的一门重要的基础课程。学习并掌握分析化学的基本理论和实验操作技能，将为学生学习药学专业其他课程打下坚实的基础，也为培养学生继续学习的能力打下一定的基础。

本教材在编写中以“实用”为主，以“必需、够用”为度，注重思想性、科学性、先进性和实用性。本教材重点介绍了定量分析方法，删去了定性分析部分，删除了各类分析方法中较为复杂的数学推导，强化了对分析结果处理的要求，重点培养学生分析问题和解决问题的能力。随着科学技术的发展，仪器分析法的作用越来越重要，因此，其相关内容在本教材中占有相当比例。

本教材共分十七章，其主要内容有定量分析误差及数据的处理、各类滴定分析法（酸碱滴定法、沉淀滴定法、配位滴定法和氧化还原滴定法）、电化学分析法、紫外-可见分光光度法、红外分光光度法、色谱法（气相色谱法、高效液相色谱法）及其他仪器分析法（荧光法、核磁共振波谱法、质谱法）等。

本教材附有十八个实验，其中包括一个天平的练习实验、十一个化学分析实验、六个仪器分析实验，还附有常用化合物相对分子质量、弱酸和弱碱的电离常数、难溶化合物的溶度积、标准电极电位、氧化还原电对的条件电位和常用溶剂的物理性质等表格，以方便查阅使用。

本教材由夏河山、卢庆祥及张和林主编，具体分工：夏河山编写第一章、第三章、第十四章、实验一、实验二、实验三、实验十四、实验十五、实验十七；卢庆祥、杨爱娟编写第九章、实验十一、实验十二；张和林编写第十二章；田大年编写第二章、第十一章；高先娟、张伟丽编写第四章；王洪涛编写第五章、实验四、实验五、实验六；李兆君编写第六章、实验七；马建军编写第七章；方苗利编写实验八；周建庆编写第八章、实验九、实验十；牛学良编写第十章、实验十三；高佳编写第十三章、实验十六；尹计秋编写第十五章、实验十八；宋克让编写第十六章；卢鹏宇编写第十七章。

本教材在编写过程中得到主编单位即郑州铁路职业技术学院和编者院校的大力支持和帮助，在此表示诚挚的谢意！由于编写水平和时间有限，教材中难免存在缺点和不妥之处，恳请读者批评指正。

编　者

目录

MULU

第一部分

分析化学理论

Fenxi Huaxue Lilun

第一章　绪论

学习目标

掌握：分析方法的分类。

熟悉：分析化学的任务、作用以及与专业的关系。

了解：分析化学的发展趋势。

第一节　分析化学的任务和作用

分析化学是研究物质化学组成的分析方法、有关理论和技术的一门学科。分析化学包括定性分析、定量分析和结构分析三个方面。定性分析的任务是鉴定物质由哪些元素、原子或离子、原子团、官能团或化合物组成。定量分析的任务是测定样品中各组分的相对含量。结构分析的任务是确定物质的分子组成。

分析化学是化学的一个重要分支，它不仅对于化学的发展起着重要的作用，而且作为一种检测手段，在经济建设、科学研究、医药卫生及学校教育等各个领域中都起着十分重要的作用。

在经济建设中，分析化学有着重要的实际意义。如工业生产中的原料、中间体、成品的分析；自然资源开发中的矿样的分析；农业生产中的土壤成分、肥料、农药、粮食及生长过程的研究；新物质、新材料开发与研究等都需要应用分析化学的知识、理论、方法和技术。所以，分析化学是工农业生产的"望远镜"，也是产品质量的可靠保证。

在科学研究中，分析化学的作用已经超出化学领域。如原子、分子学说的创立，相对原子质量的测定，化学基本定理的建立等都是用分析化学的方法验证的。分析化学在细胞工程、基因工程、发酵工程及纳米技术的研究与开发方面也发挥着重要的作用。因此，分析化学的发展水平也被作为衡量一个国家的科学技术发展水平的重要标志之一。

在医药卫生方面，临床检验、疾病诊断、病因调查、新药研制、药品质量控制、中草药有效成分的分离和测定等，都离不开分析化学。特别是在药学专业教育中，分析化学是一门非常重要的专业基础课，其理论知识和操作技能在药物化学、药物分析、药理学、药剂学和中药学等各个学科都有广泛的应用。

学生通过分析化学的学习，不仅能够掌握各种物质的分析方法及相关理论，而且还能学到科学的研究方法，提高观察、分析和解决问题的能力，培养学生科学实验的技能，为促进学生的全面发展起到很好的作用。

第二节 分析方法的分类

分析化学的内容十分丰富，分析方法的种类较多，根据分析任务、测定原理、操作方法和试样用量等的不同，分析方法可分为许多种类。

一、根据分析任务的不同分类

根据分析任务的不同，分析方法可分为定性分析、定量分析和结构分析。定性分析的任务是鉴定试样由哪些元素、离子、基团或化合物组成；定量分析的任务是测定试样中某一或某些组分的含量；结构分析的任务是研究物质的分子结构或晶体结构。

二、根据测定原理和操作方法的不同分类

按照测定原理和操作方法的不同，分析方法可分为化学分析法和仪器分析法。

（一）化学分析法

化学分析法是以物质的化学性质为基础的分析方法，又称为经典分析法。化学分析法主要包括定性分析和定量分析两部分。定性分析是根据试样中待测组分与试剂发生化学反应时的现象和特征来鉴定物质的化学组成。定量分析则是利用试样中待测组分与试剂发生的化学反应来测定该组分的含量。根据采用的测定方法不同，定量分析又分为滴定分析法和质量分析法。

1. 滴定分析法

依据与待测组分反应的试剂（通常称为滴定液）的浓度和体积求得组分的含量的方法称为滴定分析法。滴定分析法主要有酸碱滴定法、配位滴定法、沉淀滴定法和氧化还原滴定法等。

2. 质量分析法

通过称量得到生成物的质量，从而求出组分的含量的方法称为质量分析法。质量分析法主要有挥发法、萃取法和沉淀法。

化学分析法应用范围广，使用仪器简单，结果准确，相对误差一般小于0.2%。但对于试样中微量成分的定性与定量分析往往不够灵敏，也不适用于快速分析，须与仪器分析法配合使用。

（二）仪器分析法

仪器分析法是根据待测组分的某种物理性质（如相对密度、相变温度、折射率、旋光度及光谱特征等）与组分的关系，不经化学反应直接进行定性、定量或结构分析的方法。根据待测组分在化学变化中的某些物理性质与组分之间的关系进行定性、定量或结构分析的方法，称为物理化学分析法。由于这类分析方法大多需要精密仪器，故又称为仪器分析法。

仪器分析法分为以下几种。

1. 色谱法

色谱法是根据待测组分在两相间(固定相和移动相)分配系数的不同而进行分析的一种分析方法。主要有液相色谱法(柱色谱法、薄层色谱法、纸色谱法和高效液相色谱法等)和气相色谱法。

2. 光学分析法

光学分析法是依据待测组分与光的相互作用而进行分析的一种分析方法。光学分析法又可分为光谱分析法和非光谱分析法。光谱分析法主要有吸收光谱分析法(包括紫外-可见分光光度法、红外分光光度法、原子吸收分光光度法、核磁共振波谱法)和发射光谱分析法(如荧光分光光度法、火焰分光光度法等)。非光谱分析法主要有旋光分析法和折光分析法等。

3. 电化学分析法

电化学分析法是依据待测组分在溶液中电化学性质的变化来进行分析的方法。按电化学原理不同可分为电导分析、电位分析、电解分析和伏安法等。

4. 质谱法

质谱法是依据待测组分经离子化后质荷比不同而进行分析的一种方法。

仪器分析法灵敏、快速、准确,发展很快,目前的应用日趋广泛。但仪器分析中的样品的溶解,干扰组分的分离、掩蔽等,都要应用化学分析的基本操作。同时,仪器分析大多需要化学纯品作标准品,而这些化学纯品,多数需要用化学分析法来确定。另外,所用仪器大多价格昂贵,需要较高的操作技能,也在一定程度上限制了仪器分析法的应用。

三、根据试样用量的多少分类

根据试样用量(质量或体积)的多少可将分析方法分为常量分析、半微量分析、微量分析和超微量分析(表 1-1)。

表 1-1 各种分析方法所需要的试样用量

分析方法	试样质量	试样体积
常量分析	>0.1 g	>10 mL
半微量分析	0.01～0.1 g	0.1～10 mL
微量分析	0.1～10 mg	0.1～1 mL
超微量分析	<0.1 mg	≤0.01 mL

在无机定性分析中,采用半微量分析;在化学定量分析中,一般采用常量分析;在进行微量分析和超微量分析时,多采用仪器分析法。

此外,还可根据待测组分的含量高低分为主成分(>1%)分析、微量成分(0.01%～1%)分析和痕量成分(<0.01%)分析。

分析方法很多,可归纳如图 1-1 所示。

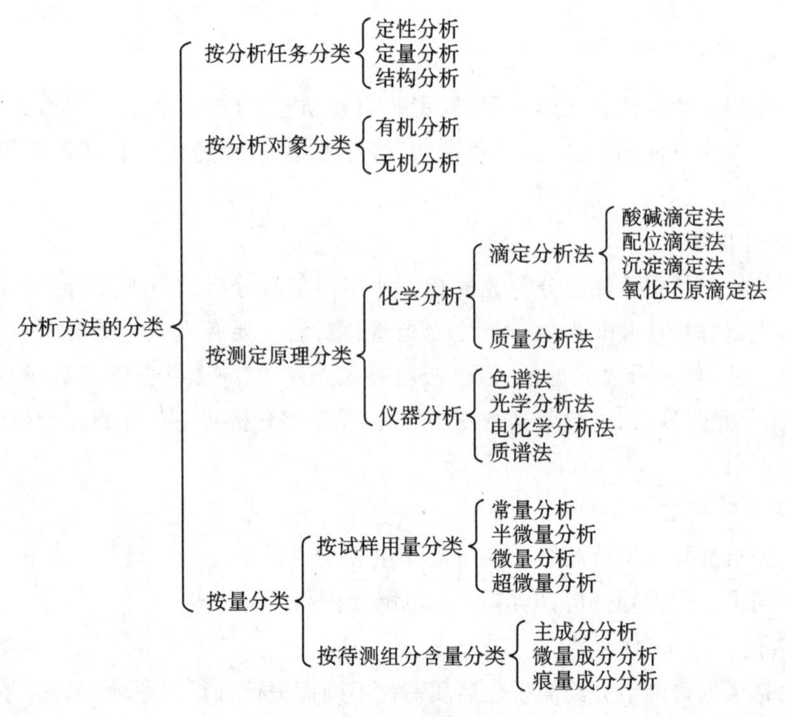

图 1-1 分析方法分类

第三节 分析化学发展的趋势

分析化学是一门古老的学科，它的起源可以追溯到古代的炼金术。16 世纪出现了第一个使用天平的试金实验室。拉瓦锡(A. K. Lavoisier)在由汞和氧化合生成氧化汞的实验中使用了定量测定，分析化学因此诞生了。然而直到 19 世纪末，人们仍然认为分析化学只是一门技术，尚无完整、成熟的理论体系。

20 世纪以来，随着生产和科学技术的发展，学科间的相互渗透，分析化学得到了迅速发展。其发展历程主要经历了三次重大的变革。

第一次变革是在 20 世纪初到 20 世纪 30 年代，建立了分析化学的基础理论，建立了溶液的四大平衡理论，对分析反应过程中各种平衡的状态、各成分的浓度变化和反应的完全程度有较高的预见性，使分析化学从一种技术发展成为一门科学。

第二次变革在 20 世纪 40 年代到 20 世纪 60 年代，物理学与电子学的发展，促进了分析化学中的物理分析法和物理化学分析法的发展。出现了以光谱分析、极谱分析为代表的简便、快速的仪器分析方法，同时丰富了这些分析方法的理论体系，分析化学从以化学分析为主的经典分析化学发展到以仪器分析为主的现代分析化学。

第三次变革从 20 世纪 70 年代至今，以计算机应用为主要标志的信息时代的来临，给科学技术的发展带来巨大的活力。第三次变革要求不仅能确定分析对象中的元素、基团和含量，而且能确定原子的价态、分子的结构和聚集态、固体的结晶形态、短寿命反应中间产物的状态；不仅能提供空间分析的数据，而且可做表面、内层和微区分析，甚至做三维空间的扫描分析和时间数据分辨，尽可能快速、全面和准确地提供丰富的信息和有用的数据。现代分析化学的目标是要求消耗少量材料，缩短分析测试时间，减小风险，降低经费而获得更多有效的化学信息。

分析化学的发展方向是高灵敏度、高选择性、快速、自动、简便、经济、分析仪器数字化、自动化、分析方法的联用和计算机化，并向智能化、信息化纵深发展。

思考题

1. 分析化学的任务是什么？它在药学专业教育中的作用如何？
2. 分析方法分类的依据及类型有哪些？
3. 分析化学的发展趋势怎样？

（郑州铁路职业技术学院　夏河山）

第二章　误差和分析数据处理

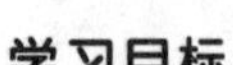

学习目标

掌握:准确度和精密度的概念及关系;误差的分类及系统误差和偶然误差的产生原因和表示方法;有效数字的记录方法和运算规则。

熟悉:提高分析结果准确度的方法;分析结果的一般表示方法。

了解:分析数据的处理;各种统计检验方法的应用。

定量分析的目的就是通过实验测定试样中待测组分的准确含量,但实际测定过程受对所测量体系认识能力不足、测量方法、测量仪器、试剂和分析人员主、客观因素等方面的限制,使得测量结果不可能与真值完全一致。同时,一个定量分析往往要经过一系列步骤,并非是一次简单的测量,每一步的测量的差别都会影响分析结果的准确性,这种差别在数值上的表现就是误差。即使是技术娴熟的分析工作者,使用最精密的仪器,用同一种可靠方法对同一试样进行多次测量,也不可能得到完全一致的分析结果。这说明误差是客观存在、难以避免的,任何测量结果都不可能绝对准确。随着科学进步和人类认识客观世界能力的提高,误差可以被控制得越来越小,但难以降为零。因此,为了提高分析结果的准确性,有必要探讨产生误差的原因和减免误差的方法。

由于误差的客观存在,人们在实际的分析中无法得到准确无误的真值,而需要对测定的结果做出相对准确的估计。如何得到最佳的估计值并判断其可靠性,这需要对数据进行统计学的处理。本章主要介绍误差的产生原因和减免方法、有效数字及其运算规则及对数据的一些简单统计处理方法。

第一节　定量分析的误差

一、准确度和精密度

(一) 准确度与误差

准确度是指测量值与真值的接近程度。准确度通常用误差来表示,误差越小,表示分析结果与真值越接近,准确度越高;反之,准确度越低。误差有绝对误差和相对误差两种表示方法。

1. 绝对误差

测量值与真值之差称为绝对误差。若以 x 代表测量值,以 μ 代表真值,则绝对误差 δ 为

$$\delta = x - \mu \tag{2-1}$$

2. 相对误差

绝对误差 δ 与真值 μ 的比值称为相对误差。如果不知道真值,但知道测量值 x,则相对误差也可表示为绝对误差 δ 与测量值 x 的比值。

$$相对误差 = \frac{\delta}{\mu} \times 100\%$$

或

$$相对误差 = \frac{\delta}{x} \times 100\% \tag{2-2}$$

绝对误差和相对误差均有大小、正负之分,正误差表示分析结果偏高,负误差表示分析结果偏低。误差的绝对值越小,测量值越接近于真值,测量的准确度就越高。绝对误差以测量值的单位为单位,相对误差没有单位。绝对误差和相对误差的区别实际是量和率的不同,用相对误差来表示测定结果的准确度更为科学。

[例 2-1] 用精度为万分之一的分析天平称量某样品两份,其质量分别为 2.1448 g 和 0.2145 g。若两者的真实质量分别为 2.1450 g 和 0.2147 g,分别计算两份样品称量的绝对误差和相对误差。

解 称量的绝对误差分别为

$$\delta_1 = (2.1448 - 2.1450)\ \text{g} = -0.0002\ \text{g}$$

$$\delta_2 = (0.2145 - 0.2147)\ \text{g} = -0.0002\ \text{g}$$

称量的相对误差分别为

$$\frac{-0.0002}{2.1450} \times 100\% = -0.009\%$$

$$\frac{-0.0002}{0.2147} \times 100\% = -0.09\%$$

从上述实例解析可知,用相对误差来表示测定结果的准确度更为确切,分析工作中常用相对误差衡量分析结果的准确程度。

3. 真值与标准参考物质

由于任何测量数据都存在误差,因此实际测量不可能得到真值,而只能尽量接近真值。在分析化学工作中常用的真值是约定真值与相对真值。

1) 约定真值

约定真值采用由国际计量大会定义的单位(国际单位)及我国的法定计量单位。如国际单位制的基本单位有七个:长度、质量、时间、电流、热力学温度、发光强度及物质的量。

2) 相对真值或标准参考物质

在分析工作中,由于没有绝对纯的化学试剂,因此也常用标准参考物质的含量作为相对真值。具有相对真值的物质称为标准参考物质,也称为标准样品或标样。标准参考物质必须具有良好的均匀性与稳定性,其含量的准确度至少要高于实际测量值的 3 倍以上。作

为评价准确度的基准，标准试样及其标准值需经权威机构认定并提供。

（二）精密度与偏差

精密度是在相同条件下平行测量的各测量值（实验值）之间互相接近的程度。各测量值之间越接近，测量的精密度越高；反之，精密度越低。精密度的高低用偏差来衡量，偏差有以下几种表示方法。

1. 偏差

单个测量值(x_i)与平均值($\overline{x}$)之差也称为绝对偏差，其值可正可负。以 d 表示：

$$d = x_i - \overline{x} \tag{2-3}$$

2. 平均偏差

各单个偏差绝对值的平均值称为平均偏差，其值均为正值。以 $\overline{d}$ 表示（若测定次数为 n）：

$$\overline{d} = \frac{\sum_{i=1}^{n} |x_i - \overline{x}|}{n} \tag{2-4}$$

3. 相对平均偏差

平均偏差（$\overline{d}$）与平均值（$\overline{x}$）的比值称为相对平均偏差，以 $\overline{R}_d$ 表示：

$$\overline{R}_d = \frac{\overline{d}}{\overline{x}} \times 100\% \tag{2-5}$$

4. 标准偏差

标准偏差是衡量测量值分散程度的一个参数。在平均偏差和相对平均偏差的计算过程中忽略了个别较大偏差对测定结果重现性的影响，而采用标准偏差则是为了突出较大偏差的影响。对少量测定值($n \leqslant 20$)而言，其标准偏差以 S 表示：

$$S = \sqrt{\frac{\sum_{i=1}^{n}(x_i - \overline{x})^2}{n-1}}$$

或

$$S = \sqrt{\frac{\sum_{i=1}^{n} x_i^2 - \frac{1}{n}\left(\sum_{i=1}^{n} x_i\right)^2}{n-1}} \tag{2-6}$$

［例 2-2］ 甲、乙两组对同一样品进行平行测定，每组均测定 10 次，甲组测定数据为 10.3、9.8、9.6、10.2、10.1、10.4、10.0、9.7、10.2、9.7；乙组测定数据为 10.0、10.1、9.3、10.2、9.9、9.8、10.5、9.8、10.4、10.0。比较这两组数据的精密度。

解 $\overline{x}_{甲} = \frac{10.3+9.8+9.6+10.2+10.1+10.4+10.0+9.7+10.2+9.7}{10} = 10.0$

$\overline{x}_{乙} = \frac{10.0+10.1+9.3+10.2+9.9+9.8+10.5+9.8+10.4+10.0}{10} = 10.0$

由 $\overline{d} = \frac{\sum_{i=1}^{n}|x_i - \overline{x}|}{n}$ 计算得

$$\overline{d}_{甲} = 0.24, \overline{d}_{乙} = 0.24$$

由 $S=\sqrt{\dfrac{\sum\limits_{i=1}^{n}(x_i-\overline{x})^2}{n-1}}$ 或 $S=\sqrt{\dfrac{\sum\limits_{i=1}^{n}x_i^2-\dfrac{1}{n}\left(\sum\limits_{i=1}^{n}x_i\right)^2}{n-1}}$ 计算得

$$S_{甲}=\sqrt{\frac{0.3^2+(-0.2)^2+(-0.4)^2+0.2^2+0.1^2+0.4^2+0^2+(-0.3)^2+0.2^2+(-0.3)^2}{10-1}}$$

$$=0.28$$

$$S_{乙}=\sqrt{\frac{0^2+0.1^2+(-0.7)^2+0.2^2+(-0.1)^2+(-0.2)^2+0.5^2+(-0.2)^2+0.4^2+0^2}{10-1}}$$

$$=0.34$$

比较两者的标准偏差可知，甲组数据较乙组数据精密度高。

由计算结果可见，两组数据的平均偏差相同，均为 0.24，但明显地可以看出，乙组数据较为分散。因此用平均偏差有时不能准确反映出两组数据的精密度差异，出现这种情况的原因主要是乙组中的较大偏差和较小偏差互相平均所致，为了避免类似情况的发生，对要求较高的分析结果现在多采用统计学中的标准偏差来表示数据精密度。

5. 相对标准偏差

标准偏差(S)与平均值($\overline{x}$)的比值，以相对标准偏差(RSD)表示：

$$\mathrm{RSD}=\frac{S}{\overline{x}}\times 100\% \tag{2-7}$$

[例 2-3] 用丁二酮肟重量法测定钢铁中 Ni 的质量分数，结果为 10.48%、10.37%、10.47%、10.43%、10.40%。计算单次分析结果的平均偏差、相对平均偏差、标准偏差和相对标准偏差。

解 平均值

$$\overline{x}=\frac{10.48\%+10.37\%+10.47\%+10.43\%+10.40\%}{5}=10.43\%$$

平均偏差

$$\overline{d}=\frac{0.05\%+0.06\%+0.04\%+0+0.03\%}{5}=0.036\%$$

相对平均偏差

$$\overline{R}_{\mathrm{d}}=\frac{\overline{d}}{\overline{x}}\times 100\%=\frac{0.036\%}{10.43\%}\times 100\%=0.35\%$$

标准偏差

$$S=\sqrt{\frac{(0.05\%)^2+(-0.06\%)^2+(0.04\%)^2+0^2+(-0.03)^2}{5-1}}=0.046\%$$

相对标准偏差

$$\mathrm{RSD}=\frac{S}{\overline{x}}\times 100\%=\frac{0.046\%}{10.43\%}\times 100\%=0.44\%$$

(三) 准确度与精密度的关系

测量值的准确度与精密度的概念不同，准确度表示测量结果的正确性，精密度表示测量结果的重复性与再现性。测定结果的好坏应从精密度和准确度两个方面来衡量。

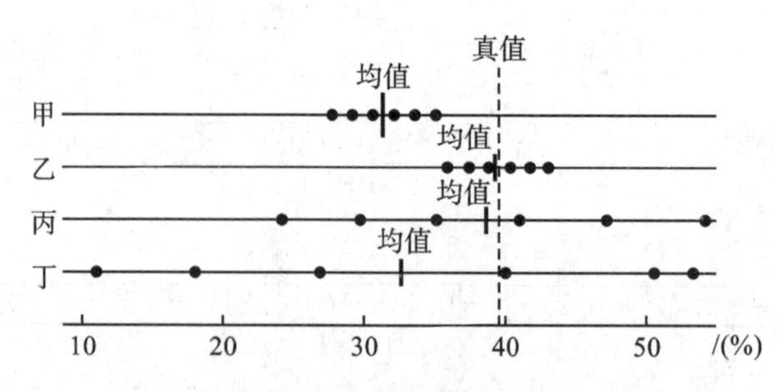

图 2-1　定量分析结果的准确度与精密度

图 2-1 表示甲、乙、丙、丁四组分别对同一试样中某组分进行含量测定，每组均测定 6 次。由图 2-1 可知：甲组数据的精密度虽然很高，但其平均值离真值较远，准确度较低，说明测量存在系统误差；乙组数据的精密度和准确度均较高，结果可靠；丙组数据较分散，虽然其平均值离真值较近，但这是由于大的正、负误差相抵消的结果，纯属偶然，因此该组数据不可取；丁组数据的精密度和准确度都不好，数据不可信。

综上所述：精密度是保证准确度的先决条件，精密度差所得结果不可靠。但高的精密度不一定能保证高的准确度，因为可能存在系统误差。如果消除或校正了系统误差，精密度高的有限次测量的平均值 $\bar{x}$ 就是最佳值，它最接近于真值 μ。总之，只有精密度与准确度都高的测量结果才是可取的。

二、系统误差和偶然误差

根据误差产生的原因和性质，可将其分为系统误差和偶然误差两大类。它们都不同程度地影响着分析结果的准确度和精密度，应设法减免以提高分析结果的可靠性。

（一）系统误差

系统误差也称为可测误差，它是由分析过程中某些确定的原因造成的，对分析结果的影响比较固定。根据系统误差的来源可将其分为方法误差、仪器或试剂误差及操作误差三种。

1. 方法误差

方法误差是由于分析方法本身的某些不足所引起的误差。通常对测定结果影响较大。例如：由于反应条件的不完善而导致化学反应进行不完全；反应副产物对测量产生的影响；在滴定分析中，受指示剂种类限制所选指示剂变色点和化学计量点不完全一致。方法误差的存在使得测定结果总是偏高或偏低，误差方向是固定的。

2. 仪器或试剂误差

仪器或试剂误差是由于所使用仪器本身不够准确或未经校准所引起，或所用试剂不纯或蒸馏水中含有微量杂质而引起的误差。如天平两臂不等长，滴定管、容量瓶、移液管等刻度不够准确等，在使用过程中会使测定结果产生误差；使用的试剂中含有微量的待测组分或存在干扰杂质等。

3. 操作误差

操作误差是由于分析人员的主观原因在实验过程中所引起的误差。例如，根据指示剂变色情况确定滴定终点，操作者对终点颜色的确定偏深或偏浅；滴定管读数偏高或偏低，均能导致操作误差。

在一个测定过程中，上述三种误差都可能存在，这类误差的共同特点是在重复测定时会重复出现，其数值具有恒定单向性，大小、正负都具有一定的规律。即测定结果总是偏高或偏低，因此可以根据系统误差的具体来源设法加以校正并予以减免，因此也可称为可定误差。

（二）偶然误差

偶然误差也称为随机误差，它是由某些难以控制或无法避免的偶然因素引起的。如测量时温度、湿度、气压的微小变化，分析仪器的轻微波动以及实验人员操作的细小变化等，都可能引起测量数据的波动而带来误差。我们把这种随机性变化归咎于随机误差的存在，这种误差表面上似乎毫无规律，其值的大小、正负都不固定，是较难预测和控制的。但是，如果将这些测定数据进行统计处理，则可发现有如下的规律：绝对值相同的正、负误差出现的概率相等；小误差出现的概率大，大误差出现的概率小，特别大的误差出现的概率极小。所以，在消除系统误差的前提下，利用"大小相等的正、负偶然误差出现的概率相等，正、负偶然误差能相互抵消"这一事实，适当地增加平行测定次数，可以减小偶然误差，但不能完全消除。

此外，由于分析人员的粗心大意或工作过失所产生的差错，例如溶液溅失、加错试剂、读错刻度、记录和计算错误等，不属于误差范畴，应弃去此数据。

需要说明的是，虽然系统误差与偶然误差在定义上不难区分，但在实际分析过程中除了较明显的现象外，两者常常纠缠在一起，难以直观地区别。例如，观察滴定终点颜色的改变，有人总是偏深，产生属于操作误差的系统误差。但在多次测定观察滴定终点的深浅程度时，又不可能完全一致，因而产生偶然误差。因此两种误差的划分并无绝对界限，在很多情况下，两种误差可能同时存在。

三、提高分析结果准确度的方法

分析结果的准确度直接受到各种误差的制约。要想得到准确可靠的分析结果，必须设法减免分析过程中带来的各种系统误差和偶然误差，以提高分析结果的准确度。

（一）选择适当的分析方法

不同的分析方法具有不同的灵敏度和准确度，分析人员应根据分析工作的实际情况选择合适的分析方法。例如经典化学分析方法（滴定分析法和重量分析法）的灵敏度虽然不高，但对常量组分的测定，能获得比较准确的分析结果（相对误差≤0.2%），可是对微量或痕量组分则无法准确测定；仪器分析法灵敏度较高、绝对误差较小、相对误差较大，对微量或痕量组分的测定符合准确度要求，但不适于对常量组分的测定。另外，选择分析方法时还应考虑共存物质的干扰。因此，应根据分析对象、试样情况对分析结果的要求来选择合适的分析方法。

（二）减小测量误差

为了保证分析结果的准确度，必须尽量减小各测量步骤产生的误差。例如，在称量过程中应设法减少称量误差，一般分析天平读数(平衡)一次的称量误差为(±0.0001) g，称取一定质量试样须读数(平衡)两次，因此可能引起的最大误差是(±0.0002) g，为了使称量的相对误差不大于0.1%，所称试样量必须不小于0.2 g。对于滴定管有(±0.01) mL的绝对误差，一次滴定需两次读数，因此可产生的最大误差是(±0.02) mL。为使滴定管读数的相对误差不大于0.1%，消耗的滴定剂就必须不小于20 mL。

(三) 消除测量中的系统误差

1. 校准仪器

对仪器不准确引起的系统误差，可以通过校准仪器加以消除。

2. 规范操作

按照分析程序规范操作，以减免操作误差。规范操作既能减小系统误差，也能减小偶然误差。

3. 空白试验

对由试剂、蒸馏水、实验器皿及环境带入的杂质或微量待测组分等所引起的系统误差，可通过空白试验加以消除。所谓空白试验，是采用与分析试样相同的方法、条件、步骤对只有试剂、不加待测物质的空白试样进行分析测定，所得结果为空白值，然后从试样的分析结果中扣除此空白值，进而消除试剂和部分仪器引起的系统误差。

4. 对照试验

对照试验是综合检验系统误差的有效方法。如检查试剂是否失效、反应条件是否正常、测定方法是否可靠，以减免方法、试剂和仪器误差。常用的有标准品对照法和标准方法对照法。

标准品对照法是用已知准确含量的标准试样代替待测试样，在完全相同的条件下进行分析测定，用测量结果与已知含量作对照，以检验分析结果的准确度。有时可对测定结果进行校正：

$$\text{试样中某组分含量}=\text{试样中某组分测得含量}\times\frac{\text{标准试样中某组分已知含量}}{\text{标准试样中某组分测得含量}}$$

标准方法对照法是对分析方法不完善等引起的系统误差，可用所用方法与公认的经典方法对同一试样进行测量并比较，以判断所用方法的可靠性，进而消除方法误差。

5. 回收试验

如果无标准试样做对照试验，或对试样的组成不太清楚，可做回收试验，此试验是自我检验准确度的一种实用方法。这种方法是先测出试样中待测组分含量，然后在几份相同试样($n\geqslant5$)中加入适量待测组分的纯品，以相同条件进行测定，按下式计算回收率：

$$\text{回收率}=\frac{\text{加入纯品后的测得值}-\text{加入纯品前的测得值}}{\text{纯品加入量}}\times100\%$$

(四) 减小偶然误差

根据偶然误差的统计规律，在消除系统误差的前提下，增加平行测定次数并取平均值，可减小偶然误差对分析结果的影响。在实际工作中，一般对同一试样平行测定3～4次，其精密度符合要求即可。

第二节　有效数字及其运算规则

分析化学中的数字分为两类：一类是非测量所得的自然数，如测量次数、样品质量分数及各类常数等，这类数字无准确度的问题；另一类数字是测量所得，在定量分析中，为了得到准确的测量结果，不仅要准确地测定各种数据，还必须对其进行正确记录和科学分析处理，以下就对此类数字的读取、记录和计算进行讨论。

一、有效数字的概念

有效数字就是在分析工作中测量到的具有实际意义的数字。有效数字的位数由测量数据中的所有准确数字和最后一位可疑数字组成，其误差是其末位数的±1个单位。有效数字不仅能表示数值的大小，还可以反映测量的精确程度。

例如用精度为万分之一的分析天平称某试样的质量为0.5398 g，其中“0.539”是准确的，最后一位“8”是可疑数字，有±1个单位的误差。因此该试样的真实质量应为(0.5398±0.0001)g。如用精度为千分之一的天平称其试样的质量为0.539 g，则其真实质量应为(0.539±0.001)g。观察这两份试样，不仅其质量大小不同，而且两者的准确度也不同，我们可通过计算其相对误差来衡量。

试样一：$$相对误差=\frac{0.0002}{0.5398}\times 100\%=0.037\%$$

试样二：$$相对误差=\frac{0.002}{0.539}\times 100\%=0.37\%$$

由此可见，有效数字的位数取决于测量方法和使用仪器的精确程度，在测量准确度范围内，有效数字位数越多越准确，但超过测量准确度，过多的位数是毫无意义的。

在实际判断有效数字位数时，应注意以下几点。

(1) 数据中有“0”时，应分析具体情况，以确定其是否为有效数字。在第一个数字(1～9)前的“0”不是有效数字，它们只起定位作用；而在数字中间或末尾的“0”是有效数字。对于较大或较小的数据，用“0”表示不方便，常用10的方次表示。

(2) 数据中的对数值如pH值、pM、lg$K$等，其有效数字的位数仅取决于小数点后面数字的位数，因为整数部分只说明原值的方次。例如pH=12.68，即$[H^+]=2.1\times 10^{-13}$ mol/L，其有效数字是两位，而不是四位。

(3) 常数π、e以及计算中倍数、分数、$\sqrt{5}$等数值的有效数字位数，可根据计算需要来确定，计算过程中需要几位，即可写几位。例如，$\frac{1}{6}\times 0.2543$的计算结果应该保留四位有效数字，这时$\frac{1}{6}$可看做0.1666，也是四位有效数字。

(4) 数据的单位改变时，其有效数字的位数不变。如24.86 mL应写成0.02486 L或2.486×10^{-2} L。

二、有效数字的记录、修约及运算规则

1. 有效数字的记录

记录测量数据时，只允许在末位保留一位可疑数字。

2. 数字的修约规则

在处理数据时，对有效数字位数不相同的数据，应在计算前先将有效数字位数较多的数据，按要求舍去多余的尾数，该过程称为数字修约，其基本规则如下。

(1) 采用“四舍六入五留双”的规则进行修约。

① 被修约的数字≤4时，该数字及以后的数字均舍弃；被修约的数字≥6时，进位后，该数字及以后的数字均舍弃。

② 被修约的数字=5，且5的后面再无数字或数字为零时，则若5的前一位是偶数(包括“0”)就舍弃，若是奇数就进位；当被修约的数字=5，但5的后面还有非零数字时，则进位。

(2) 禁止分次修约：只允许对原测量值一次修约到所需位数，不得分次修约。

[例2-4] 请将2.34546修约为两位有效数字。

解 数据中的第三位有效数字就是被修约的数字“4”，根据“四舍六入五留双”的规则，“4”及其后面的数字都应该舍弃，因此修约后的数据为2.3。

若分次修约，则2.34546→2.3455→2.346→2.35→2.4，即结果为2.4。这种修约方式是不允许的。

(3) 修约标准偏差。标准偏差是用来表示分析结果准确度和精密度好坏的，对其修约时，后一位应进上来，以使准确度降低。如标准偏差$S=0.213$，宜修约为0.22。表示标准偏差和RSD时，一般只保留两位有效数字。

(4) 进行计算时可多保留一位有效数字。在大量运算中，可先修约参与运算的有效数字，使其比计算结果应保留的有效数字多一位，运算后，再将结果修约到应有的位数。

3. 有效数字运算规则

在数据处理的数学计算中，加减运算和乘除运算的规则不同。

1) 加减法

几个数据相加或相减时，它们的和或差的有效数字的保留位数，应以小数点后位数最少的数据为依据。

[例2-5] 14.7－0.3674－14.064=？

解 三个数据中，14.7是小数点后位数最少的，有两位有效数字，因此结果的小数点后应保留两位有效数字。因此，有

$$14.7-0.3674-14.064=0.3$$

2) 乘除法

几个数据相乘或相除时，它们的积或商的有效数字的保留位数，应以有效数字位数最少的数据为依据。

[例2-6] 10.2343×0.112×26.34=？

解 三个数据中，0.112是有效数字位数最少的，有三位有效数字，因此结果应保留三位有效数字。因此，有

$$10.2343\times0.112\times26.34=10.23\times0.112\times26.34=30.18=30.2$$

三、有效数字在定量分析中的应用

1. 测量数据的记录

有效数字就是实验中的测量值，记录测量数据的有效数字位数，必须与实际的测定方法和仪器的准确程度一致。

2. 测量仪器的选择

根据分析实验的要求选择适当的测量仪器。例如用滴定分析法对常量组分进行分析，相对误差≤0.2%，即可达到准确度要求，那么在称量过程中要求相对误差应不超过0.1%。根据前面内容可知，如用精度为万分之一的分析天平称取试样，试样称取量应不低于 0.2 g；若需称取的试样在 2 g 以上，要满足相对误差≤0.1%，绝对误差应是(±0.002) g，选用精度为千分之一的分析天平即可。

3. 试剂用量及器皿的选择

为了正确选择实验所用器皿，需要对实验中试剂的消耗有正确的估计。如滴定分析法，常量滴定管的绝对误差为(±0.02) mL，当要求滴定过程的相对误差不超过 0.1%时，应保证消耗滴定管中的溶液体积不低于 20 mL。据此在滴定实验中，设计消耗滴定液体积为 20～25 mL。实验一般选用 50 mL 的滴定管。

4. 分析结果的表示

最后报告分析结果的准确度应与测量的准确度相一致。通常填报实验结果时，对于高含量(>10%)组分的测定，要求分析结果报告四位有效数字；对于中等含量(1%～10%)组分的测定，要求报告三位有效数字；对于微量(<1%)组分的测定，只要求报告两位有效数字。

第三节　分析数据的统计处理基本知识

近年来，分析化学中越来越广泛地采用统计学方法来处理各种分析数据。统计学知识在定量分析中的应用常见于下列几种情况。

一、可疑值的检验与取舍

在实际分析工作中，常常会遇到对同一样品进行一系列平行测定所得的数据，其中个别数据过高或过低，这种数据称为可疑值或离群值。可疑数据对测定的精密度和准确度均有很大的影响。可疑数据可能由操作过失引起，也可能是偶然误差波动性的极度表现。前者则直接舍弃；后者在统计学上是允许的，需要用统计检验方法决定其取舍。目前，常用的方法是 Q 检验法和 G 检验法。

（一）Q 检验法

Q 检验法比较简单，适用于 3～10 次实验数据的检验。其检验步骤如下。

(1) 将所有测量数据按大小顺序排列。

$$x_1, x_2, x_3, \cdots, x_n$$

（2）计算出可疑数据与其最相邻数据之差。

$$x_{可疑} - x_{邻近}$$

（3）计算出序列中最大值与最小值之差（极差）。

$$x_{最大} - x_{最小}$$

（4）用下列公式计算 Q 值：

$$Q_{计} = \frac{|x_{可疑} - x_{邻近}|}{x_{最大} - x_{最小}} \tag{2-8}$$

（5）查 Q 值表。Q 值表如表 2-1 所示，若计算所得的 Q 值大于表中相应的 Q 临界值，则该可疑值应舍弃，否则应被保留。其中，P 为置信度，n 为测量次数。

表 2-1　不同置信度下的 Q 值表

P \ Q \ n	3	4	5	6	7	8	9	10
90%	0.94	0.76	0.64	0.56	0.51	0.47	0.44	0.41
95%	0.97	0.84	0.73	0.64	0.59	0.54	0.51	0.49
99%	0.99	0.93	0.82	0.74	0.68	0.63	0.60	0.57

［例 2-7］　用碳酸钠基准物质标定盐酸标准溶液的浓度，平行测定 4 次，结果分别为 0.1014 mol/L、0.1012 mol/L、0.1019 mol/L、0.1016 mol/L，其中 0.1019 mol/L 明显偏大，试用 Q 检验法确定该值的取舍（置信度为 95%）。

解

$$Q_{计} = \frac{|x_{可疑} - x_{邻近}|}{x_{最大} - x_{最小}} = \frac{|0.1019 - 0.1016|}{0.1019 - 0.1012} = 0.43$$

查表 2-1，当置信度为 95%，$n=4$ 时，$Q_{表}=0.84$。可见 $Q_{计}<Q_{表}$，所以数据 0.1019 不能舍弃。

（二）G 检验法

G 检验法使用范围较 Q 检验法广，效果较好。其检验步骤如下。

（1）计算出包括可疑数据在内的平均值 $\overline{x}$。

（2）计算出可疑值 $x_{可疑}$ 与平均值 $\overline{x}$ 之差的绝对值 $|x_{可疑} - \overline{x}|$。

（3）计算包括可疑值在内的标准偏差 S。

（4）用下列公式计算 G 值：

$$G_{计} = \frac{|x_{可疑} - \overline{x}|}{S} \tag{2-9}$$

（5）查 G 值表。如表 2-2 所示，若计算所得的 G 值大于表中相应的 G 临界值，则该可疑值应舍弃，否则应被保留。其中，P 为置信度，n 为测量次数。

表 2-2　不同置信度下的 G 值表

P \ Q \ n	3	4	5	6	7	8	9	10	15	20	25	30
90%	1.15	1.46	1.67	1.82	1.94	2.03	2.11	2.18	2.41	2.56	2.66	2.75
95%	1.15	1.48	1.71	1.89	2.02	2.13	2.21	2.29	2.55	2.71	2.82	2.91
99%	1.15	1.50	1.76	1.97	2.14	2.27	2.39	2.48	2.81	3.00	3.14	3.24

二、分析结果的表示方法

一般取多次测量的平均值作为最后的测定结果。一般平行测定 2～3 次，如果相对平均偏差≤0.2%，认为符合要求，可直接用平均值表示分析结果。否则，此次实验不符合要求，需重做。

如果是制定分析标准或者涉及重大问题的样品分析、科研成果等所需的精确数据，则不能按上面所说进行简单的处理。需要多次对样品进行平行测定直到获得足够的数据，经过统计方法进行处理后方可得到分析报告。提出报告时，需要的参数有平均值、测定次数、标准偏差及相对标准偏差。必要时还要报告置信度为 95%时的置信区间参数。

知识链接

在要求准确度较高的分析工作中，如制定分析标准、涉及重大问题的试样分析、科研成果等需要精准数据，此时就不能简单地用平均值表示分析结果。需要多次对试样进行平行测定，将取得的测量数据用统计方法进行处理。

根据样本的平均值 $\bar{x}$ 去估计真值 μ 称为点估计，是不可靠的。实际上利用统计量可作出统计意义上的推断，即推断在某一范围（区间）内包括总体平均值的概率是多少。

$$\mu = \bar{x} \pm t_{P,f}S_{\bar{x}} = \bar{x} \pm t_{P,f}\frac{S}{\sqrt{n}}$$

式中：n 为测定次数；$\bar{x}$ 为 n 次测定的平均值；S 为 n 次测定的标准偏差；$f(f=n-1)$ 为自由度；$t_{P,f}$ 为置信度为 P、自由度为 f 的置信系数（$t_{P,f}$ 值可查相关统计学表）。

统计学中将总体平均值可能取值的这一范围称为置信区间；置信度 P 也称为置信概率，就是真值落在此范围内的概率，借以说明样本平均值的可靠程度。

[例 2-8]　测定某溶液中镁离子的浓度，对试样平行测定三次，其结果分别为 0.2451 mol/L、0.2449 mol/L、0.2453 mol/L，试样中 Mg^{2+} 的含量是多少？

解

$$\bar{x} = \frac{0.2451 + 0.2449 + 0.2453}{3} = 0.2451$$

$$\bar{d} = \frac{0 + 0.0002 + 0.0002}{3} = 0.0001$$

$$\bar{R}_d = \frac{0.0001}{0.2451} \times 100\% = 0.04\%$$

显然，相对平均偏差≤0.2%，符合要求，因此可用平均值 0.2451 mol/L 报告分析结果。

三、分析数据的可靠性检验方法

在定量分析中，由于系统误差和偶然误差的存在，对标准样品进行分析时常常遇到以下情况：①所得平均值 $\bar{x}$ 与标准值 μ 不一致；②两份样品的分析结果或两个分析方法的分析结果不一致。因此，必须对两组分析结果的准确度或精密度是否存在显著性差异做出判断(显著性检验)。统计检验的方法很多，在定量分析中最常用的是 F 检验法和 t 检验法，分别用于检验两组分析结果是否存在显著的系统误差与偶然误差。

(一) F 检验法

F 检验法是确定两组数据的精密度是否存在显著性差异。通过计算两组数据的方差 S^2(标准偏差的平方)来判断两者的精密度是否存在显著性差异，也就是两组数据的偶然误差是否显著不同。方法是先计算(标准偏差的平方)比值，即 $F_{计}=\frac{S_1^2}{S_2^2}$ $(S_1>S_2)$。若 $F_{计}<F_{P,f_1,f_2}$(统计学表值见表 2-3)，说明两组数据的精密度不存在显著性差异；反之，则说明存在显著性差异。

表 2-3 95%置信度时的 F 分布值表

f_2 ($S_小^2$ 的 $n-1$)	f_1($S_大^2$ 的 $n-1$)									
	2	3	4	5	6	7	8	9	10	20
2	19.00	19.16	19.25	19.30	19.33	19.35	19.37	19.38	19.40	19.46
3	9.55	9.28	9.12	9.01	8.94	8.89	8.85	8.81	8.79	8.66
4	6.94	6.95	6.39	6.26	6.16	6.09	6.04	6.00	5.96	5.80
5	5.79	5.41	5.19	5.05	4.95	4.88	4.82	4.77	4.74	4.56
6	5.14	4.76	4.53	4.39	4.28	4.21	4.15	4.10	4.06	3.87
7	4.74	4.35	4.12	3.97	3.87	3.79	3.73	3.68	3.64	3.44
8	4.46	4.07	3.84	3.69	3.58	3.50	3.44	3.39	3.35	3.15
9	4.26	3.86	3.63	3.48	3.37	3.29	3.23	3.18	3.14	2.94
10	4.10	3.71	3.38	3.33	3.22	3.14	3.07	3.02	2.98	2.77
20	3.49	3.10	2.87	2.71	2.60	2.52	2.45	2.40	2.35	2.12

[例 2-9] 在吸光光度分析中，用一台旧仪器测定溶液的吸光度 6 次，得标准偏差 $S_1=0.055$；用性能稍好的新仪器测定 4 次，得到标准偏差 $S_2=0.022$。则新仪器的精密度是否显著地优于旧仪器？

解

$$n_1=6, S_1=0.055, S_大^2=0.0030,$$

$$n_2=4, S_2=0.022, S_小^2=0.00048$$

$$F_{计}=\frac{0.0030}{0.00048}=6.25$$

由 $P = 95\%$，$f_1 = 5$，$f_2 = 3$ 可得出

$$F_{表} = 9.01, F_{计} < F_{表}$$

故两仪器精密度不存在显著性差异。

（二）t 检验法

t 检验法用于判断两组数据（平均值 $\bar{x}$ 与标准值 μ 或两组样本测量平均值 $\bar{x}_1$ 和 $\bar{x}_2$）之间是否存在较大显著性差异，亦即是否存在系统误差。

1. 样本平均值与真值的比较

具体的做法是用标准试样做 n 次测定，用测定的平均值 $\bar{x}$ 与标准试样的真值 μ 进行比较，以检验两者之间是否存在显著性差异。实际中常用此法检验某一分析法（或操作）是否可行。

做检验时，按下面的公式计算 t 值：

$$t_{计} = \frac{|\bar{x} - \mu|}{S}\sqrt{n} \tag{2-10}$$

将 $t_{计}$ 与根据置信度和自由度在相关表中查到的相应 $t_{表}$ 进行比较：若 $t_{计} > t_{表}$，说明 $\bar{x}$ 与 μ 之间存在显著性差异，即存在显著的系统误差；若 $t_{计} \leqslant t_{表}$，说明 $\bar{x}$ 与 μ 之间不存在显著性差异，即表示该分析方法不存在显著的系统误差，是可行的。

［例 2-10］ 采用某种新方法测定基准明矾中铝的质量分数，得到以下九个分析结果：10.74%、10.77%、10.77%、10.77%、10.81%、10.82%、10.73%、10.86%、10.81%。则采用新方法后，是否引起系统误差？（μ=10.77%，P=95%）

解 由 $n = 9$ 得

$$f = 9 - 1 = 8$$

$$\bar{x} = 10.79\%, S = 0.042\%, \mu = 10.77\%$$

$$t_{计} = \frac{|10.79 - 10.77|}{0.042} \times \sqrt{9} = 1.43$$

当 $P = 0.95$，$f = 8$ 时，$t_{0.05,8} = 2.31$。

因为 $t_{计} < t_{0.05,8}$，所以 $\bar{x}$ 与 μ 之间无显著性差异。

2. 两组数据平均值的比较（t 检验法）

用于检验由不同分析人员或同一分析人员用不同方法测定的同一样品，所得数据间是否存在显著性差异，或者用于检验两个样品用相同分析方法测得的两组数据平均值之间是否有显著性差异。

将式(2-10)中 $|\bar{x} - \mu|$ 替换为 $|\bar{x}_1 - \bar{x}_2|$；$S/\sqrt{n}$ 替换为 $\dfrac{S_R}{\sqrt{\dfrac{n_1 n_2}{n_1 + n_2}}}$，就可用于两组数据的平均值的 t 检验法。

$$t_{计} = \frac{|\bar{x}_1 - \bar{x}_2|}{S_R}\sqrt{\frac{n_1 n_2}{n_1 + n_2}} \tag{2-11}$$

式中：$\bar{x}_1$、$\bar{x}_2$ 分别为两组数据的平均值；n_1、n_2 分别为两组数据的测量次数，x_1 与 n_2 可以不相等，但不能有悬殊；S_R 为合并标准偏差或组合标准偏差。

若 S_1 和 S_2 之间无显著性差异（F 检验无差异），可由下式计算得到 S_R：

$$S_R = \sqrt{\frac{\sum (x_1 - \bar{x}_1)^2 + \sum (x_2 - \bar{x}_2)^2}{(n_1 - 1) + (n_2 - 1)}} \tag{2-12}$$

可由两组数据的平均值计算 S_R：

$$S_R = \sqrt{\frac{S_1^2}{n_1} + \frac{S_2^2}{n_2}} = \sqrt{\frac{(n_1 - 1)S_1^2 + (n_2 - 1)S_2^2}{n_1 + n_2 - 2}} \tag{2-13}$$

当 $t_{计} < t_{P,n_1+n_2-2}$ 时，两组数据的平均值不存在显著性差异，它们属于同一总体，即 $\mu_1 = \mu_2$。

当 $t_{计} \geqslant t_{P,n_1+n_2-2}$ 时，两组数据的平均值存在显著性差异，它们不属于同一总体，即 $\mu_1 \neq \mu_2$。

不同置信度下的 t 值见表 2-4。

表 2-4 不同置信度下的 t 值表

P \ t \ f	1	2	3	4	5	6	7	8	9	10	20	∞
90%	6.31	2.92	2.35	2.13	2.02	1.94	1.90	1.86	1.83	1.81	1.72	1.64
95%	12.71	4.30	3.18	2.78	2.57	2.45	2.36	2.31	2.26	2.23	2.09	1.96
99%	63.66	9.92	5.84	4.60	4.03	3.71	3.50	3.36	3.25	3.17	2.84	2.58

[**例 2-11**] 用两种不同方法测定合金中铌的含量(%)：

方法一：$n_1=3$　1.26%　1.25%　1.22%

方法二：$n_2=4$　1.35%　1.31%　1.33%　1.34%

试问两种方法是否存在显著性差异(置信度为 90%)？

解

$$n_1 = 3, \bar{x}_1 = 1.24\%, S_1 = 0.021\%$$

$$n_2 = 4, \bar{x}_2 = 1.33\%, S_2 = 0.017\%$$

$$F_{计} = \frac{S_1^2}{S_2^2} = \frac{(0.021\%)^2}{(0.017\%)^2} = 1.53$$

$$f_1 = 2, f_2 = 3, F_{表} = 9.55$$

由 $F_{计} < F_{表}$ 得两组数据的精密度无显著性差异。

$$S_R = \sqrt{\frac{\sum (x_{i_1} - \bar{x}_1) + \sum (x_{i_2} - \bar{x}_2)}{n_1 + n_2 - 1}} = 0.019$$

$$t_{计} = \frac{|\bar{x}_1 - \bar{x}_2|}{SR} \sqrt{\frac{n_1 n_2}{n_1 + n_2}}$$

$$= \frac{|1.24\% - 1.33\%|}{0.019\%} \sqrt{\frac{3 \times 4}{3 + 4}} = 6.2$$

当 $P = 90\%, f = 3 + 4 - 2 = 5$ 时，$t_{0.10,5} = 2.02$。

由 $t_{计} > t_{0.01,5}$ 得两种分析方法之间存在显著性差异，无法相互替代。

综合上述讨论，进行数据统计处理的基本步骤如下：首先进行可疑值的取舍(Q 检验法或 G 检验法)，然后进行精密度检验(F 检验法)，最后进行准确度检验(t 检验法)。

知识链接

数据多和计算量大是误差理论与数据处理课程教学和实践工作中存在的主要问题之一。而相关与回归是研究变量间关系的统计方法，通过相关与回归分析可使人们了解其研究的过程中的变量（包括随机变量）间的关系，为分析结果提供帮助。随着计算机技术和数据处理软件的飞速发展，数据处理和绘图手段发生了巨大的变化，手工处理已经渐渐被计算机所代替。例如，微软的 Excel 具有易学易用、数据处理功能丰富的特点，引入 Excel 可以提高课程教学的质量；运用数据分析软件 Microcal Origin 可满足多数数据处理的要求，并促进该课程教学内容的改革。总之，利用计算机进行数据处理具有分析速度快、精度高等优点，已被广泛使用。

小 结

一、基本概念

（1）准确度是指分析结果与真值的接近程度，其大小可用误差表示。

（2）精密度是在相同条件下平行测量的各测量值（实验值）之间互相接近的程度，其大小用偏差来表示。

（3）系统误差也称为可测误差，它是由分析过程中某些确定的原因造成的，有固定的大小和方向，重复测定重复出现。系统误差包括方法误差、仪器或试剂误差及操作误差三种。

（4）偶然误差也称为随机误差，它是由某些难以控制或无法避免的偶然因素引起的，其大小和方向均不固定。

（5）有效数字是指在分析工作中能够实际测到的数字。

二、基本理论

（1）准确度与精密度具有不同的概念：它们从不同的侧面反映了分析结果的可靠性，准确度表示测量结果的正确性，精密度表示测量结果的重复性或再现性。精密度是保证准确度的先决条件，只有两者都高测量值才是可取的。

（2）系统误差是以固定方向和大小重复出现的，可用校正的方法来消除，偶然误差的出现服从统计规律。通过适当地增加平行测定的次数，取平均值表示测定结果来减少偶然误差。

（3）保留有效数字位数的原则：只允许在末位保留一位可疑数字。有效数字修约规则为“四舍六入五留双”。当进行加减运算时，结果应以小数点位数最少的为依据；当进行乘除运算时，结果应以相对误差最大（有效数字位数最少）的数据为准。

（4）数据统计处理基本步骤：先进行可疑数据的取舍（Q 检验法或 G 检验法），后进行精密度检验，最后进行准确度检验。

三、基本计算

（1）绝对误差：

$$\delta = x - \mu$$

(2) 相对误差：

$$相对误差 = \frac{\delta}{\mu} \times 100\% \quad 或 \quad 相对误差 = \frac{\delta}{x} \times 100\%$$

(3) 偏差：

$$d = x_i - \overline{x}$$

(4) 平均偏差：

$$\overline{d} = \frac{\sum_{i=1}^{n} |x_i - \overline{x}|}{n}$$

(5) 相对平均偏差：

$$\overline{R}_d = \frac{\overline{d}}{\overline{x}} \times 100\%$$

(6) 标准偏差：

$$S = \sqrt{\frac{\sum_{i=1}^{n} (x_i - \overline{x})^2}{n-1}} \quad 或 \quad S = \sqrt{\frac{\sum_{i=1}^{n} x_i^2 - \frac{1}{n}\left(\sum_{i=1}^{n} x_i\right)^2}{n-1}}$$

(7) 相对标准偏差：

$$RSD = \frac{S}{\overline{x}} \times 100\%$$

(8) Q 检验法：

$$Q_{计} = \frac{|x_{可疑} - x_{邻近}|}{x_{最大} - x_{最小}}$$

(9) G 检验法：

$$G_{计} = \frac{|x_{可疑} - \overline{x}|}{S}$$

(10) F 检验法：

$$F_{计} = \frac{S_1^2}{S_2^2}$$

(11) t 检验法：

$$t_{计} = \frac{|\overline{x} - \mu|}{S}\sqrt{n}$$

能力检测

一、选择题

1. 有效数字为 4 位的是(　　)。

A. $w_{CaO}=25.30\%$　B. pH=11.30　C. π=3.141　D. 1000

2. 以下关于精密度与准确度的说法中，不正确的是(　　)。

A. 精密度反映的是测量的随机误差

B. 准确度一般用偏差来衡量

C. 精密度好的测量结果准确度不一定高

D. 只有消除了系统误差之后，精密度高才可能有好的准确度

3. 减少偶然误差的方法是(　　)。

A. 对照试验　　B. 多次测定取平均值

C. 校准仪器　　D. 空白试验

4. 有一组平行测定所得的分析数据，要判断其中是否有可疑值，应采用(　　)。

A. G 检验法　　B. t 检验法　　C. F 检验法　　D. 归一化法

5. 下列可引起系统误差的是(　　)。

A. 滴定终点和计量点不吻合　　B. 看错砝码读数

C. 加错试剂　　D. 天平零点突然变动

6. 空白试验可减小(　　)。

A. 记录有误造成的误差　　B. 实验方法不当造成的误差

C. 试剂造成的误差　　D. 操作不正规造成的误差

二、简答题

1. 简述误差的种类及减免方法。

2. 说明误差与偏差、准确度与精密度的区别和联系。

3. 将下列数据修约为四位有效数字：

12.2343；25.4473；10.4550；40.1650；32.0251；17.0753

4. 根据有效数字运算规则求结果。

(1) $50.1+1.45+0.5812$

(2) $0.0121\times25.64\times1.05782$

(3) $(2.383\times5.21)+(2.1\times10^{-3})-(0.007826\times0.0236)$

(4) 已知 pH＝1.35，求$[H^+]$。

三、计算题

1. 某学生测得一样品中氯的含量如下：21.64%、21.62%、21.66%、21.53%，试计算标定结果的平均值、平均偏差、相对平均偏差、标准偏差和相对标准偏差。

2. 用比色法测定样品中的硝酸盐氮，七次平行样测定结果分别为 30.05 mg/L、30.73 mg/L、30.85 mg/L、30.93 mg/L、30.95 mg/L、30.96 mg/L、32.17 mg/L，试用 Q 检验法判断 30.05 mg/L 和 32.17 mg/L 是否应舍弃。($Q_{0.90,7}=0.51$)

(宁夏医科大学　田大年)

第三章　质量分析法

学习目标

掌握:质量分析法的特点和一般步骤;质量分析结果的计算。

熟悉:影响沉淀纯度的因素;理解沉淀条件的选择。

了解:沉淀的形成过程。

质量分析法是根据生成物的质量来确定待测组分含量的方法。在质量分析中,一般是先使待测组分从试样中分离出来,转化为可准确称量的形式,然后用称量的方法测定该组分的含量。由于质量分析法是直接用分析天平精密称量而获得实验数据,因此,有较高的准确度。但此法操作烦琐,耗时费力,不适用于快速分析,也不能用于微量组分的测定,虽然在实践中逐渐被其他方法所代替,但目前仍有一些分析项目,如对一般供试品中水分的测定,检查一些药品试验项目中水的不溶物、炽灼残渣、中草药灰分、干燥失重及《中国药典》中某些药物的含量测定等,仍还需采用质量分析法。

质量分析法包括分离和称量两大步骤。根据分离方法的不同,质量分析法又分为挥发法、萃取法和沉淀法。

第一节　挥　发　法

挥发法又称为汽化法。这种方法是利用待测组分的挥发性,通过加热或其他方法使待测组分从试样中挥发逸出,然后根据试样质量的减少量计算待测组分的含量;或者当待测组分逸出时,用适当的吸收剂吸收,然后根据吸收剂质量的增加计算待测组分的含量。根据称量的对象不同,挥发法可分为直接法和间接法。

一、直接法

待测组分与其他组分分离后,如果称量的是待测组分或其衍生物,通常称为直接法。如将带有一定结晶水的固体加热至适当温度,用高氯酸镁吸收逸出的水分,则高氯酸镁增加的质量就是固体样品中结晶水的质量。又如有机物中碳、氢元素的分析:将有机物放置于封闭的管道中,高温通氧炽灼后,其中的氢和碳分别生成 H_2O 和 CO_2,先用高氯酸镁选

择性地吸收 H_2O,再用碱石棉选择性地吸收 CO_2,最后分别测定两种吸收剂各自增加的质量,就可分别换算得出试样中氢元素和碳元素的含量。

《中国药典》规定的药品灰分和炽灼残渣的测定也属直接法。只是此时测定的不是挥发性的物质,而是测定供试品经高温灼烧后剩下的不挥发性无机物。

二、间接法

待测组分与其他组分分离后,如果通过称量其他组分,测定供试品减少的质量来求待测组分的含量,称为间接法。《中国药典》规定对药品“干燥失重法”的测定,属于间接法。例如,葡萄糖干燥失重的测定:称取葡萄糖($C_6H_{12}O_6 \cdot H_2O$)试样 m_0,在 105 ℃加热干燥,以除去试样中的水分和其他可挥发性的物质,当干燥达到恒重(恒重是指样品连续两次干燥或灼烧后的质量之差不超过某一规定值时,《中国药典》规定为(±0.3) mg),试样的质量为 m_1,则该试样的干燥失重为

$$w_{水分} = \frac{m_0 - m_1}{m_0} \times 100\%$$

在间接法中,样品的干燥是关键所在,应根据试样的性质不同,分别采用以下不同的干燥方法。

1. 常压加热干燥

将试样置于电热干燥箱中,在常压(101.33 kPa)条件下,温度一般控制在 105~110 ℃时加热干燥至恒重。常压加热干燥适用于性质稳定,受热不易挥发、氧化或分解变质的试样。如硫酸钡、维生素 B_1 等干燥失重的测定,可在 105 ℃进行。对某些吸湿性强或水分不易除去的样品,也可适当提高温度或延长干燥时间。

某些化合物,如 $NaH_2PO_4 \cdot 2H_2O$,虽受热不易变质,但因结晶水的存在而有较低的熔点,在加热干燥时,未达到干燥温度就成熔融状态,很不利于水分的挥发。测定这类物质的水分时,应先在较低的温度下或用干燥剂除去部分水分,再提高干燥的温度。

2. 减压加热干燥

将试样置于恒温减压干燥箱中,在减压条件下加热干燥,加热温度一般在 60~80 ℃。由于减压加热干燥的温度较低,因而缩短了干燥时间,特别适用于高温中易变质或熔点低、水分难挥发的试样。如硫酸新霉素,常压加热干燥时间过长会分解变质,《中国药典》规定,用五氧化二磷作为干燥剂,在 60 ℃减压干燥至恒重。

3. 干燥剂干燥

将试样置于放有干燥剂的密闭容器中,在常压或减压的条件下进行干燥。干燥剂干燥是在室温下进行的,主要适用于遇热易分解、挥发及升华的样品。如氯化铵,受热易分解,可置于放有浓硫酸的干燥器中干燥。有些试样在常压下干燥,水分不易除去,可置于减压干燥器中干燥。

常用的干燥剂有浓硫酸、无水氯化钙、五氧化二磷、硅胶等,一般它们的吸水能力从强到弱排序为:五氧化二磷>浓硫酸>硅胶>无水氯化钙。使用时应根据试样的性质正确选择,并检查干燥剂是否失效。

第二节 萃取法

萃取法是利用萃取剂把待测组分萃取出来，蒸发除去萃取剂，称出萃取物的质量，从而确定待测组分含量的方法，又称为提取法。

萃取法有的用萃取剂直接从固体粉末样品中萃取待测组分，称为液固萃取。有的是将样品制成水溶液，再用与水不相混溶的有机萃取剂进行萃取，称为液液萃取。本节主要讨论液液萃取法的基本原理。

一、分配系数和分配比

液液萃取，是利用物质在互不相溶的两相中的分配系数或分配比不同，而使待测组分从试样中分离出来。

1. 分配系数

现有含溶质A的水溶液(水相)，向该溶液中加入与水不相溶的有机溶剂，水溶液中的溶质A将部分转移到有机溶剂(有机相)中，使水相中A的浓度减小，有机相中A的浓度增大，假设溶质A只有一种存在形式，当溶质A在两相中的浓度不再发生变化时，即达到了分配平衡。

$$A_w \rightleftharpoons A_o$$

在一定温度下，溶质A在有机相中的平衡浓度与在水相中的平衡浓度之比，称为分配系数，用K_D表示。

$$K_D = \frac{c_o}{c_w} \times 100\% \tag{3-1}$$

式中：c_o为被萃取物在有机相中的平衡浓度；c_w为被萃取物在水相中的平衡浓度。

分配系数与溶质和溶剂的特性以及温度有关，在一定条件下是一常数。显然，溶质A在有机相中的溶解度越大，在水相中的溶解度越小，则分配系数越大。

2. 分配比

在实际液液萃取体系中，由于聚合、电离、配位及其他副反应，而使溶质在两相中可能有多种存在形式。假设溶质A可能以$A_1, A_2, \cdots, A_n$等n种形式存在于两相中，在这样一个萃取体系中，达到分配平衡时，溶质A在有机相中的总浓度c_o与在水相中的总浓度c_w之比，称为分配比。用D表示。

$$D = \frac{c_o}{c_w} = \frac{[A_1]_o + [A_2]_o + \cdots + [A_n]_o}{[A_1]_w + [A_2]_w + \cdots + [A_n]_w} \tag{3-2}$$

分配比通常不是一个常数，它与有关试剂的浓度和溶质的副反应等因素有关。与分配系数相比，分配比的表述比较复杂，但它容易测得，因而更具有实用价值。

二、萃取效率

萃取效率是指萃取的完全程度，常用E表示。即

$$E = \frac{\text{被萃取物在有机相中的总量}}{\text{被萃取物在两相中的总量}} \times 100\% \tag{3-3}$$

用 V_w、V_o 分别代表水相和有机相的体积，c_w、c_o 分别代表水相和有机相中溶质的浓度。则

$$E = \frac{c_o V_o}{c_o V_o + c_w V_w} \times 100\% \quad (3\text{-}4)$$

式(3-4)的分子、分母同除以 $c_w V_o$，并化简得

$$E = \frac{D}{D + \frac{V_w}{V_o}} \times 100\% \quad (3\text{-}5)$$

由式(3-5)可知，萃取效率与分配比 D 和两相的体积比 V_o/V_w 有关。D 越大，体积比越小，则萃取效率越高。如果分配比 D 值不够大，根据“少量多次”的原则，常采用连续几次萃取的办法，用同样量的萃取剂，分几次萃取。这样虽然操作比较麻烦，但可提高萃取效率。

假设含有被萃取物质 A(W_o)的水溶液(V_w)用萃取剂(V_o)萃取一次，如果留在水溶液中未被萃取的 A 为 W_1，则萃取到萃取剂中的 A 为($W_o - W_1$)，即

$$D = \frac{c_o}{c_w} = \frac{(W_o - W_1)/V_o}{W_1/V_w}$$

解得

$$W_1 = W_o\left(\frac{V_w}{DV_o + V_w}\right)$$

如果每次用 V_o 萃取剂，共萃取 n 次，水相中剩余的 A 为 W_n，则

$$W_n = W_o\left(\frac{V_w}{DV_o + V_w}\right)^n \quad (3\text{-}6)$$

例如，含 10 mg 碘的 90 mL 水溶液，用 90 mL CCl_4 按下列两种情况萃取(已知 D=85)：①用 90 mL CCl_4 一次萃取，得 E=98.84%；②分三次萃取，每次用 30 mL CCl_4，则 E=100.0%，萃取效率提高。

当 D 值太小时，依靠增大有机相的体积或不断增加萃取次数使萃取完全，这种方法是不可取的。在实际工作中，一般要求 $D>10$。

三、萃取法应用示例

二盐酸奎宁注射液的含量测定：抗疟药二盐酸奎宁注射液是一种生物碱，它易溶于水，但其游离生物碱本身则不溶于水，而溶于有机溶剂，故可用有机溶剂萃取，用萃取法测定。

测定方法：精密量取一定量试样，加氨试液使成碱性，此时奎宁生物碱游离，用氯仿分次振摇萃取，直至把奎宁生物碱萃取完全。分离、合并氯仿萃取液，过滤，滤液置于水浴上蒸去氯仿，干燥，称量，直至恒重，就可计算样品中二盐酸奎宁的含量。

第三节 沉 淀 法

沉淀法是利用沉淀反应，将试样中的待测组分转化成难溶物的形式(沉淀形式)从溶液中分离出来，经过滤、洗涤、干燥或灼烧后，得到一种纯净、稳定的物质形式(称量形式)，然后进行称量，最后根据称量形式的质量求待测组分的含量。

一、沉淀法对沉淀形式和称量形式的要求

在沉淀法中，待测组分溶液中加入合适的沉淀剂后，析出的沉淀物质称为沉淀形式。沉淀形式经处理后，供最后称量的物质，称为称量形式。沉淀形式和称量形式的化学组成可以相同，也可以不同。如用沉淀法测定 SO_4^{2-} 或 Ba^{2+} 时，沉淀形式和称量形式都是 $BaSO_4$，两者相同；但用沉淀法测定 Ca^{2+} 时，沉淀形式是 $CaC_2O_4 \cdot H_2O$，经灼烧后所得的称量形式是 CaO，两者不同。

在沉淀法中，沉淀形式与称量形式应具备以下几个条件。

（一）对沉淀形式的要求

(1) 沉淀的溶解度必须很小。沉淀溶解造成的损失量，应不超出分析天平的称量误差范围，这样才能保证待测组分沉淀完全。

(2) 沉淀应便于过滤和洗涤。尽量获得颗粒粗大的晶形沉淀。如果是无定形沉淀，应注意掌握沉淀条件，改善沉淀的性质。

(3) 沉淀力求纯净。制备沉淀时应尽量避免带入其他杂质，要求称量形式中所含杂质的量不得超出称量误差所允许的范围。

(4) 沉淀形式应易转化为称量形式。

（二）对称量形式的要求

1. 有确定的化学组成

称量形式必须符合一定的化学式，这是采用沉淀法时定量计算分析结果的依据。

2. 性质必须十分稳定

称量形式不受空气中水分、二氧化碳和氧气等的影响，不易被氧化分解。

3. 摩尔质量尽可能大

称量形式的摩尔质量大，这样可以增加称量形式的质量，减小称量的相对误差。

二、沉淀的形态及其影响因素

（一）沉淀的形态

沉淀按其颗粒大小和外表形态不同，粗略地分为两类：晶形沉淀和无定形沉淀。晶形沉淀（如 $BaSO_4$）是由较大的沉淀颗粒组成，颗粒直径为 0.1～1 μm，内部排列较规则，结构紧密，所占体积比较小，易过滤洗涤。无定形沉淀（如 $Fe_2O_3 \cdot H_2O$）是由许多疏松、微小的沉淀颗粒聚集而成，颗粒直径一般小于 0.02 μm，沉淀颗粒排列杂乱无章，其中又包含大量数目不定的水分子，形成疏松的絮状沉淀，体积大，不但容易吸附杂质，而且难以过滤和洗涤。

（二）沉淀的形成

沉淀的形成包括晶核的形成和晶核的生长两个过程。

1. 晶核的形成

晶核的形成有两种情况。一种是均相成核作用，在过饱和溶液中，组成沉淀物的构晶离子，由于相互碰撞及靠静电作用而缔合起来，自发地形成晶核；另一种是异相成核作用，

在进行沉淀的溶剂、试剂以及容器内壁上存在大量肉眼看不见的固体微粒，这些微粒在沉淀过程中起着晶种的作用，诱导沉淀形成。

2. 晶核的生长

溶液中有晶核形成之后，溶液中的构晶离子随即向晶核表面扩散，并沉积到晶核上，晶核逐渐长大成沉淀微粒。这种沉淀微粒有聚集成更大的聚集体的倾向。若沉淀微粒互相凝聚，就生成无定形沉淀；若溶液中的构晶离子继续在沉淀微粒周围定向排列，微粒晶体不断增大，则生成颗粒较大的晶形沉淀。

（三）影响沉淀形态的主要因素

沉淀颗粒的形态和大小，主要由聚集速度和定向速度的相对大小决定。构晶离子聚集成晶核，晶核生长成沉淀微粒，沉淀微粒进一步聚集成聚集体，这一过程的速度称为聚集速度。在聚集的同时，构晶离子在自己的晶核上按一定顺序排列于晶格内，晶核就渐渐增大，形成晶体，这种构晶离子定向排列的速度称为定向速度。在沉淀过程中，如果聚集速度大于定向速度，生成的晶核数多，却来不及进行晶格排列，则得到小颗粒的无定形沉淀。反之，如果定向速度大于聚集速度，构晶离子在自己的晶核上有足够的时间进行晶格排列，则得到较大颗粒的晶形沉淀。

聚集速度主要与溶液的相对过饱和度有关。上世纪初期，冯·韦曼通过对制备 $BaSO_4$ 沉淀的研究，得出一个经验公式，即形成沉淀的初速度与溶液的过饱和度成正比，与所生成沉淀的溶解度成反比。可用式(3-7)表示：

$$V = K\frac{Q-S}{S} \tag{3-7}$$

式中：V 为聚集速度（或称为形成沉淀的初始速度）；Q 为加入沉淀剂瞬间生成沉淀物质的浓度；S 为沉淀的溶解度；$(Q-S)$ 为沉淀物质的过饱和度；$\frac{Q-S}{S}$ 为相对过饱和度；K 为比例常数，它与沉淀的性质、温度、介质等因素有关。

由式(3-7)可见，如果沉淀的溶解度大，瞬间生成沉淀物质的浓度不高，溶液的相对过饱和度小，则聚集速度就慢，易生长成大颗粒，就得到晶形沉淀；反之，则生成无定形沉淀。如在稀溶液中沉淀获得硫酸钡，通常是晶形沉淀；若在浓溶液（如 0.75～3 mol/L）中，则形成胶状沉淀。所以，应设法增大沉淀的溶解度，降低溶液的相对过饱和度，以获得大颗粒的晶形沉淀。

定向速度主要与沉淀物质的性质有关。一般极性强的盐类，如 $BaSO_4$、CaC_2O_4 等，具有较大的定向速度，所以得到的是晶形沉淀。而高价金属氢氧化物，溶解度极小，定向速度小，一般都形成无定形沉淀或胶状沉淀。

三、影响沉淀纯度的因素

在质量分析法中，要求从溶液中析出的沉淀应是纯净的，不混有杂质，或者所含的杂质不影响质量分析的准确度。所以，必须了解影响沉淀纯度的因素，从而找出提高沉淀纯度的方法。影响沉淀纯度的主要因素是共沉淀现象和后沉淀现象。

（一）共沉淀现象

在沉淀反应进行时，沉淀从溶液中析出，溶液中某些可溶性杂质也夹杂在沉淀中同时沉淀下来，这种现象称为共沉淀。产生共沉淀的主要原因有以下三种。

1. 表面吸附

在沉淀颗粒内部，正、负离子按晶格的一定顺序排列，处在内部的每个构晶离子都被异电荷离子所包围。如在 AgCl 沉淀中，每个 Ag^+ 都被 Cl^- 所包围，而每个 Cl^- 都被 Ag^+ 所包围，整个沉淀内部处于静电平衡状态。但处于沉淀颗粒表面和晶棱、晶角处的构晶离子至少有一个方向上的静电力没有平衡，因而便具有吸引异电荷离子的能力。AgCl 沉淀在过量 NaCl 溶液中，沉淀表面首先吸附 Cl^-，组成第一吸附层，使沉淀表面带负电荷。然后吸附溶液中的 Na^+ 或 H^+，组成第二吸附层。

第一吸附层和第二吸附层共同构成沉淀表面的双电层，该双电层随沉淀一起沉降而沾污沉淀。

表面吸附作用具有选择性。第一吸附层优先吸附构晶离子或与构晶离子大小相近、电荷相同的离子。第二吸附层优先吸附可与第一吸附层离子生成微溶或解离度较小的化合物的离子，且离子价数越高、浓度越大越易被吸附。相对于第一吸附层而言，第二吸附层的离子比较松弛，吸附得不太牢固，容易被溶液中浓度较大的其他离子所置换，这一性质给洗去杂质提供了有利条件。

表面吸附杂质量的多少，与下列因素有关：①沉淀的总表面积越大，吸附的杂质量越多；②杂质离子浓度越大，被吸附的量也越多；③吸附作用与温度有关，溶液的温度越高，吸附的杂质量越少。

2. 形成混晶

每种晶形沉淀，都有一定的晶体结构。如果溶液中杂质离子与沉淀构晶离子的半径相近、晶体结构相似时，则杂质离子可以取代构晶离子进入晶格而形成混晶。如 Pb^{2+} 与 Ba^{2+} 半径相近，$BaSO_4$ 与 $PbSO_4$ 的晶体结构相似，Pb^{2+} 就可能混入 $BaSO_4$ 的晶格中，与 $BaSO_4$ 形成混晶而被共沉淀。

形成混晶的选择性较高，要避免也困难。而且由混晶造成的共沉淀，不像表面吸附那样，能通过洗涤的方法除去杂质离子，要减少或消除混晶生成的最好方法是将有关杂质预先分离除去。

3. 包埋或吸留

在沉淀过程中，由于沉淀生成过快，沉淀表面吸附的杂质离子来不及离开就被后来沉积的沉淀所覆盖，从而被包埋在沉淀内部而引起共沉淀，这种现象称为吸留。

吸留是由吸附引起的，因而符合吸附规律。吸留的杂质被包埋在沉淀内部，不能通过洗涤的方法除去，但可通过陈化或重结晶来降低杂质含量。

（二）后沉淀现象

当沉淀析出之后，在沉淀与母液一起放置的过程中，溶液中原来不能析出沉淀的组分，也在沉淀表面逐渐沉积下来的现象，称为后沉淀。如在草酸钙沉淀表面会因为吸附而有较高浓度的 $C_2O_4^{2-}$，溶液中若有 Mg^{2+}，则可使第二层离子浓集于其周围，从而造成本来溶解度并不很小的草酸镁由于局部过饱和而析出，并附着于草酸钙沉淀的表面。

沉淀在溶液中放置时间越长，后沉淀现象就越显著。一般后沉淀现象没有共沉淀现象普遍，但当溶液中存在可产生后沉淀的杂质时，则应在沉淀完毕后，缩短沉淀与母液一起放置的时间以减少后沉淀。

四、沉淀的条件

在沉淀法中，常加入适当过量的沉淀剂，利用同离子效应来降低沉淀的溶解度，以使沉淀完全。沉淀剂用量在一般情况下，过量50%～100%，若沉淀剂不易挥发，在干燥或灼烧时不易除去，则以过量20%～30%为宜。如果过量太多，因可能引起盐效应、酸效应及配位效应等，反而使沉淀的溶解度增大。此外，还应根据沉淀的不同形态，选择不同的沉淀条件，以获得符合沉淀法要求的沉淀。

（一）晶形沉淀的沉淀条件

1. 在适当稀的溶液中进行

稀溶液的相对过饱和度不大，有利于形成大颗粒的晶形沉淀。同时，晶体颗粒大，表面积小，吸附作用小，表面吸附的杂质就少。溶液稀时杂质浓度小，共沉淀现象减少，可提高纯度。但对溶解度较大的沉淀，溶液不能太稀。

2. 在热溶液中进行沉淀

热溶液既可以提高沉淀的溶解度，减小相对过饱和度，以便得到大颗粒沉淀；又可减少沉淀对杂质的吸附，有利于得到纯净的沉淀。但对于热溶液中溶解度较大的沉淀，应放冷后再过滤，以减少溶解损失。

3. 在不断搅拌下慢慢地加入沉淀剂

这样可以防止局部过浓现象，保持沉淀在整体或局部溶液中的过饱和度不致过高，有利于得到颗粒较大且纯净的沉淀。

4. 陈化

沉淀析出完全后，沉淀与母液共同放置一段时间，这一过程称为陈化。陈化过程能使细小结晶溶解，粗大的结晶更加长大，最后获得晶形完整、纯净的大颗粒沉淀。这是因为具有较大表面积的细小结晶的溶解度，比具有较小表面积的粗大结晶的溶解度大。同时，原来被小晶体吸附或包埋的杂质，也可因此进入溶液而减少。但陈化会利于后沉淀，应予以注意。

（二）无定形沉淀的沉淀条件

无定形沉淀的溶解度一般很小，沉淀中相对过饱和度较大，很难通过减小溶液的相对过饱和度来改变沉淀的性质。无定形沉淀颗粒微小，体积庞大，吸附杂质多，容易胶溶，难以过滤和洗涤。因此，对于无定形沉淀，主要考虑如何加速沉淀微粒凝聚，获得紧密的沉淀，减少杂质吸附和防止胶溶。至于沉淀的溶解损失，可以忽略不计。所以，无定形沉淀的形成条件如下。

1. 在较浓的溶液中进行

加入沉淀剂的速度应适当加快，这样得到的沉淀含水量少，体积小，结构也较紧密。但在浓溶液中进行，杂质的浓度相应提高，此时应考虑到吸附的杂质也多，故在沉淀反应完毕后，应立即加入较大量热水冲稀并充分搅拌，使吸附的部分杂质转入溶液。

2. 在热溶液中进行

在热溶液中，可使沉淀微粒容易凝聚，减少表面吸附，并防止形成胶体，有利于提高沉淀的纯度。

3. 加入适量电解质

电解质电离产生的离子能中和胶体微粒的电荷，可防止形成胶体溶液，降低水化程度，促使沉淀凝聚。洗涤沉淀应用易挥发的电解质，如盐酸、氨水、铵盐等溶液，既可防止胶溶，又能将吸附层中难挥发的杂质交换出来。

4. 不必陈化

沉淀完全后，趁热立即过滤，不必陈化。无定形沉淀一经放置，将逐渐失去水分而聚集得更为紧密，已吸附的杂质很难洗去。

（三）均匀沉淀法

在晶形沉淀的形成过程中，虽然是在不断搅拌下缓慢滴加沉淀剂，但仍不可避免造成沉淀剂的局部过浓现象，采用均匀沉淀法能克服此现象。均匀沉淀法是利用化学反应，在溶液内部缓慢而均匀地产生所需要的沉淀剂，待沉淀剂达到一定浓度时即产生沉淀。这样既使沉淀在溶液中过饱和度很小，又能较长时间维持过饱和状态，而且沉淀剂的产生是均匀地分布于溶液的各处，无局部过浓现象。因此，可以使沉淀在整个溶液中缓慢、均匀地析出，得到的沉淀颗粒大、结构紧密、纯净而且易于过滤洗涤。

如用普通沉淀方法测定 Ca^{2+} 的含量并不理想，可采用均匀沉淀法。在含有 Ca^{2+} 的酸性溶液中加入草酸钾，因酸效应的影响，此时不能析出 CaC_2O_4 沉淀。然后加入尿素，搅拌均匀后逐渐加热至 90 ℃左右，尿素逐渐水解生成氨：

$$CO(NH_2)_2 + H_2O \longrightarrow CO_2\uparrow + 2NH_3\uparrow$$

水解生成的氨均匀分布在溶液中，中和溶液中的 H^+，酸度逐渐降低，$C_2O_4^{2-}$ 浓度徐徐增加，最后均匀而缓慢地析出粗大、纯净的 CaC_2O_4 沉淀。

（四）利用有机沉淀剂进行沉淀

与无机沉淀剂相比，有机沉淀剂一般具有：①选择性高；②沉淀溶解度小；③沉淀吸附杂质少；④沉淀物的相对分子质量大；⑤烘干后即可直接称重等优点。因此它得到广泛应用。

五、沉淀法的结果计算

沉淀析出后，将所得的沉淀经过滤、洗涤、干燥或灼烧，制成符合称量形式所要求的沉淀，用分析天平准确称重。最后根据所得沉淀的质量和样品的质量，计算试样中待测组分的含量（%）。

例如，测定 Na_2SO_4 时，称取试样 0.2408 g，溶于水后，加入 $BaCl_2$ 溶液使之沉淀完全。所得沉淀经干燥灼烧后，得硫酸钡（称量形式）0.3891 g。求试样中 Na_2SO_4 的含量（%）。

先从称量形式的质量计算出待测组分的质量，设待测组分的质量为 x，则反应式为

$$\begin{array}{llll} Na_2SO_4 + BaCl_2 & = & BaSO_4\downarrow + 2NaCl \\ 142.04 & & 233.39 \\ x & & 0.3891 \end{array}$$

$$x = 0.3891 \times \frac{142.04}{233.39}\ g = 0.2368\ g$$

待测组分的含量为

$$w_{Na_2SO_4}=\frac{0.2368}{0.2408}\times 100\%=98.34\%$$

由上式可知：

$$待测组分含量=\frac{称量形式的质量\times 换算因数}{试样的质量}\times 100\%$$

换算因数又称为化学因数，用 F 表示。其意义是：1 g 称量形式的沉淀相当于待测组分的质量(g)。

$$F=\frac{a\times 待测组分的摩尔质量}{b\times 称量形式的摩尔质量}$$

式中的 a 和 b 为使待测组分与称量形式的量相当所配的系数。

应当注意：换算因数与沉淀形式无关。

六、沉淀法应用示例

玄明粉中硫酸钠的含量测定：中医用玄明粉作泻药，玄明粉为芒硝经风化干燥制得，主要含硫酸钠(Na_2SO_4)。《中国药典》规定按干燥品计算，含硫酸钠不得少于 99.0%。

测定方法：取本品在 105 ℃干燥至恒重后，精密称取一定量的样品，加水溶解，再加盐酸煮沸，在不断搅拌下缓缓滴加热的 $BaCl_2$ 试液，直至沉淀完全，置于水浴上加热 30 min，静置 1 h。过滤后，沉淀用水分次洗涤至洗涤液不再显氯化物反应，干燥灼烧至恒重，精密称定，按下式计算样品中 Na_2SO_4 的含量(%)：

$$w_{Na_2SO_4}=\frac{m_{称量形式}F}{S}\times 100\%$$

小结

一、挥发法

1. 直接法

待测组分与其他组分分离后，直接称量待测组分或其衍生物的方法称为直接法。

2. 间接法

待测组分与其他组分分离后，通过称量其他组分，测定供试品减少的质量来求待测组分含量的方法称为间接法。

3. 干燥方式

干燥方式分为常压加热干燥、减压加热干燥、干燥剂干燥。

二、萃取法

1. 分配系数和分配比

分配系数 $$K_D=\frac{c_o}{c_w}\times 100\%$$

分配比 $$D=\frac{c_o}{c_w}=\frac{[A_1]_o+[A_2]_o+\cdots+[A_n]_o}{[A_1]_w+[A_2]_w+\cdots+[A_n]_w}$$

2. 萃取效率

$$E = \frac{\text{被萃取物在有机相的总量}}{\text{被萃取物在两相中的总量}} \times 100\%$$

$$E = \frac{D}{D + V_w/V_o} \times 100\%$$

$$W_n = W_o \left(\frac{V_w}{DV_o + V_w} \right)^n$$

三、沉淀法

（一）沉淀法对沉淀形式和称量形式的要求

1. 对沉淀形式的要求

(1) 沉淀的溶解度必须很小。

(2) 沉淀应便于过滤和洗涤。

(3) 沉淀力求纯净。

(4) 沉淀形式应易转化为称量形式。

2. 对称量形式的要求

(1) 有确定的化学组成。

(2) 性质必须十分稳定。

(3) 摩尔质量尽可能大。

（二）沉淀形态及其影响因素

1. 沉淀的形态

沉淀按其颗粒大小和外表形态不同，粗略地分为两类：晶形沉淀和无定形沉淀。

2. 影响沉淀形态的主要因素

沉淀颗粒的形态和大小，主要由聚集速度和定向速度的相对大小决定。在沉淀过程中，如果聚集速度大于定向速度，则得到小颗粒的无定形沉淀。如果定向速度大于聚集速度，则得到较大颗粒的晶形沉淀。

3. 影响沉淀纯度的因素

影响沉淀纯度的主要因素是共沉淀现象和后沉淀现象。

4. 沉淀的条件

1) 晶形沉淀的沉淀条件

(1) 在适当稀的溶液中进行。

(2) 在热溶液中进行沉淀。

(3) 在不断搅拌下慢慢地加入沉淀剂。

(4) 陈化。

2) 无定形沉淀的沉淀条件

(1) 在较浓的溶液中进行。

(2) 在热溶液中进行。

(3) 加入适量电解质。

(4) 不必陈化。

5. 沉淀法的结果计算

沉淀析出后，将所得的沉淀经过滤、洗涤、干燥或灼烧，制成符合称量形式所要求的沉淀，用分析天平准确称重。最后根据所得沉淀的质量和样品的质量，计算试样中待测组分的含量(%)。

换算因数的定义式如下：

$$F=\frac{a\times \text{待测组分的摩尔质量}}{b\times \text{称量形式的摩尔质量}}$$

能力检测

一、选择题

1. 下列说法违反无定形沉淀条件的是(　　)。

A. 在浓溶液中进行　　B. 在不断搅拌下进行

C. 陈化　　D. 在热溶液中进行

2. 下列不属于沉淀法对沉淀形式要求的是(　　)。

A. 沉淀的溶解度小　　B. 沉淀纯净

C. 沉淀颗粒易于过滤和洗涤　　D. 沉淀的摩尔质量大

3. 下列关于质量分析基本概念的叙述，错误的是(　　)。

A. 汽化法是由试样的质量减轻进行分析的方法

B. 汽化法适用于挥发性物质及水分的测定

C. 质量分析法的基本数据都是由天平称量而得

D. 质量分析的系统误差，仅与天平的称量误差有关

4. 在质量分析法测定硫酸根的实验中，恒重要求两次称量的绝对值之差为(　　)。

A. 0.2～0.4 g　　B. 0.2～0.4 mg　　C. 0.02～0.04 g　　D. 0.02～0.04 mg

5. 晶形沉淀的沉淀条件是(　　)。

A. 浓、冷、慢、搅、陈　　B. 稀、热、快、搅、陈

C. 稀、热、慢、搅、陈　　D. 稀、冷、慢、搅、陈

二、填空题

1. 在______中，根据同离子效应，可加入大量沉淀剂以降低沉淀在水中的溶解度。

2. 在质量分析法中，如果称量形式是 $Mg_2P_2O_7$，待测组分是 $MgSO_4\cdot 7H_2O$。换算因数为____________；若待测组分为 MgO，则换算因数为____________。

3. 以 $AgNO_3$ 溶液滴定 NaCl 溶液时，化学计量点之前沉淀带____________电荷，化学计量点之后沉淀带____________电荷。

三、问答题

1. 沉淀是怎样形成的？形成沉淀的性状与哪些因素有关？哪些因素由沉淀本质决定？哪些因素由沉淀条件决定？

四、计算题

1. 称取某含砷农药 0.2000 g，溶于 HNO_3 后转化为 H_3AsO_4，调至中性，加 $AgNO_3$ 使其沉淀为 Ag_3AsO_4。沉淀经过滤、洗涤后，再溶解于稀 HNO_3 中，以铁铵矾为指示剂，滴定时消耗了 0.1180 mol/L NH_4SCN 标准溶液 33.85 mL。计算该农药中 As_2O_3 的质量分数。

2. 今有一 KCl 与 KBr 的混合物。现称取 0.3028 g 试样，溶于水后用 $AgNO_3$ 标准溶

液滴定，用去 0.1014 mol/L $AgNO_3$ 30.20 mL。试计算混合物中 KCl 和 KBr 的质量分数。

3. 计算下列换算因数：

测定物	称量物
(1) FeO	Fe_2O_3
(2) KCl($\rightarrow K_2PtCl_6 \rightarrow$Pt)	Pt
(3) Al_2O_3	$Al(C_9H_6ON)_3$
(4) P_2O_5	$(NH_4)_3PO_4 \cdot 12\,MoO_3$

4. 称取某可溶性盐 0.3232 g，用硫酸钡质量分析法测定其中含硫量，得 $BaSO_4$ 沉淀 0.2982 g，计算试样含硫的质量分数。

5. 用质量分析法测定莫尔盐 $(NH_4)_2SO_4 \cdot FeSO_4 \cdot 6H_2O$ 的纯度，若天平称量误差为 0.2 mg，为了使灼烧后 Fe_2O_3 的称量误差不大于 0.1%，应最少称取多少样品？

（郑州铁路职业技术学院　夏河山）

第四章　滴定分析法概述

学习目标

掌握：滴定分析法的基本术语及条件；滴定液浓度的表示方法；滴定液的配制和标定方法；滴定分析的有关计算。

熟悉：滴定分析法的分类和滴定方式以及基准物质的条件。

了解：滴定分析法的特点。

第一节　概　　述

滴定分析法是指将一种已知准确浓度的试剂，滴加到待测物质的溶液中（或将待测物质溶液滴加到已知溶液中），至所加试剂与待测物质按化学式计量关系定量反应完全，根据试剂的浓度和用量，计算待测物质的含量，也称为容量分析。该法简便、快速、准确度高、应用广泛。

一、滴定分析法的重要术语及条件

（一）重要术语

1. 标准溶液

标准溶液是已知准确浓度的试剂，即“滴定剂”。

2. 滴定

滴定是把滴定剂从滴定管加到被测溶液中的过程。

3. 化学计量点

化学计量点简称“计量点”，当加入的标准溶液与待测物质定量反应完全时，反应达到了“化学计量点”。

4. 滴定终点

滴定终点一般依据指示剂的变色来确定。在滴定过程中，指示剂正好发生颜色变化的转变点称为“滴定终点”。

5. 终点误差

终点误差是由滴定终点与化学计量点不恰好吻合造成的分析误差。

（二）条件

并不是所有的化学反应都可做滴定分析，滴定分析所采用的化学反应必须具备以下条件。

(1) 必须具有确定的化学式计量关系，即反应按一定的反应方程式进行，这是定量的基础。

(2) 反应必须定量地进行。反应程度通常要求达到99.9%以上。

(3) 必须具有较快的反应速率。对于速度较慢的反应，有时可加热或加入催化剂来加速反应的进行。

(4) 必须有适当、简便的方法确定滴定终点。

(5) 共存物不干扰测定。

凡能满足上述要求的反应，都可直接滴定，即用标准溶液直接滴定待测物质，故直接滴定法是滴定分析中最常用和最基本的滴定方法。

二、滴定分析的方法与滴定方式

（一）滴定分析的方法

根据反应类型和使用溶剂的不同，滴定分析的方法主要分为以下四类。

1. 酸碱滴定法

以质子传递反应为基础的滴定分析方法，称为酸碱滴定法。滴定过程中反应实质可用下列简式表示：

$$H^+ + OH^- = H_2O$$

$$HA + OH^- = H_2O + A^-$$

$$A^- + H_3O^+ = H_2O + HA$$

可用标准酸溶液测定碱性物质，也可用标准碱溶液测定酸性物质。

2. 沉淀滴定法

以沉淀反应为基础的滴定分析方法，称为沉淀滴定法。这种方法在滴定过程中有沉淀产生，如银量法：

$$Ag^+ + X^- = AgX\downarrow$$

X^-可以代表Cl^-、Br^-、I^-及SCN^-等离子。

3. 配位(络合)滴定法

以配位反应为基础的滴定分析方法，称为配位(络合)滴定法。目前广泛使用氨羧配位剂作为标准溶液，滴定多种金属离子，其基本反应是

$$M + Y = MY$$

4. 氧化还原滴定法

以有电子转移的氧化还原反应为基础的滴定分析方法，称为氧化还原滴定法。可以用氧化剂作为标准溶液测定还原性物质，也可以用还原剂作为标准溶液测定氧化性物

质。根据所用标准溶液的不同，氧化还原滴定法又可分为碘量法、溴酸钾法、高锰酸钾法等。

$$I_2 + 2S_2O_3^{2-} = 2I^- + S_4O_6^{2-}$$

$$MnO_4^- + 5Fe^{2+} + 8H^+ = Mn^{2+} + 5Fe^{3+} + 4H_2O$$

（二）滴定方式

1. 直接滴定法

满足滴定分析5个条件的反应，即可用标准溶液直接滴定待测物质。直接滴定法是滴定分析中最常用和最基本的滴定方法。如以HCl为标准溶液滴定NaOH和以$KMnO_4$为标准溶液滴定Fe^{2+}等，都属于直接滴定法。当标准溶液与待测物质的反应不符合5个条件时，则应考虑采用下述几种滴定方式。

2. 返滴定法

当试液中待测物质与滴定剂反应很慢、无合适指示剂、用滴定剂直接滴定固体试样反应不能立即完成时，可先准确地加入过量标准溶液，与试液中的待测物质或固体试样进行反应，待反应完全后，再用另一种标准溶液滴定剩余的标准溶液，这种滴定方式称为返滴定法。如固体碳酸钙的测定：

$$CaCO_3 + 2HCl(准确、过量) = CaCl_2 + CO_2\uparrow + H_2O$$

$$HCl(剩余) + NaOH = NaCl + H_2O$$

3. 置换滴定法

当待测组分所参与的反应不按一定反应式进行或伴有副反应时，可先用适当试剂与待测组分反应，使其定量地置换为另一种物质，再用标准溶液滴定这种物质，这种滴定方法称为置换滴定法。例如：还原剂$Na_2S_2O_3$与氧化剂$K_2Cr_2O_7$反应时，一部分$Na_2S_2O_3$被氧化成SO_4^{2-}，另一部分被氧化成$S_4O_6^{2-}$，反应无确定的计量关系，但$K_2Cr_2O_7$在酸性条件下氧化KI，定量生成I_2。此时再用$Na_2S_2O_3$标准溶液滴定生成的I_2，这一反应符合滴定分析的要求，即

$$Cr_2O_7^{2-} + 6I^- + 14H^+ = 2Cr^{3+} + 3I_2 + 7H_2O$$

生成的I_2与$Na_2S_2O_3$标准溶液反应：

$$I_2 + 2S_2O_3^{2-} = 2I^- + S_4O_6^{2-}$$

4. 间接滴定法

当待测组分不能与标准溶液直接反应时，可将试样通过一定的化学反应后，再用适当的标准溶液滴定反应产物，这种滴定方法称为间接滴定法。例如，测定试样中$CaCl_2$的含量时，由于钙盐不能直接与$KMnO_4$标准溶液反应，可先加入过量$(NH_4)_2C_2O_4$，使Ca^{2+}定量沉淀为CaC_2O_4，从而间接算出$CaCl_2$的含量。其主要反应式如下：

$$Ca^{2+} + C_2O_4^{2-} = \underset{(白色)}{CaC_2O_4\downarrow}$$

$$CaC_2O_4 + H_2SO_4 = CaSO_4 + H_2C_2O_4$$

$$2MnO_4^- + 5C_2O_4^{2-} + 16H^+ = 2Mn^{2+} + 10CO_2\uparrow + 8H_2O$$

第二节 基准物质与标准溶液

一、基准物质

能用于直接配制或标定标准溶液的物质，称为基准物质(又称为一级标准物质)。作为基准物质应满足以下条件。

(1) 试剂的组成与化学式完全符合，若含有结晶水，含量应符合化学式。

(2) 试剂的纯度足够高(99.9%以上)。

(3) 性质稳定，不与空气中 H_2O、CO_2 及 O_2 等反应。

(4) 试剂的摩尔质量大，可减少称量时的相对误差。

(5) 反应按化学式计量关系定量进行，无副反应。

常用基准物质有纯金属和纯化合物，如 Ag、Cu、Zn、$K_2Cr_2O_7$、Na_2CO_3、As_2O_3 等。但是，有些超纯试剂或光谱纯试剂纯度高，只表示其中金属杂质含量低，其主要成分的含量不一定高，故不可随意认定基准物质。

二、标准溶液

1. 标准溶液浓度的表示

1) 物质的量浓度 c_B

$$c_B = \frac{n_B}{V}$$

式中：n_B为溶质 B 的物质的量，mol 或 mmol；V 为溶液的体积，L 或 mL；c_B为物质的量浓度，mol/L。

2) 滴定度

滴定度是指每毫升滴定液相当于被测物质的质量，以 $T_{A/B}$表示，其中 A 表示滴定液的分子式，B 表示被测物质的分子式。滴定度与被测物质质量的关系式为

$$m_B = T_{A/B}V_A$$

式中：m_B为被测物质 B 的质量，g；V_A为滴定液 A 的体积，mL；$T_{A/B}$为每毫升 A 滴定液相当于被测物质 B 的质量，g/mL。

2. 标准溶液的配制与标定

1) 直接法

准确称取一定量的基准物质，溶解后配成一定体积的溶液，根据物质质量和溶液体积，可计算出该标准溶液的准确浓度(如 $Na_2B_4O_7 \cdot 10H_2O$、$K_2Cr_2O_7$)。

2) 标定法

不能直接配制标准溶液的物质，可先配制成一种近似于所需浓度的溶液，然后用基准物质或标准溶液来标定它的准确浓度(如 HCl、NaOH、EDTA)，这种操作过程称为“标定”或“标化”。这就是间接法配制标准溶液。称取基准物质的量不能太少，滴定消耗体积不能太小，标定时应注意：标定次数不少于 3 次，标定时的操作条件尽量与测定条件一致，以保

证滴定分析的相对误差在±0.2%内。

第三节　滴定分析的计算

一、滴定分析计算的依据

在滴定分析中，滴定剂T与被滴定物B有下列化学反应：

$$tT + bB \longrightarrow P$$

滴定剂　被滴定物　生成物

当滴定达到化学计量点时，t mol T物质恰好与b mol B物质完全反应，即被测物质(B)与滴定液(T)的物质的量之比等于各物质的系数比：

$$n_T : n_B = t : b$$

即

$$n_T = \frac{t}{b} n_B \text{ 或 } n_B = \frac{b}{t} n_T$$

二、滴定分析计算的基本公式

1. 标准溶液浓度的有关计算

1）直接配制法

设基准物质B的摩尔质量为M_B(g/mol)，质量为m_B(g)，则物质B的物质的量为$n_B = \frac{m_B}{M_B}$，若将其配制成体积为V(L)的标准溶液，它的浓度可用$c_B = \frac{m_B}{VM_B}$计算。

值得注意的是，表示物质的量浓度时必须指明基本单元，因为在不同的化学反应中，物质的基本单元不同，其摩尔质量不同，所表示的浓度也就不同。

2）标定法

以基准物质标定标准溶液，设所称基准物质的质量为m_B，则可求出浓度：

$$c_T = \frac{t}{b} \frac{m_B}{M_B V_T}$$

注意：在计算时要注意单位统一。

若以浓度为c_T(mol/L)的标准溶液(T)标定另一标准溶液(B)，若被标定溶液的体积为V_B，在化学计量点时，用去标准溶液的体积为V_T(mL)。可以求出c_B：

$$c_B = \frac{b}{t} \frac{c_T V_T}{V_B}$$

2. 物质的量浓度与滴定度之间的换算

根据滴定度的定义可得

$$\frac{c_T \times 10^{-3}}{\frac{T_{T/B}}{M_B}} = \frac{n_T}{n_B} = \frac{t}{b}$$

因此

$$c_T = \frac{t}{b}\frac{10^3 \times T_{T/B}}{M_B} \text{ 或 } T_{T/B} = \frac{b}{t}\frac{c_T M_B}{10^3}$$

3. 待测组分的质量和质量分数(或含量)的计算

称取试样 S,含待测组分 A 的质量为 m_A,则待测组分的含量计算推导如下:

$$w_A = \frac{m_A}{S} \times 100\%$$

$$T_{T/A} = \frac{m_A}{V_T}$$

$$w_A = \frac{T_{T/A}V_T}{S} \times 100\%$$

$$w_A = \frac{a}{t}\frac{c_T V_T M_A}{S \times 1000} \times 100\%$$

三、滴定分析计算实例

[**例 4-1**] 现有 0.1200 mol/L 的 NaOH 标准溶液 200 mL,欲使其浓度稀释到 0.1000 mol/L,要加水多少?

解 设应加水的体积为 V,根据溶液稀释前后物质的量相等的原则,相关计算如下。

因为 $$0.1200 \times 200 = 0.1000(200+V)$$

所以 $$V = \frac{(0.1200-0.1000)\times 200}{0.1000}\ \text{mL} = 40\ \text{mL}$$

故应加水的体积为 40 mL。

[**例 4-2**] 将 0.2500 g Na_2CO_3 基准物质溶于适量水中后,以甲基橙为指示剂,用 0.2 mol/L的 HCl 溶液滴定至终点,大约消耗多少此 HCl 溶液?

解 因为 $$n_{HCl}/n_{Na_2CO_3} = 2$$

$$c_{HCl}V_{HCl} = 2n_{Na_2CO_3} = \frac{2m_{Na_2CO_3}\times 1000}{M_{Na_2CO_3}}$$

所以 $$V_{HCl} = \frac{2\times 0.2500 \times 1000}{0.2 \times 106.0}\ \text{mL} \approx 24\ \text{mL}$$

故大约消耗此 HCl 溶液 24 mL。

[**例 4-3**] 若 $T_{HCl/Na_2CO_3} = 0.005300$ g/mL,试计算 HCl 标准溶液物质的量浓度。

解 因为 $$n_{HCl}/n_{Na_2CO_3} = 2$$

所以 $$c_{HCl} = \frac{t}{a}\frac{T_{HCl/Na_2CO_3}\times 1000}{M_{Na_2CO_3}}$$

$$= 2 \times \frac{0.005300 \times 1000}{106.0}\ \text{mol/L} = 0.1000\ \text{mol/L}$$

故 HCl 标准溶液物质的量浓度为 0.1000 mol/L。

[**例 4-4**] $T_{K_2Cr_2O_7/Fe} = 0.005000$ g/mL,如消耗 $K_2Cr_2O_7$ 标准溶液 21.50 mL,被滴定溶液中铁的质量是多少?

解 $$m_{Fe} = 0.005000 \times 21.50\ \text{g} = 0.1075\ \text{g}$$

故滴定溶液中铁的质量是 0.1075 g。

[**例 4-5**] 测定药用 Na_2CO_3 的含量,称取试样 0.1230 g,溶解后用浓度为

0.1006 mol/L的 HCl 标准溶液滴定，终点时消耗该 HCl 标准溶液 23.00 mL，求试样中 Na_2CO_3的含量。

解 因为

$$n_{Na_2CO_3}/n_{HCl}=1/2$$

所以

$$w_{Na_2CO_3}=\frac{1}{2}\times\frac{0.1006\times23.00\times106.0}{0.1230\times1000}\times100\%=99.70\%$$

故试样中 Na_2CO_3的含量为 99.70%。

[**例 4-6**] 精密称取 CaO 试样 0.06000 g，以 HCl 标准溶液滴定之，已知 $T_{HCl/CaO}=0.0056$ g/mL，消耗 HCl 标准溶液 10 mL，求 CaO 的含量。

解

$$w_{CaO}=\frac{T_{HCl/CaO}V_{HCl}}{S}=\frac{0.0056\times10}{0.06000}\times100\%=93.33\%$$

故 CaO 的含量为 93.33%。

[**例 4-7**] 试计算 0.02000 mol/L $K_2Cr_2O_7$ 溶液对 Fe 和 Fe_2O_3 的滴定度。

解

$$Cr_2O_7{}^{2-}+6Fe^{2+}+14H^+=\!=\!=2Cr^{3+}+6Fe^{3+}+7H_2O$$

$$T_{K_2Cr_2O_7/Fe}=\frac{c_{K_2Cr_2O_7}M_{Fe}}{1000\times6}=0.0001867\ g/mL$$

同理可得

$$T_{K_2Cr_2O_7/Fe_2O_3}=\frac{c_{K_2Cr_2O_7}M_{Fe_2O_3}}{1000\times3}=0.001067\ g/mL$$

故 $K_2Cr_2O_7$ 溶液对 Fe 和 Fe_2O_3 的滴定度分别为 0.0001867 g/mL、0.001067 g/mL。

[**例 4-8**] 用 $Na_2B_4O_7\cdot10H_2O$ 标定 HCl 溶液的浓度，称取 0.4806 g 硼砂，滴定至终点时消耗 HCl 溶液 25.20 mL，计算 HCl 溶液的浓度。

解

$$Na_2B_4O_7\cdot10H_2O+2HCl=\!=\!=4H_3BO_3+2NaCl+5H_2O$$

$$c_{HCl}=\frac{n_{HCl}}{V_{HCl}}=\frac{2m_{Na_2B_4O_7\cdot10H_2O}}{M_{Na_2B_4O_7\cdot10H_2O}V_{HCl}}$$

$$=\frac{2\times0.4806}{381.37\times25.20\times10^{-3}}\ mol/L$$

$$=0.1000\ mol/L$$

故 HCl 溶液的浓度为 0.1000 mol/L。

[**例 4-9**] 已知一盐酸标准溶液的滴定度 $T_{HCl}=0.004374$ g/mL，试计算：

(1) 相当于 NaOH 的滴定度，即 $T_{HCl/NaOH}$。

(2) 相当于 CaO 的滴定度，即 $T_{HCl/CaO}$。

(已知：$M_{HCl}=36.46$ g/mol，$M_{NaOH}=40.00$ g/mol，$M_{CaO}=56.08$ g/mol)

解 有关反应方程式如下：

$$HCl+NaOH=\!=\!=NaCl+H_2O$$

$$2HCl+CaO=\!=\!=CaCl_2+H_2O$$

(1)

$$c_{HCl}=\frac{T_{HCl}}{M_{HCl}}\times1000=\frac{0.004374}{36.46}\times1000\ mol/L=0.1200\ mol/L$$

$$T_{HCl/NaOH}=\frac{c_{HCl}M_{NaOH}}{1000}=\frac{0.1200\times40.00}{1000}\ g/mL=0.004800\ g/mL$$

$$T_{HCl/CaO}=\frac{1}{2}\frac{c_{HCl}M_{CaO}}{1000}=\frac{1}{2}\times\frac{0.1200\times56.08}{1000}\text{g/mL}=0.003365\ \text{g/mL}$$

故 $T_{HCl/NaOH}$ 和 $T_{HCl/CaO}$ 分别为 0.004800 g/mL、0.003365 g/mL。

小 结

一、概述

1. 滴定分析法的重要术语及条件

标准溶液、滴定、化学计量点、滴定终点、终点误差。

2. 滴定分析的方法与滴定方式

滴定方式：直接滴定法、返滴定法、置换滴定法、间接滴定法。

滴定方法：酸碱滴定法、沉淀滴定法、配位(络合)滴定法、氧化还原滴定法。

二、基准物质与标准溶液

(1) 基准物质：能用于直接配制或标定标准溶液的物质，需满足 5 个条件。

(2) 标准溶液浓度的表示。

(3) 标准溶液可以用直接法和标定法配制。

三、滴定分析计算的基本公式

1. 标准溶液浓度的计算公式

直接法：
$$c_B=\frac{m_B}{VM_B}$$

标定法：
$$c_B=\frac{b}{t}\frac{c_TV_T}{V_B}$$

2. 物质的量浓度与滴定度之间的换算公式

$$c_T=\frac{t}{b}\frac{10^3\times T_{T/B}}{M_B}$$

3. 被测物质含量的计算公式

$$w_A=\frac{a}{t}\frac{c_TV_TM_A}{S\times1000}\times100\%$$

能力检测

一、选择题

1. 将 4 g 氢氧化钠溶于水中，配制成为 1 L 溶液，其物质的量为(　　)。

A. 1 mol　　B. 4 g　　C. 0.1 mol　　D. 0.1 mol/L

2. 将 4 g 氢氧化钠溶于水中，配制成为 1 L 溶液，其溶液浓度为(　　)。

A. 1 mol/L　　B. 4 mol/L　　C. 0.1 mol　　D. 0.1 mol/L

3. 下列说法正确的是(　　)。

A. 滴定管的初读数必须是“0.00”

B. 直接滴定分析中，各反应物的物质的量应成简单整数比

C. 滴定分析具有灵敏度高的优点

D. 基准物质应具备的主要条件是摩尔质量大

4. 使用碱式滴定管进行滴定的正确操作是(　　)。

A. 用左手捏稍低于玻璃珠的近旁　　B. 用左手捏稍高于玻璃珠的近旁

C. 用左手捏玻璃珠上面的橡皮管　　D. 用右手捏稍低于玻璃珠的近旁

5. 下列操作中错误的是(　　)。

A. 用间接法配制 HCl 标准溶液时,用量筒取水稀释

B. 用右手拿移液管,左手拿洗耳球

C. 用右手食指控制移液管的液流

D. 移液管尖部最后留有少量溶液及时吹入接收器中

6. 在以 $KHC_8H_4O_4$ 为基准物质标定 NaOH 溶液时,下列(　　)需用操作溶液淋洗三次。

A. 滴定管　　B. 容量瓶　　C. 量筒　　D. 锥形瓶

7. 酸式滴定管常用来装(　　)。

A. 酸性溶液　　B. 见光易分解的溶液

C. 碱性溶液　　D. 能与橡皮管起反应的溶液

8. 碱式滴定管常用来装(　　)。

A. 碱性溶液　　B. 见光易分解的溶液

C. 不与橡皮管起反应的溶液　　D. 氧化性溶液

9. 已知 $T_{H_2SO_4/NaOH}=0.0100$ g/mL,则 c_{NaOH}应为(　　)mol/L。

A. 0.1020　　B. 0.2039　　C. 0.0200　　D. 0.0100

10. 已知邻苯二甲酸氢钾($KHC_8H_4O_4$)的摩尔质量为 204.2 g/mol,用它来标定 0.1 mol/L NaOH溶液,宜称取邻苯二甲酸氢钾为(　　)。

A. 0.25 g　　B. 1 g　　C. 0.1 g　　D. 0.5 g

11. 用精度为万分之一的电子天平称量试样时,以 g 为单位,结果应记录到小数点后(　　)。

A. 一位　　B. 两位　　C. 三位　　D. 四位

12. 某基准物质 A 的摩尔质量为 500 g/mol,用于标定 0.1 mol/L 的 B 溶液,设标定反应为 A+2B ══P,则每份基准物质的称取量应为(　　)g。

A. 0.1～0.2　　B. 0.2～0.5　　C. 0.5～1.0　　D. 1.0～1.6

二、计算题

1. 称取草酸 0.1670 g 溶于适量的水中,用 0.1000 mol/L 的 NaOH 标准溶液滴定,用去 23.46 mL,求样品中 $H_2C_2O_4 \cdot 2H_2O$ 的质量分数。

2. 市售浓硫酸的密度为 1.84 g/mL,含量为 96%,该浓硫酸的浓度为多少?若配制 0.5 mol/L的硫酸溶液 2000 mL,应取浓硫酸多少毫升?用什么量器量取浓硫酸?如何配制?

3. 称取不纯烧碱试样 20.00 g,加蒸馏水溶解后配成 250 mL 溶液,吸取 25.00 mL 该溶液放入锥形瓶中,加甲基红指示剂,用 0.9918 mol/L 的 HCl 溶液滴定至终点,用去 HCl 溶液 20.00 mL。求该烧碱试样中氢氧化钠的质量分数。

4. 用硼砂标定盐酸溶液。准确称取硼砂试样 0.3814 g 于锥形瓶中,加蒸馏水溶解,加

甲基红指示剂，用待标定的盐酸滴定至终点，消耗盐酸 20.00 mL，计算盐酸溶液的准确浓度。

5. 阿司匹林（乙酰水杨酸）的测定可用已知过量的碱进行水解（煮沸 10 min），然后用酸标准溶液滴定剩余的碱，若称取 0.2745 g 试样，用 50.00 mL 0.1000 mol/L NaOH 溶液溶解，滴定过量碱需 11.03 mL 0.2100 mol/L HCl 溶液（一般用酚红作指示剂）。试计算试样中乙酰水杨酸的质量分数。反应式为

$$HOOCC_6H_4COOCH_3 + 2NaOH = CH_3COONa + NaOOCC_6H_4OH + H_2O$$

（乙酰水杨酸的相对分子质量为 180.16）

（山东万杰医学院　高先娟、张伟丽）

第五章 酸碱滴定法

学习目标

掌握：强酸与强碱相互滴定；一元弱酸（碱）滴定的基本原理、滴定条件、滴定曲线及酸碱指示剂的选择依据；酸碱滴定液的配制与标定方法和直接滴定法的应用。

熟悉：酸碱指示剂的变色原理、变色范围及影响指示剂变色范围的因素；多元酸（碱）的滴定条件和指示剂的选择；酸碱滴定中的有关计算，能解决的一些实际问题。

了解：混合指示剂作用原理；酸碱滴定法的应用。

酸碱滴定法是以质子转移反应为基础的滴定分析方法。一般的酸、碱以及能与酸、碱直接或间接发生质子转移的物质都可以用酸碱滴定法测定。

酸碱反应通常不发生任何外观的变化，在滴定过程中须选用适当的指示剂，利用它的颜色变化作为达到化学计量点的标志，因此，酸碱滴定法的关键问题是计量点的确定。不同的酸碱反应计量点的pH值不同，指示剂不同其变色的pH值范围也不同，为了正确地确定化学计量点，就要选择一个在化学计量点附近发生变色的指示剂。要解决这个问题，必须了解滴定过程中溶液pH值的变化情况。所以，在学习酸碱滴定时，不仅要了解指示剂的性质、变色原理、变色范围，同时还要了解滴定过程中溶液pH值的变化规律和选择指示剂的原则，以便能正确地选择指示剂，获得准确的分析结果。

第一节 酸碱指示剂

一、指示剂的变色原理

酸碱指示剂是一类结构复杂的有机弱酸或有机弱碱，这些弱酸和弱碱与其共轭酸碱由于结构不同，而具有不同的颜色，当溶液的pH值发生变化时，酸碱指示剂失去或得到质子，其结构发生变化，而引起颜色的改变。

例如，酚酞指示剂是有机弱酸，电离常数 $K_a=6\times10^{-10}$，它在水溶液中存在着下列平衡：

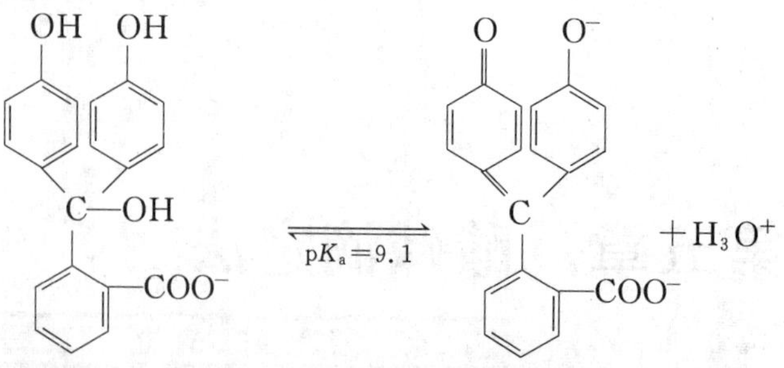

OH OH C—OH COO^- $\xrightleftharpoons{pK_a=9.1}$ O O^- C COO^- $+H_3O^+$

酸式（无色） 碱式（红色）

从解离平衡可知：当溶液pH值降低时，平衡向左移动，酚酞主要以酸式结构存在，呈现无色；当溶液pH值升高时，平衡向右移动，酚酞主要以碱式结构存在，呈现红色。在酸性溶液中，为了简便，用HIn代表指示剂的酸式成分，用In^-代表指示剂的碱式成分，上式可简化为

$$HIn \rightleftharpoons H^+ + In^-$$

酸式（无色） 碱式（红色）

由上可见，酸碱指示剂的变色情况与溶液的pH值有关。即溶液的pH值改变，指示剂的结构改变，从而导致指示剂的颜色变化。

二、指示剂的变色范围

已经知道了指示剂的变色与溶液的pH值有关，那么指示剂在什么pH值变色，是否溶液pH值稍有变化或任意改变，都能引起指示剂的颜色变化呢？这对于酸碱滴定分析十分重要。从实践可知，并不是溶液pH值稍有变化或任意改变都能引起指示剂的颜色改变。因此，必须了解指示剂的颜色变化与溶液pH值变化之间的数量关系。下面以弱酸型指示剂为例来讨论指示剂的变色与溶液pH值的关系。

弱酸型指示剂在溶液中的解离平衡可用下式表示：

$$HIn \rightleftharpoons H^+ + In^-$$

酸式 碱式

平衡时，有

$$K_{HIn}=\frac{[H^+][In^-]}{[HIn]}$$

K_{HIn}为指示剂的解离平衡常数（简称为指示剂常数），在一定温度下是一个定值。

$$[H^+]=K_{HIn}\frac{[HIn]}{[In^-]}$$

两边取负对数，得

$$pH = pK_{HIn} - \lg\frac{[HIn]}{[In^-]}$$

指示剂呈现的颜色取决于$[HIn]/[In^-]$，而$[HIn]/[In^-]$的大小是由K_{HIn}与溶液中的pH值所决定的。K_{HIn}是指示剂的解离常数，在一定温度下是一个常数，所以指示剂的颜色只随溶液pH值的变化而改变。但并非溶液的pH值稍有改变就能观察到溶液颜色的改变。在溶液中，指示剂的两种颜色必然同时存在，人的肉眼只有在一种颜色的浓度是另一

种颜色浓度的10倍或10倍以上时，才能观察出其中浓度较大的那种颜色。即

当$[HIn]/[In^-]\geqslant 10$，即$pH\leqslant pK_{HIn}-1$时看到酸式色；

当$[HIn]/[In^-]\leqslant 1/10$，即$pH\geqslant pK_{HIn}+1$时看到碱式色。

由此可见，只有当溶液的pH值由$pK_{HIn}-1$变化到$pK_{HIn}+1$，才能观察到指示剂颜色的改变。把指示剂这一颜色变化时的pH值范围，即$pH=pK_{HIn}\pm 1$称为指示剂的变色范围。

当$[HIn]/[In^-]=1$，即$[HIn]=[In^-]$时，$[H^+]=K_{HIn}$，$pH=pK_{HIn}$。观察到的是指示剂的酸式色与碱式色的混合色。这时的pH值称为指示剂的理论变色点。

指示剂的理论变色范围一般约为两个pH单位，即变色范围为$pH=pK_{HIn}\pm 1$，实际的变色范围是根据实验测得的，并不都是两个pH单位，而略有上下。这主要是由于人的眼睛对混合色调中两种颜色的敏感程度不同，加上两种颜色相互掩盖，所以实际变色范围与理论值存在一定差别。例如甲基橙$pK_{HIn}=3.4$，理论变色范围应为2.4～4.4，但实测范围是3.1～4.4。这是人的肉眼辨别红色比黄色更敏感的缘故。

不同指示剂pK_{HIn}不同，它们的变色范围不同，如表5-1所示。

表5-1　常用酸碱指示剂

指示剂	变色范围（pH值）	颜色		pK_{HIn}	浓　度	用量/[滴/(10 mL)]
		酸式色	碱式色			
百里酚蓝	1.2～2.8	红色	黄色	1.65	0.1%的20%乙醇溶液	1～2
甲基黄	2.9～4.0	红色	黄色	3.25	0.1%的90%乙醇溶液	1
甲基橙	3.1～4.4	红色	黄色	3.45	0.05%的水溶液	1
溴酚蓝	3.0～4.6	黄色	紫色	4.10	0.1%的20%乙醇溶液或其钠盐的水溶液	1
溴甲酚绿	3.8～5.4	黄色	蓝色	4.90	0.1%的乙醇溶液	1
甲基红	4.4～6.2	红色	黄色	5.10	0.1%的60%乙醇溶液或其钠盐的水溶液	1
溴百里酚蓝	6.2～7.6	黄色	蓝色	7.30	0.1%的20%乙醇溶液或其钠盐的水溶液	1
中性红	6.8～8.0	红色	黄橙色	7.40	0.1%的60%乙醇溶液	1
酚红	6.7～8.4	黄色	红色	8.00	0.1%的60%乙醇溶液或其钠盐的水溶液	1
酚酞	8.0～10.0	红色	红色	9.10	0.5%的90%乙醇溶液	1～3
百里酚酞	9.4～10.6	红色	蓝色	10.0	0.1%的90%乙醇溶液	1～2

三、影响指示剂变色范围的因素

1. 温度

由于指示剂变色范围与K_{HIn}有关，而K_{HIn}与温度有关。当温度改变时指示剂的变色范围也随之改变。例如在18 ℃时，甲基橙的变色范围为3.1～4.4，而在100 ℃时，则为2.5～3.7。一般酸碱滴定均在室温下进行。

2. 溶剂

指示剂在不同的溶剂中，pK_{HIn}值不同。因此指示剂在不同溶剂中的变色范围不同。

例如甲基橙在水溶液中 $pK_{HIn}=3.4$，而在甲醇中 $pK_{HIn}=3.8$。

3. 指示剂的用量

指示剂的用量不宜过多，因为浓度大时变色不敏锐。此外，指示剂本身是弱酸或弱碱，如果用量多，消耗滴定液多，带来较大误差。但指示剂的用量也不能太少，如果用量太少，不易观察颜色的变化。一般 25 mL 被测溶液中加入 1～2 滴指示剂较为适宜。

4. 滴定程序

一般情况下溶液颜色由浅色变至深色时易被人眼辨认。因此，指示剂变色最好由浅色变至深色为宜。例如用 NaOH 滴定 HCl，可选用酚酞或甲基橙作指示剂。如果用酚酞作指示剂，终点时由无色变为粉红色，颜色变化明显，易于辨别；若用甲基橙作指示剂，溶液颜色由红色变为黄色，颜色由深变浅，难以辨认，易滴过量。因此在实践中用 NaOH 滴定 HCl 时一般选择酚酞作指示剂，而用 HCl 滴定 NaOH 时一般选择甲基橙作指示剂。

四、混合指示剂

在某些酸碱滴定中，需要把滴定终点限制在很窄的 pH 值范围内，以达到一定的准确度。有时单一指示剂难以达到要求，这时可采用混合指示剂。混合指示剂具有变色范围窄，变色敏锐的特点。通常使用两种方法配制混合指示剂。一种是由两种或两种以上的指示剂混合而成。例如，溴甲酚绿＋甲基红，在 pH＝5.1 时，甲基红呈现的橙色和溴甲酚绿呈现的绿色，两者互为补色而呈现灰色，这时颜色突变，变色十分敏锐。单一的甲基橙由黄色变到红色，变色点为中间色橙色，难以辨别；而混合指示剂由绿色变到紫色，不仅中间色是几乎无色的浅灰色，而且绿色与紫色明显不同，所以变色非常敏锐，容易辨别。另一种是在某种指示剂中加入一种不随 pH 值变化而变化的惰性染料。例如，在甲基橙中加入靛蓝，组成混合指示剂。在滴定过程中，靛蓝不变色，只作甲基橙的蓝色背景。该混合指示剂随 H^+ 浓度变化而发生如下的颜色变化：

溶液的酸度	甲基橙的颜色	甲基橙＋靛蓝的颜色
pH≥4.4	黄色	绿色
pH＝4.0	橙色	浅灰色
pH≤3.1	红色	紫色

常用的混合指示剂列于表 5-2 中。

表 5-2 常用的混合指示剂

混合指示剂的组成	变色点 pH 值	变色情况		备注
		酸式色	碱式色	
1 份 0.1%甲基黄乙醇溶液 1 份 0.1%次甲基蓝乙醇溶液	3.25	蓝紫色	绿色	pH＝3.4，绿色 pH＝3.2，蓝紫色
1 份 0.1%甲基橙水溶液 1 份 0.1%靛蓝二磺酸钠水溶液	4.10	紫色	黄绿色	pH＝4.1，灰色
3 份 0.1%溴甲酚绿乙醇溶液 1 份 0.1%甲基红乙醇溶液	5.10	酒红色	绿色	pH＝3.5，黄色 pH＝4.05，绿色 pH＝4.3，浅绿色

续表

混合指示剂的组成	变色点 pH 值	变色情况		备　注
		酸式色	碱式色	
1 份 0.1%溴甲酚绿钠盐水溶液 1 份 0.1%氯酚红钠盐水溶液	6.10	黄绿色	蓝紫色	pH=5.4,蓝绿色 pH=5.8,蓝色 pH=6.2,蓝紫色
1 份 0.1%中性红乙醇溶液 1 份 0.1%次甲基蓝乙醇溶液	7.00	蓝紫色	绿色	pH=7.0,蓝紫色
1 份 0.1%甲酚红钠盐水溶液 3 份 0.1%百里酚蓝钠盐水溶液	8.30	黄色	紫色	pH=8.2,玫瑰色 pH=8.4,清晰的紫色
1 份 0.1%百里酚蓝 50%乙醇溶液 3 份 0.1%酚酞 50%乙醇溶液	9.00	黄色	紫色	pH=9.0,绿色
2 份 0.1%百里酚酞乙醇溶液 1 份 0.1%茜黄素 R 乙醇溶液	10.2	黄色	紫色	—

第二节　酸碱滴定曲线与指示剂的选择

酸碱滴定反应的化学计量点，是通过酸碱指示剂的颜色变化指示的，而指示剂颜色的改变又取决于溶液的 pH 值。因此，要选择合适的指示剂，就必须了解滴定过程中尤其是在计量点附近溶液的 pH 值变化情况，为此引入滴定曲线。酸碱滴定曲线常以溶液的 pH 值为纵坐标，以所滴入滴定液的物质的量或体积为横坐标绘制。它在滴定分析中，不仅可以从理论上解释滴定过程中溶液 pH 值随滴定液加入量的变化规律，而且对正确选择指示剂提供了理论依据。下面按不同的滴定反应类型分别讨论。

一、强酸(碱)的滴定

(一) 滴定曲线

强碱与强酸滴定的基本反应为

$$H^+ + OH^- \rightleftharpoons H_2O$$

现以 NaOH 溶液滴定 HCl 溶液为例，讨论强碱滴定强酸过程中溶液 pH 值的变化。

设 HCl 溶液的浓度为 c_a(0.1000 mol/L)，体积为 V_a(20.00 mL)；NaOH 溶液的浓度为 c_b(0.1000 mol/L)，滴定时加入的体积为 V_b，整个滴定过程可分为四个阶段。

1. 滴定开始前

溶液的组成为 HCl 溶液(0.1000 mol/L,20.00 mL)，溶液的 pH 值由 HCl 溶液的初始浓度决定。

$$[H^+]=c_a=1.0\times10^{-1}\ mol/L, pH=1.00$$

2. 滴定开始至化学计量点前

溶液的组成为 HCl＋NaCl($V_a>V_b$)，溶液的 pH 值由剩余 HCl 溶液的浓度决定。此时：

$$[H^+]=c_a\frac{V_a-V_b}{V_a+V_b}$$

例如，滴入 NaOH 滴定液 18.00 mL，溶液中 90.00%的酸被中和，剩余 HCl 溶液体积为 $V_a-V_b=2.00$ mL 时，溶液总体积增加至 $V_a+V_b=(20.00+18.00)$ mL，这时

$$[H^+]=0.1000\times\frac{20.00-18.00}{20.00+18.00}\ mol/L=5.20\times10^{-3}\ mol/L, pH=2.30$$

滴入 NaOH 滴定液 19.98 mL，溶液中 99.90%的酸被中和，剩余 HCl 溶液体积为 $V_a-V_b=0.02$ mL 时(化学计量点前 0.1%)，溶液总体积增加至 $V_a+V_b=(20.00+19.98)$ mL，这时

$$[H^+]=0.1000\times\frac{20.00-19.98}{20.00+19.98}\ mol/L=5.00\times10^{-5}\ mol/L, pH=4.30$$

3. 化学计量点时

滴入 NaOH 滴定液 20.00 mL，溶液组成为 NaCl 溶液，此时 NaOH 溶液和 HCl 溶液以等物质的量作用，溶液呈中性。

$$[H^+]=[OH^-]=1.0\times10^{-7}\ mol/L, pH=7.00$$

4. 化学计量点后

溶液组成为 NaCl＋NaOH，$V_b>V_a$，溶液的 pH 值由过量的 NaOH 溶液的浓度决定。此时

$$[OH^-]=c_b\frac{V_b-V_a}{V_b+V_a}$$

例如，滴入 NaOH 滴定液 20.02 mL，过量 NaOH 溶液体积为 $V_b-V_a=0.02$ mL。(化学计量点后 0.1%)，溶液总体积增加至 $V_a+V_b=(20.00+20.02)$ mL，这时

$$[OH^-]=0.1000\times\frac{20.02-20.00}{20.02+20.00}\ mol/L=5.00\times10^{-5}\ mol/L$$

$$pOH=4.30$$

$$pH=9.70$$

用上述方法计算出滴定过程中溶液的 pH 值，列于表 5-3 中。

表 5-3 用 NaOH 溶液(0.1000 mol/L)滴定 20.00 mL HCl 溶液(0.1000 mol/L)pH 值的变化(25 ℃)

加入的 NaOH		剩余的 HCl		$[H^+]$	pH 值
/(%)	/mL	/(%)	/mL		
0	0	100	20.0	1.0×10^{-1}	1.00
90.0	18.00	10.0	2.00	5.2×10^{-3}	2.30
99.0	19.80	1.00	0.20	5.0×10^{-4}	3.30

续表

加入的 NaOH		剩余的 HCl		$[H^+]$	pH 值	
/(%)	/mL	/(%)	/mL			
99.9	19.98	0.10	0.02	5.0×10^{-5}	4.30	滴定突跃范围
100.0	20.00	0	0	1.0×10^{-7}	7.00	
—	—	过量的 NaOH		$[OH^-]$		
100.1	20.02	0.1	0.02	5.0×10^{-5}	9.70	
101.0	20.20	1.0	0.20	5.0×10^{-4}	10.70	

以表 5-3 中 NaOH 的加入量为横坐标，溶液的 pH 值为纵坐标绘制的曲线，称为强碱滴定强酸的滴定曲线，如图 5-1 所示。从表 5-3 和图 5-1 可看出以下几点。

(1) 滴定开始到加入 19.98 mL 的 NaOH 溶液(99.90%的酸被滴定)，溶液的 pH 值从 1.00 增大到 4.30，仅仅改变了 3.3 个 pH 值单位，pH 值变化曲线较为平坦。

(2) 当加入的 NaOH 从 19.98 mL 增加到 20.02 mL，即总共加入了 0.04 mL(约 1 滴) NaOH 溶液时，相当于化学计量点前后±0.1%范围内，pH 值由 4.30 急剧增加到 9.70，改变了 5.40 个 pH 值单位，溶液由酸性突变到碱性。这种在化学计量点附近的 pH 值的突变，称为滴定突跃，滴定突跃所在的 pH 值范围称为滴定突跃范围。

(3) 计量点时，pH=7.00，在滴定突跃范围中间。

(4) 滴定突跃后继续加入 NaOH 溶液，溶液 pH 值的变化比较缓慢，曲线后段又较为平坦。

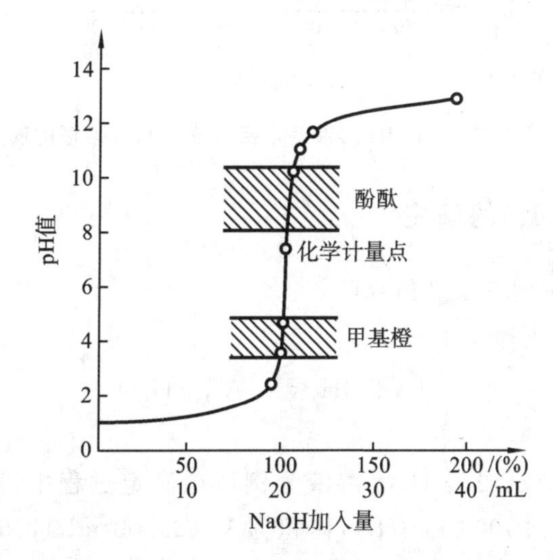

图 5-1　用 NaOH 溶液(0.1000 mol/L)滴定 HCl 溶液(0.1000 mol/L)的滴定曲线

如果用相同浓度的 HCl 溶液滴定相同浓度的 NaOH 溶液，则滴定曲线与图 5-1 对称，形状相似，但 pH 值变化方向相反。

(二) 指示剂的选择

滴定突跃范围具有重要的实际意义，它是选择指示剂的依据。指示剂的选择原则：凡是变色范围全部或一部分在滴定突跃范围内的指示剂，都可用来指示滴定终点。图 5-1 中滴定突跃范围为4.30～9.70，强碱滴定强酸选用酚酞、甲基红、甲基橙等作为指示剂。

（三）滴定突跃范围与浓度的关系

滴定突跃范围和浓度有关。如分别用1.000 mol/L、0.1000 mol/L、0.01000 mol/L三种浓度NaOH溶液滴定相同浓度的HCl溶液时，它们的滴定突跃范围分别为3.30～10.70、4.30～9.70、5.30～8.70（图5-2）。可见溶液浓度越大，滴定突跃范围越大，可供选择的指示剂越多；溶液越稀，滴定突跃范围越小，可供选择的指示剂越少。用前两种浓度的溶液滴定均可用甲基橙作指示剂，而用后一种浓度的溶液滴定时，甲基橙就不能用来指示滴定终点了。

一般选用滴定液的浓度为0.1～0.5 mol/L，浓度大则取样量多，并且在化学计量点附近多加或少加半滴酸或碱滴定液，都可以引起较大的误差；浓度低则滴定突跃不明显。

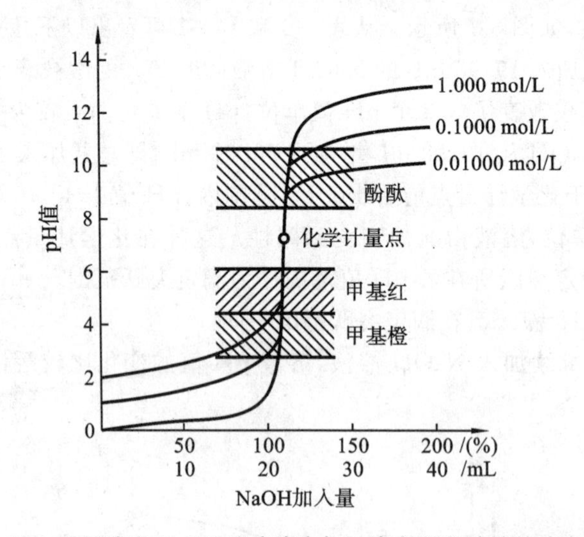

图5-2 不同浓度NaOH溶液滴定相同浓度HCl溶液的滴定曲线

二、一元弱酸（弱碱）的滴定

（一）强碱滴定一元弱酸（HA）

强碱滴定弱酸的基本反应为

$$HA+OH^- \rightleftharpoons A^- + H_2O$$

1. 滴定曲线

现以NaOH溶液滴定弱酸HAc溶液为例讨论滴定过程中溶液pH值的变化。设HAc溶液的浓度为c_a(0.1000 mol/L)，体积为V_a(20.00 mL)，NaOH溶液的浓度为c_b(0.1000 mol/L)，滴定时加入的体积为V_b，整个滴定过程可分为四个阶段。

1）滴定开始前

溶液的组成为HAc溶液（0.1000 mol/L，20.00 mL），醋酸是弱酸，溶液中的$[H^+]$不等于醋酸的原始浓度。由于$c_aK_a>20K_w$，$c_a/K_a>500$，在溶液中电离的氢离子浓度，可根据醋酸的电离常数（$K_a=1.75\times10^{-5}$）计算为

$$[H^+]=\sqrt{K_ac_a}=\sqrt{1.75\times10^{-5}\times0.1000}\ \text{mol/L}=1.33\times10^{-3}\ \text{mol/L}, pH=2.88$$

2）滴定开始至化学计量点前

溶液组成为 HAc 和 NaAc。由于 NaOH 溶液不断滴入，生成的 NaAc 不断增加，形成 HAc-NaAc 缓冲体系。溶液 pH 值按缓冲溶液计算：

$$\mathrm{pH} = \mathrm{p}K_a + \lg \frac{c_{\mathrm{Ac}^-}}{c_{\mathrm{HAc}}}$$

例如，滴入 NaOH 滴定液 19.98 mL，99.90%的醋酸被滴定（化学计量点前 0.1%）时，

$$c_{\mathrm{Ac}^-} = \frac{c_b V_b}{V_a + V_b} = \frac{0.1000 \times 19.98}{20.00 + 19.98}\ \mathrm{mol/L} = 5.0 \times 10^{-2}\ \mathrm{mol/L}$$

$$c_{\mathrm{HAc}} = \frac{c_a V_a - c_b V_b}{V_a + V_b} = \frac{0.1000 \times (20.00 - 19.98)}{20.00 + 19.98}\ \mathrm{mol/L} = 5.0 \times 10^{-5}\ \mathrm{mol/L}$$

$$\mathrm{pH} = \mathrm{p}K_a + \lg \frac{c_{\mathrm{Ac}^-}}{c_{\mathrm{HAc}}} = 4.76 + \lg \frac{5.0 \times 10^{-2}}{5.0 \times 10^{-5}} = 7.76$$

3）化学计量点时

溶液组成为 NaAc（浓度为 $c_b{}'$），HAc 溶液全部与 NaOH 溶液反应，溶液的 pH 值取决于 Ac^- 的水解而呈碱性，此时溶液的体积增大一倍，有

$$c_b{}' = \frac{0.1000}{2}\ \mathrm{mol/L} = 0.05000\ \mathrm{mol/L}$$

$c_b{}'K_b > 20K_w$，$c_b{}'/K_b > 500$，溶液的 pH 值计算如下：

$$c_{\mathrm{OH}^-} = \sqrt{K_b c_b{}'} = \sqrt{\frac{K_w}{K_a} c_b{}'} = \sqrt{\frac{1.0 \times 10^{-14}}{1.75 \times 10^{-5}} \times 0.05000}\ \mathrm{mol/L} = 5.4 \times 10^{-6}\ \mathrm{mol/L}$$

$$\mathrm{pOH} = 5.28,\ \mathrm{pH} = 8.72$$

4）化学计量点后

溶液组成为 NaAc 和 NaOH，过量的碱抑制了 NaAc 溶液的水解，pH 值由过量 NaOH 溶液决定。pH 值的计算与强碱滴定强酸相同。

例如，滴入 NaOH 溶液 20.02 mL（化学计量点后 0.1%）时：

$$\mathrm{pOH} = 4.30,\ \mathrm{pH} = 9.70$$

如此逐一计算，将结果列于表 5-4 中，根据表 5-4 绘图，如图 5-3 所示。

表 5-4 用 0.1000 mol/L NaOH 溶液滴定 20.00 mL 0.1000 mol/L HAc 溶液时 pH 值的变化

加入的 NaOH		剩余的 HCl		计 算 式	pH 值	
/(%)	/mL	/(%)	/mL			
0	0	100	20.0	$[\mathrm{H}^+] = \sqrt{K_a c_a}$	2.88	滴定前
50	10.00	50	10.00	$[\mathrm{H}^+] = K_a \frac{[\mathrm{HAc}]}{[\mathrm{Ac}^-]}$	4.76	化学计量点前
99	18.00	10	2		5.71	
99.0	19.80	1	0.2		6.75	

续表

加入的 NaOH		剩余的 HCl		计算式	pH 值	
/(%)	/mL	/(%)	/mL			
99.9	19.98	0.1	0.02	$[OH^-]=\sqrt{\frac{K_w}{K_a}c_b}$	7.76	滴定突跃范围
100	20.00	0	0	$[OH^-]=[NaOH]_{过量}$	8.72 (化学计量点)	
100.1	0.02	0.1	0.02	—	9.70	化学计量点后
101.0	20.20	1	0.20	—	10.70	—

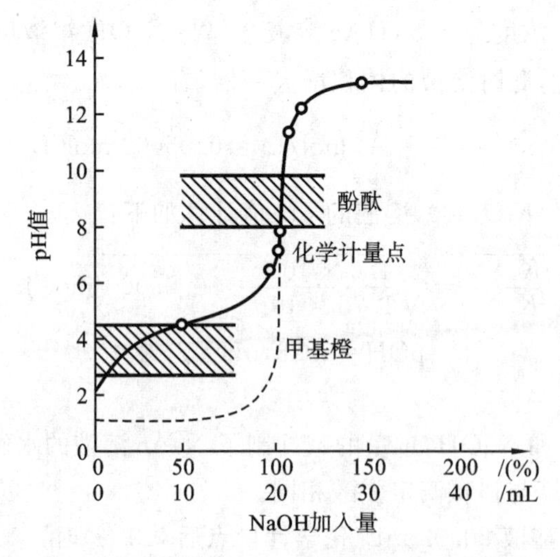

图 5-3　用 NaOH 溶液(0.1000 mol/L)滴定 HAc 溶液(0.1000 mol/L)的滴定曲线

2. 滴定曲线的特点与指示剂的选择

与 NaOH 溶液滴定 HCl 溶液相比较,NaOH 溶液滴定 HAc 溶液的滴定曲线具有如下特点。

(1) 滴定曲线的起点高:由于 HAc 溶液的解离度要比同浓度的 HCl 溶液的解离度小,滴定前溶液 pH=2.88,而不是 1,其滴定曲线的起点比用强碱滴定强酸高 2 个 pH 单位。

(2) 滴定过程中溶液 pH 值的变化情况不同于用强碱滴定强酸:滴定开始就有 Ac^- 生成,由于同离子效应,抑制了醋酸的电离,氢离子浓度迅速降低,溶液 pH 值随 NaOH 溶液滴入上升较快,故曲线斜率较大。继续滴定,由于生成 Ac^- 的量增多,形成 HAc-Ac^- 缓冲体系,导致溶液的 pH 值变化较慢,这一段曲线较为平坦。在接近化学计量点时,由于 HAc 溶液浓度迅速减小,缓冲作用减弱,pH 值增加较快,曲线斜率又迅速增大。化学计量点时,生成的 NaAc 水解,溶液呈碱性,此时溶液的 pH=8.72,而不是 7。化学计量点后,过量的碱抑制了 NaAc 的水解,溶液的 pH 值由过量的 NaOH 溶液决定。pH 值的计算与用强碱滴定强酸相同。滴定曲线的变化趋势与用强碱滴定强酸一样。

(3) 用强碱滴定弱酸的滴定突跃范围小：滴定突跃范围的 pH 值为 7.76～9.70，化学计量点 pH＝8.72，因此只能选择在碱性区域变色的指示剂，如酚酞、百里酚酞等。

3. 滴定突跃与弱酸强度的关系

讨论滴定突跃与弱酸强度的关系是为了判断弱酸能否被强碱准确滴定。图 5-4 为用 NaOH 溶液滴定不同强度的一元弱酸的滴定曲线。从图中可以看出以下几点。

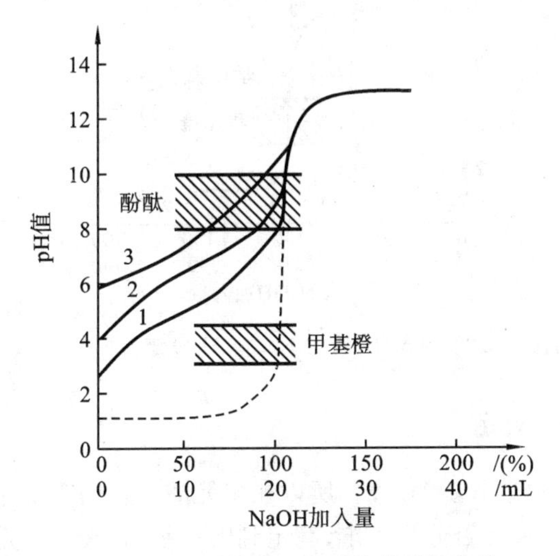

图 5-4 用强碱滴定不同强度的酸的曲线

1. $K_a=10^{-5}$；2. $K_a=10^{-7}$；3. $K_a=10^{-9}$

(1) 当酸的浓度一定时，滴定突跃范围的大小与弱酸的强度有关。K_a越小(酸越弱)，滴定突跃范围越小，当 $K_a \leqslant 10^{-9}$时，在滴定曲线上已没有明显的滴定突跃，因此无法选择一般的酸碱指示剂确定滴定的终点。

(2) 突跃范围的大小，不仅取决于弱酸的强度，还与弱酸的浓度成正比。因此，弱酸的浓度和 K_a 越大，滴定突跃范围越大。在酸碱滴定中，为了确保在滴定曲线上有明显的滴定突跃，要求弱酸的 $cK_a \geqslant 10^{-8}$。

(二) 强酸滴定一元弱碱(BOH)

强酸滴定弱碱的基本反应为

$$H^+ + BOH \rightleftharpoons B^+ + H_2O$$

以 HCl 溶液(0.1000 mol/L)滴定 20.00 mL $NH_3 \cdot H_2O$ 溶液(0.1000 mol/L)为例进行讨论。其滴定曲线如图 5-5 所示。

从图 5-5 可以看出，用强酸滴定弱碱的滴定曲线与用强碱滴定弱酸的相似，不同的仅是 pH 值由大到小(pOH 值由小到大)，滴定曲线的形状恰好相反。在化学计量点时，由于 NH_4^+ 显酸性，pH 值为 5.28，滴定突跃范围是 4.30～6.30，只能选择在酸性区域内变色的指示剂，如甲基红、甲基橙等指示滴定终点。和用强碱滴定弱酸相似，只有弱碱的 $c_b K_b \geqslant 10^{-8}$时，才能被强酸直接准确滴定。

应该注意，弱酸和弱碱之间不能滴定，因为无明显的滴定突跃，无法选择指示剂。所以，在滴定分析中，一定要以强酸或强碱为滴定液。

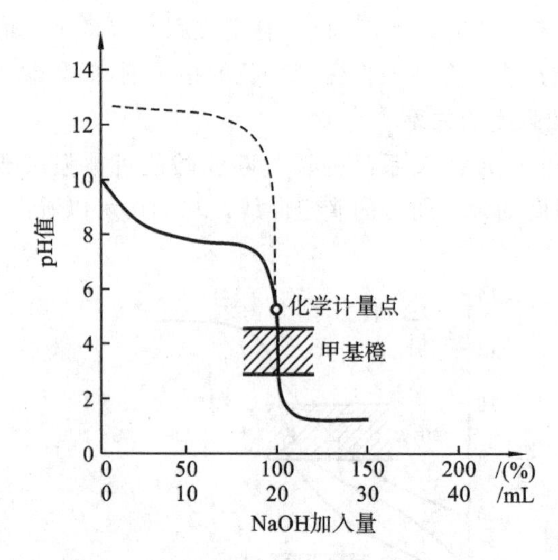

图 5-5 用 HCl 溶液(0.1000 mol/L)滴定 $NH_3 \cdot H_2O$ 溶液(0.1000 mol/L)的滴定曲线

三、多元酸(碱)的滴定

多元酸(碱)在溶液中是分步解离的,所以在多元酸(碱)的滴定中,情况较复杂,涉及的问题也较多,如多元酸(碱)能否分步滴定、滴定到哪一级、各步滴定选择何种指示剂等。

(一) 多元酸的滴定

多元酸的滴定可根据下列原则判断滴定的可行性。

(1) 若 $c_a K_{a_n} \geqslant 10^{-8}$,则可被准确滴定。

(2) 若相邻两 K_a 值之比 $K_{a_n}/K_{a_{n+1}} \geqslant 10^4$,则滴定中两个突跃可明显分开。前一级电离的 H^+ 先被滴定,形成一个突跃,次一级电离的 H^+ 后被滴定,是否能产生突跃,则取决于 $c_a K_{a_n}$ 的大小。

(3) 若相邻的两 K_a 值之比 $K_{a_n}/K_{a_{n+1}} < 10^4$,滴定时两个突跃混在一起,只形成一个突跃(两个 H^+ 一次被滴定)。

如用 NaOH 溶液(0.1000 mol/L)滴定 20.00 mL H_3PO_4 溶液(0.1000 mol/L)。由于 H_3PO_4 是三元酸,分三步解离如下:

$$H_3PO_4 \rightleftharpoons H^+ + H_2PO_4^- \qquad K_{a_1} = 7.52 \times 10^{-3}$$

$$H_2PO_4^- \rightleftharpoons H^+ + HPO_4^{2-} \qquad K_{a_2} = 6.23 \times 10^{-8}$$

$$HPO_4^{2-} \rightleftharpoons H^+ + PO_4^{3-} \qquad K_{a_3} = 2.2 \times 10^{-13}$$

用 NaOH 溶液滴定 H_3PO_4 溶液时,酸碱反应也是分步进行的:

$$H_3PO_4 + NaOH \rightleftharpoons NaH_2PO_4 + H_2O$$

$$NaH_2PO_4 + NaOH \rightleftharpoons Na_2HPO_4 + H_2O$$

$$Na_2HPO_4 + NaOH \rightleftharpoons Na_3PO_4 + H_2O$$

因 HPO_4^{2-} 的 K_{a_3} 太小,$cK_{a_3} \leqslant 10^{-8}$,不能直接滴定。因此,在滴定曲线上只有两个滴定突跃,如图 5-6 所示。

多元酸的滴定曲线计算比较复杂,在实际工作中,常以化学计量点的 pH 值作为选择指示剂的依据。H_3PO_4 化学计量点的 pH 值可用最简式计算。

第一化学计量点：

$$[H^+] = \sqrt{K_{a_1} K_{a_2}}$$

$$pH = \frac{1}{2}(pK_{a_1} + pK_{a_2}) = \frac{1}{2} \times (2.12 + 7.21) = 4.7$$

可选甲基红作指示剂。也可选用甲基橙与溴甲酚绿的混合指示剂，变色点 pH=4.3，溶液由橙色变为绿色，终点变色明显。

第二化学计量点：

$$[H^+] = \sqrt{K_{a_2} K_{a_3}}$$

$$pH = \frac{1}{2}(pK_{a_2} + pK_{a_3}) = \frac{1}{2} \times (7.21 + 12.66) = 9.9$$

可选酚酞作指示剂。也可选用酚酞与百里酚酞的混合指示剂，变色点 pH=9.9，溶液由无色变为紫色，终点变色明显。

又如，草酸（$H_2C_2O_4$）的 $K_{a_1} = 5.6 \times 10^{-2}$，$K_{a_2} = 5.42 \times 10^{-5}$。$cK_{a_1} > 10^{-8}$，$cK_{a_2} > 10^{-8}$，说明第一级、第二级解离的 H^+ 都能被准确滴定。但是 $K_{a_1}/K_{a_2} < 10^4$，故只有一个滴定突跃，不能分步滴定，只能一次滴定至正盐。

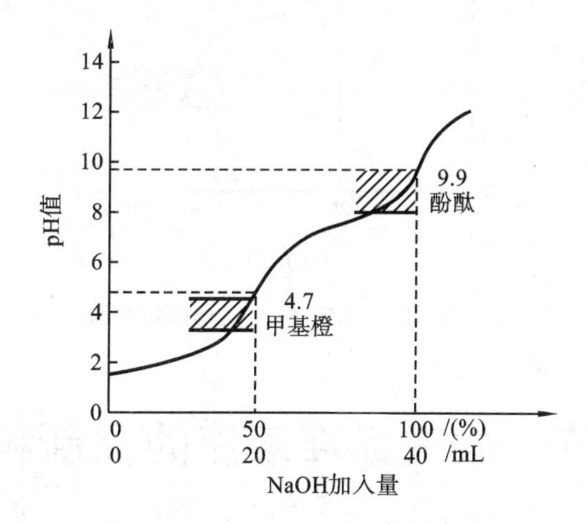

图 5-6　用 0.1000 mol/L NaOH **溶液滴定** 20.00 mL 0.1000 mol/L H_3PO_4 **溶液的滴定曲线**

（二）多元碱的滴定

酸碱滴定中的多元碱，一般是指多元酸与强碱作用生成的盐，如 Na_2CO_3、$Na_2B_4O_7$ 等。与多元酸的滴定一样，可采用下列三个原则判断多元碱滴定的可行性。

(1) 若 $c_b K_{b_n} \geq 10^{-8}$，则可被准确滴定。

(2) 若相邻两 K_b 值之比 $K_{b_n}/K_{b_{n+1}} \geq 10^4$，则滴定中两个突跃可明显分开，可分步滴定。

(3) 若相邻的两 K_b 值之比 $K_{b_n}/K_{b_{n+1}} < 10^4$，滴定时两个突跃混在一起，只形成一个突跃，以 HCl 溶液(0.1000 mol/L)滴定 20.00 mL Na_2CO_3 溶液(0.1000 mol/L)为例来说明。

Na_2CO_3 为二元弱碱，在水溶液中分两步解离，$K_{b_1} = K_w/K_{a_2} = 1.79 \times 10^{-4}$，$K_{b_2} = K_w/K_{a_1} = 2.38 \times 10^{-8}$，由于 K_{b_1}、K_{b_2} 均大于 10^{-8}，且 $K_{b_1}/K_{b_2} \approx 10^4$，所以 Na_2CO_3 可用强酸分步滴定。

当滴定至第一化学计量点时，生成的 HCO_3^- 为两性物质，pH 值可按下式计算：

$[H^+]=\sqrt{K_{a_1}K_{a_2}}=\sqrt{4.30\times10^{-7}\times5.61\times10^{-11}}$ mol/L$=4.9\times10^{-9}$ mol/L，pH＝8.31

可选酚酞作指示剂。由于 $K_{b_1}/K_{b_2}\approx10^4$，终点颜色较难判断(红色至微红色)。为准确判定第一终点，选用甲酚红与酚酞混合指示剂(粉红色至紫色)，终点颜色比较明显。

在第二化学计量点时生成 H_2CO_3，溶液的 pH 值由 H_2CO_3 的解离平衡计算。因 $K_{a_1}\gg K_{a_2}$，故只要考虑一级解离，H_2CO_3 饱和溶液的浓度约为 0.04 mol/L。

$$[H^+]=\sqrt{K_{a_1}c_a}=\sqrt{4.30\times10^{-7}\times0.04}\ \text{mol/L}=1.3\times10^{-4}\ \text{mol/L}$$

$$pH=3.89$$

可选用甲基橙作指示剂。为防止形成 CO_2 的过饱和溶液，使溶液的酸度稍有增大，终点过早出现，在滴定到终点附近时，应剧烈摇动或煮沸溶液，以除去 CO_2(图 5-7)。

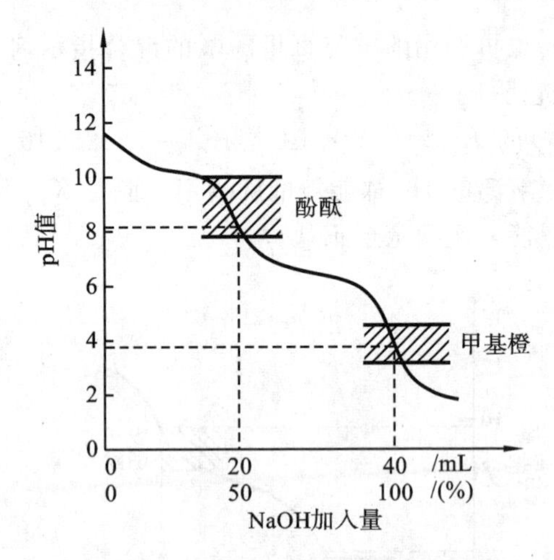

图 5-7　HCl 滴定 Na_2CO_3 的滴定曲线

第三节　酸碱标准溶液的配制和标定

在酸碱滴定法中，最常用的滴定液是 HCl 溶液和 NaOH 溶液，浓度为 0.1000 mol/L。有时也可用 H_2SO_4、HNO_3、KOH 等强酸或强碱作滴定液。因浓 HCl 具有挥发性，NaOH 易吸收空气中的水和二氧化碳，故均采用间接法配制。

一、盐酸标准溶液的配制和标定

1. 0.1 mol/L HCl 标准溶液的配制

用市售浓盐酸(密度为 1.19 g/mL，质量分数为 0.37)配制 0.1 mol/L HCl 标准溶液 1000 mL。

1) 计算浓 HCl 的体积

浓 HCl 的物质的量浓度为

$$c_{HCl}=\frac{1.19\times10^3\times0.37}{36.5}\ \text{mol/L}=12\ \text{mol/L}$$

需用浓 HCl 的体积为

$$0.1\times1000=12V \qquad V=8.3\ \text{mL}$$

为了使配制的盐酸标准溶液浓度不低于 0.1 mol/L，故量取量应比计算量多一些，取 9 mL。

2）配制

用洁净的量杯取浓盐酸 9 mL，倒入 1000 mL 量杯内，用蒸馏水稀释至刻度线，搅拌均匀，倒入试剂瓶内，密塞。

2. 0.1 mol/L HCl **标准溶液的标定**

常用的基准物质为无水碳酸钠或硼砂。用基准碳酸钠标定 HCl 溶液的反应如下：

$$Na_2CO_3+2HCl \xlongequal{} 2NaCl+CO_2\uparrow+H_2O$$

操作步骤：精密称取在 270～300 ℃干燥至恒重的基准无水碳酸钠 0.12 g，置于锥形瓶中，加水约 40 mL 使之溶解，加甲基红-溴甲酚绿混合指示剂 8～10 滴，用待标定的盐酸溶液滴定至溶液由绿色转变为紫红色时，煮沸（除去 CO_2），冷却至室温，继续滴定至溶液由绿色转变为暗紫色为终点。记录消耗盐酸标准溶液的体积（mL），按下式计算盐酸的浓度：

$$c_{HCl}=\frac{m_{Na_2CO_3}}{V_{HCl}\dfrac{M_{Na_2CO_3}}{2\times1000}}$$

二、NaOH 标准溶液的配制和标定

1. 0.1 mol/L NaOH **标准溶液的配制**

氢氧化钠易吸收空气中的水和二氧化碳生成 Na_2CO_3，Na_2CO_3 在氢氧化钠的饱和溶液中不易溶解，因此，通常将 NaOH 配成饱和溶液（相对密度为 1.56，质量分数是 0.52），存于塑料瓶中，Na_2CO_3 沉于底部，取上清液稀释成所需配制的浓度。

饱和 NaOH 溶液物质的量浓度约为

$$\frac{1000\times1.56\times0.52}{40}\ \text{mol/L}=20\ \text{mol/L}$$

需饱和 NaOH 溶液的体积为

$$20V=0.1\times1000$$

$$V=5\ \text{mL}$$

为使配制的 NaOH 标准溶液浓度不低于 0.1 mol/L，可取饱和 NaOH 溶液 5.6 mL 置于 1000 mL 量杯内，用不含 CO_2 的新煮沸放冷的蒸馏水稀释至刻度线，搅拌均匀，密塞备用。

2. 0.1 mol/L NaOH **标准溶液的标定**

常用的基准物质为邻苯二甲酸氢钾。标定反应如下：

NaOH + C₆H₄(COOH)(COOK) ══ C₆H₄(COONa)(COOK) + H_2O

操作步骤：精密称取在 105～110 ℃干燥至恒重的基准邻苯二甲酸氢钾 0.4 g，置于锥形瓶中，用新煮沸放冷的蒸馏水 20 mL 溶解，加酚酞指示剂 1～2 滴，用待标定的氢氧化钠溶液滴定至粉红色即为终点，记录消耗氢氧化钠标准溶液的体积（mL），按下式计算氢氧化钠的浓度：

$$c_{NaOH}=\frac{m_{KHC_8H_4O_4}}{V_{NaOH}\frac{M_{KHC_8H_4O_4}}{1000}}$$

第四节 酸碱滴定法的应用示例

酸碱滴定法应用范围极其广泛，能测定酸、碱以及能与酸碱反应的物质。许多药品，如阿司匹林、苯甲酸、药用硼砂、药用 NaOH 及铵盐等，都可以用酸碱滴定法测定。下面按不同的滴定方法分别介绍。

一、直接滴定法

凡能溶于水，或其中的酸或碱的组分可用水溶解，且它们的 $K_a c_a \geqslant 10^{-8}$ 的酸性物质和 $K_b c_b \geqslant 10^{-8}$ 的碱性物质均可用碱、酸标准溶液直接滴定。

（一）乙酰水杨酸的测定

乙酰水杨酸（阿司匹林）是常用的解热镇痛药，属芳酸酯类结构，在水溶液中可解离出 H^+（$pK_a=3.49$），故可用碱标准溶液直接滴定，以酚酞为指示剂，其滴定反应为

$$NaOH + C_6H_4(COOH)(OCOCH_3) = C_6H_4(COONa)(OCOCH_3) + H_2O$$

为了防止乙酰水杨酸水解，而使结果偏高，滴定应在中性乙醇中进行。

（二）药用 NaOH 的测定

氢氧化钠易吸收空气中的二氧化碳，使部分 NaOH 变成 Na_2CO_3，形成 NaOH 和 Na_2CO_3 的混合碱。通常测定 NaOH 和 Na_2CO_3 的含量有两种方法，现介绍如下。

1. 双指示剂法

准确称取药用 NaOH 试样 m_s，溶解后以酚酞为指示剂，用 HCl 滴定至红色消失为第一终点，用去 HCl 的体积为 V_1(mL)；再加入甲基橙指示剂，并继续用 HCl 滴定至橙色为第二终点，用去 HCl 的体积为 V_2(mL)。NaOH 和 Na_2CO_3 的质量分数可分别按下式计算：

$$w_{NaOH}=\frac{c_{HCl}(V_1-V_2)M_{NaOH}\times 10^{-3}}{m_s}$$

$$w_{Na_2CO_3}=\frac{c_{HCl}V_2M_{Na_2CO_3}\times 10^{-3}}{m_s}$$

双指示剂法操作简便，但因第一终点时溶液由红色变至无色（或微红色），误差在 1% 左右，若要求提高测定的准确度，可用氯化钡法。

2. 氯化钡法

准确称取药用 NaOH 试样 m_s，溶解后将其分成等量的两份。第一份以甲基橙作指示剂，用 HCl 滴定液滴定至橙色，用去 HCl 滴定液的体积为 V_1(mL)，此时测得的是总碱量。第二份加入 $BaCl_2$，使 Na_2CO_3 变成 $BaCO_3$ 沉淀析出。再以酚酞为指示剂，用 HCl 滴定液滴

定至红色消失，用去 HCl 滴定液的体积为 V_2(mL)，V_2 为混合物中 NaOH 所消耗的 HCl 滴定液体积。

NaOH 和 Na_2CO_3 的质量分数可分别按下式计算：

$$w_{NaOH}=\frac{2c_{HCl}V_2M_{NaOH}\times10^{-3}}{m_s}$$

$$w_{Na_2CO_3}=\frac{c_{HCl}(V_1-V_2)M_{Na_2CO_3}\times10^{-3}}{m_s}$$

二、间接滴定法

有些物质虽具有酸碱性，但难溶于水；有些物质酸碱性很弱，不能用强酸或强碱直接滴定，需用间接滴定法滴定。

(一) 铵盐和有机氮测定

1. 铵盐中氮的测定

无机铵盐如 NH_4Cl、$(NH_4)_2SO_4$ 等，NH_4^+ 的 $K_a=5.7\times10^{-10}$，不能用碱标准溶液直接滴定，常用下述两种方法测定其含氮量。

1) 蒸馏法

在试样中加入过量的碱，加热将 NH_3 蒸馏出来后，用过量的 HCl 标准溶液吸收，过量的酸用 NaOH 标准溶液回滴；也可用 2% H_3BO_3 溶液吸收，生成的 $H_2BO_3^-$ 是较强碱，可用酸标准溶液滴定。其反应的过程为

$$NH_4^++OH^-\longrightarrow NH_3\uparrow+H_2O$$

$$NH_3+H_3BO_3=\!=\!=NH_4BO_2+H_2O$$

$$NH_4BO_2+HCl+H_2O=\!=\!=NH_4Cl+H_3BO_3$$

H_3BO_3 起固定氮的作用，由于 H_3BO_3 是极弱酸，不干扰滴定，且用 H_3BO_3 溶液吸收只要准备一种标准溶液，目前用得较多。含氮量的计算公式为

$$w_N=\frac{c_{HCl}V_{HCl}M_N\times10^{-3}}{m_s}$$

2) 甲醛法

甲醛与铵盐生成质子化六次甲基四铵，同时定量放出 H^+($K_a=7.1\times10^{-6}$)：

$$4NH_4^++6HCHO=\!=\!=(CH_2)_6N_4H^++3H^++6H_2O$$

以酚酞为指示剂，用 NaOH 标准溶液滴定至溶液显微红色。含氮量的计算公式为

$$w_N=\frac{c_{NaOH}V_{NaOH}M_N\times10^{-3}}{m_s}$$

甲醛法也可用于氨基酸的测定。

2. 含氮有机物中氮的测定

有机化合物(如氨基酸、生物碱、蛋白质等)都是含氮有机物。常以凯氏法定氮。将试样与浓 H_2SO_4 共煮，使其消化分解，并将氮转化成铵盐，然后按上述蒸馏法进行测定。

$$\text{有机 C、H、N}\xrightarrow[K_2SO_4]{H_2SO_4}NH_4^++CO_2+H_2O$$

(二) 硼酸的测定

H_3BO_3 是极弱酸($K_a=5.8\times10^{-10}$)，不能用强碱直接滴定，但它与某些多元醇，如甘

油、甘露醇、右旋糖或左旋糖反应生成配合酸，其中以甘露醇为最佳。配位生成酸性较强的酸（$K_a=3.0\times10^{-7}$），因此可用 NaOH 标准溶液间接滴定 H_3BO_3。

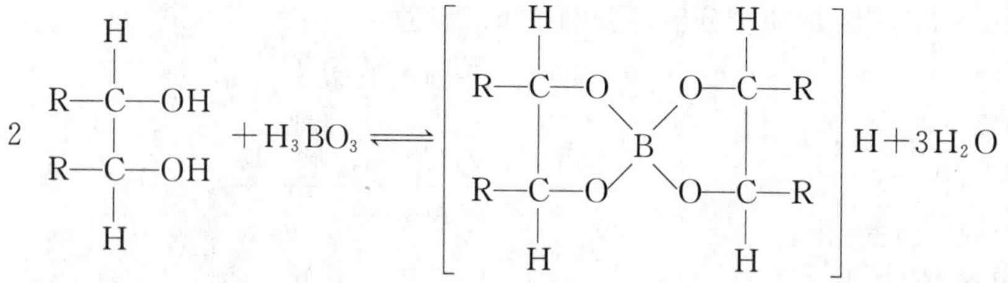

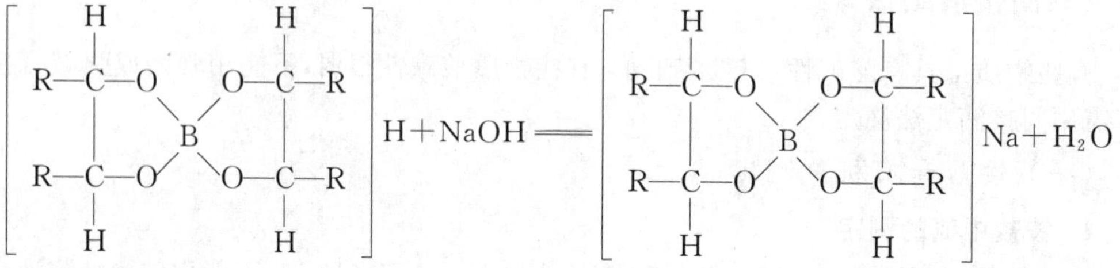

$$2\begin{array}{c} H \\ | \\ R-C-OH \\ | \\ R-C-OH \\ | \\ H \end{array} + H_3BO_3 \rightleftharpoons \left[\begin{array}{ccccc} H & & & & H \\ | & & & & | \\ R-C-O & & & & O-C-R \\ | & \diagdown & & \diagup & | \\ | & & B & & | \\ | & \diagup & & \diagdown & | \\ R-C-O & & & & O-C-R \\ | & & & & | \\ H & & & & H \end{array}\right]H + 3H_2O$$

$$\left[\begin{array}{ccccc} H & & & & H \\ | & & & & | \\ R-C-O & & & & O-C-R \\ | & \diagdown & & \diagup & | \\ | & & B & & | \\ | & \diagup & & \diagdown & | \\ R-C-O & & & & O-C-R \\ | & & & & | \\ H & & & & H \end{array}\right]H + NaOH = \left[\begin{array}{ccccc} H & & & & H \\ | & & & & | \\ R-C-O & & & & O-C-R \\ | & \diagdown & & \diagup & | \\ | & & B & & | \\ | & \diagup & & \diagdown & | \\ R-C-O & & & & O-C-R \\ | & & & & | \\ H & & & & H \end{array}\right]Na + H_2O$$

准确称取样品 m_s，在一定量甘油的存在下，以酚酞作指示剂，用 NaOH 溶液滴定至溶液变为淡色为终点。按下式计算 H_3BO_3 的含量：

$$w_{H_3BO_3}=\frac{c_{NaOH}V_{NaOH}M_{H_3BO_3}\times10^{-3}}{m_s}$$

小 结

一、酸碱指示剂

1. 酸碱指示剂的变色原理

指示剂本身是一类有机弱酸。当溶液 pH 值改变时，其结构发生变化，引起颜色变化而指示滴定终点。

2. 酸碱指示剂的变色范围

$pH=pK_{HIn}\pm1$。

3. 酸碱指示剂的理论变色点

$pH=pK_{HIn}$。

4. 影响指示剂变色范围的因素

温度、溶剂、指示剂用量、滴定程序。

5. 混合指示剂

混合指示剂具有变色范围窄、变色敏锐的特点。

二、酸碱滴定曲线与指示剂的选择

1. 滴定曲线

滴定曲线是表示滴定过程中，溶液 pH 值随滴定液的加入而变化的曲线，曲线中的横坐标为滴定液加入的量，纵坐标为对应溶液的 pH 值。

2. 滴定突跃

在滴定过程中，化学计量点附近的 pH 值的突变，称为滴定突跃，突跃所在的 pH 范围称为滴定突跃范围。滴定突跃范围是选择指示剂的依据，影响滴定突跃范围的因素是浓度和酸碱的强度。

3. 选择指示剂的原则

指示剂的变色范围全部或部分落入滴定突跃范围内或指示剂的变色点尽量靠近化学计量点。

4. 准确滴定的条件

弱酸 $cK_a \geqslant 10^{-8}$，弱碱 $cK_b \geqslant 10^{-8}$。

5. 多元酸的分步滴定原则

$$cK_a \geqslant 10^{-8}，K_{a_n}/K_{a_{n+1}} \geqslant 10^{-4}。$$

6. 多元碱分步滴定原则

$$cK_b \geqslant 10^{-8}，K_{b_n}/K_{b_{n+1}} \geqslant 10^{-4}。$$

三、酸碱标准溶液的配制与标定

1. 盐酸标准溶液的配制与标定

浓 HCl 具有挥发性，采用间接法配制。以无水碳酸钠为基准物质，甲基橙作指示剂标定。

2. 氢氧化钠标准溶液的配制与标定

NaOH 易吸收空气中的水和二氧化碳，采用间接法配制。以邻苯二甲酸氢钾为基准物质，酚酞作指示剂标定。

四、酸碱滴定法的应用示例

(1) 直接滴定法。

(2) 间接滴定法。

能力检测

一、选择题

1. 滴定弱酸应满足的滴定条件是(　　)。

A. c=0.1 mol/L　B. $K_a=10^{-7}$　C. $cK_a \geqslant 10^{-8}$　D. $cK_a \leqslant 10^{-8}$

2. 用 NaOH 溶液滴定 HAc 溶液时，应选用的指示剂是(　　)。

A. 甲基橙　B. 甲基红　C. 酚酞　D. 百里酚蓝

3. 对于酸碱指示剂，下列说法不恰当的是(　　)。

A. 指示剂本身是一种弱碱　B. 指示剂本身是一种弱酸

C. 指示剂的颜色变化与溶液的 pH 值有关

D. 指示剂的变色与其本身的 K_{HIn} 有关

4. 某指示剂 $K_{HIn}=1.0\times10^{-5}$，从理论上推算其 pH 值变色范围是(　　)。

A. 4～5　B. 5～6　C. 4～6　D. 5～7

5. 某弱酸型指示剂在 pH 值为 4.5 的溶液中刚好呈现酸式色(蓝色)，在 pH 值为 6.5 的溶液中又刚好呈现碱式色(黄色)，其指示剂的变色点的 pH 值为(　　)。

A. 6.5　B. 5.5　C. 4.5　D. 7.0

6. 用 HCl 滴定液滴定 Na_2CO_3 溶液至近终点时，需要煮沸溶液，其目的是(　　)。

A. 驱赶 O_2　B. 加快反应速率

C. 驱赶 CO_2　　D. 因为在热溶液中 Na_2CO_3 才能够溶解

7. 下列酸不能用 NaOH 溶液直接滴定的是(　　)。

A. HCOOH　　B. 硅酸(H_3BO_3)

C. 琥珀酸($H_2C_4H_4O_4$)　　D. 柠檬酸($H_3C_6H_5O_7$)

8. 有一未知溶液加甲基红指示剂显黄色,加酚酞指示剂无色,该未知溶液的 pH 值为(　　)。

A. 6.2　　B. 6.2～8.0　　C. 4.4～6.2　　D. 8.0～10.0

9. 能用 NaOH 滴定液直接滴定,并且有两个滴定突跃的酸为(　　)。

A. $H_2C_2O_4$　　B. 邻苯二甲酸　　C. 水杨酸　　D. 顺丁烯二酸

10. 用 HCl 滴定硼砂溶液,其计量点时的 pH=5.0,若要使终点误差最小,应选用的指示剂是(　　)。

A. 甲基橙　　B. 甲基红　　C. 酚酞　　D. 百里酚蓝

11. 用已知浓度的 NaOH 滴定液滴定相同浓度的不同弱酸,若弱酸的 K_a 越大,则(　　)。

A. 消耗 NaOH 滴定液越多　　B. 滴定突跃越大

C. 消耗 NaOH 滴定液越少　　D. 滴定突跃越小

12. 实验室用 HCl 溶液测定 $CaCO_3$ 的含量,可采用的滴定方式是(　　)。

A. 直接滴定法　　B. 间接滴定法　　C. 置换滴定法　　D. 返滴定法

13. 标定 HCl 滴定液最佳选用的基准物质是(　　)。

A. 无水 Na_2CO_3　　B. 邻苯二甲酸氢钾　　C. 草酸钠　　D. 硼砂

14. 下列关于指示剂论述错误的是(　　)。

A. 指示剂的变色范围越窄越好

B. 指示剂的用量应适当

C. 只能用混合指示剂

D. 指示剂的变色范围应恰好在滴定突跃范围内

15. 可选用间接滴定法测定物质含量的是(　　)。

A. 无水碳酸钠　　B. 药用氢氧化钠　　C. 食品添加剂硼酸　　D. 氨水

16. 滴定分析中需要用待测溶液润洗的仪器是(　　)。

A. 锥形瓶　　B. 容量瓶　　C. 滴定管　　D. 量筒

17. 精密称取邻苯二甲酸氢钾 0.5225 g,标定 NaOH 溶液,终点时用去 NaOH 溶液 22.50 mL,则 NaOH 溶液的浓度为(　　)。

A. 0.1100 mol/L　　B. 0.1137 mol/L　　C. 0.1173 mol/L　　D. 0.1120 mol/L

18. 在标定 NaOH 溶液的基准物质邻苯二甲酸氢钾中若含有少量的邻苯二甲酸,则测定的 NaOH 标准溶液浓度会(　　)。

A. 偏高　　B. 偏低　　C. 不变　　D. 不能确定

19. 有一磷酸盐溶液,用盐酸标准溶液滴定至酚酞终点时消耗 V_1,滴定至甲基橙终点时消耗 V_2,若 $V_1<V_2$,则下述溶液组成中正确的是(　　)。

A. Na_3PO_4　　B. $Na_3PO_4+Na_2HPO_4$

C. A 和 B 都有可能　　D. A 和 B 都不可能

20. 用 0.1 mol/L HCl 溶液滴定 0.1 mol/L NaOH 溶液的 pH 值滴定突跃范围是 4.3～9.7，则用 0.01 mol/L HCl 溶液滴定 0.01 mol/L NaOH 溶液的 pH 值滴定突跃范围是（　　）。

A. 4.3～9.7　　B. 4.3～8.7　　C. 5.3～9.7　　D. 3.3～10.7

二、简答题

1. 什么是酸碱指示剂的理论变色范围？

2. 酸碱指示剂的理论变色范围与实际变色范围是否一致？

3. 在滴定过程中，为什么不能使用过多的指示剂？

4. 为什么用盐酸可滴定硼砂而不能直接滴定醋酸钠？

5. 为什么用 NaOH 溶液可滴定醋酸而不能直接滴定硼酸？

6. NaOH 标准溶液如吸收了空气中的 CO_2，当用于滴定强酸或弱酸时对滴定准确度各有何影响？

7. 标定 NaOH 溶液若采用：①部分风化的 $H_2C_2O_4 \cdot 2H_2O$；②含有少量中性杂质的 $H_2C_2O_4 \cdot 2H_2O$，则标定所得的浓度偏高、偏低，还是准确？为什么？

8. 某学生以甲基橙为指示剂，用 HCl 标准溶液标定含 CO_3^{2-} 的 NaOH 溶液，然后用酚酞为指示剂，用此 NaOH 溶液测定试样中 HAc 的含量，试分析测定结果是否准确。

9. 用 NaOH 标准溶液测定阿司匹林含量时，所用乙醇为何要调至中性？

10. 用盐酸测定混合碱 NaOH、Na_2CO_3、$NaHCO_3$组成，首先使用酚酞做指示剂用盐酸滴定至无色，消耗 HCl 溶液的体积为 V_1，再加入甲基橙作为指示剂，用盐酸滴定至浅红色，消耗盐酸的体积为 V_2，试根据 V_1和 V_2 的关系确定其组成。

(1) $V_1>V_2>0$。

(2) $V_1>0$、$V_2=0$。

(3) $V_2>0$、$V_1=0$。

(4) $V_2>V_1>0$。

三、计算题

1. 计算用 NaOH 滴定液（0.1000 mol/L）滴定 HCOOH 溶液（0.1000 mol/L）到化学计量点时溶液的 pH 值，并说明应选择何种指示剂。

2. 称取混合碱试样 0.6880 g，以酚酞为指示剂，用 0.1942 mol/L HCl 标准溶液滴定至终点，用去酸溶液 21.26 mL，再加甲基橙指示剂，滴定至终点，又消耗酸溶液 28.72 mL。求试样中各组分的含量。

3. 粗铵盐 1.000 g，加过量的 NaOH 溶液，产生的氨用 50.00 mL(0.5000 mol/L)的一元强酸吸收，过量的酸用 NaOH 标准溶液（0.5000 mol/L）回滴，用去碱 1.56 mL，计算此试样中 NH_3的质量分数。

4. 称取硼酸试样 0.4754 g 于烧杯中，加入甘露醇强化，用 0.2110 mol/L NaOH 标准溶液准确滴定，以酚酞为指示剂，耗去 26.61 mL NaOH 标准溶液。计算试样中 H_3BO_3的质量分数。

（郑州铁路职业技术学院　王洪涛）

第六章　非水溶液的酸碱滴定

学习目标

掌握:非水溶液酸碱滴定的基本原理。

熟悉:非水溶液酸碱滴定中酸和碱的滴定方法。

了解:非水溶液酸碱滴定的应用。

在非水溶剂中进行的滴定分析方法称为非水滴定法。该法可用于酸碱滴定、氧化还原滴定、配位滴定及沉淀滴定等,在药物分析中,以非水溶液酸碱滴定法应用最为广泛,故本章重点讨论非水溶液酸碱滴定法。

以水为溶剂的酸碱滴定法中当酸、碱太弱,无法准确滴定;有机酸、有机碱溶解度小,无法滴定;强度接近的多元酸碱或混合酸碱无法分步或分别滴定,而以非水溶剂为滴定介质可以增大有机物溶解度,改变物质酸碱性,扩大酸碱滴定范围。

非水溶液酸碱滴定法除溶剂较特殊外,具有一般滴定分析所具有的优点,如准确、快速、设备简单等,因此,已为各国药典和其他常规分析所采用,在药物分析中,非水溶液酸碱滴定法主要用于测定有机碱及其氢卤酸盐、硫酸盐、磷酸盐、硝酸盐、有机酸盐等盐类原料的含量。

第一节　基 本 原 理

非水溶剂指的是有机溶剂与不含水的无机溶剂。

一、溶剂的分类

(一) 质子溶剂

根据酸碱质子理论,能给出质子或接受质子的溶剂称为质子溶剂。其特点是极性较强,能发生质子自递反应。根据其酸碱性的相对强弱可分为三类。

1. 酸性溶剂

酸性溶剂是指给出质子能力较强的溶剂。一般比水的酸性要强,如甲酸、醋酸、丙酸等,在药物分析中常用的是冰醋酸,酸性溶剂常作为滴定弱碱性物质的溶剂。

2. 碱性溶剂

碱性溶剂是指接受质子能力较强的溶剂。一般比水的碱性要强，如乙二胺、丁胺、乙醇胺等，碱性溶剂常作为滴定弱酸性物质的溶剂。

3. 两性溶剂

两性溶剂是指既能给出质子又能接受质子的溶剂。一般与水的酸碱性相似，如甲醇、乙醇、异丙醇、乙二醇等，两性溶剂常作为滴定较强酸或较强碱的溶剂。

（二）非质子溶剂

分子中无转移性质子、不能发生质子自递反应的溶剂称为无质子溶剂。这类溶剂可分为显碱性的非质子溶剂和惰性溶剂。

1. 显碱性的非质子溶剂

这类溶剂具有较弱的接受质子和形成氢键的能力。一般与水相比较，几乎无酸性，也无两性的特征，如吡啶、二甲基甲酰胺、丙酮等，这类溶剂常作为滴定弱酸或某些混合物的溶剂。

2. 惰性溶剂

惰性溶剂是指既不能给出质子又不能接受质子的溶剂，这类溶剂既不参与酸碱反应，也无形成氢键的能力，如苯、二氧六环、氯仿等。惰性溶剂常与质子溶剂混合使用，以改善样品的溶解性能，增大滴定突跃。

（三）混合溶剂

在实际工作中，为了增大样品的溶解性和增大滴定突跃，使终点指示剂变色敏锐，还可将质子溶剂与惰性溶剂混合使用，即称为混合溶剂。常见的混合溶剂有：冰醋酸-醋酸、冰醋酸-苯和冰醋酸-氯仿等，适用于弱碱性样品的滴定。苯-甲醇、甲醇-丙酮和二甲基甲酰胺-氯仿等，适用于羧酸类等弱酸性样品的滴定。二醇类-烃类适用于溶解有机酸盐、生物碱和高分子化合物等。

二、溶剂的性质

根据酸碱质子理论，当溶质溶于给定的溶剂中，溶质的酸碱性将受到溶剂的解离性、酸碱性和极性等因素的影响。因此，在非水溶液酸碱滴定中，了解溶剂的性质非常重要，它有利于溶剂的选择和滴定反应的进行，以达到滴定的目的。

（一）溶剂的解离性

在非水溶液酸碱滴定中，常用的溶剂有甲醇、乙醇、冰醋酸、醋酐、二甲基甲酰胺、丙酮和苯等。在这些溶剂中，有的不能发生解离，称为非解离性溶剂，如丙酮和苯等；有的能发生解离，称为解离性溶剂，如乙醇和冰醋酸等。

在解离性溶剂中，存在着下列平衡关系：

$$\mathrm{SH} \rightleftharpoons \mathrm{H}^+ + \mathrm{S}^- \qquad K_a^{SH} = \frac{[\mathrm{H}^+][\mathrm{S}^-]}{[\mathrm{SH}]} \tag{6-1}$$

$$\mathrm{SH} + \mathrm{H}^+ \rightleftharpoons \mathrm{SH}_2^+ \qquad K_b^{SH} = \frac{[\mathrm{SH}_2^+]}{[\mathrm{SH}][\mathrm{H}^+]} \tag{6-2}$$

K_a^{SH} 和 K_b^{SH} 分别为溶剂的固有酸常数和固有碱常数，反映了溶剂给出和接受质子的能力的大小。

合并式(6-1)和式(6-2)，溶剂的质子自递反应为

$$SH+SH \rightleftharpoons SH_2^+ + S^-$$

$$K=\frac{[SH_2^+][S^-]}{[SH]^2}$$

由于溶剂是大量的，且溶剂自身的解离很小，[SH]可看做一个定值，定义为

$$[SH_2^+][S^-]=K_a^{SH}K_b^{SH}[SH]^2=K_S$$

K_S称为溶剂的自身解离常数，或称为溶剂的离子积。大多数解离性溶剂与水一样，溶剂分子之间有质子的转移，即质子的自递反应，使溶剂本身发生解离，生成溶剂化质子。如冰醋酸的质子自递反应可表示为

$$HAc+HAc \rightleftharpoons H_2Ac^+ + Ac^-$$

则自身解离常数

$$K_S=[H_2Ac^+][Ac^-]=3.6\times10^{-15}$$

即

$$pK_S=14.45 \quad (25\ ℃)$$

溶剂自身解离常数 K_S值的大小对滴定突跃范围的改变有一定的影响。

例如在水溶液中，用0.1 mol/L NaOH 溶液来滴定某酸 HA，当滴定到化学计量点前，若溶液中$[H_3O^+]=1\times10^{-4}$ mol/L 时，即 pH=4.00，当滴定到 NaOH 标准溶液过量，若溶液中$[OH^-]=1\times10^{-4}$ mol/L 时，pOH=4.00，即 pH=10.00，即滴定突跃的 pH 值变化范围为 4～10，有 6 个 pH 单位的变化。但在乙醇中，若用 0.1 mol/L C_2H_5ONa 标准溶液滴定同一种酸 HA，当滴定到化学计量点前，若有 10^{-4} mol/L $C_2H_5OH_2^+$ 时，即 $pH^*=4.00$，当滴定到 C_2H_5ONa 标准溶液过量，过量了 10^{-4} mol/L 的 C_2H_5ONa，即$[C_2H_5O^-]=10^{-4}$ mol/L，则 $pH^*=19.10-4.00=15.10$，故在乙醇介质中 pH^* 的变化范围为 4.00～15.10，有 11.1 个 pH 单位的变化，同样，比水为介质的滴定突跃范围大 5.1 个 pH 单位。由此可见，溶剂的自身解离常数 K_S值越小，pK_S值越大，滴定突跃范围越大，滴定的终点越敏锐。因此，在水中不能滴定的酸和碱，在非水溶剂中就有可能被滴定。

在一定温度下，不同的溶剂具有不同的自身解离常数。几种常见溶剂的 K_S值与 pK_S列于表 6-1 中。

表 6-1　常见溶剂的自身解离常数 pK_S(25 ℃)

溶　剂	pK_S	溶　剂	pK_S
水	14.00	乙腈	28.5
甲醇	16.7	甲基异丁酮	>30
乙醇	19.1	二甲基甲酰胺	—
甲酸	6.22	吡啶	—
冰醋酸	14	二氧六环	—
醋酐	14.5	苯	—
乙二胺	15.3	三氯甲烷	—

（二）溶剂的酸碱性

酸、碱的强弱具有相对性，其酸碱性的强弱主要由酸、碱的本性所决定，同时也与溶剂的酸碱性有关。

如果以 HA 代表酸，SH 代表溶剂，根据质子理论，将酸 HA 溶于质子溶剂 SH 中，则发生下列质子转移反应：

$$HA \rightleftharpoons H^+ + A^- \qquad K_a^{HA} = \frac{[H^+][A^-]}{[HA]} \tag{6-3}$$

$$SH + H^+ \rightleftharpoons SH_2^+ \qquad K_b^{SH} = \frac{[SH_2^+]}{[SH][H^+]} \tag{6-4}$$

若将酸 HA 溶于溶剂 SH 中，则质子转移的总反应式为

$$HA + SH \rightleftharpoons SH_2^+ + A^-$$

即酸 HA 在溶剂 SH 中的解离常数 K_{HA} 为

$$K_{HA} = \frac{[SH_2^+][A^-]}{[HA][SH]} = \frac{[H^+][A^-][SH_2^+]}{[HA][SH][H^+]}$$

$$= K_a^{HA} K_b^{SH} \tag{6-5}$$

上式表明，酸 HA 在溶剂中的强度取决于酸给出质子的能力和溶剂接受质子的能力。例如：盐酸在水溶液中给出质子的能力较强，表现出强酸性；醋酸在水溶液中给出质子的能力较弱，表现出弱酸性。如果以冰醋酸为溶剂，将盐酸溶于冰醋酸中，冰醋酸的酸性比水强，接受质子的能力较弱，从而使盐酸在冰醋酸中显弱酸性。如果以氨为溶剂，将醋酸溶于氨液中，醋酸显强酸性。同理，碱在溶剂中的强度取决于碱接受质子的能力和溶剂给出质子的能力。

因此，弱酸溶于碱性溶剂中能够增强其酸性，弱碱溶于酸性溶剂中能够增强其碱性。例如，对弱碱性药物的测定，可根据这些药物的碱性强弱的不同，选择不同的酸性溶剂，使碱强度显著增强。因此，国内外药典大多采用非水溶液酸碱滴定法来测定弱碱性药物及其盐类原料的含量。

（三）溶剂的极性

溶剂的极性越强越容易使溶质解离；溶剂的极性越弱则溶质较难解离。因此，对于同一溶质，在其他性质相同而极性不同的溶剂中，由于解离的难易不同而表现出不同的酸碱度。例如，醋酸溶于水和乙醇两个碱度约相等的溶剂中，在极性较大的水中，有较多的醋酸发生解离，而在极性较小的乙醇中，只有很少的醋酸分子解离成离子，故醋酸在水中的酸度比在乙醇中的大。

（四）均化效应和区分效应

常见的酸如高氯酸、盐酸、硫酸和硝酸在水溶液中，它们之间的强度几乎没有什么差别，都是强酸。

按照酸碱质子理论，以上几种酸溶解到水中，水为碱，水分子接受了质子后形成了水合质子 H_3O^+，而 H_3O^+ 是水溶液中能够存在的最强的酸的形式。它们溶于水后，几乎全部电离和解离生成水合质子 H_3O^+，结果它们的酸强度水平都相等，都被均化到 H_3O^+ 的强度水平。这种将各种不同强度的酸均化到溶剂合质子水平的效应称为均化效应(leveling effect)。具有均化效应的溶剂称为均化性溶剂，水是 $HClO_4$、HCl、H_2SO_4 和 HNO_3 的均化

性溶剂。

如果是在冰醋酸中，由于醋酸的酸性比水的强，而碱性比水的弱，H_2Ac^+ 的酸性也比 H_3O^+ 强。在这种情况下，高氯酸、盐酸、硫酸和硝酸就不能全部将质子转移给 HAc 了，即以上四种酸将质子转移给醋酸生成的醋酸合质子（H_2Ac^+）的程度就有差别。由此可见，在冰醋酸溶剂中，这四种酸的强度存在着差别。这种能区分酸碱强弱的效应称为区分效应。具有区分效应的溶剂称为区分性溶剂，冰醋酸就是 $HClO_4$、HCl、H_2SO_4 和 HNO_3 的区分性溶剂。

溶剂的均化效应和区分效应与溶质和溶剂的酸碱强弱有关。例如水能均化高氯酸、盐酸、硫酸和硝酸，但不能均化以上四种酸和醋酸，这是因为醋酸的酸性较弱，在水中不能全部电离和解离生成水合质子 H_3O^+。同样，在碱性的液氨中，由于液氨的碱性比水强，盐酸和醋酸的强度在液氨中都被均化到 NH_4^+ 强度的水平，都表现为强酸。所以，水是高氯酸、盐酸、硫酸和硝酸的均化性溶剂，而醋酸是上述四种酸的区分性溶剂；液氨是上述四种酸与醋酸的均化性溶剂，而水则是上述四种酸与醋酸的区分性溶剂。

总之，酸性溶剂是碱的均化性溶剂，是酸的区分性溶剂；碱性溶剂是酸的均化性溶剂，是碱的区分性溶剂。惰性溶剂本身不参与质子转移反应，没有明显的酸碱性，因此没有均化效应，当物质溶于惰性溶剂时，其酸碱性得以保存，因而是一种很好的区分性溶剂。在非水滴定中，利用均化效应可以测定酸或碱的总量，利用区分效应可以测定混合酸（或碱）中各组分的含量。

三、溶剂的选择

依据溶剂酸碱性对被测物质酸碱性和对滴定反应的影响，选择溶剂的依据是溶剂能完全溶解样品和滴定产物、溶剂能增强样品的酸碱性、溶剂不引起副反应、溶剂的纯度高、溶剂的黏度和挥发性及毒性小且易于回收。

第二节　非水溶液的酸碱滴定与应用

按照被测的物质分类，非水溶液的酸碱滴定可分为酸的滴定和碱的滴定。

一、酸的滴定

当酸性物质 $pK_a>8$ 时不能用氢氧化钠标准溶液进行直接滴定。若选用碱性比水的碱性强的溶剂，使其酸性增强，则可获得明显的突跃和准确的结果。所以滴定不太弱的羧酸时可用醇类作溶剂，如甲醇、乙醇等；对弱酸和极弱酸的滴定则常常用乙二胺、二甲基甲酰胺等作溶剂；混合酸的区分滴定以甲基异丁酮为区分性溶剂。此外，也选用甲醇-苯、甲醇-丙酮等混合溶剂。

滴定酸的标准溶液常采用甲醇钠的苯-甲醇溶液。甲醇钠由甲醇与金属钠反应制得，反应式为

$$2CH_3OH+2Na \longrightarrow 2CH_3ONa+H_2\uparrow$$

有时也用碱金属氢氧化物的醇溶液或氢氧化四丁基铵的甲醇-甲苯溶液作为滴定酸的

标准溶液。其配制方法是：取无水甲醇（含水量少于 0.2%）150 mL，置于冷却的容器中，分次少量加入新切的金属钠 2.5 g，完全溶解后加适量的无水苯（含水量少于 0.2%），使成 1000 mL，即得 0.1 mol/L 甲醇钠的标准溶液。

标定碱标准溶液常用的基准物质为苯甲酸。

常用的指示剂有百里酚蓝、偶氮紫、溴酚蓝等。

百里酚蓝适宜于在苯、丁胺、二甲基甲酰胺、吡啶和叔丁醇等溶剂中滴定中等强度酸时作指示剂，其碱式色为蓝色，酸式色为黄色。偶氮紫适用于在碱性溶剂或显碱性的非质子溶剂中滴定较弱的酸，其碱式色为蓝色，酸式色为红色。溴酚蓝适用于在甲醇、苯、氯仿等溶剂中滴定羧酸、磺胺类、巴比妥类等，碱式色为蓝色，酸式色为红色。

二、碱的滴定

滴定弱碱最常用的溶剂是冰醋酸，但市售冰醋酸含有少量水分，而水分的存在影响滴定突跃，使指示剂变色不敏锐，为了避免水分的存在对滴定的影响，一般需加入一定量的醋酐，使水与醋酐反应转变为醋酸，将水分除去。反应式如下：

$$(CH_3CO)_2O + H_2O \longrightarrow 2CH_3COOH$$

根据以上反应式可知，醋酐与水的反应是等物质的量的反应，按照等物质的量的原则可计算所加入的醋酐的量。根据溶剂的性质可知，在冰醋酸溶剂中，高氯酸具有较强的酸性，且绝大多数有机碱的高氯酸盐易溶于有机溶剂，对滴定反应是有利的。因此，通常选用高氯酸的冰醋酸溶液作为滴定弱碱的标准溶液。其配制方法为：通常市售高氯酸含 $HClO_4$ 70%～72%，是相对密度为 1.75 的水溶液，其水分也应该加入醋酐除去，除水的计算与冰醋酸除水相同。如配制高氯酸（0.1 mol/L）溶液 1000 mL，需要含 $HClO_4$ 70%、相对密度为 1.75 的高氯酸 8.5 mL，则除去其水分应加入相对密度为 1.08、含 $HClO_4$ 97.8%的醋酐的体积为

$$V = \frac{1.75 \times 8.5 \times 102.1 \times 0.30}{1.08 \times 0.978 \times 18.02}\ \text{mL} = 24\ \text{mL}$$

配制高氯酸的冰醋酸溶液时，不能把醋酐直接加到高氯酸溶液中，因为高氯酸与有机物混合时会发生剧烈的反应，并放出大量的热，甚至会引起爆炸。因此，配制时应先用冰醋酸将高氯酸稀释后，再不断搅拌下，慢慢滴加醋酐。

高氯酸滴定液的配制方法：取无水冰醋酸 750 mL，加入市售高氯酸 8.5 mL，搅拌均匀，在室温下缓缓滴加醋酐 23 mL，边加边搅拌，加完后继续搅拌均匀，放冷，加无水冰醋酸至 1000 mL，搅拌均匀，置于棕色瓶内放置 24 h，即可标定。

测定一般样品时醋酐的量可多于计算量，不会影响结果。但所测定的样品是芳香第一胺或第二胺时，醋酐的过量会发生乙酰化反应，使测定结果偏低。

标定高氯酸时常用邻苯二甲酸氢钾作为基准物质，以结晶紫作为指示剂，其标定反应如下：

$$C_6H_4(COOH)(COOK) + HClO_4 \longrightarrow C_6H_4(COOH)_2 + KClO_4$$

由于指示剂和溶剂要消耗一定量的滴定液，故需做空白试验校正。

三、应用示例

用碱滴定液测定具有弱酸性基团的药物，如羧酸、酚类、巴比妥类、磺酰胺类和氨基酸类药物。

(1) 利用醇钠滴定液可以测定具有酸性基团的化合物。

① 羧酸类

较弱的羧酸可以用二甲基甲酰胺为溶剂，百里酚蓝为指示剂，甲醇钠为滴定液进行滴定。

知识链接

阿司匹林的测定方法

取本品约 0.4 g，精密称定，加入中性乙醇（对酚酞指示液显中性）20 mL，溶解后，加酚酞指示剂 3 滴，用氢氧化钠标准溶液（0.1 mol/L）滴定。每 1 mL 的氢氧化钠标准溶液（0.1 mol/L）相当于 18.02 mg 的 $C_9H_8O_4$。

② 酚类

酚的酸性比羧酸弱，在水中质子转移很不完全，故无明显的滴定突跃。若以乙二胺为溶剂，氨基乙醇钠为滴定液，可获得明显的滴定突跃。

③ 磺酰胺类

磺酰基化合物、巴比妥酸、氨基酸等可在碱性溶剂中滴定。磺胺类药物的分子中具有酸性的磺酰胺基（$—SO_2NH_2$）和碱性的氨基（$—NH_2$）。因此，在适当的非水溶剂中可用酸滴定，也可用碱滴定。这类化合物本性的强弱与 R 基有很大的关系，如 R 为芳香烃基或杂环基，化合物的酸性增强，如 R 为脂肪烃基则酸性减弱。

除磺胺类化合物外，另一些有磺酰胺基（$—SO_2NH_2$）或磺酰亚胺基（$—SO_2NH—$）的化合物，如甲氮酰胺、三氟噻嗪等亦有足够的酸强度，可用碱滴定液滴定。

知识链接

司可巴比妥的测定方法

取本品约 0.45 g，精密称定，加二甲基甲酰胺 60 mL 使其溶解后，加麝香草酚蓝指示剂 4 滴，在隔绝二氧化碳的条件下，以电磁搅拌，用甲醇钠标准溶液（0.1 mol/L）滴定，并将滴定结果用空白试验校正。每 1 mL 甲醇钠标准溶液（0.1 mol/L）相当于 23.83 mg 的 $C_{12}H_{18}N_2O_3$。

(2) 应用高氯酸滴定液测定具有碱性基团的化合物，如胺类、氨基酸、含氮杂环类、生物碱、有机酸的胆固醇金属盐以及有机碱的无机酸或有机酸盐。

① 有机弱碱类

在水溶液中的 $K_b>10^{-10}$ 的胺类、生物碱类可在冰醋酸溶剂中选择适当指示剂，用高氯酸滴定液直接滴定。

在水溶液中 $K_b>10^{-12}$ 的极弱碱需选择一定比例的冰醋酸、醋酐的混合物为溶剂。加入适宜的指示剂，用高氯酸滴定，如咖啡因($K_b=10^{-14}$)的测定。

② 有机酸的碱金属盐

此种盐中的有机酸根在冰醋酸中显较强的碱性，故可用高氯酸的冰醋酸溶液滴定。邻苯二甲酸氢钾、苯甲酸氢钾、苯甲酸钠、水杨酸钠、醋酸钠、枸橼酸钠(钾)属于这类盐。

知识链接

枸橼酸钠含量的测定

精密称取枸橼酸钠样品 70 mg，加冰醋酸 5 mL，加热使之溶解，放冷，加醋酐 10 mL、结晶紫指示剂 1 滴，用 0.1000 mol/L 高氯酸滴定液滴定至溶液显蓝绿色即为终点，用空白试验校正。根据下式计算枸橼酸钠的含量。

$$w_{C_6H_5K_3O_7\cdot H_2O}=\frac{\frac{1}{3}c_{HClO_4}V_{HClO_4}-V_{空,HClO_4}\ M_{C_6H_5K_3O_7\cdot H_2O}\times 10^{-3}}{m_s}$$

③ 生物碱的氢卤酸盐

生物碱类药品，因生物碱难溶于水，且不稳定，常以氢卤酸盐(用 B · HX 表示)的形式存在，由于氢卤酸在冰醋酸的溶液中呈较强的酸性，须加入 $Hg(Ac)_2$ 使之生成 HgX_2，这时生物碱以醋酸盐的形式存在，便可用 $HClO_4$ 的冰醋酸溶液滴定。

知识链接

盐酸麻黄碱含量的测定

取本品约 0.15 g，精密称定，加入冰醋酸 10 mL，加热溶解后，加醋酸汞试液 4 mL 与结晶紫指示液 1 滴，立即用高氯酸滴定液(0.1 mol/L)滴定至溶液显蓝绿色，振荡 30 s 不褪色，并将滴定的结果用空白试验校正。每 1 mL 高氯酸滴定液(0.1 mol/L)相当于 20.17 mg 的 $C_{10}H_{15}ON\cdot HCl$。

④ 有机碱的有机酸盐

有机碱的有机酸盐在冰醋酸或冰醋酸-醋酐的混合溶剂中能增强其碱性，因此可用高氯酸的冰醋酸溶液滴定，以结晶紫为指示剂指示终点。

若以 B 表示有机碱，HA 表示有机酸，其滴定反应如下：

$$B\cdot HA+HClO_4\longrightarrow B\cdot HClO_4+HA$$

常见的这类药物有重酒石酸去甲肾上腺素等。

知识链接

重酒石酸去甲肾上腺素的测定

取本品约 0.2 g，精密称定，加入冰醋酸 10 mL，振荡溶解后(必要时微温)，加结晶紫指示液 1 滴，用高氯酸标准溶液(0.1 mol/L)滴定至溶液显蓝绿色，并将滴定的结果用空白试验校正。每 1 mL 高氯酸滴定液(0.1 mol/L)相当于 31.93 mg 的 $C_8H_{11}NO_3\cdot C_4H_4O_6$。

小 结

一、溶剂的分类

1. 质子溶剂

根据酸碱质子理论，能给出质子或接受质子的溶剂称为质子溶剂。

2. 非质子溶剂

分子中无转移性质子、不能发生质子自递反应的溶剂称为无质子溶剂。这类溶剂可分为显碱性的非质子溶剂和惰性溶剂。

3. 混合溶剂

在实际工作中为了增大样品的溶解性和增大滴定突跃，使终点指示剂变色敏锐，还可将质子溶剂与惰性溶剂混合使用，即称为混合溶剂。

二、溶剂的性质和溶剂的选择

由于酸碱的强弱具有相对性，通过选择适当的溶剂，改变溶质的酸碱性，增大滴定突跃，非水溶液酸碱滴定法就是利用此原理。

三、酸和碱的滴定

(1) 碱的滴定通常选用的溶剂为酸性溶剂——冰醋酸，滴定的标准溶液为高氯酸，确定滴定终点的方法是指示剂法和电位法。

(2) 酸的滴定通常选用两性溶剂、碱性溶剂或混合溶剂，标准碱滴定液常用氢氧化钠、甲醇钠或氢氧化四丁基胺，滴定终点的确定常用指示剂法。

能力检测

一、简答题

1. 试用酸碱质子理论解释溶剂中的水分对非水溶液酸碱滴定有无影响？为什么？

2. 下列溶剂中何者为质子溶剂？何者为非质子溶剂？若为质子溶剂，是酸性溶剂、碱性溶剂还是两性溶剂？若为无质子溶剂，是显碱性的非质子溶剂还是惰性溶剂？

① 冰醋酸； ② 二氧六环； ③ 二甲基乙酰胺； ④ 苯； ⑤ 乙二胺；

⑥ 丙酮； ⑦ 异丙醇； ⑧ 丁胺； ⑨ 甲基异丁酮； ⑩ 乙醇。

3. 什么是均分效应和区分效应？在非水溶液滴定中这两种效应有什么作用？

4. 溶剂的主要性质有哪些？选择溶剂的原则是什么？

二、计算题

1. 已知水的离子积 $K_w=1\times10^{-14}$（即 $K_w=K_S=1\times10^{-14}$），乙醇的离子积 $K_S=1\times10^{-19.1}$，求纯水的pH值和乙醇的 $pC_2H_5OH_2$。

2. 高氯酸-冰醋酸溶液在24 ℃时标定的浓度为0.1088 mol/L，试计算此溶液在30 ℃时的浓度。

（宁夏医科大学 李兆君）

第七章　沉淀滴定法

学习目标

掌握：铬酸钾指示剂法、铁铵矾指示剂法和吸附指示剂法的基本原理和滴定条件；硝酸银和硫氰酸铵滴定液的配制和标定。

熟悉：银量法的应用。

了解：铁铵矾指示剂法中的几种滴定方式。

第一节　概　　述

沉淀滴定法是以沉淀反应为基础的滴定分析方法。生成沉淀的反应很多，但能用于滴定分析的沉淀反应却不多。能用于沉淀滴定的化学反应必须符合以下要求。

(1) 反应生成的沉淀溶解度很小（一般小于 10^{-6} g/mL），使沉淀反应完全。

(2) 沉淀反应要快，并且要定量完成。

(3) 要有合适的指示滴定终点的方法。

目前，实际工作中应用沉淀滴定法的主要是生成难溶性银盐的反应，故又称为银量法：

$$Ag^{+} + X^{-} \longrightarrow AgX\downarrow$$

其中 X^- 可以是 Cl^-、Br^-、I^-、CN^-、SCN^- 等。

银量法可用于测定 Cl^-、Br^-、I^-、CN^-、SCN^- 和 Ag^+ 等，也可以测定含有这些离子的化合物（测定前，须经过处理）。本单元主要讨论银量法的基本原理和应用。

第二节　铬酸钾指示剂法

铬酸钾指示剂法又称莫尔(Mohr)法，是以铬酸钾(K_2CrO_4)为指示剂的沉淀滴定法。

一、基本原理及滴定条件

（一）作用原理

在中性或弱碱性的介质中，以 K_2CrO_4 为指示剂，用 $AgNO_3$ 标准溶液直接测定可溶性氯化物或溴化物。

以测定 Cl^- 为例。由于 AgCl 的溶解度(1.25×10^{-5} mol/L)小于 Ag_2CrO_4 的溶解度(1.3×10^{-4} mol/L)，根据分步沉淀原理，首先析出的是白色的 AgCl 沉淀，继续滴加 $AgNO_3$ 标准溶液，当溶液中 Cl^- 被滴定完全后，稍过量的 $AgNO_3$ 即可与 CrO_4^{2-} 反应，产生砖红色的 Ag_2CrO_4 沉淀，以此指示滴定终点。

终点前： $Ag^+ + Cl^- \longrightarrow AgCl\downarrow$ (白色)　　$K_{sp}=1.8\times10^{-10}$

终点时： $2Ag^+ + CrO_4^{2-} \longrightarrow Ag_2CrO_4\downarrow$ (砖红色)　　$K_{sp}=1.2\times10^{-12}$

（二）滴定条件

1. 控制指示剂的用量

指示剂 CrO_4^{2-} 的用量多少直接影响滴定分析的准确度。CrO_4^{2-} 的量加多了，会造成终点提前，产生负误差；反之，CrO_4^{2-} 的量太少，又会造成终点延迟，产生正误差。

实际滴定时，反应液的总体积通常在 50～100 mL，因此，加入 5%铬酸钾指示剂即可，此时$[CrO_4^{2-}]$为 2.6×10^{-3}～5.2×10^{-3} mol/L。

2. 溶液的酸度

溶液的酸度对铬酸钾指示剂法的准确度影响较大。溶液的酸度较大($pH\leqslant6.5$)时，CrO_4^{2-} 容易与 H^+ 结合生成 $HCrO_4^-$ 或 $Cr_2O_7^{2-}$，使$[CrO_4^{2-}]$减小，造成终点延迟，甚至不产生沉淀。

$$CrO_4^{2-} + H^+ \rightleftharpoons 2HCrO_4^- \rightleftharpoons Cr_2O_7^{2-} + 2H_2O$$

若溶液的碱性太强($pH\geqslant10.5$)时，则会生成 Ag_2O 褐色沉淀。

$$Ag^+ + OH^- = AgOH$$

$$2AgOH = Ag_2O\downarrow + H_2O$$

因此，铬酸钾指示剂法适用于中性或弱碱性溶液。

3. K_2CrO_4 指示剂法不能在氨碱性溶液中进行

Ag^+ 极易与 NH_3 生成$[Ag(NH_3)_2]^+$，不易产生 AgCl 和 Ag_2CrO_4 沉淀，使终点延迟或不出现终点。如果溶液中有铵盐存在，应控制溶液的酸度(pH 值为 6.5～7.2)，以防止产生 NH_3。

4. 滴定溶液中不应含有某些阳离子或阴离子

能与 CrO_4^{2-} 生成沉淀的阳离子(如 Ba^{2+}、Pb^{2+}、Bi^{2+} 等)或能与 Ag^+ 反应生成沉淀的阴离子(如 PO_4^{3-}、AsO_4^{3-}、S^{2-}、CO_3^{2-}、$C_2O_4^{2-}$ 等)，也不能含有在中性或微碱性溶液中容易发生水解的离子(如 Al^{3+}、Fe^{3+}、Cr^{3+}、Bi^{3+} 等)及大量的有色离子(如 Cu^{2+}、Co^{2+} 等)。上述离子都会干扰测定，滴定前应预先掩蔽或分离。

（三）应用范围

铬酸钾指示剂法适用于测定 Cl^-、Br^-、CN^-，但不宜用于直接测定 I^-、SCN^-。这是因为 AgI 和 AgSCN 对 I^- 和 SCN^- 有较强烈的吸附作用，即使剧烈振摇也无法使 I^- 和 SCN^- 释放出来。

二、标准溶液

铬酸钾指示剂法中的标准溶液是 $AgNO_3$ 溶液。

市售的、符合分析要求的 $AgNO_3$ 基准试剂经烘干后，可直接配成一定浓度的标准溶液。在实际工作中，由于常使用的分析纯或化学纯 $AgNO_3$ 试剂，通常含有 Ag、AgCl、$AgNO_2$ 与铵盐等杂质，因此，可先配成与所需浓度相近的溶液，再以铬酸钾为指示剂，用基准试剂 NaCl 标定。配制好的 $AgNO_3$ 标准溶液应存放在棕色试剂瓶中，以避免见光分解。若存放时间较久，使用前应重新标定。

三、应用示例

可溶性的无机卤化物都可用铬酸钾指示剂法进行测定。

[例 7-1] 氯化钠含量的测定。

精密称量本品 1.1 g，置于 250 mL 容量瓶中，溶解后加水至刻度线，摇匀。精密量取 25.00 mL 置于锥形瓶中，加水 25 mL 稀释，再加 5% 铬酸钾指示剂 1 mL，用 0.1 mol/L $AgNO_3$ 标准溶液滴定至混悬液恰好呈浅砖红色，即为终点。

[例 7-2] 临床上测定血清氯时，准确吸取 2.00 mL 血清，除去蛋白质后保留血滤液，以 K_2CrO_4 为指示剂，用 $AgNO_3$ 标准溶液（$T_{AgNO_3/NaCl}=1.00\times10^{-3}$ g/mL）滴定，当溶液呈浅砖红色即为终点，根据 $AgNO_3$ 的用量可以计算出血清 Cl^- 的含量。

第三节 铁铵矾指示剂法

铁铵矾指示剂法又称福尔哈德法（Volhard method）是以铁铵矾 $NH_4Fe(SO_4)_2\cdot12H_2O$ 为指示剂，用 KSCN 或 NH_4SCN 为滴定液，测定可溶性银盐和卤素化合物的方法，可分为直接滴定法和返滴定法。

一、直接滴定法

（一）作用原理

在酸性溶液中，以铁铵矾为指示剂，用 KSCN 或 NH_4SCN 为滴定液，直接滴定含 Ag^+ 的溶液。在滴定终点前，SCN^- 与 Ag^+ 生成 AgSCN 白色沉淀，当滴定至化学计量点附近时，由于溶液中 Ag^+ 的浓度已很小，继续滴入 SCN^- 即可与 Fe^{3+} 反应生成棕红色的 $[FeSCN]^{2+}$，以指示终点。其滴定反应如下。

终点前：
$$Ag^+ + SCN^- \longrightarrow AgSCN\downarrow \text{（白色）}$$

终点时：
$$Fe^{3+} + SCN^- \longrightarrow [FeSCN]^{2+} \text{（棕红色）}$$

（二）滴定条件

(1) 滴定应在酸性溶液中进行，通常用 HNO_3 进行调节。溶液酸度过低，Fe^{3+} 容易发生水解，生成棕色沉淀，影响终点的判断。

(2) 在滴定过程中，应充分振摇。因为在滴定过程中，不断有 AgSCN 沉淀产生，AgSCN 对 Ag^+ 有强烈的吸附作用，会使滴定终点提前，产生负误差。

(三) 应用范围

直接滴定法可以测定可溶性银盐。

二、返滴定法

(一) 作用原理

返滴定法是以铁铵矾为指示剂，用 KSCN(或 NH_4SCN)和 $AgNO_3$ 为标准溶液，测定卤化物。如以测定 Cl^- 为例，在含有 Cl^- 的酸性溶液中，加入准确并过量的 $AgNO_3$ 标准溶液，使溶液中的 Cl^- 完全沉淀，然后加入适量的铁铵矾指示剂，用 KSCN(或 NH_4SCN)标准溶液滴定剩余的 Ag^+，滴定反应如下。

终点前：

$$Ag^+(\text{定量,过量}) + Cl^- \longrightarrow AgCl\downarrow \text{(白色)}$$

$$Ag^+(\text{剩余}) + SCN^- = AgSCN\downarrow \text{(白色)}$$

终点时：

$$Fe^{3+} + SCN^- = [FeSCN]^{2+} \text{(棕红色)}$$

(二) 滴定条件

(1) 在酸性溶液中滴定。

(2) 能与 SCN^- 反应的强氧化剂、氮的氧化物、汞盐及铜盐等，会干扰测定，必须在滴定前除去。

(3) 测定 Cl^- 时，应防止沉淀转化。因为 AgCl 的溶解度比 AgSCN 大，当剩余的 Ag^+ 被完全滴定后，过量的 SCN^- 将争夺 AgCl 中的 Ag^+，使 AgCl 沉淀溶解，转化为 AgSCN 沉淀：

$$AgCl + SCN^- \longrightarrow AgSCN\downarrow + Cl^-$$

这样就会消耗过多的 NH_4SCN 滴定液，造成一定的误差。故在测定 Cl^- 时，需先将已经生成的 AgCl 滤去，再用 NH_4SCN 滴定液滴定；或者在滴定前，先在待测液中加入 1～2 mL硝基苯或 1,2-二氯乙烷等，强烈振摇，使其包裹在 AgCl 颗粒表面，避免发生沉淀转化。

(4) 测定 I^- 时，必须在加入过量 $AgNO_3$ 溶液后加入铁铵矾指示剂，以防止 I^- 被 Fe^{3+} 转化。

$$2I^- + 2Fe^{3+} \longrightarrow I_2 + 2Fe^{2+}$$

(三) 应用范围

返滴定法可以测定 Cl^-、Br^-、I^-、CN^-、SCN^- 等。

三、标准溶液

铁铵矾指示剂法中常用的标准溶液为 $AgNO_3$ 溶液和 KSCN(或 NH_4SCN)溶液。

(一) $AgNO_3$标准溶液的配制和标定

铁铵矾指示剂法中的 $AgNO_3$标准溶液，配制方法参见相关规定，标定时最好选铁铵矾作为指示剂，这样可以消除方法误差。

(二) KSCN(或 NH_4SCN)标准溶液的配制和标定

KSCN(或 NH_4SCN)试剂中一般都含有杂质，且易吸收空气中的水分。因此，先配成与所需浓度相近的溶液，以铁铵矾为指示剂，用 $AgNO_3$滴定液或 $AgNO_3$基准溶液进行标定。

四、应用示例

[例 7-3] 抗肿瘤药盐酸丙卡巴肼($C_{12}H_{19}N_3O \cdot HCl$)的测定。

取试样加水溶解后，加 HNO_3和准确过量的 $AgNO_3$标准溶液，完全生成 AgCl 沉淀，加入邻苯二甲酸二丁酯，剧烈振摇，使 AgCl 沉淀表面形成保护膜，以铁铵矾为指示剂，用 KSCN(或 NH_4SCN)标准溶液滴定剩余的 $AgNO_3$，当混悬液出现浅红色即为终点。

[例 7-4] 溴米索伐的测定。

精密称取本品 0.3 g，置于锥形瓶中，加入 1 mol/L 的 NaOH 溶液 40 mL，沸石 2～3 块，用小火慢慢加热至沸腾，维持约 20 min。冷却至室温后，加入 6 mol/L HNO_3溶液 10 mL，0.1000 mol/L $AgNO_3$标准溶液，剧烈振摇，使 Br^- 反应完全后，加入铁铵矾指示剂 2 mL，用 0.1000 mol/L NH_4SCN 滴定液滴定至溶液为淡棕红色即为终点。

第四节 吸附指示剂法

吸附指示剂法是以 $AgNO_3$为滴定液，以吸附指示剂确定滴定终点的银量法，又称法扬斯法(Fajans method)。

一、基本原理及滴定条件

(一) 作用原理

吸附指示剂法通常是利用一类有机染料，在一定的 pH 值溶液中电离出的阴离子具有一定的颜色，该离子被带正电荷的胶体粒子吸附后，由于其结构会发生变化，从而显示出与阴离子不同的颜色，以此指示滴定终点。

例如，用 $AgNO_3$标准溶液滴定 Cl^- 时，常用荧光黄吸附指示剂法指示终点。荧光黄是一种有机弱酸，用 HFI 表示，在溶液中能电离出黄绿色的阴离子。在化学计量点前，溶液中存在着大量的 Cl^-，AgCl 沉淀主要吸附 Cl^-，使胶体粒子带负电荷，不能吸附 FI^-，溶液呈黄绿色。当滴定至稍过化学计量点时，溶液中就有过量的 Ag^+，这时 AgCl 沉淀就吸附 Ag^+，使胶体粒子带正电荷，从而吸附 FI^-，FI^- 被吸附后，其结构发生改变而呈浅红色，以此指示滴定终点。终点颜色变化可由下式说明。

终点前：
$$HFI \longrightarrow H^+ + FI^-$$
(黄绿色)

$$Cl^-(\text{剩余}) + AgCl \longrightarrow (AgCl) \cdot Cl^-$$

终点时：

$$Ag^+(\text{过量}) + AgCl \longrightarrow (AgCl) \cdot Ag^+$$

$$(AgCl) \cdot Ag^+ + FI^- \longrightarrow (AgCl) \cdot Ag^+ \cdot FI^-$$

（黄绿色）　　　（浅红色）

吸附指示剂有很多，现将常用的几种列入表10-1中。

表10-1　常用的吸附指示剂

指示剂	被测离子	滴定剂	适用的pH值(酸度)
荧光黄	Cl^-	Ag^+	7～10
二氯荧光黄	Cl^-	Ag^+	4～10
曙红	Br^-、I^-、SCN^-	Ag^+	2～10
甲基紫	SO_4^{2-}	Ba^{2+}	1.5～3.5
氨基苯磺酸	Cl^-、I^-混合液	Ag^+	微酸性
溴酚蓝	Hg_2^{2+}	Cl^-	1
二甲基二碘荧光黄	I^-	Ag^+	中性

（二）滴定条件

(1) 滴定前应适当将溶液稀释，并加入糊精或淀粉等亲水性高分子化合物。吸附指示剂在终点时颜色的改变与FI^-被AgCl沉淀吸附多少有关，被吸附的量越多，颜色变化也就越明显。使AgCl沉淀保持胶体状态，可以增大表面积，有利于对指示剂的吸附。

(2) 溶液的pH值要适宜。常用的吸附指示剂通常都是有机弱酸，而起指示作用的主要是它的阴离子。因此，为使指示剂主要以阴离子形式存在，必须控制溶液的pH值。对于K_a值较小的吸附指示剂，控制溶液的pH值要偏高些；而对于K_a值较大的吸附指示剂，溶液的pH值可以偏低些。如荧光黄的K_a为10^{-8}，应在pH值为7～10的条件下进行；曙红的酸性较强(K_a为10^{-2})，可以在pH值为2～10的条件下进行。强碱性溶液有利于指示剂电离，但也会产生氧化银沉淀，所以滴定不能在强碱性溶液中进行。

(3) 胶体粒子对指示剂的吸附能力应略小于对被测离子的吸附能力。胶体对指示剂吸附能力太强，指示剂在化学计量点前就可能变色，造成终点提前；吸附能力太弱，则可能造成终点推迟。卤化银胶体对卤素离子和几种常见吸附指示剂的吸附能力的次序如下：

$$I^- > \text{二甲基二碘荧光黄} > Br^- > \text{曙红} > Cl^- > \text{荧光黄}$$

因此，滴定Cl^-时，应选择荧光黄，滴定Br^-时，可选用曙红为指示剂。

(4) 滴定应避免强光照射。因为卤化银在光照下会分解析出金属银，使沉淀变灰或变黑，影响终点判断。

（三）应用范围

吸附指示剂法可用于测定Cl^-、Br^-、I^-、SO_4^{2-}、SCN^-和Ag^+等离子。

二、标准溶液

吸附指示剂法的标准溶液是$AgNO_3$溶液，配制方法与前面相同，标定时最好选用吸附指示剂。

三、应用示例

[例 7-5] 溴化钾的含量测定。

精确称取本品 0.2 g，置于锥形瓶中，加 100 mL 纯化水，溶解后加稀硝酸 5 mL、曙红指示剂 10 滴，再用 0.1000 mol/L $AgNO_3$ 标准溶液滴定至出现桃红色絮状沉淀，即为终点。

小 结

沉淀滴定法是以沉淀反应为基础的滴定分析方法。以生成难溶性银盐的沉淀滴定分析方法，即银量法。根据确定终点的指示剂不同，银量法可分为铬酸钾指示剂法、铁铵矾指示剂法和吸附指示剂法。银量法可用于测定可溶性的无机卤化物、类卤化物、含卤素的有机物和可溶性银盐等物质的含量。

一、概述

能用于沉淀滴定的化学反应必须符合以下要求。

(1) 反应生成的沉淀溶解度很小，使沉淀反应完全。

(2) 沉淀反应要快，并且要定量完成。

(3) 要有合适的指示滴定终点的方法。

银量法可用于测定 Cl^-、Br^-、I^-、CN^-、SCN^- 和 Ag^+ 等，也可以测定含有这些离子的化合物(测定前，须经过处理)。

二、铬酸钾指示剂法

1. 原理

终点前： $$Ag^+ + Cl^- \longrightarrow AgCl\downarrow$$
(白色)

终点时： $$2Ag^+ + CrO_4^{2-} \longrightarrow Ag_2CrO_4\downarrow$$
(砖红色)

2. 滴定条件

(1) 指示剂用量适宜。

(2) 溶液为中性或弱碱性。

(3) 不能在氨碱性溶液中进行。

(4) 去除干扰离子。

3. 测定对象

可以测定 Cl^-、Br^-、CN^-，不宜用于直接测定 I^-、SCN^-。

4. 标准溶液

$AgNO_3$ 标准溶液。

三、铁铵矾指示剂法

(一) 直接滴定法

1. 原理

终点前： $$Ag^+ + SCN^- = AgSCN\downarrow$$
(白色)

终点时 $$Fe^{3+}+SCN^{-}=\!=\!=[FeSCN]^{2+}$$
（棕红色）

2. 滴定条件

(1) 滴定应在酸性条件下进行。

(2) 滴定时应剧烈振荡。

3. 测定对象

Ag^{+}。

4. 标准溶液

$AgNO_3$标准溶液和 KSCN(或 NH_4SCN)标准溶液。

(二) 返滴定法

1. 原理

终点前： $$Ag^{+}(\text{定量,过量})+Cl^{-}\longrightarrow AgCl\downarrow$$
（白色）

$$Ag^{+}(\text{剩余})+SCN^{-}=\!=\!=AgSCN\downarrow$$
（白色）

终点时： $$Fe^{3+}+SCN^{-}=\!=\!=[FeSCN]^{2+}$$
（棕红色）

2. 滴定条件

(1) 在酸性溶液中滴定。

(2) 去除干扰离子。

(3) 测定 Cl^{-} 时,应防止出现沉淀转化。

(4) 测定 I^{-} 时,应防止 I^{-} 被 Fe^{3+} 转化。

3. 测定对象

可以测定 Cl^{-}、Br^{-}、I^{-}、CN^{-}、SCN^{-} 等离子。

4. 标准溶液

$AgNO_3$标准溶液和 KSCN(或 NH_4SCN)标准溶液。

四、吸附指示剂法

1. 原理

终点前： $$HFI\longrightarrow H^{+}+FI^{-}$$
（黄绿色）

$$Cl^{-}(\text{剩余})+AgCl\longrightarrow(AgCl)\cdot Cl^{-}$$

终点时： $$Ag^{+}(\text{过量})+AgCl\longrightarrow(AgCl)\cdot Ag^{+}$$

$$(AgCl)\cdot Ag^{+}+FI^{-}\rightarrow(AgCl)\cdot Ag^{+}\cdot FI^{-}$$
（黄绿色） （浅红色）

2. 滴定条件

(1) 保持沉淀呈胶体状态。

(2) 溶液的 pH 值要适宜。

(3) 选择吸附能力适当的指示剂。

(4) 滴定应避免强光照射。

能力检测

一、选择题

1. 下列离子不宜用铬酸钾指示剂法测定的是(　　)。

A. Cl^-　　B. Br^-　　C. I^-　　D. CN^-

2. 铬酸钾指示剂法测定溴化钾的终点颜色是(　　)。

A. 白色　　B. 浅红色　　C. 黄色　　D. 浅蓝色

3. 用铬酸钾指示剂法测定 Cl^-,指示剂用量过多会产生(　　)。

A. 正误差　　B. 负误差

C. 使终点变色更敏锐　　D. 无影响

4. 用铁铵矾指示剂法测定 Cl^- 时,为防止沉淀发生转化,在滴加 KSCN(或 NH_4SCN)滴定液前,应先加入一定量的(　　)。

A. $NaHCO_3$　　B. HNO_3　　C. NaOH　　D. 硝基苯

5. 用吸附指示剂法测定 Br^-,应选用的最佳指示剂是(　　)。

A. 荧光黄　　B. 曙红　　C. 甲基紫　　D. 二甲基二碘荧光黄

6. 铬酸钾指示剂法适用于(　　)条件。

A. 强酸性　　B. 强碱性　　C. 中性或弱碱性　　D. 以上条件均可

7. 用铁铵矾指示剂法测 Cl^- 时,会带来的较大误差的原因是(　　)。

A. AgCl 的颗粒比 AgSCN 大　　B. AgCl 的颗粒比 AgSCN 小

C. AgCl 的溶解度比 AgSCN 大　　D. AgCl 的溶解度比 AgSCN 小

8. 用铬酸钾指示法的滴定方式是(　　)。

A. 直接滴定　　B. 回滴定　　C. 置换滴定　　D. 间接滴定

9. 银量法中用到的基准物质是(　　)。

A. 碳酸钠　　B. 硼砂　　C. 氯化钠　　D. 氧化锌

10. 铁铵矾指示剂法调节溶液的酸度常用的是(　　)。

A. HCl　　B. H_2SO_4　　C. HNO_3　　D. H_3PO_4

11. 铁铵矾指示剂法的直接滴定法常用来测定(　　)。

A. Ba^{2+}　　B. Ag^+　　C. X^-　　D. SCN^-

二、填空题

1. 银量法根据指示剂的不同,可分为____________、____________和____________。

2. 莫尔法中,指示剂用量过多,会导致终点______,产生______误差;若指示剂用量过小,会使终点______,产生____误差。莫尔法只能在____或______溶液中进行。

三、计算题

1. 若将 30.00 mL $AgNO_3$ 溶液作用于 0.1173 g NaCl,过量的 $AgNO_3$ 需用 3.20 mL NH_4SCN 溶液滴定(已知滴定 20.00 mL $AgNO_3$ 溶液需要 21.00 mL NH_4SCN),计算 $AgNO_3$ 溶液的浓度。

2. 称取 0.1510 g 纯的 NaCl,溶于 20 mL 水中,加 30.00 mL $AgNO_3$ 溶液,以铁铵矾作

指示剂，用 NH_4SCN 溶液滴定过量的 Ag^+，用去 4.04 mL。事先测得 $AgNO_3$ 溶液与 NH_4SCN 溶液的体积比为 1.040。求 $AgNO_3$ 溶液的物质的量浓度。

3. 取井水 100.0 mL，以荧光黄为指示剂，滴定用去 0.0500 mol/L $AgNO_3$ 溶液 4.30 mL，计算每升井水中含多少 Cl^-？

4. 仅含有纯 NaBr 和 NaI 的混合物 0.2500 g，用曙红作指示剂，用法扬斯法测定，终点时用去 0.1000 mol/L $AgNO_3$ 标准溶液 22.01 mL，计算混合物中 NaBr 和 NaI 的质量分数。

（浙江医学高等专科学校　马建军）

第八章　配位滴定法

学习目标

掌握：配合物正确的命名；配位滴定的基本原理；能够选择合适的滴定条件；EDTA 标准溶液和锌标准溶液的配制和标定；学会用 EDTA 标准溶液对金属离子进行含量测定。

熟悉：典型螯合剂 EDTA 及其配位特性；配位滴定曲线图。

了解：配位平衡有关计算。

配位滴定法就是以配位反应为基础的滴定分析法。配位反应虽然多，可是能满足滴定分析要求的并不多，只有反应定量进行、反应快、反应完全、生成的配合物可溶且相当稳定，并且有适当方法确定终点的配位反应，才能用于滴定分析。许多无机配位体与金属离子形成配合物时存在逐级配合现象，且配合物稳定常数不是很大，故大多数无机配位体不能用于滴定分析。而有机配位体和金属离子的配位数稳定，并且形成的配合物稳定性高，容易达到明显的滴定终点。因此，应用有机配位体作为滴定剂的配位滴定方法，已成为广泛应用的滴定方法之一，目前最主要的是使用氨羧配合剂。

氨羧配合剂是一类以氨基二乙酸[$—N(CH_2COOH)_2$]为基体的配位剂，能同时提供 N 和 O 原子做配位原子，几乎可以和所有的金属离子进行配位。这类配位剂中以乙二胺四乙酸（简称 EDTA）为配位剂的滴定分析最为常见，常用于对金属离子的测定。

第一节　概　　述

一、EDTA 的结构与性质

EDTA 是目前应用最广泛的氨羧配合剂，分子式通常表示为 H_4Y，其酸结构为

$$
\begin{array}{ccccc}
HOOCH_2C & & & & CH_2COO^- \\
 & \diagdown\overset{+}{N}H & —CH_2—CH_2— & H\overset{+}{N}\diagup & \\
{}^-OOCH_2C & & & & CH_2COOH
\end{array}
$$

EDTA为白色粉末状结晶，在水中溶解度很小，室温每 100 mL 水仅能溶解 0.02 g，水溶液呈酸性，pH＝2.3。由于难溶于酸性溶液和一般有机溶剂，因此不适合做配位滴定中的滴定剂。在配位滴定中常用的是其含两分子结晶水的二钠盐，通常也称为 EDTA，用 $Na_2H_2Y \cdot 2H_2O$ 表示，也是白色粉末状结晶，无臭无毒，22 ℃时，100 mL水可溶解 11.1 g，其饱和溶液浓度约为 0.3 mol/L，水溶液的 pH 值约为 4.7。若溶液 pH 值偏低，可用 NaOH 溶液中和至 pH 值为 5 左右进行滴定分析，以免乙二胺四乙酸析出。

由于分子中 N 原子的电负性较强，在水溶液中两个羧基上的 H^+ 转移到两个 N 原子上。在酸度较高的溶液中，EDTA 的两个羧基还可以接受两个 H^+，形成 H_6Y^{2+}，相当于一个六元酸，在水溶液中有六级解离平衡：

$$H_6Y^{2+} \rightleftharpoons H^+ + H_5Y^+ \qquad pK_1 = 0.90$$

$$H_5Y^+ \rightleftharpoons H^+ + H_4Y \qquad pK_2 = 1.60$$

$$H_4Y \rightleftharpoons H^+ + H_3Y^- \qquad pK_3 = 2.00$$

$$H_3Y^- \rightleftharpoons H^+ + H_2Y^{2-} \qquad pK_4 = 2.67$$

$$H_2Y^{2-} \rightleftharpoons H^+ + HY^{3-} \qquad pK_5 = 6.16$$

$$HY^{3-} \rightleftharpoons H^+ + Y^{4-} \qquad pK_6 = 10.26$$

由上述解离平衡可知，EDTA 在水溶液中是以 H_6Y^{2+}、H_5Y^+、H_4Y、H_3Y^-、H_2Y^{2-}、HY^{3-}、Y^{4-} 七种型体存在的，各种存在形式的浓度取决于溶液的 pH 值。

二、EDTA 与金属离子配位反应的特点

EDTA 和金属离子配位时有如下的特点。

(1) 一般情况下和金属离子的配位比是 1∶1，因为 EDTA 有两个氨基和四个羧基，也就是说最多可以提供六个配位原子，大多数金属离子的配位数不超过六，所以配位比以 1∶1居多。

(2) 由于 EDTA 与金属离子形成的配合物大多数带电荷，所以能够溶解于水中，配位反应迅速，使滴定可以在水溶液中进行。

(3) 形成的螯合物结构中有多个五元环，所以非常稳定。

(4) EDTA 在和无色金属离子反应时，生成的配离子也无色；如果和有色金属离子反应，一般则生成颜色更深的螯合物，所以便于指示滴定终点。

目前常用的配位滴定方法就是 EDTA 滴定法。金属离子和 EDTA(用 Y 表示)的反应通式为

$$M + Y \rightleftharpoons MY$$

$$K_{MY} = \frac{[M]}{[M][Y]} \tag{8-1}$$

金属离子和 EDTA 的配位比是 1∶1，所以 $n_{EDTA} = n_M$。K_{MY} 为稳定常数，通常用对数表示，即 $\lg K_{MY}$，它的值越大，形成的配合物越稳定(表 8-1)。

表 8-1 部分金属离子和 EDTA 形成配合物时的 $\lg K_{MY}$ 值(25 ℃)

金属离子	$\lg K_{MY}$	金属离子	$\lg K_{MY}$	金属离子	$\lg K_{MY}$
Ag^{+}	7.32	Co^{3+}	36.0	Fe^{2+}	14.33
Al^{3+}	16.3	Cr^{3+}	23.4	Sn^{2+}	18.3
Be^{2+}	9.20	Cu^{2+}	18.80	Sn^{4+}	34.5
Ca^{2+}	10.7	Fe^{3+}	25.10	Zn^{2+}	16.50
Cd^{2+}	16.46	Mn^{2+}	13.87	Hg^{2+}	21.8
Co^{2+}	16.31	Pb^{2+}	18.04	Ni^{2+}	18.6

第二节 配位平衡

一、副反应与副反应系数

在滴定体系中,有被滴定金属离子 M、滴定剂 EDTA、其他金属离子 N、其他配位剂 L、缓冲剂和掩蔽剂等。除了金属离子和 EDTA 的配位反应之外,还存在很多的副反应,这些副反应主要有金属离子与其他配位剂的配位反应、金属离子的水解效应;EDTA 在溶液中的酸效应以及与其他非被测离子的配位反应;生成酸式配合物及碱式配合物的副反应。

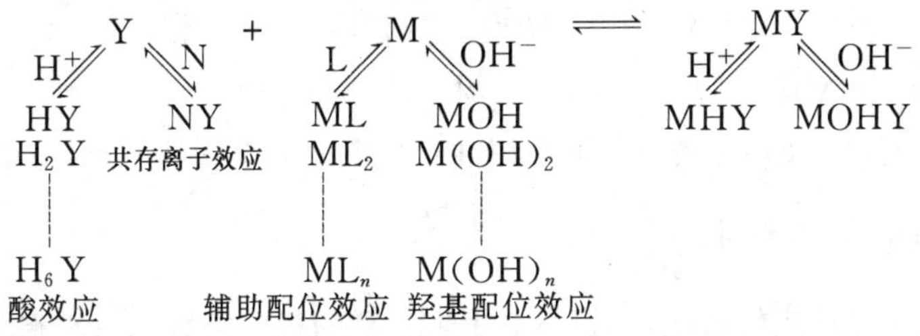

这些副反应将对主反应进行的程度产生影响,下面分别讨论主要的两种副反应以及副反应系数。

(一) 酸效应及酸效应系数

如果 H^{+} 浓度过高,则可以结合溶液中的 Y 生成相应的酸,导致 Y 参加主反应的能力降低,这种现象称为酸效应,酸效应的大小用酸效应系数 $\alpha_{Y(H)}$ 来表示。

酸性溶液中 EDTA 是以 H_6Y^{2+}、H_5Y^{+}、H_4Y、H_3Y^{-}、H_2Y^{2-}、HY^{3-} 和 Y^{4-} 七种型体存在,但真正能和金属离子配位的是 Y^{4-}。

酸效应系数定义为在一定 pH 值时未参加主反应的 EDTA 各种型体总浓度[Y′]与配位体系中的 EDTA 的平衡浓度之比,即

$$\alpha_{Y(H)} = \frac{[Y']}{[Y]} \tag{8-2}$$

当 $\alpha_{Y(H)}=1$ 时,表示[Y]=[Y′],此时溶液中 EDTA 都以 Y^{4-} 形式存在,配位能力最强。如果溶液酸性较强,则 H^{+} 结合了一部分的 Y^{4-},使[Y]<[Y′],酸效应系数 $\alpha_{Y(H)}$ 变大,发生副反应比较严重。EDTA 在各种 pH 值时的酸效应系数见表 8-2。

表 8-2 EDTA 在各种 pH 值时的酸效应系数

pH 值	$\alpha_{Y(H)}$	pH 值	$\alpha_{Y(H)}$	pH 值	$\alpha_{Y(H)}$
0.0	23.64	4.5	7.44	9.0	1.28
0.5	20.75	5.0	6.45	9.5	0.83
1.0	18.01	5.5	5.51	10.0	0.45
1.5	15.55	6.0	4.65	10.5	0.20
2.0	13.8	6.5	3.92	11.0	0.07
2.5	11.90	7.0	3.32	11.5	0.02
3.0	10.60	7.5	2.78	12.0	0.01
3.5	9.48	8.0	2.27	13.0	0.00
4.0	8.44	8.5	1.77	14.0	0.00

（二）配位效应及配位效应系数

当溶液中存在其他配位剂 L 时，可以和金属离子 M 形成 ML，使金属离子参加主反应的能力降低，这种现象称为配位效应。配位效应的大小用配位效应系数 $\alpha_{M(L)}$ 来表示。

$$\alpha_{M(L)}=\frac{[M']}{[M]} \tag{8-3}$$

式中：$[M']=[M]+[ML]+[ML_2]+\cdots+[ML_n]$，$[M]$为游离的金属离子浓度。

配位效应系数 $\alpha_{M(L)}$ 越大，表明其他配位剂对主反应的干扰越严重，越不利于滴定。

二、配合物的条件稳定常数

由于副反应对主反应的影响，我们不能用配合物的稳定常数 K_{MY} 来衡量某个配位滴定的可行性，必须将副反应的影响考虑在内，即用副反应系数对 K_{MY} 进行校正，得到实际上的稳定常数，我们称之为条件稳定常数，用 K'_{MY} 表示。

$$K'_{MY}=\frac{[(MY)']}{[M'][Y']} \tag{8-4}$$

由副反应系数的定义知：

$$[M']=\alpha_{M(L)}[M];[Y']=\alpha_{Y(H)}[Y];[(MY)']=\alpha_{MY}[MY]$$

代入式中，得

$$K'_{MY}=K_{MY}\frac{\alpha_{MY}}{\alpha_{M(L)}\alpha_{Y(H)}}$$

两边取对数，可得

$$\lg K'_{MY}=\lg K_{MY}-\lg\alpha_{M(L)}-\lg\alpha_{Y(H)} \tag{8-5}$$

K'_{MY} 值的大小反映了在一定条件下配位化合物的实际稳定常数，是判断能否进行配位滴定的重要依据。

一般情况下主要是 EDTA 的酸效应，如果不考虑其他副反应，只考虑酸效应，则简

化为

$$\lg K'_{MY} = \lg K_{MY} - \lg \alpha_{Y(H)} \tag{8-6}$$

它表明条件稳定常数随溶液 pH 值的变化而变化。

[例 8-1] 求 pH=2.0 和 pH=5.0 时 EDTA 与 Zn^{2+} 作用的 K'_{ZnY}值。

解 查表 8-1,得 $\lg K_{ZnY}=16.50$。

查表 8-2,得

pH=2.0 时,$\alpha_{Y(H)}=13.8$;pH=5.0 时,$\alpha_{Y(H)}=6.45$。

(1) pH=2.0 时,有

$$\lg K'_{ZnY}=16.5-13.8=2.7$$

(2) pH=5.0 时,有

$$\lg K'_{ZnY}=16.5-6.45=10.05$$

以上结果表明,ZnY^{2-} 在 pH=5.0 的溶液中比在 pH=2.0 的溶液中稳定性高得多,因此,要得到准确的分析结果,必须选择适当的酸度条件。

第三节 配位滴定条件的选择

一、配位滴定的基本原理

配位滴定中被滴定的一般是金属离子,所以随着滴定剂 EDTA 标准溶液的加入,溶液中游离的金属离子不断形成配合物而降低浓度,在化学计量点附近,金属离子浓度的变化发生突跃。图 8-1 为 pH=10.0 时用 0.01000 mol/L 的 EDTA 滴定 20.00 mL0.01000 mol/L 的 Ca^{2+} 溶液所得的滴定曲线。

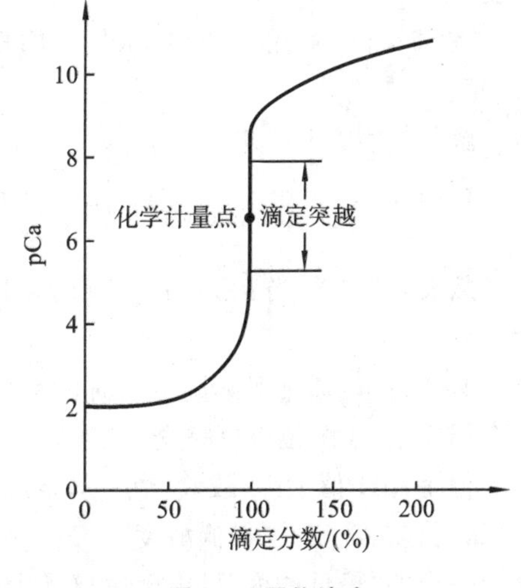

图 8-1 配位滴定

因为金属离子浓度[M]很小,配位滴定曲线中纵坐标通常用金属离子浓度的负对数 pM 表示。从图上可以看出,计量点前后 pCa 的值急剧变化,形成滴定突跃,可利用这个特性进行滴定分析。

在配位滴定中,影响滴定突跃范围大小的因素主要有配合物的稳定常数、被测金属离子的浓度和溶液的酸度等。一般情况下,配合物的稳定常数越大,被测金属离子浓度越高,溶液的 pH 值越大,配位滴定的突跃范围也越大,越有利于滴定。

二、酸度条件的选择

在 EDTA 滴定中产生的副反应比较多,因此,控制好配位滴定的条件,提高配位滴定的选择性,减少或排除干扰离子的影响,是配位滴定中要解决的重要问题。这里主要从两个方面来讨论滴定条件的选择。

在配位滴定中，如果不考虑溶液中其他的副反应，被测金属离子的 K'_{MY} 主要取决于溶液的酸度。酸度过高，$\alpha_{Y(H)}$ 较大，K'_{MY} 较小，不能准确滴定。酸度较低时，$\alpha_{Y(H)}$ 较小，K'_{MY} 较大，有利于滴定，但是金属离子易水解，因此，溶液酸度的选择和控制很重要，常见的选择就是最高酸度的选择。

一般滴定分析要求滴定误差≤0.1%，假设被测金属离子和 EDTA 的原始浓度均为 0.020 mol/L，滴定至计量点时，配位反应基本完全，此时

$$[MY]\approx 0.01\ \text{mol/L}$$

$$[M]=[Y]\leqslant 0.1\%\times 0.01\ \text{mol/L}=10^{-5}\ \text{mol/L}$$

$$K'_{MY}=\frac{[MY]}{[M][Y]}=\frac{0.01}{10^{-5}\times 10^{-5}}=10^{8}$$

即要 $K'_{MY}\geqslant 10^8$ 才可得到准确的分析结果。若只考虑 EDTA 的酸效应的影响，则

$$\lg K'_{MY}=\lg K_{MY}-\lg\alpha_{Y(H)}\geqslant 8$$

即

$$\lg\alpha_{Y(H)}\leqslant \lg K_{MY}-8 \tag{8-7}$$

酸度过高(或者 pH 值过低)时，不能满足上式，则滴定误差就超过了允许范围。这个酸度限制就是配位滴定所允许的最高酸度。滴定任一金属离子的最低 pH 值，可按下式先算出金属离子的 $\alpha_{Y(H)}$：

$$\alpha_{Y(H)}=\lg K_{MY}-8 \tag{8-8}$$

再查表 8-2 得到其相应的 pH 值，这个 pH 值就是滴定该金属离子的最低 pH 值(最高酸度)。

[例 8-2] 求用 0.020 mol/L EDTA 溶液滴定 0.020 mol/L Zn^{2+} 时溶液的最低 pH 值。

解 查表 8-1 可知： $\lg K_{ZnY}=16.50$

根据 $\alpha_{Y(H)}=\lg K_{MY}-8$

$=16.50-8=8.50$

从表 8-2 查得当 $\alpha_{Y(H)}$ 为 8.50 时，对应的 pH 值约为 4.0，即此时溶液最低的 pH 值约为 4.0。

必须指出，通常实际滴定的时候所采用的 pH 值要比最低 pH 值大一些，因为这样可以使金属离子 M 配位得更完全。

但是，pH 值太高，酸效应小了，金属离子会水解生成氢氧化物沉淀，影响滴定的进行。所以，还存在滴定的“最低酸度”。

滴定的“最低酸度”可由金属离子生成氢氧化物沉淀的溶度积求得，如果 $M(OH)_n$ 的溶度积为 K_{sp}，为防止 $M(OH)_n$ 的生成，必须使

$$[OH^-]\leqslant\sqrt[n]{\frac{K_{sp}}{c_M}} \tag{8-9}$$

计算出$[OH^-]$后再由 pH+pOH=14 求出相应的 pH 值，即得滴定所要求的“最低酸度”。

配位滴定应控制在最高酸度和最低酸度之间进行，此酸度范围称为配位滴定的适宜酸

度范围。

每一种金属离子用 EDTA 滴定时都有相应的酸度范围，可用控制 pH 值的办法，使一种离子形成稳定的配合物而其他离子不易生成，从而提高配位滴定的选择性。例如，Fe^{3+} 和 Mg^{2+} 共存时，先调节溶液 pH 值约为 5，用 EDTA 滴定 Fe^{3+}，此时 Mg^{2+} 不干扰。当 Fe^{3+} 滴定完全以后，再调节溶液的 pH 值约为 10，继续用 EDTA 滴定 Mg^{2+}。

配位滴定不仅在滴定前要调节好溶液的酸度，而且整个滴定过程中都应控制溶液的 pH 值。因此，在配位滴定时常加入一定量的缓冲溶液以保持滴定体系的 pH 值基本不变。

三、掩蔽作用

在配位滴定中，如果采取调节 pH 值的方法不能完全消除干扰离子的影响，则常利用掩蔽剂来掩蔽干扰离子，使这些干扰离子不和 EDTA 进行配位，即掩蔽作用。常用的方法有配位掩蔽法、沉淀掩蔽法和氧化还原掩蔽法。

1. 配位掩蔽法

配位掩蔽法就是利用配位反应来降低溶液中干扰离子浓度的一种方法，是目前应用最广泛的掩蔽方法之一。

例如，用 EDTA 测定水中的 Ca^{2+}、Mg^{2+}，存在 Fe^{3+}、Al^{3+} 干扰离子。可在水中加入三乙醇胺作为掩蔽剂，三乙醇胺可以和 Fe^{3+}、Al^{3+} 形成稳定的配合物，而不与 Ca^{2+}、Mg^{2+} 形成配合物，这样就可以消除 Fe^{3+}、Al^{3+} 对滴定的干扰。同时必须注意，滴定的 pH 值范围是 10～12，而碱性溶液容易使 Fe^{3+}、Al^{3+} 出现沉淀，所以先要在酸性溶液中加入三乙醇胺，再将 pH 值调至 10～12，测定 Ca^{2+}、Mg^{2+}。

2. 沉淀掩蔽法

沉淀掩蔽法是利用沉淀反应降低干扰离子浓度，以消除干扰的一种方法。例如在 Ca^{2+}、Mg^{2+} 共存的溶液中测定 Ca^{2+}，可加入 NaOH 使溶液的 pH>12.0，此时 Mg^{2+} 生成了 $Mg(OH)_2$ 沉淀，这样就不会干扰 EDTA 对 Ca^{2+} 测定。

但是沉淀掩蔽法的缺点较多：如有些沉淀反应进行得不完全，掩蔽效率不高；有时候会出现“共沉淀现象”，即不论被测定的是金属离子还是干扰离子，都发生了沉淀反应，从而影响了测定的准确度；沉淀有颜色或生成的量较多，也会干扰对滴定终点的判断。所以沉淀掩蔽法的应用价值不是很大。

3. 氧化还原掩蔽法

利用氧化还原反应来改变干扰离子的价态，从而消除干扰的方法。例如：

$$\lg K_{FeY^-}=25.1 \quad \lg K_{FeY^{2-}}=14.33$$

可见 Fe^{3+} 跟 EDTA 比，Fe^{2+} 跟 EDTA 形成的配合物要稳定得多。在 pH=1 时，测定 Bi^{3+}，为了消除 Fe^{3+} 的干扰，可加入适当的还原剂（羟胺或维生素 C 等）将 Fe^{3+} 还原成 Fe^{2+}，从而降低对 EDTA 的消耗。

氧化还原掩蔽法只适用于那些易发生氧化还原反应的金属离子，并且生成的这些金属离子的氧化态或者还原态也不干扰测定的情况。所以目前这种掩蔽法只适用于少数一些金属离子。

常用的掩蔽剂及 pH 值使用范围见表 8-3。

表 8-3 常用的掩蔽剂及 pH 值使用范围

掩 蔽 剂	pH 值使用范围	被掩蔽的离子	备 注
三乙醇胺(TEA)	10	Al^{3+}、Sn^{4+}、Ti^{4+}、Fe^{3+}	与 KCN 作用,可提高掩蔽效果
	11～12	Fe^{3+}、Al^{3+}、少量的 Mn^{2+}	
NH_4F	4～6	Al^{3+}、Ti^{3+}、Sn^{4+}、Zr^{4+}、W^{6+}	—
	10	Mg^{2+}、Ca^{2+}、Sr^{2+}、Ba^{2+}	
KCN	>8	Co^{2+}、Ni^{2+}、Cu^{2+}、Zn^{2+}、Hg^{2+}、Ag^{+}、Ti^{3+}	剧毒,必须在碱性溶液中使用

四、解蔽作用

将干扰离子掩蔽以滴定被测离子后,再加入一种试剂,使已被掩蔽的离子重新释放出来,再进行滴定,这种方法称为解蔽作用。所用的试剂称为解蔽剂,常用的解蔽剂有甲醛、苦杏仁酸和氟化物等。例如:在 Zn^{2+}、Mg^{2+} 共存的溶液中测定 Mg^{2+} 和 Zn^{2+} 的含量时,可在氨性溶液中加入 KCN(剧毒)使 Zn^{2+} 以 $[Zn(CN)_4]^{2-}$ 的形式被掩蔽起来,在 pH=10 时,以铬黑 T 作指示剂直接用 EDTA 测定 Mg^{2+} 的含量,之后,在滴定过 Mg^{2+} 的溶液中加入甲醛作为解蔽剂,使 Zn^{2+} 从 $[Zn(CN)_4]^{2-}$ 中释放出来,再用 EDTA 测定 Zn^{2+} 的含量。

在实际分析过程中,用一种解蔽剂通常难以达到令人满意的效果,通常都是几种解蔽剂或沉淀剂同时使用,能够提高选择性。

第四节 金属指示剂

在配位滴定过程中,为了指示滴定终点,通常要加入一种配位剂,使之能够和金属离子形成与其自身颜色有很大区别的配合物。这种配位剂称为金属指示剂。常用的金属指示剂有铬黑 T(EBT)、钙指示剂、二甲酚橙(XO)和 PAN 等。

一、金属指示剂的作用原理及条件

(一) 金属指示剂的作用原理

金属指示剂通常都是有颜色的有机染料,滴定时先加入少量到被测溶液中和金属离子形成有颜色的配合物,接着加入 EDTA 标准溶液滴定,EDTA 会先和溶液当中游离的金属离子作用形成 MY,当恰好达到化学计量点时,再加入 EDTA 夺取金属指示剂-金属离子配合物当中的金属离子,使金属指示剂游离出来,显示出它本来的颜色,指示达到终点。

以常见金属指示剂铬黑 T(EBT)指示 EDTA 滴定 Mg^{2+}(pH=10)为例。

(1) 先加入少量铬黑 T 到被测 Mg^{2+} 溶液中,此时溶液呈鲜红色。

$$Mg^{2+} + EBT \rightleftharpoons Mg\text{-}EBT$$

(蓝色)　　(鲜红色)

(2) 接着加入 EDTA 标准溶液滴定，当达到化学计量点时，溶液中游离的 Mg^{2+} 已基本反应完全，此时再加入 EDTA，则 EDTA 开始夺取 Mg-EBT 当中的 Mg^{2+}，EBT 将会游离出来，显示出本身的蓝色，滴定到达终点。

$$\underset{(鲜红色)}{\text{Mg-EBT}}+\text{EDTA} \rightleftharpoons \text{Mg-EDTA}+\underset{(蓝色)}{\text{EBT}}$$

(二) 金属指示剂应具备的条件

不是所有能和金属离子形成配合物的有机染料都可以用来做金属指示剂的，它们必须满足下列条件。

(1) 指示剂本身的颜色必须和它与金属离子形成的配合物的颜色有明显差别。现以铬黑 T(EBT)为例：铬黑 T(用 NaH_2In 表示)在不同的酸度下呈现不同的颜色，在水溶液中存在下列解离平衡：

$$\underset{(红色)}{H_2In^-} \underset{+H^+}{\overset{-H^+}{\rightleftharpoons}} \underset{(蓝色)}{HIn^{2-}} \underset{+H^+}{\overset{-H^+}{\rightleftharpoons}} \underset{(橙色)}{In^{3-}}$$

在 pH<6.3 或 pH>11.6 时，游离的指示剂与配合物的颜色没有明显差别，只有在 pH 值为 6.3～11.6 的溶液里，指示剂显蓝色而配合物显红色，颜色差别明显。所以用铬黑 T 做指示剂时，pH 值应控制在 6.3～11.6 的范围，最适宜的 pH 值为 9～10.5。

(2) 要求金属离子-金属指示剂配合物的稳定性要适当，不能过高也不能过低。过高即该配离子太稳定，不利于 EDTA 标准溶液在计量点后夺取金属离子，导致滴定终点延后；过低即配离子稳定性差，会使终点提前。所以要求金属离子-金属指示剂配合物既要有足够的稳定性，又要比 MY 的稳定性低。通常需要两者稳定性之差大于 2。

$$\lg K'_{MY}-\lg K'_{MIn}>2$$

(3) 指示剂要有一定的选择性，即在一定条件下只指示一种或者几种金属离子。同时在符合上述要求的前提下，改变滴定条件又可以指示其他的金属离子，这就要求具有一定的广泛性，主要是为了避免加入多种指示剂而发生颜色上的干扰。

(4) 指示剂与金属离子的显色反应必须灵敏、迅速，并且有良好的可逆性。

(5) 金属指示剂比较稳定，便于储存和使用。

(三) 选择合适的金属指示剂

在化学计量点附近，被滴定的金属离子 pM 值会发生突跃，这就要求金属指示剂也必须在此区间发生颜色变化，并且指示剂变色的 pM 值越接近真实的 pM 越好，避免引起较大的终点误差。

比如选择金属离子 M 和指示剂形成金属配合物 MIn，则溶液中存在平衡：

$$M+In \rightleftharpoons MIn \quad K_{MIn}=\frac{[MIn]}{[M][In]}$$

两边取对数得

$$\lg K_{MIn}=pM+\lg\frac{[MIn]}{[M]}$$

当达到指示剂变色点时，[MIn]=[M]，即溶液中鲜红色物质和蓝色物质的量一样多，

所以

$$\lg K_{MIn} = pM$$

这就要求在指示剂的变色点时 pM 等于 $\lg K_{MIn}$。

部分金属离子在铬黑 T(EBT)中表观形成常数的对数值见表 8-4。

表 8-4 部分金属离子在铬黑 T(EBT)中表观形成常数的对数值

M \ pH 值	7	8	9	10	11	12
Ca^{2+}	0.85	1.85	2.85	3.84	4.74	5.40
Mg^{2+}	2.45	3.45	4.45	5.44	6.34	6.87
Zn^{2+}	8.4	9.4	10.4	11.4	12.3	—

由于金属指示剂大多数都是有机弱酸，同时还需要考虑溶液酸度对金属指示剂颜色的影响；还要考虑金属离子的副反应（羟基配位和辅助配位反应）等。所以实际操作中多采用实验的方法来选择金属指示剂，即分别实验金属指示剂在滴定终点时颜色变化是否敏锐和滴定结果是否准确，来确定选择何种指示剂。

（四）金属指示剂使用中存在的问题

1. 封闭现象

有些金属指示剂可以和金属离子形成极稳定的配合物，出现 $\lg K_{MIn} > \lg K_{MY}$，则达到化学计量点时，EDTA 不足以将这些配合物中的金属离子夺取出来，使滴定不出现颜色变化，这种现象称为金属指示剂的封闭现象。

例如铬黑 T 可以和 Fe^{3+}、Al^{3+}、Cu^{2+} 等形成非常稳定的配合物，用 EDTA 滴定上述离子时就不能用铬黑 T 做金属指示剂，否则会出现封闭现象。

通常消除封闭现象的方法是加入某种试剂，使其只与发生封闭现象的金属离子反应生成更稳定的配合物，而不与被测金属离子作用。这样就消除了封闭离子的干扰。

2. 僵化现象

有些金属指示剂本身与金属离子形成配合物 MIn 的溶解度很小，使滴定终点时颜色变化不明显；还有些 MIn 的稳定性只稍小于 MY 的稳定性，因而使 EDTA 与 MIn 之间的反应缓慢，滴定终点延后，这种现象称为僵化现象。这时可加入适当的有机溶剂或加热，来增大其溶解度。

3. 氧化变质现象

金属指示剂通常都是具有很多双键的有机化合物，在日光、空气下易被氧化，还有些指示剂在水中不够稳定，日久会发生变质，所以常配成固体配合物或加入具有还原性的物质来配制溶液。为此，在配制铬黑 T 时，应加入盐酸羟胺等还原剂以保持稳定。

二、常用的金属指示剂

常用的金属指示剂及其应用范围见表 8-5。

表 8-5 常用的金属指示剂及其应用范围

指示剂	pH 值使用范围	颜色变化 In	颜色变化 MIn	直接滴定离子	封闭离子	掩蔽剂
铬黑 T（EBT）	7～10	蓝色	红色	Mg^{2+}、Zn^{2+}、Cd^{2+} Pb^{2+}、Mn^{2+}、稀土元素离子	Al^{3+}、Fe^{3+}、Cu^{2+} Co^{2+}、Ni^{2+} 等	三乙醇胺 NH_3F
二甲酚橙（XO）	<6	亮黄色	红紫色	pH<1，ZrO^{2+} pH 值为 1～3，Bi^{3+}、Th^{4+} pH 值为 5～6，Zn^{2+}、Pb^{2+} Cd^{2+}、Hg^{2+} 稀土元素离子	Fe^{3+}、Al^{3+} Cu^{2+}、Co^{2+}、Ni^{2+}	NH_3F 邻二氮菲
PAN	2～12	黄色	紫红色	pH 值为 2～3，Bi^{3+}、Th^{4+} pH 值为 4～5，Cu^{2+}、Ni^{2+}、Pb^{2+} Zn^{2+}、Fe^{2+}、Cd^{2+}	—	—
钙指示剂	10～13	纯蓝色	酒红色	Ca^{2+}	Al^{3+}、Fe^{3+}、Cu^{2+} Co^{2+}、Ni^{2+} 等	与铬黑 T 相似

第五节 滴定液的配制与标定

一、EDTA 标准溶液的配制和标定

EDTA 标准溶液即乙二胺四乙酸二钠标准溶液，分子式为 $C_{10}H_{14}N_2Na_2O_8 \cdot 2H_2O$，相对分子质量为 372.24，称取 EDTA 19 g，加适量水溶解，再加水至 1000 mL（浓度约为 0.05 mol/L），摇匀待标定。

可用于标定 EDTA 标准溶液的基准物质有金属 Zn、ZnO、$MgSO_4 \cdot 7H_2O$、$CaCO_3$ 等。常用的是 Zn 或 ZnO，可用二甲酚橙作指示剂，滴定反应需在 HAc-NaAc 缓冲溶液（pH＝5～6）中进行，溶液由紫红色变到亮黄色为终点；若用铬黑 T 作指示剂，滴定反应需在 NH_3-NH_4Cl 缓冲溶液（pH 约等于 10）中进行，溶液由紫红色变到纯蓝色为终点。

精密称取 800 ℃灼烧至恒重的基准氧化锌 0.12 g，加稀盐酸 3 mL 使之溶解，再加水 25 mL，加 0.025％甲基红的乙醇溶液 1 滴，滴加氨试液至溶液显微黄色，加水 25 mL 与氨-氯化铵缓冲溶液（pH＝10.0）10 mL，再加入少量铬黑 T 做指示剂，用本液滴定由紫色变为纯蓝色，并将滴定结果用空白试验校正。根据本液的消耗量和氧化锌的取用量算出本液的浓度。每 1 mL EDTA 滴定液（0.05000 mol/L）相当于 4.069 mg 的氧化锌。

二、锌标准溶液的配制和标定

取硫酸锌 15 g（相当于氧化锌 3.3 g），加稀盐酸 10 mL 与适量水使之溶解，再加水至

100 mL,摇匀待标定。

精密移取本液 25.00 mL,加 0.025%甲基红的乙醇溶液 1 滴,滴加氨试液至溶液显微黄色,加水 25 mL 和氨-氯化铵缓冲溶液(pH=10.0)10 mL,加铬黑 T 指示剂少量,用 EDTA 滴定液(0.05 mol/L)滴定至溶液由紫色变成蓝色,将滴定结果用空白试验校正。根据 EDTA 滴定液的消耗量,算出本液的浓度。

第六节 应用示例

一、滴定方式

配位滴定法应用非常广泛,能够直接或者间接滴定元素周期表中的大多数金属元素。就滴定方式而言,有直接滴定法、间接滴定法、返滴定法和置换滴定法。

(一) 直接滴定法

直接滴定法是配位滴定中最常见的一种滴定方式。只要配位反应能符合滴定分析的要求,有合适的金属指示剂,都应当尽量采用直接滴定法,这样可以减小误差,并且简便、快捷。Ca^{2+}、Mg^{2+}可以用直接滴定法滴定分析。

(二) 间接滴定法

有些离子由于不能和 EDTA 进行配位或者与 EDTA 生成的配合物不稳定,这时可以采用间接滴定的方法。

在被测溶液中加入过量能与待测离子生成沉淀的沉淀剂,被测离子沉淀完全后,将生成的沉淀分离、溶解,再用 EDTA 标准溶液测定。如 PO_4^{3-} 测定,可先形成 $MgNH_4PO_4$ 沉淀,然后将沉淀过滤、洗净并重新溶解,将溶液 pH 值调至 10.0,用铬黑 T 做指示剂,用 EDTA 滴定溶液中的 Mg^{2+},从而可以得到 PO_4^{3-} 的含量。

(三) 返滴定法

该方法就是先加入过量的 EDTA 标准溶液,使待测离子完全形成配离子,然后用其他金属离子的标准溶液来滴定溶液中剩余的 EDTA,最后根据两种标准溶液的浓度和用量得出待测离子的含量。

返滴定法适用于下列情况。

(1) 待测离子与 EDTA 配合的速度很慢,本身又水解或对指示剂有封闭现象,如 Al^{3+}、Cr^{3+}等离子。

(2) 待测离子虽然和 EDTA 可以形成稳定的配合物,但是缺少合适的指示剂,如 Ba^{2+}、Sr^{2+}等离子。

(四) 置换滴定法

利用置换反应,置换出等物质的量的另一种金属离子(或 EDTA),然后进行滴定,这就是置换滴定法。置换滴定法不仅扩大了配位滴定的应用范围,同时还提高了配位滴定的选择性。

1. 置换出金属离子

例如，Ag^{+}不能用 EDTA 标准溶液直接滴定，因为形成的配合物不稳定($\lg K_{AgY}=7.32$)。所以滴定时将被测溶液加到过量的$[Ni(CN)_4]^{2-}$溶液当中，发生的反应如下：

$$2Ag^{+}+[Ni(CN)_4]^{2-}\rightleftharpoons 2[Ag(CN)_2]^{-}+Ni^{2+}$$

在 pH=10.0 的氨溶液中，加入紫脲酸胺作为金属指示剂，用 EDTA 滴定置换出来的Ni^{2+}，从而间接得到Ag^{+}的含量。

2. 置换出 EDTA

例如，测定锡青铜中的Sn^{4+}，可先加入过量的 EDTA 将可能存在的Pb^{2+}、Cu^{2+}、Zn^{2+}和Sn^{4+}一起配位。接着用Zn^{2+}标准溶液滴定过量的 EDTA。然后加入NH_4F选择性地将 SnY 中的 EDTA 释放出来，最后再用Zn^{2+}标准溶液滴定释放出来的 EDTA，即得出待测Sn^{4+}的含量。

二、配位滴定法的应用示例

在配位滴定法中可采用不同的滴定方式测定许多金属离子，扩大了配位滴定的应用范围，并能提高配位分析法的选择性，现结合药学上的应用实例进行阐述。

(一) 药用锌盐的含量测定

《中国药典》中硫酸锌、氧化锌、十一烯酸锌、葡萄糖酸锌及其制剂均可采用配位滴定法测定其含量。

精密称取待测样品，处理成溶液后，加适量NH_3-NH_4Cl缓冲溶液(pH 值约为 10)与少量铬黑 T，用 EDTA 标准溶液滴定至溶液由紫红色变到纯蓝色。根据 EDTA 的浓度和消耗的体积，可测定出Zn^{2+}的含量，从而测出样品中各种锌盐的含量。若试液中有Al^{3+}、Cu^{2+}等干扰离子存在，可加入F^{-}掩蔽Al^{3+}，用硫脲掩蔽Cu^{2+}。

硫酸镁及其制剂也可采用配位滴定法测定含量，用铬黑 T 做指示剂。

(二) 铝盐的测定

常用的铝盐药物有明矾、氢氧化铝、复方氢氧化铝、氢氧化铝凝胶等，这些药物大多采用配位法测定。用 EDTA 测定Al^{3+}时，Al^{3+}与 Y 的配位速度较慢，Al^{3+}对二甲酚橙、铬黑 T 等指示剂有封闭作用，在酸度不高时，Al^{3+}水解生成一系列多核羟基配合物，因此不能使用直接滴定法，可采用返滴定法。将含Al^{3+}的试液调到 pH=3.5 时，加入准确过量的 EDTA 滴定液，煮沸使Al^{3+}配位完全。然后调节 pH 值为 5～6，用二甲酚橙作指示剂，以锌滴定液返滴定。

操作步骤：精密称取本品 0.6 g，加 HCl 和蒸馏水各 10 mL，煮沸 10 min 使其溶解，冷却至室温后进行过滤，滤液置于 250 mL 容量瓶中，滤器洗涤并将洗涤液并入容量瓶中，用蒸馏水稀释至刻度，摇匀。精密量取滤液 25.00 mL，加氨试液至刚好析出白色沉淀，然后滴加稀 HCl 至沉淀恰好溶解。加入 HAc-NH_4Ac 缓冲溶液 10 mL，再精密加入 0.05 mol/L EDTA 标准溶液 25.00 mL，煮沸 3～5 min，放冷至室温，加 0.2%二甲酚橙指示剂 1 mL，用 0.05 mol/L 的锌标准溶液滴定至溶液由黄色变为淡紫色即为终点，同时做空白试验校正。

（三）葡萄糖酸钙的含量测定

《中国药典》中葡萄糖酸钙、硫酸钙、氯化钙、乳酸钙及其制剂均采用配位滴定法测定含量。

精密称取本品 0.5 g，加水 100 mL，微热使之溶解，加入氢氧化钠试液 15 mL 和钙紫红素指示剂 0.1 g，用 EDTA 标准溶液（0.05 mol/L）滴定到溶液由紫色转变为纯蓝色。每 1 mL EDTA 标准溶液相当于 22.42 mg 的葡萄糖酸钙（$C_{12}H_{22}CaO_{14} \cdot H_2O$）。

由于 Ca^{2+} 和铬黑 T 的配合物不够稳定，所以测定 Ca^{2+} 多用钙紫红素指示剂，在 pH 值为 2～13 时滴定。

（四）配位滴定法连续测定 Al^{3+}、Fe^{3+} 含量

1. 测定原理

当两种金属离子共存于溶液中，且它们都能与 EDTA 形成稳定的配合物时，只要符合 $\lg(c_{MK}K_{MY})-\lg(c_{NK}K_{NY})\geqslant 5$ 的条件，就可以利用控制酸度的办法，分别测定其含量。Al^{3+}、Fe^{3+} 与 EDTA 形成的配合物 $\lg K$ 分别为 25.1 和 16.3，$\lg K$ 相差很大，当其浓度 $c_{Al^{3+}}=c_{Fe^{3+}}=0.01$ mol/L 时，可以用配位滴定法连续测定其含量。

测定原理可用方程式表示如下。

pH＝1.8 时，滴定反应：

$$Fe^{3+}+Y^{4-}=\!=\!=FeY^{-}$$

用磺基水杨酸钠做指示剂，终点为亮黄色。

调节 pH＝3.0，滴定反应：

$$Al^{3+}+Y^{4-}=\!=\!=AlY^{-}$$

以 CuY-PAN 为指示剂，终点为亮黄色。

2. 测定方法

在 Al^{3+}、Fe^{3+} 同时存在的溶液中，要选择性地滴定 Fe^{3+}（Al^{3+} 不干扰），在实际操作中，控制溶液 pH 值为 1.8～2.0，并将溶液加热至 70 ℃，用磺基水杨酸钠做指示剂，溶液为紫红色，用 EDTA 滴定 Fe^{3+} 至溶液呈现浅红色时，放慢滴定速度，并充分摇动（若溶液温度低于 50 ℃时，再加热至约 70 ℃），继续滴定至试液呈现亮黄色（FeY 的颜色）。这时溶液中 Fe^{3+} 已全部与 EDTA 反应。根据 EDTA 标准溶液的浓度、消耗的体积和试样的质量，即可算出铁的含量。

在测定 Fe^{3+} 后的溶液中加入溴酚蓝为指示剂，用六次甲基四胺缓冲溶液将溶液的 pH 值调节至 3.0，在热溶液中以 CuY-PAN 为指示剂，用 EDTA 滴定 Al^{3+}，滴定至红色消失。加热后如果溶液又出现红色，继续滴定至红色消失，再加热，直至加热后红色不再出现，呈稳定的亮黄色即为终点。

3. 注意事项

连续滴定过程中要控制好溶液的反应温度。在接近终点时要充分摇动，缓慢滴定，避免过量。

测定 Fe^{3+} 时，温度要控制在 60～70 ℃，温度低反应慢，温度高会增大干扰离子对测定结果的影响，且 Fe^{3+} 水解倾向增大。

磺基水杨酸钠指示剂用量不宜多，以防止它与 Al^{3+} 配位。

知识链接

水的硬度测定

水的硬度测定实际上就是测定水中 Ca^{2+}、Mg^{2+} 的总量，通常以每升水中含有 $CaCO_3$ 的质量(mg)表示。每升水中含 1 mg $CaCO_3$ 即 1 mg/L，蒸汽锅炉用水规定一般硬度不超过 5 mg/L。

测定方法：取水样 100 mL，加氨-氯化铵缓冲溶液 10 mL，另加入少量铬黑 T 做指示剂，用 EDTA 滴定液(0.01 mol/L)滴定至溶液从鲜红色变为蓝色。

小 结

一、概述

1. EDTA 的结构与性质

EDTA 为目前常用的配位剂，结构为

$$\begin{array}{ccc} HOOCH_2C & & CH_2COO^- \\ \quad\diagdown^{+} & & ^{+}\diagup\quad \\ & N—CH_2—CH_2—N & \\ \quad\diagup H & & H\diagdown\quad \\ ^-OOCH_2C & & CH_2COOH \end{array}$$

2. EDTA 与金属离子配位反应的特点

EDTA 与大多数金属发生配位反应时的配位比均为 1∶1。

二、配位平衡

1. 副反应与副反应系数

酸效应及酸效应系数：

$$\alpha_{Y(H)}=\frac{[Y']}{[Y]}$$

配位效应及配位效应系数：

$$\alpha_{M(L)}=\frac{[M']}{[M]}$$

2. 配合物的条件稳定常数

$$K'_{MY}=\frac{[MY']}{[M'][Y']}$$

$$\lg K'_{MY}=\lg K_{MY}-\lg\alpha_{M(L)}-\lg\alpha_{Y(H)}$$

三、配位滴定条件的选择

1. 配位滴定的基本原理

EDTA 能与多数金属形成稳定的配合物，反应快、程度高，可以根据消耗的 EDTA 的量计算出金属物质的量。

2. 酸度条件的选择

可根据 $\alpha_{Y(H)}=\lg K_{MY}-8$ 计算出最高酸度，根据 $[OH^-]\leqslant\sqrt[n]{\frac{k_{Sp}}{c_M}}$ 计算出最低酸度。

3. 掩蔽作用

常用的方法有配位掩蔽法、沉淀掩蔽法和氧化还原掩蔽法。

四、金属指示剂

1. 金属指示剂的作用原理及条件

金属指示剂通常都是有颜色的有机染料，滴定时先加入少量到被测溶液中和金属离子形成有颜色的配合物，接着加入 EDTA 标准溶液滴定，EDTA 会先和溶液当中游离的金属离子作用形成 MY，当恰好达到化学计量点时，再加入 EDTA 就会夺取金属指示剂-金属离子配合物当中的金属离子，使金属指示剂游离出来，显示出它本来的颜色，指示达到终点。

金属指示剂作用的条件：颜色有明显差别；稳定性要适当；要有一定的选择性；显色反应必须灵敏、迅速，并且有良好的可逆性；比较稳定，便于储存和使用。

2. 常用的金属指示剂

铬黑 T、二甲酚橙、钙指示剂等。

五、滴定液的配制与标定

EDTA 标准溶液、锌标准溶液的配制和标定均采用间接配制法，即先粗配，然后标定。

六、滴定方式

滴定方式有直接滴定法、间接滴定法和返滴定法。

能力检测

一、选择题

1. 在用 EDTA 滴定试液中的 Fe^{3+} 时，所用的指示剂是（　　）。

A. 铬黑 T　　B. PAN　　C. 二甲酚橙　　D. 磺基水杨酸钠

2. 溶液中含有 Ca^{2+}、Mg^{2+}，用 EDTA 法测定 Ca^{2+} 时，选用（　　）消除 Mg^{2+} 的干扰。

A. 氧化还原掩蔽法　B. 配位掩蔽法　C. 沉淀掩蔽法　D. 萃取掩蔽法

3. 用 EDTA 滴定测定 Al^{3+}，常用（　　）。

A. 直接滴定法　B. 返滴定法　C. 间接滴定法　D. 置换滴定法

二、填空题

1. 酸效应是指增大溶液中的＿＿＿＿＿＿，使配位平衡向着＿＿＿＿＿＿移动的作用。溶液的 pH 值越低，酸效应＿＿＿＿＿＿，而水解效应＿＿＿＿＿＿。在配合滴定中，由于＿＿＿的存在，使＿＿＿＿＿＿参加主反应的能力降低的效应称为酸效应；由于＿＿＿＿＿＿的存在，使＿＿＿＿＿＿参加主反应的能力降低的效应称为配位效应。

三、计算题

1. 计算 pH＝10、NH_3 的浓度为 0.1 mol/L 的溶液中，配合物 ZnY 的条件稳定常数。

2. 在 pH＝2 和 pH＝3.8 时，能否用 EDTA 准确滴定 0.01 mol/L 的 Cu^{2+}？

3. 用 0.01060 mol/L EDTA 标准溶液滴定水中的钙和镁含量。准确移取 100.0 mL 水样，以铬黑 T 为指示剂，在 pH＝10 时滴定，消耗 EDTA 溶液 31.30 mL；另取一份 100.0 mL水样，加 NaOH 溶液使呈强碱性，用钙指示剂指示终点，消耗 EDTA 溶液 19.20 mL，计算水中钙和镁的含量[以 CaO (mg/L)和 $MgCO_3$ (mg/L)表示]。

（安徽医学高等专科学校　周建庆）

第九章　氧化还原滴定

学习目标

掌握:氧化还原滴定的方法。

熟悉:氧化还原反应进行的程度和常用的指示剂。

了解:条件电位及影响因素。

以氧化还原反应为基础的滴定分析方法称为氧化还原滴定法。该法是应用较广泛的分析测定方法之一,可直接测定氧化性和还原性物质,间接测定能与氧化性或还原性物质定量反应的非氧化还原性物质的含量。

第一节　概　　述

一、氧化还原滴定的特点和加快反应速率的方法

(一) 氧化还原反应的特点

(1) 反应机理比较复杂,需分步进行。

(2) 反应一般较慢。

(3) 常伴有副反应发生。反应条件不同,产物不同。

因此,需严格控制反应条件,防止副反应发生;尽量加快反应速率,确保滴定反应定量、快速完成。

(二) 增加反应速率的方法

1. 增加反应物的浓度或减小生成物的浓度

根据质量作用定律,增加反应物的浓度或减小生成物的浓度可使化学平衡右移,增加反应物的浓度可以加快反应的速率。

2. 升高溶液的温度

实验证明:多数反应中温度每升高 10 ℃,反应速率增大 2～4 倍。可适当提高反应的温度以加快反应速率。例如:在酸性溶液中,用基准物质 $Na_2C_2O_4$ 标定 $KMnO_4$ 溶液的浓度时：

$$2MnO_4^- + 5C_2O_4^{2-} + 16H^+ \rightleftharpoons 2Mn^{2+} + 10CO_2\uparrow + 8H_2O$$

室温时，反应缓慢，加热溶液，反应加快，故滴定时将溶液加热到约 65 ℃，反应明显加快。当有容易挥发、易被氧化的物质存在时，如 I_2 溶液、H_2O_2 溶液、Sn^{2+} 溶液、Fe^{2+} 溶液等，不宜加热。

3. 加入正催化剂

加入正催化剂可改变反应历程，从而加快反应速率，缩短化学平衡到达的时间。用 $Na_2C_2O_4$ 标定 $KMnO_4$，该反应较慢，若加入催化剂（Mn^{2+}），反应速率加快。Mn^{2+} 对标定反应有催化作用，这种生成物本身起催化作用的反应，称为自动催化反应。

二、氧化还原滴定法的分类

氧化还原滴定法是以氧化剂或还原剂作为标准溶液的滴定分析方法。根据标准溶液不同，将氧化还原滴定法分为高锰酸钾法、碘量法、亚硝酸钠法等，见表 9-1。

表 9-1 氧化还原滴定法分类

方法名称		标准溶液	电极反应
高锰酸钾法		$KMnO_4$	$MnO_4^- + 8H^+ + 5e^- \rightleftharpoons Mn^{2+} + 4H_2O$
碘量法	直接碘量法	I_2	$I_2 + 2e^- \rightleftharpoons 2I^-$
	间接碘量法	$Na_2S_2O_3$	$2S_2O_3^{2-} - 2e^- \rightleftharpoons S_4O_6^{2-}$
亚硝酸钠法		$NaNO_2$	重氮化反应/亚硝基化反应
重铬酸钾法		$K_2Cr_2O_7$	$Cr_2O_7^{2-} + 14H^+ + 6e^- \rightleftharpoons 2Cr^{3+} + 7H_2O$
铈量法		$Ce(SO_4)_2$	$Ce^{4+} + e^- \rightleftharpoons Ce^{3+}$
溴酸钾法		$KBrO_3 + KBr$	$BrO_3^- + 6H^+ + 6e^- \rightleftharpoons Br^- + 3H_2O$

三、氧化还原反应完成的程度

（一）条件电位

1. Nernst 方程式

氧化还原反应进行的程度与相关氧化剂和还原剂的强弱有关，氧化剂和还原剂的强弱可用电极电位的大小来衡量。对一个可逆氧化还原电对，电极电位的大小可用 Nernst 方程式来计算：

$$Ox + ne \rightleftharpoons Red$$

$$\varphi_{Ox/Red} = \varphi^{\ominus}_{Ox/Red} + \frac{RT}{nF}\ln\frac{a_{Ox}}{a_{Red}} \tag{9-1}$$

式中：a 为氧化态或还原态的活度；R 为摩尔气体常数；F 为法拉第常数；n 为电子转移数。

将以上常数代入式(9-1)，将自然对数换算为常用对数，在 298.15 K 时，有

$$\varphi_{Ox/Red} = \varphi^{\ominus}_{Ox/Red} + \frac{0.059}{n}\lg\frac{a_{Ox}}{a_{Red}} \tag{9-2}$$

电对的电极电位数值越大，其氧化型的氧化能力越强；电对的电极电位数值越小，其还原型的还原能力越强。

2. 标准电极电位

当电对物质的活度均为 1 mol/L，气体分压为 101.325 kPa，以标准氢电极为零比较出来的电极电位即为标准电极电位。此时，有

$$\varphi_{Ox/Red}=\varphi^{\ominus}_{Ox/Red}$$

3. 条件电极电位

1）离子强度的影响

在应用 Nernst 方程式计算电对的电极电位时，通常是以溶液的浓度代替活度进行近似计算。

$$\varphi_{Ox/Red}=\varphi^{\ominus}_{Ox/Red}+\frac{0.059}{n}\lg\frac{a_{Ox}}{a_{Red}}\approx\varphi^{\ominus}_{Ox/Red}+\frac{0.059}{n}\lg\frac{[Ox]}{[Red]} \quad (9\text{-}3)$$

但在实际分析工作中，溶液离子强度 I 常常很大，其影响往往不可忽略，由于 $a[Ox]=\gamma[Ox]$，所以有

$$\varphi_{Ox/Red}=\varphi^{\ominus}_{Ox/Red}+\frac{0.059}{n}\lg\frac{\gamma_{Ox}[Ox]}{\gamma_{Red}[Red]} \quad (9\text{-}4)$$

2）溶液组成的影响

当溶液的组成（溶质、溶剂）改变时，电对的氧化型和还原型的存在形式也往往随着水解、配位等副反应的发生而改变。

$$\varphi_{Ox/Red}=\varphi^{\ominus}_{Ox/Red}+\frac{0.059}{n}\lg\frac{\gamma_{Ox}c_{Ox}a_{Red}}{\gamma_{Red}c_{Red}a_{Ox}} \quad (9\text{-}5)$$

$$=\varphi^{\ominus}_{Ox/Red}+\frac{0.059}{n}\lg\frac{\gamma_{Ox}a_{Red}}{\gamma_{Red}a_{Ox}}+\frac{0.059}{n}\lg\frac{c_{Ox}}{c_{Red}}$$

令

$$\varphi'=\varphi^{\ominus}_{Ox/Red}+\frac{0.059}{n}\lg\frac{\gamma_{Ox}a_{Red}}{\gamma_{Red}a_{Ox}}$$

$$\varphi_{Ox/Red}=\varphi'+\frac{0.059}{n}\lg\frac{c_{Ox}}{c_{Red}} \quad (9\text{-}6)$$

φ'称为条件电极电位。它是在特定条件下，当氧化态和还原态的分析浓度均为 1 mol/L或它们的浓度比为 1 的实际电极电位。条件电极电位随溶液介质种类和溶液浓度的改变而变化，是溶液浓度、离子强度、各种副反应等诸多因素影响的总和。因活度系数、副反应系数计算麻烦，条件电极电位均由实验测得。例如：Ce^{4+}/Ce^{3+} 电对的条件电极电位，在 1 mol/L HCl 溶液中，$\varphi'=1.28$ V；在 0.5 mol/L 硫酸溶液中 $\varphi'=1.44$ V；在 1 mol/L硝酸溶液中，$\varphi'=1.61$ V；在 1 mol/L 高氯酸溶液中，$\varphi'=1.70$ V。

（二）氧化还原反应进行的程度

氧化还原反应进行的程度用反应的条件平衡常数 K' 衡量，K' 越大，反应进行得越完全。

对反应：

$$n_2Ox_1+n_1Red_2 = n_2Red_1+n_1Ox_2$$

条件平衡常数

$$K'=\frac{[c_{Red_1}]^{n_2}[c_{Ox_2}]^{n_1}}{[c_{Red_2}]^{n_1}[c_{Ox_1}]^{n_2}} \quad (9\text{-}7)$$

1. 氧化还原反应进行的程度

$$\varphi_{Ox_1/Red_1}=\varphi'_1+\frac{0.059}{n_1}\lg\frac{c_{Ox_1}}{c_{Red_1}}$$

$$\varphi_{Ox_2/Red_2}=\varphi'_2+\frac{0.059}{n_2}\lg\frac{c_{Ox_2}}{c_{Red_2}}$$

当反应达到平衡时，溶液中两电对的 φ 相等。等式两边同乘以 n_1n_2，整理得

$$n_1n_2\varphi'_1+0.059\lg\left(\frac{c_{Ox_1}}{c_{Red_1}}\right)^{n_2}=n_1n_2\varphi'_2+0.059\lg\left(\frac{c_{Ox_2}}{c_{Red_2}}\right)^{n_1}$$

$$\lg K'=\lg\frac{[c_{Red_1}]^{n_2}[c_{Ox_2}]^{n_1}}{[c_{Red_2}]^{n_1}[c_{Ox_1}]^{n_2}}=\frac{n_1n_2(\varphi'_1-\varphi'_2)}{0.059} \quad (9\text{-}8)$$

式(9-8)适用于任何氧化还原反应平衡常数 K' 的计算。由式(9-8)可知：K' 值的大小主要由 $\Delta\varphi'$决定，一般地说 $\Delta\varphi'$越大，K' 越大，反应进行得越完全。

2. 氧化还原反应进行完全的条件

对于反应：

$$n_2Ox_1+n_1Red_2 \rightleftharpoons n_2Red_1+n_1Ox_2$$

根据滴定分析的允许误差，在终点时，必须有 99.9%的反应物已参与反应，即生成物的浓度大于或等于原始反应物浓度的 99.9%；在终点时，剩余反应物必须小于或等于原始浓度的 0.1%。$c_{Red_1}=99.9\%c_{Ox_1}$，$c_{Ox_2}=99.9\%\ c_{Red_2}$

$$\lg K'\geqslant\lg\frac{[99.9\%c_{Ox_1}]^{n_2}[99.9\%c_{Red_2}]^{n_1}}{[0.1\%c_{Red_2}]^{n_1}[0.1\%c_{Ox_1}]^{n_2}}\approx\lg(10^{3n_1}10^{3n_2})=\lg10^{3(n_1+n_2)}=3(n_1+n_2)$$

即

$$\lg K'\geqslant 3(n_1+n_2) \quad (9\text{-}9)$$

对于 $n_1=n_2=1$ 型反应：$\lg K'\geqslant3(1+1)=6$。

对于 $n_1=1,n_2=2$ 型反应：$\lg K'\geqslant3(2+1)=9$。

由于 $\lg K'=\frac{n_1n_2(\varphi'_1-\varphi'_2)}{0.059}$，对 $n_1=n_2=1$ 型反应：$\Delta\varphi'\geqslant0.35$ V。

对 $n_1=1,n_2=2$ 型反应：$\Delta\varphi'\geqslant0.27$ V。

对 $n_1=1,n_2=3$ 型反应：$\Delta\varphi'\geqslant0.24$ V。

因此，一般要求 $\Delta\varphi'\geqslant0.4$ V，认为氧化还原反应进行的完全程度能满足滴定分析的条件。

必须指出：两电对的条件电极电位相差很大，反应不一定能定量进行。除 $\Delta\varphi'\geqslant0.4$ V 外，氧化还原反应还必须能定量、快速、化学式计量关系明确，即满足氧化还原滴定的基本条件。

第二节　氧化还原滴定法指示剂

在氧化还原滴定过程中，需用指示剂确定滴定终点。常用的指示剂有以下五类。

一、自身指示剂

在氧化还原滴定中，可利用标准溶液本身的氧化态和还原态的颜色变化指示终点，此类指示剂称为自身指示剂。例如：$KMnO_4$ 为紫红色，其还原态 Mn^{2+} 近乎无色。当滴定到达化学计量点时，稍过量的 $KMnO_4$ 可使溶液呈现浅红色，指示终点的到达。实验证明：$KMnO_4$ 的浓度约为 2.0×10^{-6} mol/L 时，溶液呈现明显的红色。

二、特殊指示剂

某些试剂在滴定过程中不参与氧化还原反应，但它能与标准溶液或滴定产物作用产生特殊的颜色，从而指示滴定终点到达。例如：可溶性淀粉溶液遇碘（I_3^-）变成蓝色，反应很灵敏（I_3^- 的浓度可稀释至 10^{-5} mol/L），因此，可溶性淀粉可用作碘量法的指示剂。

三、氧化还原指示剂

氧化还原指示剂是一类复杂的有机化合物，它们本身具有氧化还原性质，其氧化态与还原态具有不同的颜色。在化学计量点附近，指示剂与标准溶液发生氧化还原反应，其氧化态和还原态互变，引起颜色的变化，指示滴定终点的到达。常用氧化还原指示剂见表 9-2。

表 9-2 常用氧化还原指示剂

指示剂名称	$[H^+]=1.0$ mol/L 时的 φ'_{HIn}/V	还原态颜色	氧化态颜色
次甲基蓝	0.53	无色	蓝色
二苯胺	0.76	无色	紫色
二苯胺磺酸钠	0.84	无色	红色
邻氨基苯磺酸钠	0.89	无色	红紫色
邻二氮菲亚铁	1.06	红色	淡蓝色
硝基邻二氮菲亚铁	1.25	红色	淡蓝色

四、外指示剂

外指示剂不能直接加入滴定溶液中，在滴定至近化学计量点时用玻璃棒蘸取少量溶液在外面与指示剂混合，根据是否有颜色改变确定滴定终点。例如：亚硝酸钠法滴定多用含锌的碘化钾-淀粉指示剂。化学计量点后，稍过量的亚硝酸钠在酸性介质中氧化碘化钾生成单质碘，碘遇淀粉显蓝色。

五、不可逆指示剂

有些物质在过量氧化剂存在时发生不可逆的颜色改变指示终点，这类指示剂称为不可逆指示剂。例如：溴酸钾法中，过量的标准溶液在酸性溶液中能析出单质溴，而溴能破坏甲基红或甲基橙的结构，以红色消失指示滴定终点的到达。

第三节 高锰酸钾法

以高锰酸钾作标准溶液的氧化还原滴定法称为高锰酸钾法。

一、基本原理

高锰酸钾是一种较强的氧化剂，其氧化能力与溶液的酸度密切相关。在强酸性溶液中表现为强氧化性，氧化还原剂作用的半反应为

$$MnO_4^- + 8H^+ + 5e^- \rightleftharpoons Mn^{2+} + 4H_2O \qquad \varphi^\ominus = +1.51\ V$$

在弱酸性、中性溶液中氧化能力较弱：

$$MnO_4^- + 4H^+ + 3e^- \rightleftharpoons MnO_2\downarrow + 2H_2O \qquad \varphi^\ominus = +0.59\ V$$

在强碱性溶液中是弱氧化剂：

$$MnO_4^- + e^- \rightleftharpoons MnO_4^{2-} \qquad \varphi^\ominus = +0.56\ V$$

由于高锰酸钾在中性、弱碱性介质中氧化能力较弱，多数情况下在强酸性介质中进行滴定。用硫酸调节酸度，不能用盐酸和硝酸。

高锰酸钾法应用范围广泛，可采用不同的滴定方法测定还原性物质、氧化性物质或不具备氧化还原性的物质。

1. 直接滴定法

可用高锰酸钾直接测定的还原性物质，如 $FeSO_4$、$H_2C_2O_4$、H_2O_2、As(Ⅲ)、NO_2^-、Sn^{2+} 等和具有还原性物质的有机化合物。

2. 返滴定法

返滴定法适用于氧化性物质的测定，如 MnO_2、PbO_2、ClO_3^- 等。

3. 间接滴定法

有些物质属于非氧化性、非还原性物质，可采用间接滴定的方法进行测定，如 Ca^{2+}、Ba^{2+}、Pb^{2+} 等，先将被测定的离子沉淀为草酸盐，再用高锰酸钾标准溶液滴定草酸根，从而间接计算上述金属离子的含量。

高锰酸钾法的优点是氧化能力强，可以测定许多物质，不用外加指示剂(自身指示剂)。高锰酸钾法的缺点是标准溶液不稳定，滴定的选择性差。

二、$KMnO_4$标准溶液的配制和标定

市售 $KMnO_4$ 试剂常含有 MnO_2 和其他杂质，蒸馏水中含有少量有机物质，它们能使 $KMnO_4$ 还原为 $MnO(OH)_2$，而 $MnO(OH)_2$ 又能促进 $KMnO_4$ 的自身分解。另外，$KMnO_4$ 见光时易分解。因此，$KMnO_4$ 溶液的浓度容易改变。必须正确地配制和保存，如果长期使用，需定期进行标定。

1. 0.02 mol/L 高锰酸钾标准溶液的配制

称取高锰酸钾约 3.2 g，加水 1000 mL，煮沸 15 min，密塞，静置 2～3 天，用垂熔玻璃滤器过滤。摇匀，滤液存放在棕色瓶内。

2. 标定

标定 $KMnO_4$溶液的基准物质有 As_2O_3、铁丝、$H_2C_2O_4 \cdot 2H_2O$ 和 $Na_2C_2O_4$等，其中以 $Na_2C_2O_4$最为常用。$Na_2C_2O_4$易纯制，不易吸湿，性质稳定。在酸性条件下，用 $Na_2C_2O_4$标定 $KMnO_4$。

$$2MnO_4^- + 5C_2O_4^{2-} + 16H^+ \rightleftharpoons 2Mn^{2+} + 10CO_2 \uparrow + 8H_2O$$

操作步骤：精密称取 105 ℃干燥至恒重的基准 $Na_2C_2O_4$ 0.2 g，加新煮沸的冷蒸馏水 250 mL 和稀硫酸 10 mL，搅拌使其溶解，从滴定管中迅速加入待标定的高锰酸钾溶液约 25 mL，不断搅拌，待褪色后加热至 65 ℃，继续滴定至显淡红色且 30 s 不褪色作为滴定终点。

$$c_{KMnO_4} = \frac{2 \times m_{Na_2C_2O_4} \times 1000}{5 \times V_{KMnO_4} M_{Na_2C_2O_4}}$$

三、应用示例

［例 9-1］ H_2O_2 含量的测定。

市售 H_2O_2 一般为 30%的 H_2O_2 水溶液，稀释后才能使用。医药上用 3%的 H_2O_2 水溶液消毒杀菌，清洗疮口，清洗中耳等。用吸量管吸取约 3% H_2O_2 水溶液 6.00 mL 于 100 mL容量瓶内，加蒸馏水稀释至刻度，充分摇动，混合均匀，即得稀释好的待测 H_2O_2 水溶液。用干净的吸量管精密吸取上述已稀释的 H_2O_2 水溶液 20.00 mL，置于 250 mL 锥形瓶中，加 3.0 mol/L H_2SO_4溶液 4 mL，用 $KMnO_4$标准溶液滴定至溶液呈微红色且在 30 s 内不褪色为滴定终点，记录 $KMnO_4$标准溶液消耗的体积。

$$2MnO_4^- + 5H_2O_2 + 6H^+ \rightleftharpoons 2Mn^{2+} + 5O_2 \uparrow + 8H_2O$$

计算 H_2O_2 含量的公式：

$$w_{H_2O_2} = \frac{c_{KMnO_4} V_{KMnO_4} \times \frac{5}{2} M_{H_2O_2} \times \frac{100}{20}}{6} \times 100\%$$

第四节 碘量法

碘量法是以碘为氧化剂或碘化钾为还原剂进行的氧化还原滴定法。I_2（$\varphi^\ominus = 0.54$ V）是一种不太强的氧化剂，能和较强的还原剂作用被还原为 I^-，而且 I^- 又是一种中等强度的还原剂，能与许多氧化剂作用而被氧化为 I_2。因此，可利用 I_2 的氧化性直接测定较强的还原性物质，即直接碘量法。也可利用 I^- 的还原性被氧化性物质氧化析出碘，再用硫代硫酸钠溶液滴定析出的碘，根据消耗硫代硫酸钠溶液的体积，可间接计算出氧化性物质的含量，即间接碘量法。

一、基本原理

1. 直接碘量法

利用 I_2 作标准溶液（氧化剂）直接滴定 $\varphi^\ominus$ 值低于 0.54 V 的一些还原性物质，故又称为碘滴定法。例如，可直接测定 S^{2-}、SO_3^{2-}、Sn^{2+}、$S_2O_3^{2-}$、As^{3+}、维生素 C 等。直接碘量法应在酸性、中性或弱碱性溶液中进行。

2. 间接碘量法

间接碘量法又称为滴定碘法，它是利用 I^- 的还原性，能与电位比碘高的氧化性物质反应产生定量的碘，再用 $Na_2S_2O_3$ 标准滴定液滴定碘，间接求出氧化性物质的含量。例如，用间接碘量法测定 $KMnO_4$ 的反应如下：

$$2KMnO_4 + 8H_2SO_4 + 10KI \rightleftharpoons 2MnSO_4 + 6K_2SO_4 + 5I_2 + 8H_2O$$

$$I_2 + 2Na_2S_2O_3 \rightleftharpoons Na_2S_4O_6 + 2NaI$$

根据硫代硫酸钠标准溶液的浓度和消耗的体积，可计算出 $KMnO_4$ 物质的含量。间接碘量法可用来测定 $\varphi^{\ominus} > 0.54$ V 的氧化态物质，例如：CrO_4^{2-}、$Cr_2O_7^{2-}$、H_2O_2、$KMnO_4$、IO_3^-、Cu^{2+}、NO_3^-、NO_2^-，等等。

相关反应式如下：

$$Cr_2O_7^{2-} + 6I^- + 14H^+ \rightleftharpoons 2Cr^{3+} + 3I_2 + 7H_2O$$

再用硫代硫酸钠标准溶液滴定析出的碘：

$$I_2 + 2S_2O_3^{2-} \rightleftharpoons 2I^- + S_4O_6^{2-}$$

此法也可用来间接测定能与 CrO_4^{2-} 定量生成沉淀的阳离子，如 Pb^{2+}、Ba^{2+} 等。

3. 碘量法的反应条件和滴定条件

1) 酸度的影响

I_2 与 $Na_2S_2O_3$ 应在中性、弱酸性溶液中进行反应。

若在碱性溶液中，当 pH>9 时：

$$S_2O_3^{2-} + 4I_2 + 10OH^- \rightleftharpoons 2SO_4^{2-} + 8I^- + 5H_2O$$

$$3I_2 + 6OH^- \rightleftharpoons IO_3^- + 5I^- + 3H_2O$$

若在酸性溶液中：

$$S_2O_3^{2-} + 2H^+ \rightleftharpoons SO_2\uparrow + S\downarrow + H_2O$$

$$4I^- + O_2(\text{空气中}) + 4H^+ \rightleftharpoons 2I_2 + 2H_2O$$

2) 防止 I_2 挥发

加入过量 KI(比理论值大 2～3 倍)与 I_2 生成 I_3^-，减少 I_2 挥发，在室温下进行。滴定时不要剧烈摇动。

3) 防止 I^- 被氧化

避免光照，日光有催化氧化作用，间接碘量法测定时析出 I_2 后不要放置过久(一般在暗处放置 5～7 min)，滴定速度适当加快。

二、指示剂

碘量法所用指示剂是可溶性直链淀粉。少量的碘遇直链淀粉显蓝色，根据蓝色的出现或消失来指示终点的到达。直接碘量法终点由无色到蓝色，间接碘量法终点由蓝色到无色。使用淀粉指示剂时应注意以下几点。

(1) 用可溶性直链淀粉配制，在使用前配制。

(2) 在弱酸性介质中使用。

(3) 在室温下进行。

(4) 直接碘量法指示剂在滴定前加入，间接碘量法应在近终点时再加入。

三、$Na_2S_2O_3$和I_2标准溶液的配制与标定

(一) 0.1 mol/L I_2标准溶液的配制与标定

1. 配制

称取I_2 13.0 g，加碘化钾 36 g，加水 50 mL 溶解后，加盐酸 3 滴，用水稀释至 1000 mL，摇匀，用垂熔玻璃滤器过滤，存于棕色瓶内，避光保存。

2. 标定

称取在 105 ℃干燥至恒重的基准用As_2O_3 0.1500 g，加 1 mol/L NaOH 溶液 10 mL，微热使其溶解，加水 20 mL 和甲基橙指示剂 1 滴，加 0.5 mol/L 硫酸适量至溶液变为浅红色，再加碳酸氢钠 2 g、水 50 mL 和淀粉指示剂 2 mL，用待标定的I_2标准溶液滴定至浅蓝色为终点。用以下公式计算I_2标准溶液的浓度：

$$c_{I_2}=\frac{2m_{As_2O_3}\times 1000}{M_{As_2O_3}}$$

(二) 0.1 mol/L $Na_2S_2O_3$标准溶液的配制与标定

$Na_2S_2O_3$常含有结晶水，易风化，易被CO_2、O_2、嗜硫菌等分解，需先配制，再标定。

1. 配制

称取$Na_2S_2O_3 \cdot 5H_2O$ 26 g 和无水碳酸钠 0.20 g，加新煮沸放冷的蒸馏水适量使其溶解，用水稀释至 1000 mL，放置两周后再过滤标定。

2. 标定

称取 120 ℃干燥至恒重的基准用$K_2Cr_2O_7$ 0.1500 g，置于碘量瓶中，加水 25 mL 使其溶解，加碘化钾 2.0 g，振摇使其溶解，加 3 mol/L 硫酸 10 mL，摇匀密塞，暗处放置 10 min 后，再加水 100 mL 稀释，用待标定的$Na_2S_2O_3$标准溶液滴定至近终点(浅黄绿色)，加淀粉指示剂 3 mL，继续滴定至蓝色为终点。计算$Na_2S_2O_3$标准溶液的浓度：

$$c_{Na_2S_2O_3}=\frac{1000m_{K_2Cr_2O_7}\times 6}{V_{Na_2S_2O_3}M_{K_2Cr_2O_7}}$$

注意事项：如果滴定至终点 5 min 以上，溶液又呈蓝色，则不影响分析结果；若终点后，溶液很快变蓝，则说明$K_2Cr_2O_7$与I^-作用不完全，实验应重做。

四、应用示例

[例 9-2] 维生素 C 的测定。

维生素 C 又名抗坏血酸，用于防治坏血病，也可用于各种急慢性传染病的辅助治疗。维生素 C 结构中含有烯二醇基，具有较强的还原性，能被I_2定量地氧化为二酮基，可以用直接碘量法测定其含量。

碱性条件更有利于反应向右进行，但是维生素 C 的还原性很强，在空气中极易被氧化，在碱性条件下更容易被氧化，所以在滴定时，要加入适量的 HAc，保持一定的酸性环境，以

减少维生素C受I_2以外的其他氧化性物质的影响。由于纯化水中含有溶解氧，必须事先煮沸除去，否则会使分析结果偏低。

```
 ┌──O──┐      OH                     ┌──O──┐      OH
 │     │      │                      │     │      │
 C—C═C—C—C—CH₂OH  +I₂ ⇌  C—C—C—C—C—CH₂OH + 2HI
 ‖  │ │ │  │                         ‖  ‖  ‖  │  │
 O  OHOHH  H                         O  O  O  H  H
```

操作方法：取本品约0.2 g，精密称定，加新煮沸过放冷的蒸馏水100 mL与稀醋酸10 mL使其溶解，加淀粉指示剂1 mL，立即用碘标准溶液(0.05 mol/L)滴定，至溶液显蓝色并在30 s内不褪色。

$$w_{维生素C}=\frac{c_{I_2}V_{I_2}M_{维生素C}\times 10^{-3}}{m_s}\times 100\%$$

[例9-3] 葡萄糖的含量测定。

葡萄糖分子中含有醛基，能在碱性条件下用过量的碘液氧化成羧酸，然后用硫代硫酸钠滴定液回滴剩下的碘。反应式为

$$I_2+2NaOH = NaIO+NaI+H_2O$$

NaIO在碱性溶液中将葡萄糖氧化成葡萄糖酸盐：

$$CH_2OH(CHOH)_4CHO+NaIO+NaOH = CH_2OH(CHOH)_4COONa+NaI+H_2O$$

剩余的NaIO在碱性溶液中可转变成$NaIO_3$和NaI：

$$3NaIO = NaIO_3+2NaI$$

溶液经酸化后又恢复成I_2析出：

$$NaIO_3+5NaI+3H_2SO_4 = 3I_2+3Na_2SO_4+3H_2O$$

最后，用硫代硫酸钠标准溶液滴定生成的I_2。

$$I_2+2Na_2S_2O_3 \rightleftharpoons Na_2S_4O_6+2NaI$$

从上述一系列反应可以看出，1 mol葡萄糖和1 mol NaIO反应，而1 mol NaIO产生1 mol I_2，1 mol I_2相当于1 mol葡萄糖，0.5 mol硫代硫酸钠相当于1 mol葡萄糖。

精密称取葡萄糖样品0.1 g，置于250 mL碘量瓶中，用滴定管准确加入0.1000 mol/L碘标准溶液25.00 mL。在不断振摇下滴入0.1 mol/L氢氧化钠溶液40 mL，密塞，在暗处放置10 min，然后加入0.5 mol/L硫酸6 mL，摇匀，用0.1 mol/L硫代硫酸钠标准溶液滴定。近淡黄色时，加入淀粉指示剂2 mL，继续滴加到蓝色消失为终点。做空白试验。用下式计算葡萄糖的含量：

$$w_{C_6H_{12}O_6\cdot H_2O}=\frac{\frac{1}{2}c_{Na_2S_2O_3}[V_{Na_2S_2O_3}(空白)-V_{Na_2S_2O_3}(回滴)]M_{C_6H_{12}O_6\cdot H_2O}\times 10^{-3}}{m_s}\times 100\%$$

第五节　亚硝酸钠法

以亚硝酸钠作标准溶液，在盐酸存在的条件下，直接测定芳香族伯胺类或芳香族仲胺类化合物含量的氧化还原滴定法，称为亚硝酸钠法。

一、基本原理

（一）重氮化滴定法

重氮化滴定法是以亚硝酸钠标准溶液滴定芳香族伯胺类化合物的方法，其反应是

$$Ar—NH_2 + NaNO_2 + 2HCl \rightleftharpoons [Ar—N \equiv N]^+ Cl^- + NaCl + 2H_2O$$

（二）亚硝基化滴定法

亚硝基化滴定法是用亚硝酸钠作标准溶液滴定芳香族仲胺类化合物的方法，其反应是

$$Ar—NHR + NaNO_2 + HCl \rightleftharpoons Ar—N(R)—NO + NaCl + H_2O$$

（三）滴定条件

1. 酸的种类及浓度

亚硝酸钠法滴定的速度与酸的种类有关，在 HBr 中比在 HCl 中快，在 HNO_3 或 H_2SO_4 中则较慢，但因 HBr 的价格较贵，故仍以 HCl 最为常用。滴定一般常在 1～2 mol/L酸度下进行，酸度高时反应快，容易进行完全，且可增加重氮盐的稳定性。如果酸度不足，则已生成的重氮盐能与尚未反应的芳伯胺偶合，生成重氮氨基化合物，使测定结果偏低。当然，酸的浓度也不可过高，酸度过高将阻碍芳伯胺的游离，反而影响重氮化反应的速度。

2. 反应温度

亚硝酸钠法的滴定速度随温度的升高而加快。但温度的升高又可促使重氮盐加速分解。

$$[Ar—N \equiv N]^+ Cl^- + H_2O \longrightarrow Ar—OH + N_2\uparrow + HCl$$

另外，温度高时 HNO_2 易分解逸失，导致测定结果偏高。实践证明，温度在 15 ℃以下，虽然反应稍慢，但测定结果还比较准确。如果采用“快速滴定”法，在 30 ℃以下能得到满意的结果。

3. 滴定速度

快速滴定法：将滴定管的尖端插入液面下约 2/3 处，用亚硝酸钠标准溶液迅速滴定，边滴定边搅拌，至近终点时，将滴定管的尖端提出液面，用少量水淋洗尖端，洗液并入溶液中，继续缓缓滴定，至永停仪的电流计指针突然偏转，并持续 1 min 不再回复，即为滴定终点。

4. 苯环上取代基团的影响

在苯环上，特别是在对位上，有其他取代基存在时，能影响重氮化反应的速率。

（1）吸电子基团，如$—NO_2$、$—SO_3H$、—COOH、—X 等，使反应速率加快。

（2）斥电子基团，如$—CH_3$、—OH、—OR 等，使反应速率减慢。

（3）对于慢的重氮化反应，常加入适量 KBr 加以催化。

二、指示终点的方法

1. 外指示剂

通常用 KI 和淀粉制成淀粉-KI 糊状物或淀粉-KI 试纸作为亚硝酸钠法的指示剂，这种指示剂不加入被滴定的溶液中，称为外指示剂。当被测物质和 $NaNO_2$ 标准溶液作用完全时（即滴定达到化学计量点），微过量的 $NaNO_2$ 在酸性环境中可将 KI 氧化成 I_2，生成的 I_2

遇淀粉即显蓝色。

淀粉-KI 指示剂不能直接加到被滴定的溶液中，否则滴入的 $NaNO_2$ 标准溶液在与芳伯胺作用前优先与 KI 作用，使得无法观察到终点，所以只能在化学计量点附近用玻璃棒蘸取少许溶液，与涂于白瓷板上的淀粉-KI 指示剂相接触，如立即出现蓝色条痕，即表示终点到达。

使用外指示剂时需多次取溶液确定终点，不仅操作麻烦，造成样品溶液损耗，使结果不够准确，而且终点前溶液中的强酸也会促使 KI 被空气中的 O_2 氧化成 I_2 而使指示剂变色，使其终点难以掌握。

2. 内指示剂

亚硝酸钠法也可选用内指示剂来指示终点，其中以橙黄Ⅳ、中性红、二苯胺和亮甲酚蓝应用最多。使用内指示剂虽然操作简单，但变色不够敏锐，尤其是重氮盐有色时更难判断终点，而各种芳伯胺类化合物的重氮化反应速率不相同，也使终点难以掌握。

由于内、外指示剂有许多缺点，可采用永停滴定法确定终点。

三、亚硝酸钠标准溶液的配制与标定

1. 亚硝酸钠标准溶液的配制

采用间接法配制，亚硝酸钠的水溶液不稳定，久置其浓度会降低。在 pH＝10 左右，其水溶液最稳定。因此，配制亚硝酸钠水溶液时，需加入少量的碳酸钠作稳定剂，可使亚硝酸钠溶液稳定三个月。

称取亚硝酸钠 7.2 g，加无水碳酸钠 0.10 g，加适量水溶解后稀释至 1000 mL，摇匀。

2. 亚硝酸钠标准溶液的标定

称取 120 ℃干燥至恒重的基准用对氨基苯磺酸 0.5 g，精密称定，加水 30 mL 与浓氨试液 3 mL，溶解后加盐酸(1∶2)20 mL，搅拌，在 30 ℃下用配制的亚硝酸钠标准溶液迅速滴定，滴定时将滴定管尖端插入液面下 2/3 处，边滴定边搅拌。近终点时将滴定管尖端提出液面，用少量水洗涤滴定管尖，洗液并入溶液中，继续滴定，用永停滴定法指示终点。计算亚硝酸钠标准溶液的浓度。

3. 储藏

亚硝酸钠溶液见光容易分解，应置于具玻璃塞的棕色玻璃瓶中，密闭保存。

四、应用示例

［**例 9-4**］ 非那西汀含量的测定。

非那西汀具有解热镇痛作用。药效强度与阿司匹林相当，作用缓慢而持久，毒性较低。研究表明：本品及其代谢产物扑热息痛均有解热作用。因为用酶抑制剂使非那西汀不能转化为扑热息痛时，仍可表现出明显的解热作用。非那西汀的轻度镇痛作用，一般能维持 3～4 h；与水杨酸类合用的协同作用，使镇痛效果增强。非那西汀经水解后，可得到游离的芳伯胺，因此，可用重氮化滴定法测定其含量。反应式如下：

$$CH_3CONH-C_6H_4-OC_2H_5 + H_2O \rightleftharpoons CH_3COOH + H_2N-C_6H_4-OC_2H_5$$

$$C_2H_5O-C_6H_4-NH_2 + NaNO_2 + 2HCl \rightleftharpoons [C_2H_5O-C_6H_4-N\equiv N]^+Cl^- + NaCl + H_2O$$

称取非那西汀样品 0.3 g，精密称定，置于锥形瓶中，加稀硫酸 25 mL，附回流冷凝管，缓缓煮沸 40 min，冷却至室温，将水解液转移至烧杯中，用 100 mL 蒸馏水冲洗回流装置，洗液并入溶液，加浓盐酸 20 mL，溴化钾 3 g。以 0.1 mol/L 亚硝酸钠标准溶液用快速滴定法滴定。近终点时将滴定管尖端提出液面，用少量蒸馏水冲洗管尖，洗液并入滴定液中，继续滴定到用细玻璃管蘸取少许溶液，划过涂有 KI-淀粉指示剂的白瓷板时，立即显蓝色条痕，停止滴定，搅拌 1 min 后，再蘸取少许溶液划过一次，如仍显蓝色条痕，即为终点。按下式计算非那西汀的含量。

$$w_{C_{10}H_{13}O_2N}=\frac{c_{NaNO_2}V_{NaNO_2}M_{C_{10}H_{13}O_2N}\times 10^{-3}}{m_s}\times 100\%$$

小结

一、氧化还原反应的基本概念

1. 标准电极电位

当电对物质的活度均为 1 mol/L，气体分压为 101.325 kPa，以标准氢电极为零比较出来的电极电位即为标准电极电位。

2. 条件电极电位

它是在特定条件下，当氧化态和还原态的分析浓度均为 1 mol/L 或它们的浓度比为 1 的实际电极电位。

二、氧化还原反应进行的程度

1. 方向

电极电位高的氧化态与电极电位低的还原态能发生反应。

2. 次序

电极电位相差大的电对先发生反应。

3. 程度

条件稳定常数

$$\lg K'=\lg\frac{[c_{Red_1}]^{n_2}[c_{Ox_2}]^{n_1}}{[c_{Red_2}]^{n_1}[c_{Ox_1}]^{n_2}}=\frac{n_1 n_2(\varphi'_1-\varphi'_2)}{0.059}$$

三、氧化还原滴定的方法

1. 高锰酸钾法

$$MnO_4^- + 8H^+ + 5e^- \rightleftharpoons Mn^{2+} + 4H_2O \qquad \varphi^\ominus = +1.51\ V$$

2. 碘量法

直接碘量法 $I_2 + 2e^- \rightleftharpoons 2I^-\ \varphi^\ominus = +0.54\ V$

间接碘量法 $I_2 + 2S_2O_3^{2-} \rightleftharpoons 2I^- + S_4O_6^{2-}$

3. 亚硝酸钠法

重氮化滴定法

$$Ar—NH_2 + NaNO_2 + 2HCl \rightleftharpoons [Ar-N\equiv N]^+Cl^- + NaCl + 2H_2O$$

亚硝基化滴定法

$$Ar—NHR + NaNO_2 + HCl \rightleftharpoons Ar—N(R)—NO + NaCl + H_2O$$

能力检测

一、选择题

1. 电极电位可判断氧化还原反应的性质，但不能判断(　　)。

A. 氧化还原反应的次序　　B. 氧化还原反应的方向

C. 氧化还原反应的速率　　D. 氧化还原反应完全的程度

2. 在 $KMnO_4$ 滴定中，常用(　　)调节溶液的酸度。

A. 醋酸　　B. 硫酸　　C. 盐酸　　D. 硝酸

3. 标定 $KMnO_4$ 标准溶液时，常用的基准物质是(　　)。

A. $K_2Cr_2O_7$　　B. $Na_2C_2O_4$　　C. $Na_2S_2O_3$　　D. KIO_3

4. 在酸性介质中，用 $KMnO_4$ 溶液滴定草酸盐溶液时，滴定应(　　)。

A. 在开始时缓慢，以后逐步加快，近终点时又减慢滴定速度

B. 和酸碱滴定一样快速进行

C. 始终缓慢进行

D. 开始时快，然后减慢

5. 直接碘量法标定碘标准溶液的基准物质有(　　)。

A. $K_2Cr_2O_7$　　B. $Na_2C_2O_4$　　C. As_2O_3　　D. Na_2CO_3

6. 碘量法标定 $Na_2S_2O_3$ 标准溶液的基准物质有(　　)。

A. As_2O_3　　B. Na_2CO_3　　C. $H_2C_2O_4$　　D. $K_2Cr_2O_7$

7. 在间接碘量法中，加入淀粉指示剂的适宜时间是(　　)。

A. 滴定开始时　　B. 滴定近终点时

C. 滴入滴定液近 30%时　　D. 滴入滴定液近 50%时

8. 下列物质中，可以用氧化还原滴定法测定的是(　　)。

A. 草酸　　B. 醋酸　　C. 盐酸　　D. 硫酸

9. 直接碘量法应控制的条件是(　　)。

A. 强酸性条件　　B. 强碱性条件

C. 中性或弱碱性条件　　D. 什么条件都可以

10. 亚硝酸钠法标定亚硝酸钠标准溶液的基准物质是(　　)。

A. 邻苯二甲酸氢钾　　B. 硼砂　　C. 对氨基苯磺酸　　D. 硼酸

11. 既可标定 NaOH 标准溶液，又能标定 $KMnO_4$ 标准溶液的基准物质是(　　)。

A. $H_2C_2O_4 \cdot 2H_2O$　　B. $Na_2C_2O_4$　　C. HCl　　D. H_2SO_4

12. 碘量法中使用碘量瓶的目的是(　　)。

A. 防止碘的挥发　　B. 防止溶液与空气接触

C. 防止溶液溅出　　D. A 和 B

13. 移取 20.00 mL $KHC_2O_4 \cdot H_2C_2O_4$ 试液两份。其中一份酸化后，用 0.4000 mol/L $KMnO_4$ 溶液滴定至终点，消耗 25.00 mL；另一份试液若以 0.1250 mol/L NaOH 溶液滴定至酚酞变色点时，消耗 NaOH 溶液的体积是(　　)。

A. 15.00 mL　　B. 20.00 mL　　C. 25.00 mL　　D. 30.00 mL

14. 称取纯 As_2O_3 0.2473 g，用 NaOH 溶解后，再用 H_2SO_4 将此溶液酸化，以待标定的 $KMnO_4$ 溶液滴定至终点时，消耗溶液 25.00 mL，$KMnO_4$ 溶液的浓度为（ ）。

A. 0.01000 mol/L　B. 0.2000 mol/L　C. 0.1000 mol/L　D. 0.04000 mol/L

15. 用 $KMnO_4$ 法滴定溶液常用的酸碱条件是（ ）。

A. 强碱　B. 弱碱　C. 强酸　D. 弱酸

二、简答题

1. 判断一个氧化还原反应能否进行完全的依据是什么？为什么？

2. 影响氧化还原反应速率的主要因素有哪些？

3. 条件电极电位和标准电极电位有什么不同？影响条件电极电位的外界因素有哪些？

4. 碘量法的主要误差来源有哪些？为什么碘量法不适宜在高酸度或高碱度下进行？

5. 在配制 I_2 溶液时，加入 KI 的作用是什么？

三、计算题

1. 称取基准物质重铬酸钾 0.1138 g 溶于水，加酸后加入过量的碘化钾，用硫代硫酸钠溶液滴定，用去硫代硫酸钠溶液 24.65 mL，计算硫代硫酸钠溶液的浓度。

2. 准确称取铁矿石样品 0.5000 g，用酸溶解后滴加 $SnCl_2$ 使铁还原为 Fe^{2+}，反应完全后再快速加入少量 $HgCl_2$ 以破坏过量的 $SnCl_2$，然后用 $KMnO_4$ 标准溶液滴定，用去 $KMnO_4$ 24.50 mL，已知 1 mL $KMnO_4$ 相当于 0.01260$H_2C_2O_4 \cdot 2H_2O$。试计算矿样中含 Fe 及 Fe_2O_3 的质量分数。用此 $KMnO_4$ 标准溶液滴定 5.000 g 双氧水（含 H_2O_2 3.00%），需用多少 $KMnO_4$ 标准溶液？放出氧的质量为多少？

（枣庄科技职业学院　卢庆祥、杨爱娟）

第十章　电化学分析法

学习目标

掌握：电位分析法的基本概念。

熟悉：直接电位法的原理及应用。

了解：电位滴定法和永停滴定法的原理及应用。

第一节　概　　述

一、电化学分析法的定义和分类

（一）定义

电化学分析法是根据溶液中物质的电化学性质（电位、电导、电流和电量）及其变化规律，与被测物质的化学量（组成或含量）之间的计量关系，对组分进行定性和定量分析的方法。此类方法具有设备简单、操作方便、易于自动化等特点，同时具有较好的准确度、灵敏度和重现性，应用范围广，是仪器分析的重要组成部分。

（二）分类

根据不同的分类条件，电化学分析法有不同的分类，下面是几种常见的分类。

1. 根据国际纯粹与应用化学联合会（IUPAC）倡议分类

(1) 在某一特定条件下，根据试液的浓度与电化学参数的关系进行分析，主要有电位分析法、电导分析法、库仑分析法和伏安分析法等。

(2) 以物理量的突变作为滴定分析中终点指示的分析方法——电容量分析，主要有电位滴定分析法、电流滴定分析法和电导滴定分析法。

(3) 涉及电极反应，由电极上析出的金属的质量来确定待测组分的含量，常见的有电解分析法等。

2. 电化学分析法的分类

(1) 通过试液的浓度在特定实验条件下与化学电池某一电参数之间的关系求得分析结果的方法。这是电化学分析法的主要类型，包括电导分析法、库仑分析法、电位法、伏安法和极谱分析法等。

(2) 利用电参数的变化来指示容量分析终点的方法。这类方法仍然以容量分析为基础,根据所用标准溶液的浓度和消耗的体积求出分析结果。这类方法根据所测定的电参数不同而分为电导滴定法、电位滴定法和电流滴定法。

(3) 电解分析法。这类方法是将直流电通过试液,使待测组分在电极上还原、沉积、析出,与共存组分分离,然后对电极上的析出物进行重量分析以求出待测组分的含量。

3. 根据测量的电化学参数不同分类

根据测量的电化学参数不同,可分为电导分析法、电位分析法、电解分析法、库仑分析法、伏安法和极谱法。

以测量溶液的电导为基础的分析方法称为电导分析法。利用电极电位与离子活度(浓度)之间的关系测定离子浓度(活度)的方法称为电位分析法,主要有直接电位法和电位滴定法两类。电解分析法则是应用外加电源电解试样,电解后称量在电极上析出的金属的质量进行分析的方法。库仑分析法是应用外加电源电解试样,根据电解过程中所消耗的电量进行分析的方法。极谱法和伏安法都是以电解过程中所得的电流-电压曲线为基础进行分析测定的方法,统称为伏安分析法。

二、化学电池的定义及表示方法

1. 定义

化学电池是由两个电极插入适当的电解质溶液中组成的一种电化学反应器,分为电解池和原电池两类,其中由电能转化为化学能的装置称为电解池,由化学能转化为电能的装置称为原电池。本节主要讨论原电池。现以铜锌原电池为例说明原电池的工作原理。

将 Zn 棒和 Cu 棒分别插入 $ZnSO_4$ 溶液(1 mol/L)和 $CuSO_4$(1 mol/L)溶液中,两溶液间用盐桥相连,两极用导线相连,便构成了一个化学电池。若在导线中间接一个灵敏检流计,则灵敏检流计的指针发生偏转,如图 10-1 所示。

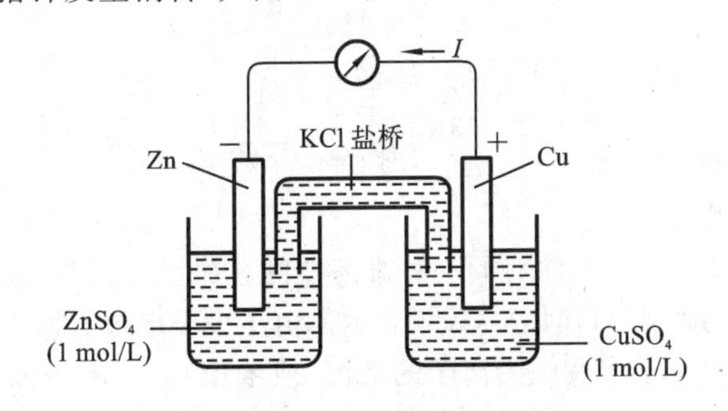

图 10-1 铜-锌原电池示意图

两个电极的电极反应如下:

正极 $Cu^{2+} + 2e^- = Cu$(还原反应)

负极 $Zn - 2e^- = Zn^{2+}$(氧化反应)

则电池反应为 $Cu^{2+} + Zn = Cu + Zn^{2+}$

2. 化学电池的表示方法

上述铜-锌原电池可用下面的简式表示:

$$(-)Zn|ZnSO_4(1\ mol/L)\|CuSO_4(1\ mol/L)|Cu(+)$$

在书写原电池符号时必须遵循以下规定。

(1) 式左边是发生氧化反应的电极，为负极；式右边是发生还原反应的电极，为正极。

(2) 两相界面或两互不相溶溶液之间以“|”或“,”表示，两电极之间的盐桥，已消除液接界电位的用“‖”或“¦¦”表示。

(3) 组成电极的电解质溶液必须写清名称、标明活度（浓度）；若电极反应有气体参与，必须标明压力、温度（若不注明，则视为1个大气压，25 ℃）。

(4) 对于气体或有均相电极反应的电极，反应物质本身不能作为电极支撑体的，需用惰性电极，也需标出，最常用的Pt电极，如标准氢电极(SHE)为

$$Pt,H_2(101.35\ kPa)|H^+(1\ mol/L)$$

三、指示电极和参比电极

电位法使用的化学电池，通常由两种性能不同的电极组成。其中电位值随被测离子活度（浓度）的变化而改变的电极称为指示电极，电位值已知并基本保持不变的电极称为参比电极。

（一）指示电极

电位法中所使用的指示电极一般可以分为两大类，即金属基电极和离子选择电极。

1. 金属基电极

金属基电极是以金属为基体的电极，此类电极的共同特点是电极电位的建立是基于电子转移反应，有以下三种类型。

1）金属-金属离子电极

金属-金属离子电极是由活性金属与其离子溶液所组成的电极体系，可用通式$M|M^{m+}$表示。由于该类电极只有一个界面，故又称为第一类电极。其电极电位取决于溶液中金属离子的活度（或浓度）。如将银丝插入Ag^+溶液中组成的银电极，其表示式为$Ag|Ag^+$，电极反应和电极电位如下。

电极反应 $$Ag^+ + e^- \longrightarrow Ag$$

电极电位 $$\varphi = \varphi^\ominus_{Ag^+/Ag} + \frac{2.303RT}{zF}\lg a_{Ag^+} = \varphi^\ominus_{Ag^+/Ag} + S\lg a_{Ag^+}$$

2）金属-难溶盐电极

金属-难溶盐电极是由表面涂有同一种难溶盐的金属浸入该难溶盐的阴离子溶液中所组成的电极体系，可用通式$M|M_mX_n,X^{m-}$表示。由于该类电极有两个界面，故又称为第二类电极，其电极电位取决于溶液中阴离子的活度（或浓度）。如将表面涂有AgCl的银丝插入Cl^-溶液中组成的银-氯化银电极，其表示式为$Ag|AgCl,Cl^-$，电极反应和电极电位如下。

电极反应 $$AgCl + e^- \longrightarrow Ag + Cl^-$$

电极电位 $$\varphi = \varphi^\ominus_{Ag^+/Ag} + S\lg a_{Ag^+}$$

$$a_{Ag^+}a_{Cl^-} = K_{sp,AgCl}$$

$$\varphi = \varphi^\ominus_{Ag^+/Ag} + S\lg\frac{K_{sp,AgCl}}{a_{Cl^-}} = \varphi^\ominus_{Ag^+/Ag} + S\lg K_{sp,AgCl} + S\lg\frac{1}{a_{Cl^-}}$$

$$= \varphi^\ominus_{AgCl/Ag^+} - S\lg a_{Cl^-}$$

3）惰性金属电极

惰性金属电极是由惰性金属（铂或金）插入含有氧化型和还原型电对的溶液中所组成的电极体系，可用通式 $Pt|M^{m+},N^{n+}$ 表示。由于该类电极没有界面，故又称为零类电极，也称为氧化还原电极。在溶液中 Pt 本身不参加氧化还原反应，仅作为导体起传导电子的作用，是物质的氧化型和还原型交换电子的场所。其电极电位由溶液中氧化型和还原型活度（浓度）的比值决定。如将铂丝插入含有 Fe^{3+}、Fe^{2+} 溶液组成铂电极，其表示式为 $Pt|Fe^{3+},Fe^{2+}$，电极反应和电极电位如下。

电极反应 $$Fe^{3+}+e^{-}=Fe^{2+}$$

电极电位 $$\varphi=\varphi^{\ominus}_{Fe^{3+}/Fe^{2+}}+S\lg\frac{a_{Fe^{3+}}}{a_{Fe^{2+}}}$$

2. 离子选择电极

离子选择电极（ISE）是一种电化学传感器，又称为膜电极。它是一种利用选择性电极膜对溶液中特定离子产生选择性响应，从而指示该离子活度（浓度）的电极。此类电极的共同特点是电极电位的建立是基于离子的交换和扩散反应，无电子的转移。

（二）参比电极

在无机化学中已知，目前国际上规定标准氢电极（SHE）的电极电势在任何温度下均为零，用其作为测量其他电极电位的基准，称为一级参比电极。但由于标准氢电极制作麻烦，操作条件难以控制，使用不便，因此在实际工作中很少用它做参比电极，常以银-氯化银电极或甘汞电极作为参比电极，由于这两种电极的电极电位是与标准氢电极比较而得出的相对值，故又称为二级参比电极。下面重点介绍甘汞电极。

甘汞电极一般由金属汞、甘汞（Hg_2Cl_2）和氯化钾溶液组成，其表示式为

$$Hg,Hg_2Cl_2(s)|KCl\ 溶液(x\ mol/L)$$

其电极反应和电极电位分别为

$$Hg_2Cl_2+2e^{-}=2Hg+2Cl^{-}$$

$$\varphi=\varphi^{\ominus}_{Hg_2Cl_2,Hg}-S\lg a_{Cl^{-}}$$

由上式可知，甘汞电极的电位取决于 KCl 溶液的浓度，它随着 Cl^{-} 浓度的增大而减小。当 Cl^{-} 浓度一定时，甘汞电极的电位便为一定值。例如，在 25 ℃，当 KCl 溶液浓度分别为 0.1 mol/L、1 mol/L 时，则其电极的电位值分别为 0.3337 V、0.2801 V 和 0.2412 V。其中饱和甘汞电极（SCE）如图 10-2 所示，因其具有结构简单、制造容易、使用方便和电位稳定等优点而最为常用。

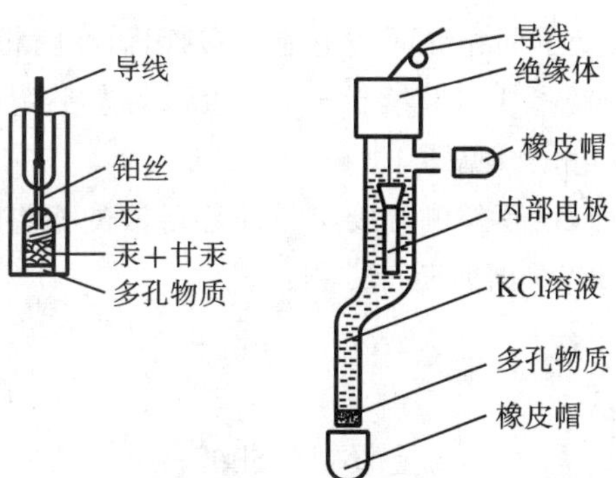

图 10-2 饱和甘汞电极结构示意图

银-氯化银电极在指示电极中已介绍过，若将 Cl^- 浓度固定，可作参比电极，由于其结构简单、可以制成很小的体积，常用作内参比电极。

需要指出的是，某一种电极作指示电极还是参比电极并不是固定不变的。例如，银-氯化银电极通常作参比电极，但又可作为测定 Cl^- 的指示电极；pH 玻璃电极通常是 H^+ 的指示电极，但它又可作为测定 Cl^-、I^- 时的参比电极。

第二节 直接电位法

直接电位法是将参比电极与指示电极插入被测溶液中构成原电池，根据原电池的电动势与被测离子活（浓）度间的函数关系，直接测定离子活（浓）度的方法。常用于溶液 pH 值的测定和其他离子浓度的测定。

一、电位法测定溶液的 pH 值

目前多以玻璃电极为指示电极，饱和甘汞电极为参比电极测定水溶液的 pH 值（即 H^+ 活度）。

（一）玻璃电极

1. 玻璃电极的构造

玻璃电极是一种特定配方的玻璃吹制成球状的膜电极，属于离子选择电极。它是由玻璃管下端接一特殊成分玻璃的球状薄膜（也可根据需要制成平板或锥形玻璃薄膜），其厚度约为 0.1 mm，内盛一定浓度的 KCl 溶液和一定 pH 值的缓冲溶液，在此溶液中插入一支银-氯化银电极（内参比电极）所构成，其结构如图 10-3 所示。

2. 玻璃电极工作原理

当玻璃电极的玻璃薄膜的内、外表面浸泡在水溶液中后，能吸收水分形成厚度为 10^{-5}～10^{-4} mm 的水化硅胶凝胶层，该层中的 Na^+ 可与溶液中的 H^+ 进行交换，使凝胶层内、外表面上 Na^+ 的点位几乎全部被 H^+ 所占据，越深入该层内部，交换的数量越少，达到干玻璃处则无交换。由于溶液中 H^+ 活度不同，H^+ 将由活度高的一方向浓度低的一方扩散。若 H^+ 由溶液向凝胶层方向扩散，而阴离子却被凝胶层中带负电荷的硅胶骨架所排斥，使溶液中余下过剩的阴离子，从而改变了两相界面的电荷分布，因而在两相界面上形成双电层，产生电位差。产生的电位差，抑制了 H^+ 继续扩散，当达到动态平衡时，电位差达到一个稳定值，这个电位差值即为相界电位。见图 10-4。

由于玻璃膜有两个界面，设膜外侧凝胶层与外部溶液的相界电位为 φ_1，膜内侧凝胶层与内部溶液的相界电位为 φ_2，根据能斯特方程：

$$\varphi_1 = K_1 + S\lg \frac{a_1}{a_1'}$$

$$\varphi_2 = K_2 + S\lg \frac{a_2}{a_2'}$$

式中：a_1、a_2 分别为外部、内部溶液中 H^+ 活度；a_1'、a_2' 分别为外部、内部凝胶层中 H^+ 活度。

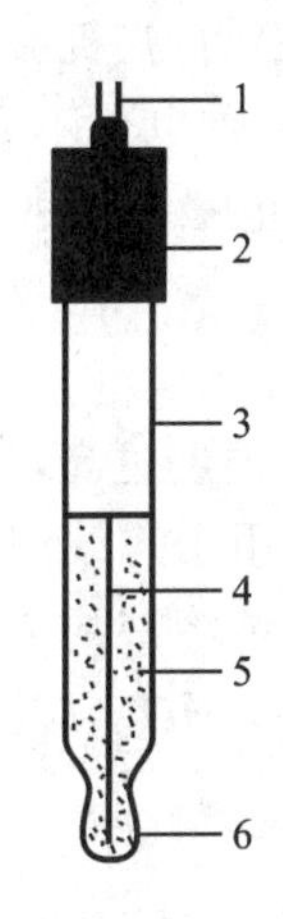

图 10-3 玻璃电极

1—导线；2—电极帽；3—玻璃管；4—银-氯化银电极；
5—内部溶液（缓冲溶液＋内参比溶液）；6—玻璃薄膜

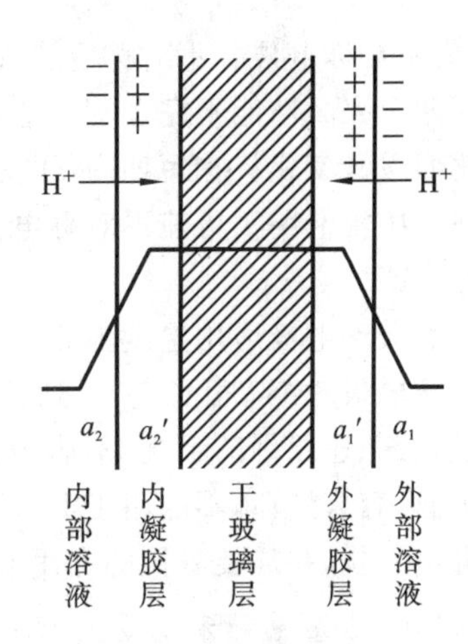

图 10-4 膜电位产生示意图

由于玻璃膜内、外两个表面的物理性能相同，所以 $K_1=K_2$，$a'_1=a'_2$，因此，玻璃膜外侧与内侧之间的电位差（膜电位）为

$$\varphi_m = \varphi_1 - \varphi_2 = S\lg\frac{a_1}{a_2}$$

由于 a_2 是一定值，故上式可写成

$$\varphi_m = S\lg a_1 - S\lg a_2 = S\lg a_1 + b$$

整个玻璃电极的电位 φ_{GE} 为

$$\varphi_{GE} = \varphi_{Ag/AgCl} + \varphi_m = b' + S\lg a_1 = b' - SpH_1 \qquad (10\text{-}1)$$

式(10-1)表明，玻璃电极的电位与外部溶液 H^+ 活度的关系符合能斯特方程，可用于测定溶液的 pH 值。

3. 性能

1）电极斜率

当溶液中的 pH 值变化一个单位时，引起玻璃电极电位的变化称为电极斜率，用 S 表示。

$$S = -\frac{\Delta\varphi}{\Delta pH}$$

S 的理论值为 $2.303RT/F$，称为能斯特斜率。玻璃电极经长期使用会老化，在 25 ℃，斜率低于 52 mV/pH 时就不宜使用。

2）碱差和酸差

普通玻璃电极的电位，只在一定范围内和 pH 值呈线性关系。测定 pH>10 的溶液时，氢离子浓度很低，溶液中存在大量钠离子，Na^+ 与 H^+ 向凝胶层扩散，使测得的 pH 值低于真实值，产生负误差，称为碱差或钠差。若使用锂玻璃制成的高碱玻璃电极，可测至 pH=13.5 而不产生碱差；测定 pH<1 的溶液时，由于水分子与 H^+ 结合，水分子活度降低，使测得的 pH 值高于真实值，产生正误差，称为酸差。

3）不对称电位

当玻璃膜两侧溶液的 pH 值相等时，膜电位应为零，但实际上总存在 1～30 mV 的电位差，称为不对称电位。不对称电位的产生是由于表面张力、表面沾污、机械或化学侵蚀等原因使膜两个表面性能不完全一致造成的。每支玻璃电极的不对称电位不完全相同，并随时间变化而缓慢变化。在短期内，不对称电位可视为定值，并入电极公式的b'项中。电极使用前在水中浸泡一天可使不对称电位降低且稳定。

4）温度

一般玻璃电极适用温度为5～45 ℃，温度过低，内阻增大；温度过高，使用寿命下降。

玻璃电极对H^+很稳定，达到平衡快，可制成很小的体积，用于连续测定，无电子交换，不受氧化剂、还原剂的干扰，不沾污被测溶液，可用于混浊、有色溶液的pH值测定。但玻璃膜很薄，容易损坏，不能用于F^-的酸性溶液，其内阻高（～100 MΩ），应注意绝缘，防止漏电和静电干扰，并需要阻抗的专用pH计。

（二）测量原理和方法

测量溶液pH值，常以玻璃电极作指示电极，饱和甘汞电极作参比电极，将两个电极浸入被测溶液组成原电池，可用下式表示：

$$(-)\text{GE}|\text{被测溶液}\parallel\text{SCE}\ (+)$$

上述电池的电动势为

$$E_x = \varphi_{\text{SCE}} - \varphi_{\text{GE}} = \varphi_{\text{SCE}} - (b' - S_{\text{pH}_x}) = b'' + S\text{pH}_x \tag{10-2}$$

式(10-2)表明，只要b''已知且固定不变，测得电动势E_x后，便可求得被测溶液的pH_x值。b''值受溶液组成、电极类型和使用时间长短等因素的影响，不易被测定，因此实际工作中常采用相对测量法，即采用两次测量法测定溶液的pH值。

两次测量法，即先测量已知pH值的标准缓冲溶液的电动势E_s，然后测量被测溶液的电动势E_x，则

$$E_s = b'' + S\text{pH}_s \qquad E_x = b'' + S\text{pH}_x$$

将上两式相减，并移项即得

$$\text{pH}_x = \text{pH}_s + \frac{E_x - E_s}{S} \tag{10-3}$$

两次测量法测定溶液pH值时，只要使用同一对玻璃电极和饱和甘汞电极，在温度等相同的条件下，无须知道b''值，因此可以消除b''不确定产生的误差。注意，饱和甘汞电极在标准缓冲溶液中及被测溶液中的液接电位未必相同，由此会引起误差。若两者的pH值极为接近（$\Delta\text{pH}<3$），则液接电位不同引起的误差可忽略。所以，测量时选用标准缓冲溶液的pH_s值应尽量接近样品溶液的pH_x值。表10-1列出了不同温度下常用标准缓冲溶液的pH值，以供选用时参考。

表10-1 不同温度下标准pH缓冲溶液的pH值

温度/℃	草酸三氢钾 (0.05 mol/L)	酒石酸氢钾 (25 ℃饱和)	邻苯二甲酸氢钾 (0.05 mol/L)	混合磷酸盐 (0.025 mol/L)	硼砂 (0.01 mol/L)
0	1.67	—	4.01	6.98	9.46
5	1.67	—	4.00	6.95	9.39
10	1.67	—	4.00	6.92	9.33
15	1.67	—	4.00	6.90	9.28

续表

温度/℃	草酸三氢钾 (0.05 mol/L)	酒石酸氢钾 (25 ℃饱和)	邻苯二甲酸氢钾 (0.05 mol/L)	混合磷酸盐 (0.025 mol/L)	硼砂 (0.01 mol/L)
20	1.68	—	4.00	6.88	9.23
25	1.68	3.56	4.00	6.86	9.18
30	1.68	3.55	4.01	6.85	9.14
35	1.69	3.55	4.02	6.84	9.10
40	1.69	3.55	4.03	6.84	9.07

(三) pH 计

pH 计(酸度计)是一种专门为使用玻璃电极测量溶液 pH 值而设计的电子电位计。目前,常用的国产 pH 计有 pHS-2 型和 pHS-3 型等。它们的主要差异是测量精度不同,但均由测量电池和主机两部分构成。玻璃电极、饱和甘汞电极和被测溶液组成测量电池,将被测溶液的 pH 值转换为电动势,并由主机将电动势转化成 pH 值,直接表示出来。

pH 计直接以 pH 值标示,每一 pH 值间隔相当于 $2.303RT/F$(V),其值受温度改变影响,故在 pH 计上均装有温度补偿器(可变电阻)。测量前,将温度补偿器调至被测溶液的温度,这样可使每一 pH 值间隔的电动势改变正好抵消该温度时的变动值。由于不对称电位对测定有影响,因此 pH 计上均装有定位调节器(调压器),即用标准缓冲溶液校准仪器时,调节电位调节器,使仪器上标示的 pH 值与标准缓冲溶液的 pH 值一致,以消除不对称电位的影响。为使测定结果可靠,用一与被测溶液 pH 值接近的标准缓冲溶液校准仪器后,应再用与此标准缓冲溶液相差约 3pH 的另一标准缓冲溶液核对,两者之差不应超过 ±0.1pH,否则电极与主机有问题。注意,样品溶液及校准、核对用标准缓冲溶液的 pH 值均应大于或小于 7,以减免因换挡带来的误差。

(四) 应用与示例

用 pH 计测定溶液的 pH 值不受氧化剂、还原剂或其他活性物质存在的影响,可用于有色物质、胶体溶液及混合溶液 pH 值的测定。并且测定前无须对待测溶液进行预处理,测定后对溶液没有污染。在药物分析中,被广泛应用于注射液、眼药水等制剂的 pH 值检查和原料药酸碱度的检查。

[**例 10-1**] 盐酸普鲁卡因注射液的 pH 值检查。

盐酸普鲁卡因注射液为局部麻醉药,常加稀盐酸调节 pH 值至 3.5～5.0,可抑制分解,使本品稳定。若 pH 值过低,其麻醉力降低,稳定性变差;pH 值过高则易分解。其 pH 值检查时,常以邻苯二甲酸氢钾标准缓冲溶液定位,用草酸三氢钾或磷酸盐(pH=6.8)标准缓冲溶液核对后再测定。

二、电位法测定其他离子浓度

电位法测定其他离子浓度,目前多用离子选择电极作指示电极,下面先简要介绍一下离子选择电极。

(一) 离子选择电极

1. 基本构造和电极电位

离子选择电极又称为膜电极，其构造随电极膜(敏感膜)特性的不同而有所差异，但通常都包括电极膜、电极管、内充溶液和内参比电极四部分，如图 10-5 所示。

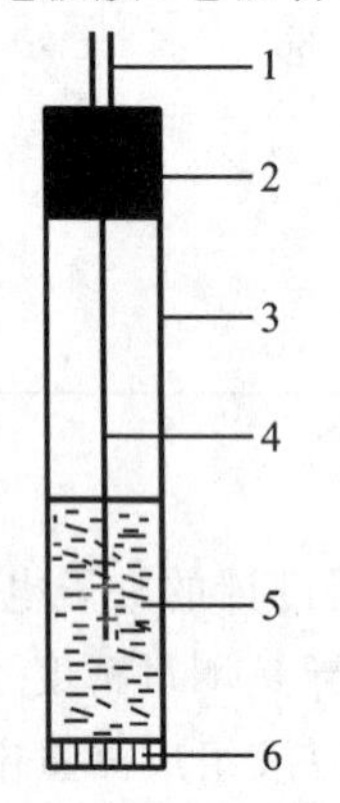

图 10-5 离子选择电极示意图

1—导线；2—电极帽；3—电极管；4—内参比电极；5—内充溶液；6—电极膜

pH 玻璃电极是最早使用的离子选择电极，其他离子选择电极的工作原理与 pH 玻璃电极相仿。当电极膜浸入外部溶液时，膜内、外溶液中有选择响应的离子，通过交换和扩散等作用在膜两侧建立电位差，达到平衡后形成稳定的膜电位，又因为参比溶液中有关离子的浓度和内参比电极电位恒定，故离子选择电极的电位与外部溶液中有关离子活度或浓度的关系符合能斯特方程。即

$$\varphi_{\text{ISE}} = \varphi_{\text{内参}} + b \pm S\lg a_i = b' \pm S\lg a_i$$
$$= b' \pm S\lg(\gamma_i c_i) = b'' \pm S\lg c_i$$

式中：响应离子为阳离子时取“＋”号，为阴离子时取“－”号。

应该指出，离子选择电极的膜电位不仅是通过简单的离子交换或扩散作用建立的，而且膜电位的建立还与离子的缔合、配位作用有关；有些离子选择电极的作用机制目前还不是很清楚，有待进一步研究。

2. 分类

1975 年，国际纯粹与应用化学联合会(IUPAC)推荐的离子选择电极分类方法如图 10-6所示。

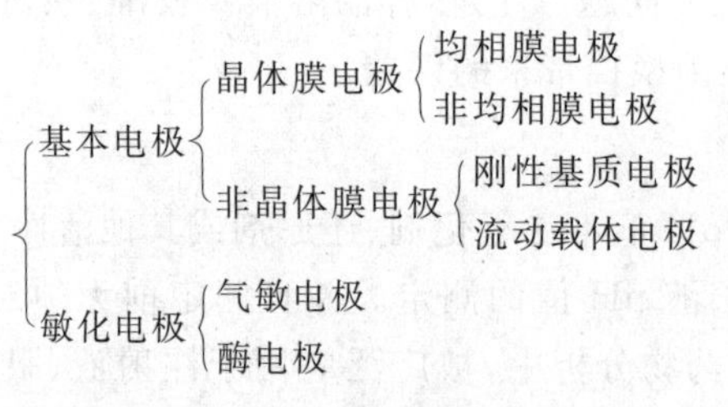

图 10-6 离子选择电极分类

1) 基本电极

基本电极(原电极)为直接测定有关离子活度(或浓度)的离子选择电极，可分为晶体膜电极和非晶体膜电极。

晶体膜电极为电极膜由电活性物质难溶盐晶体制成的电极。其中，电极膜由难溶盐单晶、多晶或混晶化合物均匀混合制成的为均相膜电极。例如，氟电极的电极膜由氟化镧的单晶制成，氯电极的电极膜由氯化银多晶粉末用压片机压片制成；电极膜由难溶盐均匀分布在憎水惰性材料(如硅橡胶、聚氯乙烯、聚苯乙烯等)中制成的为非均相膜电极。例如，铜电极的电极膜由 Ag_2S-CuS 掺入到聚氯乙烯中混制而成。

非晶体膜电极为电极膜由电活性化合物均匀分布在惰性支持物中制成的电极。其中，电极膜由玻璃吹制而成的为刚性基质电极(玻璃电极)。例如，钠电极的玻璃膜由 11%

Na_2O、18%Al_2O_3 和 71%SiO_2 组成。电极膜由惰性微孔支持体浸在液体离子交换剂或中性配位剂中的有机溶剂的载体制成的为流动载体电极(液膜电极)。例如,钙电极的液膜为荷正电的二癸基磷酸钙的苯基磷酸二辛酯溶液,钾电极的液膜为电中性的缬氨霉素的硝基苯溶液。

2) 敏化电极

敏化电极为通过界面反应,将有关离子活(浓)度转化为可供基本电极响应的、间接测定有关离子活(浓)度的离子选择电极。敏化电极分为气敏电极和酶电极。

气敏电极为基本电极、参比电极、内电解质和透气膜等组成的复合电极,即电极本身就是一个完整的电池装置。例如,氨气敏电极是以 pH 玻璃电极为指示电极,Ag-AgCl 电极为参比电极,NH_4Cl 等为电解质溶液和聚偏氟乙烯微孔薄膜为透气膜制成的复合电极。样品产生的氨气通过透气膜,发生界面反应并在 pH 玻璃电极上产生响应。

酶电极为基本电极和生物酶膜或酶底物膜制成的复合膜电极。例如,尿素酶电极是将含尿素酶的凝胶涂布在 NH_4^+ 玻璃电极的玻璃膜上的复合膜电极。样品溶液中尿素进入酶膜,发生酶催化界面反应,并在 NH_4^+ 玻璃电极上产生响应。

3. 性能

离子选择电极的性能常从以下几个方面进行衡量。

1) 响应时间

从离子选择电极和参比电极一起与被测溶液接触时算起,直到电池电动势达到稳定值(变化值<1 mV)时为止所需要的时间称为响应时间或实际响应时间。在实际工作中常采用搅拌溶液的方式缩短响应时间。

2) 选择性

选择性是指电极对被测离子和共存干扰离子响应程度的差异。如果以 A 代表选择响应离子,B 代表发生干扰响应离子,z_A 和 z_B 代表 A、B 的电荷,a_A 和 a_B 代表它们的活度,考虑到 B 的干扰响应作用,能斯特方程可改写为

$$\varphi = b \pm \frac{2.303RT}{z_A F}\lg\left[a_A + K_{A,B}^{pot}(a_B)^{z_A/z_B}\right] \tag{10-4}$$

式中:$K_{A,B}^{pot}$称为选择性系数。

选择性系数值越小,说明 B 对 A 的干扰越小,即电极的选择性越高。例如,有一种 Na^+ 电极,在 pH=11 时,$K\ =10^{-4}$,说明该电极对 Na^+ 的响应比对 K^+ 的响应敏感 10^4 倍。亦即电极对 10^{-4} mol/L 的 Na^+ 和对 1 mol/L 的 K^+ 有相同的响应值。选择性系数随着溶液中离子活度、实验条件或实验方法等的不同而不同,因此,它只能用来估量干扰的大小,而不能用来校正干扰所引起的电位偏差。

3) 斜率和转换系数

电极在线性响应范围内,响应离子活度变化 10 倍所引起的电位变化值为该电极对响应离子的斜率。

$$S_{实际} = \frac{\Delta\varphi}{\Delta pa_i} = \frac{\varphi_2 - \varphi_1}{pa_2 - pa_1} \tag{10-5}$$

实际斜率与理论斜率往往存在一定的偏差,这种偏差常用转换系数表示。

$$K_{tr} = \frac{S_{实际}}{S_{理论}} \times 100\% = \frac{\varphi_2 - \varphi_1}{S_{理论}(pa_2 - pa_1)} \times 100\%$$

$$= \frac{\varphi_2 - \varphi_1}{\frac{2.303RT}{zF}\lg\frac{a_1}{a_2}} \times 100\% \tag{10-6}$$

转换系数是鉴定电极产品质量的重要指标，K_{tr}越接近100%，表明电极性能越好。

4）线性范围和检测下限

以电极的电位 φ 或电池的电动势 E 对响应离子活度的负对数 pa 作图，所得曲线称为校正曲线，如图10-7所示。在一定 pa 范围内，校正曲线呈直线（CD），这一段称为电极的线性范围。因此，测定时，被测离子活度必须控制在该电极的线性范围内。

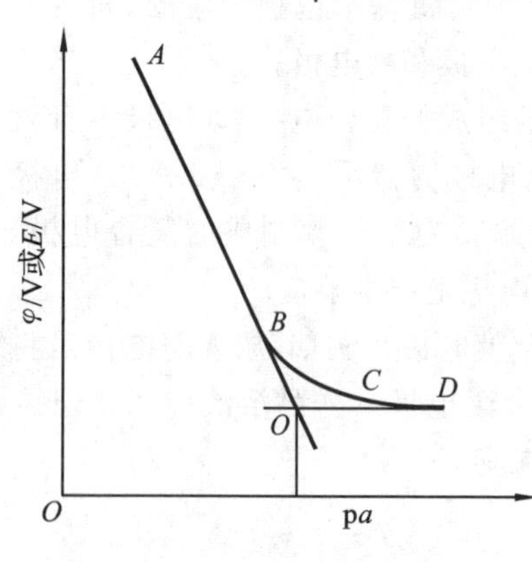

图 10-7　校正曲线及检测下限的确定

检测下限指电极能够检测被测离子的最低浓度，又称为检测限，用于衡量电极的灵敏度。如图 10-7 中 AB 与 CD 两外推线交点 O 处的活度。检测下限的影响因素较多，除与溶液组成、搅拌速度、电极预处理条件等有关外，还与电极膜活性物质的本性有关。例如，根据活度计算，AgI 膜电极测 Ag^+ 和 I^- 的理论检测下限为 10^{-8} mol/L，但实际上常高于10^{-7} mol/L。

5）准确性

分析结果的相对误差与电动势（或电位）测量误差的关系式为

$$\frac{\Delta c}{c} = \frac{zF}{RT}\Delta E \approx 39z\Delta E \tag{10-7}$$

由式(10-7)可知，浓度测定的相对误差，取决于电位测定的绝对误差。由于电位测量范围的精度相同，因此浓度误差也是相同的，故离子选择电极有利于低浓度溶液的测定。若电位实际测量时有 1 mV 的误差，对一价离子可引起浓度相对误差约 4%，二价离子约 8%，故离子选择电极有利于低价离子的测定。

（二）测定方法

由于液接电位、不对称电位的存在以及活度难以计算，故在直接电位法中一般不用能斯特方程直接计算被测离子浓度，而采用以下几种方法。

1. 标准曲线法

在离子选择电极的线性范围内测量从稀到浓不同浓度标准溶液的电动势，并作 E-lgc_i 或 E-pc_i 标准曲线，然后在相同条件下测量样品溶液的 E_x，最后从标准曲线上查相应的 lgc_x。这种方法称为标准曲线法。

标准曲线法可测浓度范围广，特别适合批量样品的分析，但它要求标准溶液的组成与样品溶液的组成相近，温度相同。因此，除了组成极简单的样品外，都必须在系列标准溶液和样品溶液中加入等量的总离子强度缓冲剂（total ionic strength adjustment buffer，TISAB），使其离子强度都近乎一致，即各种溶液的活度基本相同后再测量。总离子强度缓冲剂是一种不含被测离子，不与被测离子反应，不污染或损害电极膜的浓电解质溶液。它一般由固定离子强度、保持液接电位稳定作用的离子强度调节剂，起 pH 缓冲溶液作用的缓冲剂和起掩蔽干扰离子作用的掩蔽剂三部分组成。

2. 标准比较法

若标准曲线线性好，则可用标准比较法进行。即在标准溶液和样品溶液中分别加入总离子强度缓冲剂后，再分别测定 E_s 和 E_x，则

$$E_s = b \pm S\lg c_s \qquad E_x = b \pm S\lg c_x$$

将上两式相减，并整理后得

$$\lg c_x = \lg c_s \pm \frac{E_x - E_s}{S} \text{ 或 } c_x = c_s \times 10^{\Delta E/S} \tag{10-8}$$

此法操作简单，但 ΔE 值不能太小，否则会产生较大的误差。

3. 标准加入法

若样品溶液离子强度很大，离子强度调节剂不能起作用，或样品溶液基质复杂且变动性较大，则可用标准加入法进行。即先测样品溶液（浓度为 c_x，体积为 V_x）的电动势 E_1，然后于该液中加入浓度为 c_s（约 $100c_x$）、体积为 V_s（约 $V_x/100$）的标准溶液，再测此混合溶液的电动势 E_2，则

$$E_1 = b + S\lg \gamma_1 c_x$$

$$E_2 = b + S\lg \gamma_2 \left(\frac{c_x V_x + c_s V_s}{V_x + V_s}\right)$$

设 $\Delta E = E_2 - E_1$，而 $\gamma_1 = \gamma_2$，则

$$\Delta E = S\lg \frac{c_x V_x + c_s V_s}{(V_x + V_s)c_x}$$

即

$$10^{\Delta E/S} = \frac{c_x V_x + c_s V_s}{(V_x + V_s)c_x} = \frac{V_x}{V_x + V_s} + \frac{c_s V_s}{(V_x + V_s)c_x}$$

故

$$c_x = \frac{c_s V_s}{\left(10^{\Delta E/S} - \frac{V_x}{V_x + V_s}\right)(V_x + V_s)} = \frac{c_s V_s}{(V_x + V_s)10^{\Delta E/S} - V_x} \tag{10-9}$$

此方法不需要加入总离子强度缓冲剂，仅需一种标准溶液，操作简单快速，准确度较高。

（三）应用

用离子选择电极以直接电位法测定离子浓度具有设备简单、操作方便、测定快速等优点。它不破坏样品，不受样品溶液颜色、混浊程度的影响，样品用量少，适于低浓度、低价态样品的分析。不仅可以测定 Na^+、K^+、Ag^+、NH_4^+、Ca^{2+}、Cu^{2+}、X^-、CN^-、NO_3^- 和 S^{2-} 等无机离子，还可用于测定氨基酸、尿素、青霉素等有机物，是一种很有前途的分析技术，故得到广泛应用。

第三节　电位滴定法

一、电位滴定法的原理及特点

电位滴定法是在滴定过程中通过测量电池电动势变化确定化学计量点的电位法。其仪器装置比较简单，如图 10-8 所示。

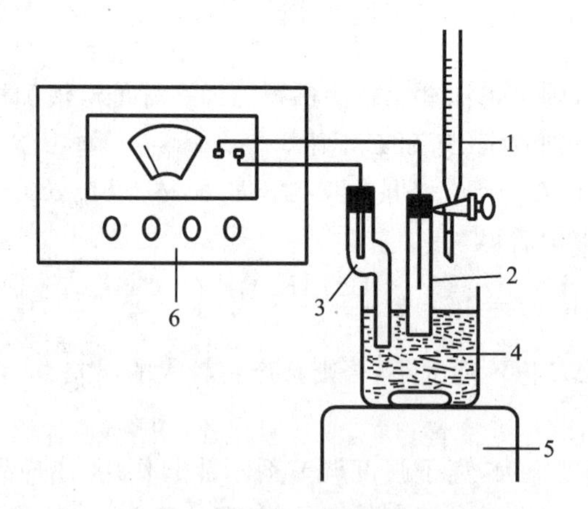

图 10-8 电位滴定装置示意图

1—滴定管；2—指示电极；3—参比电极；4—样品溶液；5—电磁搅拌器；6—电子电位计

进行电位滴定时，在被测溶液中插入一个参比电极、一个指示电极组成原电池。随着滴定剂的加入，由于发生化学反应，被测离子浓度不断变化，指示电极的电位也相应地变化。在化学计量点附近被测离子浓度急剧变化，引起指示电极电位发生突跃。因此测量工作电池电动势的变化，可确定化学计量点。电位滴定法与滴定分析法的区别在于它是根据电池电动势的突跃确定化学计量点，而滴定分析是根据指示剂的变色指示滴定终点。

电位滴定法与指示剂滴定法相比较具有客观可靠，准确度高，易于自动化，不受溶液颜色、混浊程度限制等优点，是一种重要的滴定分析方法。

二、终点确定的方法

将盛有样品溶液的烧杯置于电磁搅拌器上，浸入电极，搅拌，并自滴定管分次滴加滴定液，记录滴入滴定液的体积和相应的电动势。在化学计量点附近应每滴加 0.05～0.10 mL 记录一次数据。现以 0.1 mol/L $AgNO_3$ 标准溶液滴定氯化钠溶液（电位滴定）部分数据和数据处理为例，介绍几种常见的确定化学计量点的方法，数据见表 10-2。

表 10-2 用硝酸银（0.1 mol/L）滴定氯化钠溶液的部分电位滴定数据

① V/mL	② E/V	③ ΔE/V	④ ΔV/mL	⑤ $\Delta E/\Delta V$/(V/mL)	⑥ $\bar{V}$/mL	⑦ $\Delta(\Delta E/\Delta V)$/(V/mL)	⑧ $\Delta\bar{V}$/mL	⑨ $\Delta^2 E/\Delta V^2$/(V/mL)^2	⑩ $\bar{V}$/mL
22.00	0.123								
23.00	0.138	0.015	1.00	0.015	22.50				
24.00	0.174	0.036	1.00	0.036	23.50	0.021	1.00	0.021	23.00
24.10	0.183	0.009	0.10	0.09	24.05	0.054	0.55	0.098	23.78
24.20	0.194	0.011	0.10	0.11	24.15	0.02	0.10	0.2	24.10
24.30	0.233	0.039	0.10	0.39	24.25	0.28	0.10	2.8	24.20
24.40	0.316	0.083	0.10	0.83	24.35	0.44	0.10	4.4	24.30
24.50	0.340	0.024	0.10	0.24	24.45	−0.59	0.10	−5.9	24.40
24.60	0.351	0.011	0.10	0.11	24.55	−0.13	0.10	−1.3	24.50
25.00	0.375	0.024	0.40	0.06	24.80	−0.05	0.25	−0.2	24.68

（一）E-V 曲线法

以电位计读数 E 为纵坐标，标准溶液体积 V 为横坐标，用表 10-2 中①、②栏数据，绘制 E-V 曲线，如图 10-9(a)所示。曲线拐点所对应的体积即化学计量点的体积。本法比较简单，适用于滴定突跃电动势（电位）变化明显的滴定曲线。

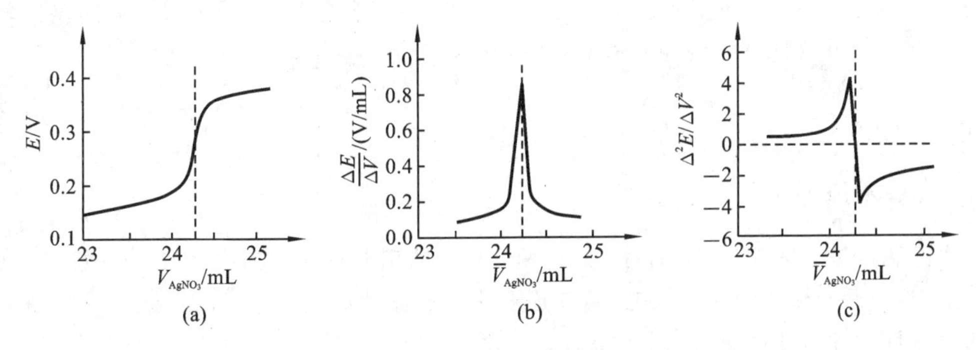

图 10-9　电位滴定曲线

（二）$\Delta E/\Delta V$-$\overline{V}$ 曲线法

以 $\Delta E/\Delta V$（即相邻两次电动势的差值和相应的标准溶液的体积的差值之比）为纵坐标，标准溶液平均体积为横坐标，用表 10-2 中⑤、⑥栏的数据绘制曲线，如图 10-9(b)所示，曲线的最高点（极大值）所对应的体积即化学计量点的体积。曲线最高点也可用外延法决定。本法较 E-V 曲线法准确。

（三）$\Delta^2 E/\Delta V^2$-V 曲线法

以 $\Delta^2 E/\Delta V^2$ 为纵坐标，标准溶液体积为横坐标，用表 10-2 中⑨、⑩栏的数据绘制 $\Delta^2 E/\Delta V^2$-V 曲线，如图 10-9(c)所示。曲线与纵坐标 0 处的水平虚线的交点所对应的体积即为化学计量点。

在化学计量点附近，滴定曲线近似于直线，因此在实际工作中常用内插法代替作图法计算化学计量点时标准溶液的体积。本方法更为准确、方便。其计算公式可推导如下：

$$\begin{array}{ccc} E_{上} & 0 & E_{下} \\ \hline V_{上} & V_{sp} & V_{下} \end{array}$$

即

$$\frac{V_{下}-V_{上}}{V_{sp}-V_{上}}=\frac{E_{下}-E_{上}}{0-E_{上}}$$

故

$$V_{sp}=V_{上}+\left[\frac{E_{上}-0}{E_{上}-E_{下}}(V_{下}-V_{上})\right] \tag{10-10}$$

式中：V_{sp} 为化学计量点时的体积；$E_{上}$ 为化学计量点前的 $(\Delta^2 E/\Delta V^2)_{上}$；$E_{下}$ 为化学计量点后的 $(\Delta^2 E/\Delta V^2)_{下}$；0 表示化学计量点时 $(\Delta^2 E/\Delta V^2)$ 为 0；$V_{上}$ 为与 $(\Delta^2 E/\Delta V^2)_{上}$ 对应的体积；$V_{下}$ 为与 $(\Delta^2 E/\Delta V^2)_{下}$ 对应的体积。

除上述三种确定终点的方法外，还有一种简便适用的方法，即在化学计量点附近逐滴加入标准溶液，并观察电位计的变化，当一滴或半滴标准溶液引起电动势读数变化最大时所对应的滴定管读数即化学计量点时的体积。用这种方法不必逐一记录标准溶液体积的电位计读数，也不必处理数据，可大大提高工作效率，但对于滴定突跃不明显的滴定，不宜用此法。

注意:上述确定化学计量点的方法均以滴定突跃与化学计量点对称为条件,即需要反应物之间以等物质的量反应时成立;若非对称,则突跃中点与化学计量点不一致。但是,这种偏差很小,对于一般的药物分析可以忽略。

第四节 永停滴定法

一、基本原理

永停滴定法又称为死停滴定法,是将两个相同的铂电极(或其他两个金属电极)插入样品溶液中,在两电极之间加一低电压,并连有一只检流计,然后进行滴定,通过观察滴定过程中检流计指针的变化确定化学计量点。

根据滴定过程中电流变化的情况,可分为以下三种不同的类型。

(1) 标准溶液为不可逆电对,样品溶液为可逆电对。以硫代硫酸钠滴定碘溶液为例。将碘溶液置于烧杯中,插入两支铂电极,外加一低电压,用灵敏的检流计测量通过两极间的电流。化学计量点前,因溶液中存在 $S_4O_6^{2-}$ 和可逆电对 $I_2/2I^-$,其电解反应如下。

在阳极 $2I^- \rightleftharpoons I_2 + 2e^-$

在阴极 $I_2 + 2e^- \rightleftharpoons 2I^-$

此时电极间即有电流通过,检流计指针发生偏转。当滴定达到化学计量点时,碘与滴入的硫代硫酸钠溶液完全反应,溶液中只有 $S_4O_6^{2-}$ 和 $2I^-$,无可逆电对,电解反应停止,检流计指针回到零点。化学计量点后,再滴入过量的硫代硫酸钠溶液,溶液中只有不可逆电对 $S_4O_6^{2-}/2S_2O_3^{2-}$ 和 I^-,检流计指针仍停在零点,不再变动,故称为永停滴定法。其化学计量点附近的滴定曲线如图 10-10(a)所示。

(2) 标准溶液为可逆电对,样品溶液为不可逆电对。以碘液滴定硫代硫酸钠溶液为例。化学计量点前,溶液中只有 I^- 和不可逆电对 $S_4O_6^{2-}/2S_2O_3^{2-}$,电极间没有电流通过,检流计指针停在零点,直至化学计量点。化学计量点后,碘液略有过剩,溶液中出现了可逆电对 $I_2/2I^-$,电极间即有电流通过,检流计指针突然偏转,再滴入过量的碘液,检流计指针偏转角度变大。其化学计量点附近的滴定曲线如图 10-10(b)所示。

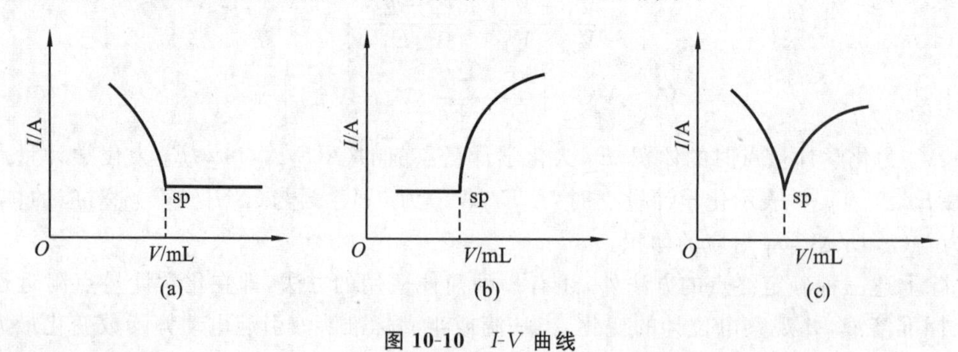

图 10-10 *I-V* 曲线

(3) 标准溶液和样品溶液均为可逆电对。以硫酸铈液滴定硫酸亚铁溶液为例。化学计量点前，溶液中有 Ce^{3+} 和可逆电对 Fe^{3+}/Fe^{2+}，电极间有电流通过，检流计指针偏离零点，化学计量点时溶液中只有 Ce^{3+} 和 Fe^{3+}，无可逆电对，检流计指针停在零点。化学计量点后，硫酸铈液略有过剩，溶液中有 Fe^{3+} 和可逆电对 Ce^{4+}/Ce^{3+}，电极间即有电流通过，检流计指针偏离零点，其滴定曲线如图 10-10(c)所示。此类滴定判断化学计量点较困难，故实际工作中很少使用。

二、测定方法

永停滴定法的仪器装置如图 10-11 所示。图中 A 为 1.5 V 干电池，G 为检流计(灵敏度为 10^{-9} A/分度)，R 为 5 kΩ 左右电阻，R′为 500 Ω 绕线电位器，S 为检流计的分流电阻，其作用是调节检流计的灵敏度。E 和 E′为两个铂电极，插入盛有溶液的烧杯中组成电池，并用电磁搅拌器搅动溶液。外加电压的大小取决于所用电对的可逆性，可通过调节 R′得到合适的外加电压，一般为数毫伏至数十毫伏。用 S 调节 G，可得到适宜的灵敏度。

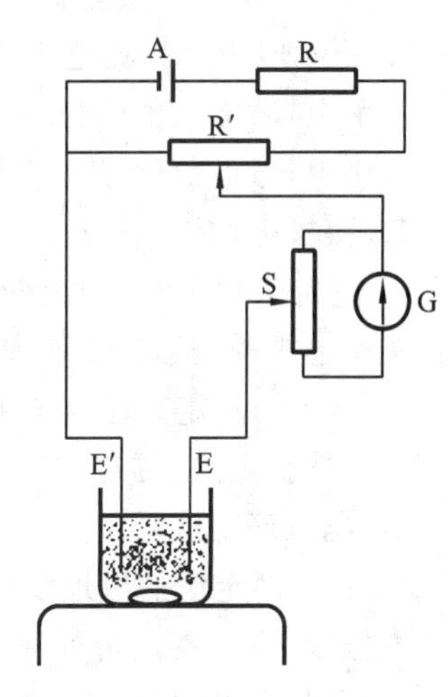

图 10-11 永停滴定法装置示意图

化学计量点既可通过边滴定边观察检流计指针的变化来确定，也可以每增加一次滴定液，记录一次电流。以电流为纵坐标，滴定液体积为横坐标绘制滴定曲线图，从而找出化学计量点。

三、应用示例

永停滴定法确定化学计量点比内、外指示剂法更为准确、客观；比电位滴定法更为简便，故广泛用于费休氏水分测定和对氨基水杨酸、盐酸普鲁卡因、磷酸伯氨喹及磺胺类药品的含量测定。

[**例 10-2**] 磺胺嘧啶的含量测定。

用永停滴定法测定磺胺嘧啶的含量，化学计量点前溶液中不存在可逆电对，故检流计指针停在零点，化学计量点后，亚硝酸钠液稍过量，溶液中的 HNO_2 极其微量分解产物 NO 作为可逆电对 HNO_2/NO，使两个电极上发生电解反应，反应式如下。

阳极： $NO + H_2O \longrightarrow HNO_2 + H^+ + e^-$

阴极： $HNO_2 + H^+ + e^- \longrightarrow NO + H_2O$

电极间有电流通过，检流计指针偏转并不再复原。其滴定曲线如图 10-9(b)所示。

小 结

一、概述

1. 电化学分析法的定义和分类

电化学分析法：根据溶液中物质的电化学性质(电位、电导、电流和电量)及其变化规律，与被测物质的化学量(组成或含量)之间的计量关系，对组分进行定性和定量分析的方法。

根据测量的电化学参数不同可分为电导分析法、电位分析法、电解分析法、库仑分析法、伏安分析法和极谱分析法。

2. 化学电池的定义及分类

化学电池：由两个电极插入适当的电解质溶液中组成的一种电化学反应器。

化学电池分为电解池和原电池两类，其中由电能转化为化学能的装置称为电解池；由化学能转化为电能的装置称为原电池。

3. 指示电极和参比电极

指示电极：电位值随被测离子活度(浓度)的变化而改变的电极。

参比电极：电位值已知并基本保持不变的电极。

二、直接电位法

1. 电位法测定溶液的 pH 值

玻璃电极的构造及工作原理；pH 值的测量原理。

2. 电位法测定其他离子浓度

离子选择电极；测定方法及应用。

三、电位滴定法

1. 电位滴定法的原理及特点

电位滴定法：在滴定过程中通过测量电池电动势变化确定化学计量点的电位法。

2. 终点确定的方法

E-V 曲线法、$\Delta E/\Delta V$-$\bar{V}$ 曲线法、$\Delta^2 E/\Delta V^2$-V 曲线法。

四、永停滴定法

永停滴定法是将两个相同的铂电极(或其他两个金属电极)插入样品溶液中，在两电极之间加一低电压，并连有一只检流计，然后进行滴定，通过观察滴定过程中检流计指针的变化确定化学计量点。

能力检测

1. 何谓指示电极、工作电极、参比电极和辅助电极？

2. 电池中“盐桥”的作用是什么？盐桥中的电解质溶液应有什么要求？

3. 电位滴定法和永停滴定法有何区别？

4. 简述玻璃电极的测定原理及为何在使用前必须将其玻璃膜在蒸馏水中浸泡一天？

5. 简述电位法测定溶液 pH 值的电池组成。

6. 电位滴定法与滴定分析法的主要不同点是什么？

7. 将 Ca^{2+} 离子选择电极和 SCE 置于 100 mL 样品溶液中，测得其电动势为 0.415 V，加入 2.00 mL 浓度为 0.218 mol/L 的 Ca^{2+} 标准溶液后，测得电动势为 0.430 V，实际斜率为 0.0294，试计算样品溶液中 Ca^{2+} 的浓度。

(山东万杰医学院　牛学良)

第十一章　紫外-可见分光光度法

学习目标

掌握：光的吸收定律的意义、数学表达式及应用条件；吸光系数的意义及计算；吸收曲线与标准曲线的绘制、意义及应用；分光光度计的正确使用；单组分样品的定量分析方法。

熟悉：紫外-可见分光光度计的基本结构；偏离吸收定律的因素。

了解：光谱分析法的分类；分光光度计的类型；分析条件的选择。

紫外-可见分光光度法也称为紫外-可见吸收光谱法，是根据被测物质对紫外-可见光区不同波长的单色光吸收程度不同，对物质进行定性、定量分析的方法。紫外-可见吸收光谱属于电子光谱。紫外-可见分光光度法具有较高的灵敏度和准确度，检出限可达到 10^{-7} g/mL，非常适合于微量或痕量组分的分析。测量分析的准确度一般为 0.5%，采用高性能的仪器准确度可达 0.2%。近年来，随着光学、电学、计算机科学的发展，性能优越的紫外-可见分光光度计不断推出，与数学、统计学的结合使得其操作更加简便，更易于掌握和普及，在定性分析方面，紫外-可见分光光度法不仅可以鉴别官能团和化学结构不同的化合物，还可以鉴别结构相似的不同化合物；定量上既可以进行单组分分析，还可以对多组分不经分离同时测定，因而紫外-可见分光光度法成为药物分析、医学检验、环境监测、科学研究及工农业生产等领域应用最广泛的分析方法之一。

第一节　光谱分析法概述

一、电磁辐射与电磁波谱

（一）电磁辐射

电磁辐射又称为电磁波，是能量的一种形式，具有波动性和粒子性。光是电磁辐射的一部分，电磁辐射在传播时发生的反射、折射、衍射和干涉等现象，表现出它的波动性；电磁辐射与物质发生作用时产生的吸收、发射和光电效应等现象，表现出它的粒子性。

电磁辐射的波粒二象性可由普朗克方程式表示为

$$E = h\nu = h\frac{c}{\lambda} = h\sigma c \tag{11-1}$$

式中:E 为电磁辐射的能量;h 为普朗克(Planck)常量;ν 为电磁辐射的频率;c 为光在真空中的传播速度;λ 为电磁辐射的波长;σ 为电磁辐射的波数。

(二)电磁波谱

从 γ 射线到无线电波都是电磁辐射,光是电磁辐射的一部分,它们在性质上是完全相同的,区别仅在于波长与能量的不同。将电磁辐射按其波长顺序排列起来就构成了电磁波谱。根据其能量将电磁波谱划分为若干区域,在不同的波谱区域具有不同的辐射类型,它们与物质作用时引起的物质内部能级跃迁类型不同,据此可建立不同的光谱分析方法,见表 11-1。

表 11-1 电磁波谱示意

波谱区域	波长范围/nm	能级跃迁类型	光谱(光学)分析方法
γ 射线	$5\times10^{-4}\sim1.4\times10^{-2}$	核能级	γ射线发射光谱
X 射线	$1.4\times10^{-2}\sim10$	内层电子能级	X 射线吸收、发射光谱
远紫外	10～200	外层电子能级	真空紫外吸收光谱
近紫外	200～400	外层电子能级	紫外-可见(吸收、发射)光谱
可见光	400～760	外层电子能级	—
红外	$760\sim1\times10^{6}$	分子振动-转动能级	红外吸收光谱、拉曼光谱
微波	$1\times10^{6}\sim1\times10^{9}$	分子转动能级、电子自旋能级	微波吸收波谱、顺磁共振波谱、电子自旋共振波谱
无线电波	$1\times10^{9}\sim1\times10^{12}$	核自旋能级	核磁共振波谱

二、光谱分析法的分类

根据物质与电磁辐射的相互作用而建立的分析方法统称为光学分析法。当物质与电磁辐射相互作用时,两者之间发生能量交换,物质内部发生能级跃迁的光学分析法称为光谱分析法。物质与电磁辐射相互作用时,两者不产生能量交换的光学分析法称为非光谱分析法。

记录由能级跃迁产生的辐射能强度随波长(或相应单位)的变化,所得的图谱称为光谱。物质是由原子和分子组成的,原子和分子也是产生光谱的基本粒子。由原子的外层电子在电子能级间的跃迁而产生的光谱称为原子光谱。由分子的外层电子在电子能级间的跃迁或分子内的振动与转动能级的跃迁而产生的光谱称为分子光谱。原子结构简单,产生的光谱是线状光谱;分子结构复杂,产生的光谱是带状光谱。

无论是原子光谱还是分子光谱,根据获得光谱的方式不同,可分为吸收光谱和发射光谱。

(一)吸收光谱法

当电磁辐射作用于某吸光物质时,物质的原子或分子将选择性地吸收其能级跃迁需要的能量(即某些特定波长的辐射),同时吸光粒子本身由基态跃迁到激发态,这个过程就是吸收,利用物质对电磁辐射的选择性吸收建立起来的光谱分析法称为吸收光谱法。

(二) 发射光谱法

物质的原子、分子或离子在辐射能、热能、电能或化学能的作用下,由低能态(基态)跃迁到高能态(激发态),但是处于激发态的粒子是不稳定的,在极短的时间(约 10^{-8} s)内,又从高能态返回到低能态或基态,将所吸收的能量以电磁辐射的形式释放出来,发射特征光谱,这个过程就是发射,利用发射的特征光谱进行定性、定量分析的光谱分析法就是发射光谱法。

知识链接

常见的吸收光谱法及主要测量对象

(1) 原子吸收分光光度法(AAS):金属及半金属元素的定量测定。

(2) 紫外-可见分光光度法(UV-Vis):无机离子及有机化合物的定性、定量分析。

(3) 红外分光光度法(IR):有机化合物的定性、定量及结构分析。

(4) 核磁共振波谱法(NMR):主要用于有机化合物的结构测定。

第二节 光的吸收定律

一、紫外-可见吸收光谱

(一) 物质颜色的产生

可见光是人眼睛能感觉到的电磁辐射,其波长为 400~760 nm。单一波长的光称为单色光。由不同波长的光混合而成的光称为复合光。白色光是复合光,当其通过棱镜时,可色散为红色、橙色、黄色、绿色、青色、蓝色、紫色七种颜色的光。如果两种颜色的光按一定强度和比例混合后成为白色光,则这两种单色光称为互补色光,见图 11-1。

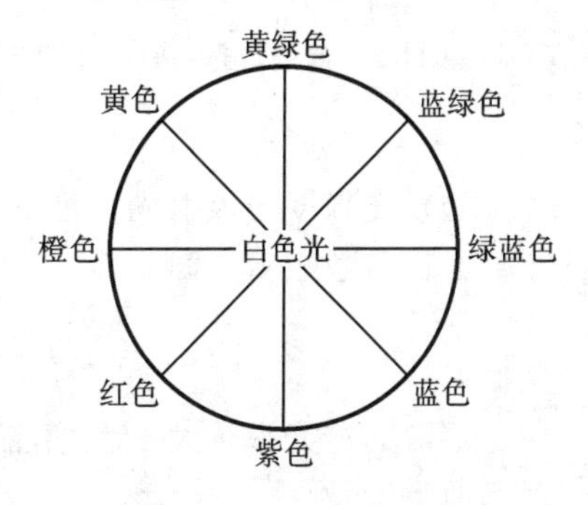

图 11-1 光的互补色

当一束白色光照射到物质上时,光与物质相互作用,于是产生反射、散射、吸收、透射等一系列变化。物质呈现的颜色是由物质与可见光的作用方式与程度决定的。完全吸收时呈黑色,部分吸收时呈灰色,零吸收(完全反射)时呈白色,完全透过时呈无色,选择性吸收时呈吸收光的补色。由此可见,某物质呈现颜色是由于该物质对可见光的选择性吸收造成的。见表 11-2。

物质是否吸收可见光,以及吸收的程度的大小,我们可以通过眼睛来判断,也可用仪器来测量,后者比前者的准确度要高,据此进行定量分析的方法称为比色法。

表 11-2 物质颜色(透过光)与吸收光颜色的互补关系

物质颜色	吸收光		物质颜色	吸收光	
	颜色	波长 λ/nm		颜色	波长 λ/nm
黄绿色	紫色	400～450	紫色	黄绿色	560～580
黄色	蓝色	450～480	蓝色	黄色	580～600
橙色	绿蓝色	480～490	绿蓝色	橙色	600～650
红色	蓝绿色	490～500	蓝绿色	红色	650～750
紫红色	绿色	500～560	—	—	—

(二) 紫外-可见吸收光谱的产生

可见光区以外的电磁辐射,人的眼睛察觉不到,紫外光是波长在 200～400 nm 的光,物质吸收紫外光不会呈现颜色。所以要了解物质是否吸收紫外光,吸收的程度如何都必须借助仪器。当物质的分子或离子对紫外-可见光区的电磁辐射发生选择性吸收时,均引起外层价电子的能级跃迁,同时伴随分子中振动能级与转动能级的跃迁,于是产生紫外-可见吸收光谱。根据物质的紫外-可见吸收光谱,我们可以对物质进行定性、定量和结构分析。

二、透光率与吸光度

当一束平行的单色光通过一均匀的透明溶液时,一部分光被溶液中的吸光质点所吸收,一部分光被容器壁吸收及容器壁表面所反射,一部分光被溶液中的悬浮粒子所散射,剩余的光透过溶液。见图 11-2。

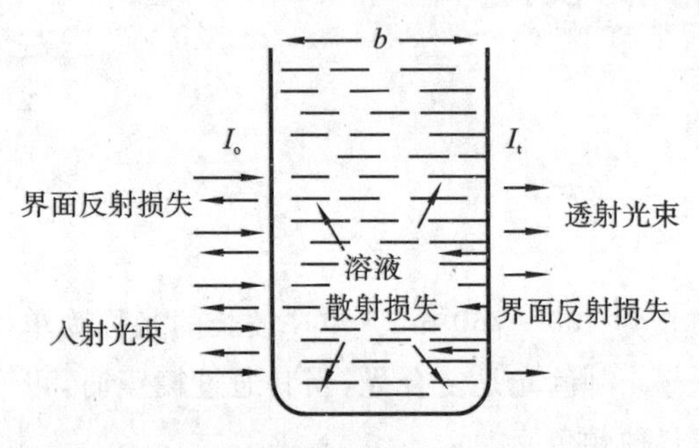

图 11-2 溶液对光的吸收作用示意图

在吸收光谱分析中,应把除待测组分吸收外的所有使入射光强度减弱的因素降至最小。通过控制实验条件,可使容器壁的吸收和反射减至最低,可使溶液中悬浮粒子的散射作用降至最小甚至完全消失。若入射光强度为 I_o,吸收光强度为 I_a,透射光强度为 I_t,则

$$I_o = I_a + I_t \tag{11-2}$$

透射光强度与入射光强度的比值称为透光率(transmittance),用 T 表示,其数值可用小数或百分数表示。即

$$T = \frac{I_t}{I_o} \quad 或 \quad T = \frac{I_t}{I_o} \times 100\% \tag{11-3}$$

溶液的透光率越大,表示溶液对光的吸收程度越小;溶液的透光率越小,表示溶液对光的吸收程度越大。

三、朗伯-比尔定律

朗伯-比尔定律(Lambert-Beer's Law)是吸收光度法的基本定律,是描述物质对单色光吸收的强弱与吸光物质浓度和厚度之间关系的定律。

通过实验证明，当液层厚度 L 或溶液浓度 c 按算术级数增加时，透光率按几何级数减小，即两者之间是指数函数的关系，用图表示是一条曲线，不是直线。

其数学表达式为

$$T = \frac{I_t}{I_o} = 10^{-KcL} \tag{11-4}$$

为了表达的方便，常用透光率的负对数表示，即

$$-\lg T = KcL \tag{11-5}$$

$-\lg T$ 代表物质对光的吸收程度，将其定义为吸光度(absorbance)，用 A 表示。则

$$A = -\lg T = KcL \tag{11-6}$$

上式称为光的吸收定律，式中 K 是比例系数，称为吸光系数(absorptivity)。

朗伯-比尔定律可表述为：当一束平行的单色光通过均匀的、无散射的含有吸光物质的低浓度溶液时，在入射光波长、强度及溶液的温度等条件不改变的情况下，溶液的吸光度 A 与吸光物质浓度 c 及液层厚度 L 的乘积成正比。

朗伯-比尔定律不仅适用于可见光，同样也适用于紫外光和红外光；不仅适用于均匀的、无散射的溶液，而且也适用于均匀的、无散射的固体和气体，它是各类分光光度法进行定量分析的理论依据。

当溶液中同时存在两种或两种以上的吸光物质时，该溶液的总吸光度等于溶液中各组分吸光度之和，即

$$A_{总} = A_1 + A_2 + A_3 + \cdots \tag{11-7}$$

这就是吸光度的加和性，利用此性质可进行多组分的含量测定。

知识链接

光的吸收定律的建立不是一次完成的，在1760年朗伯(Lambert)首先研究了有色溶液吸光度与液层厚度的定量关系，在1852年比尔(Beer)又研究了有色溶液吸光度与溶液中吸光物质浓度的定量关系，共同奠定了分光光度法的理论基础，建立了光的吸收定律，也称为朗伯-比尔定律(Lambert-Beer’s Law)。

四、吸光系数

吸光系数的物理意义：吸光物质在单位浓度及单位液层厚度时的吸光度。当入射光的波长、溶剂的种类、溶液的温度及测量仪器的性能等因素确定时，吸光系数只与吸光物质的性质有关，是物质的特征常数之一。不同物质对同一波长的单色光，有不同的吸光系数；同一物质对不同波长的单色光，也有不同的吸光系数。吸光系数是物质定性鉴别的重要依据。在吸收定律中，吸光系数是斜率，吸光系数越大，表明吸光物质的吸光能力越强，测定的灵敏度越高，定量分析时一般选择吸光系数最大的波长为测量波长，吸光系数也是定量分析衡量灵敏度的重要参数。

当溶液浓度采用不同单位时，吸光系数可采用不同的表示方式。

1. 摩尔吸光系数

摩尔吸光系数是指在一定波长下，溶液浓度为1 mol/L、液层厚度为1 cm时的吸光度，

用 ε 表示，单位为 L/(mol · cm)。

2. 百分吸光系数

百分吸光系数是指在一定波长下，溶液的浓度为 1%、液层厚度为 1 cm 时的吸光度，用 $E_{1cm}^{1\%}$ 表示，单位为 100 mL/(g · cm)。

两种吸光系数之间的换算关系是

$$\varepsilon = E_{1\,cm}^{1\%}\frac{M}{10} \tag{11-8}$$

式中：M 是吸光物质的摩尔质量。ε 和 $E_{1cm}^{1\%}$ 都是通过测定已知准确浓度的稀溶液的吸光度，根据朗伯-比尔定律换算而得。摩尔吸光系数 ε 在 $10^4 \sim 10^5$ 范围内为强吸收，小于 10^2 为弱吸收，介于两者之间为中强吸收。

[例 11-1] 称取 1.00 mg 维生素 B_{12}(其摩尔质量 M=1355 g/mol)纯品，配成 25.00 mL 的水溶液，吸收池厚度为 0.5 cm，在 361 nm 波长下，测得吸光度为 0.414，计算其百分吸光系数与摩尔吸光系数。

解 已知 $M=1355$ g/mol，$L=0.5$ cm，$A=0.414$，$m=1.00$ mg，$V=25.00$ mL。

根据

$$A=KcL=E_{1cm}^{1\%}cL$$

则

$$E_{1cm}^{1\%}=\frac{A}{cL}=\frac{0.414}{0.5\times\dfrac{1.00\times10^{-3}}{25.00}\times100}=207$$

根据

$$\varepsilon=\frac{M}{10}E_{1cm}^{1\%}$$

则

$$\varepsilon=\frac{M}{10}E_{1cm}^{1\%}=\frac{1355}{10}\times207\ \text{L/(mol}\cdot\text{cm)}=2.80\times10^4\ \text{L/(mol}\cdot\text{cm)}$$

或根据

$$A=KcL=\varepsilon cL$$

$$\varepsilon=\frac{A}{cL}=\frac{0.414}{0.5\times\dfrac{1.00\times10^{-3}}{1355\times25.00\times10^{-3}}}\ \text{L/(mol}\cdot\text{cm)}=2.80\times10^4\ \text{L/(mol}\cdot\text{cm)}$$

五、吸收曲线

当溶液浓度与液层厚度一定时，测定物质对不同波长单色光的吸光度，以波长 λ 为横坐标，以吸光度 A 为纵坐标所绘制的 A-λ 曲线，称为吸收曲线，也称为吸收光谱。测定的波长范围在紫外-可见光谱区，称为紫外-可见吸收光谱，简称为紫外光谱。见图 11-3。

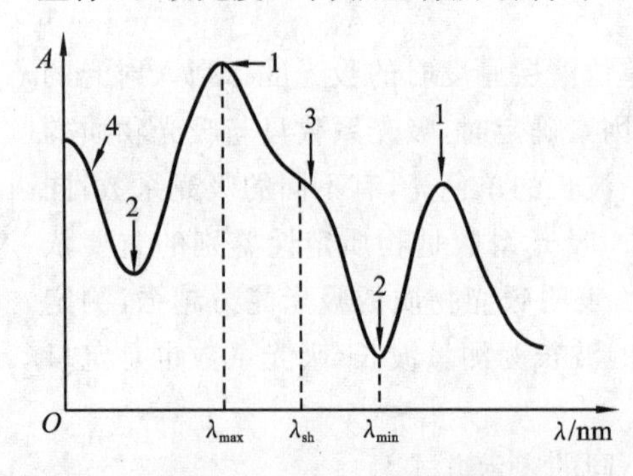

图 11-3 吸收光谱示意图

1—吸收峰；2—谷；3—肩峰；4—末端吸收

图中吸收较大并且成峰形的部分称为吸收峰，凹陷的部分称为谷，它们所对应的波长分别称为最大吸收波长(λ_{max})和最小吸收波长(λ_{min})。在吸收峰的旁边有一个小的曲折称为肩峰，其对应的波长为 λ_{sh}，在吸收曲线短波端呈现的不成峰形的强吸收，称为末端吸收。不同的物质有不同的吸收光谱及特征参数，因此，吸收光谱的特征以及整个光谱的形状是物质定性鉴别的依据，是定量分析时选择测定波长的依据,也是推断化合物结构的依据之一。

六、偏离光的吸收定律的主要因素

根据光的吸收定律,当液层厚度一定时,吸光物质的浓度与吸光度之间呈线性关系。以浓度 c 为横坐标,吸光度 A 为纵坐标绘制的 A-c 曲线,称为标准曲线,也称为工作曲线,是一条通过原点的直线。

在实际工作中,很多因素会导致标准曲线发生弯曲或不通过原点,给测量结果带来误差,一般称为偏离朗伯-比尔定律,见图 11-4。

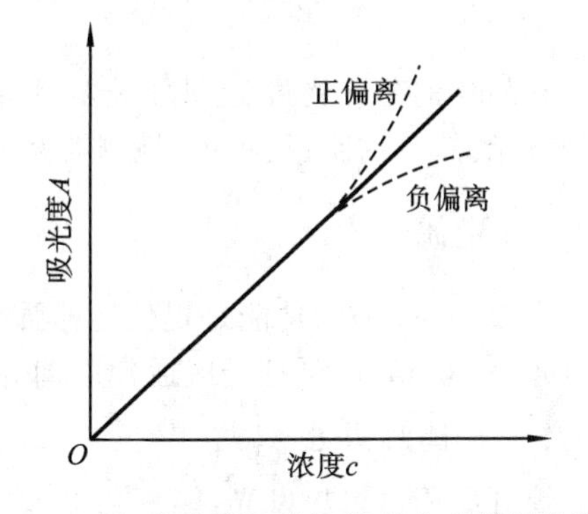

图 11-4 标准曲线及对朗伯-比尔定律的偏离

偏离朗伯-比尔定律的主要因素有光学因素和化学因素。

(一) 光学因素

1. 非单色光

由于单色器的作用原理,入射光不是纯粹的单色光,而是具有一定波长范围的复合光,由于同一物质对不同波长的单色光有不同的吸光系数,所以导致偏离朗伯-比尔定律,使标准曲线发生弯曲。

2. 非平行光

当非平行的光通过吸光物质时,不同方向的光其实际光程(穿过的液层厚度)是不一致的,垂直照射的光的光程最短,L 在测量过程中就不是一个常数,所以导致偏离朗伯-比尔定律,使标准曲线发生弯曲。

3. 其他因素

若溶液中有气泡或发生轻微的混浊,由于光的散射、反射等作用,测量的吸光度增大,导致偏离朗伯-比尔定律,使标准曲线向上弯曲。还有部分的杂散光也会使得曲线发生弯曲。

(二) 化学因素

1. 浓度

朗伯-比尔定律只适用于稀溶液($c<0.01$ mol/L),此时,吸光粒子是独立的,相互之间不发生作用。当溶液浓度增高时,吸光粒子间平均距离缩小,粒子相互之间的作用使粒子的吸光能力发生改变,产生对朗伯-比尔定律的偏离,使标准曲线向下弯曲。浓度越大,对朗伯-比尔定律的偏离程度越大。

2. 溶剂

同一吸光物质在不同种类的溶剂中,其物理性质及化学组成会有所变化,导致吸光系数的变化,产生对朗伯-比尔定律的偏离。

3. 其他化学作用

当溶液的浓度或 pH 值不同时,吸光物质在溶液中还会发生缔合、解离、溶剂化及配合物组成改变等现象,使吸光物质的存在形式发生改变,因而影响物质对光的吸收能力,导致对朗伯-比尔定律的偏离。

第三节 紫外-可见分光光度计

商品化的分光光度计型号众多，性能各异，但其测量原理、仪器结构与组成基本相同。都是由光源、单色器、吸收池、检测器及显示器等五个部分组成。

一、光源

光源(source)的功能是提供足够强度的、稳定的连续光谱。紫外光区通常用氢灯或氘灯(150～400 nm)，可见光区通常用钨灯或卤钨灯(350～2500 nm)。

(一) 钨灯或卤钨灯

钨灯属固体炽热发光，能发射 320～2500 nm 波长范围的连续光谱，适用波长范围为 350～1000 nm。钨灯的发光强度与供电电压的 3～4 次方成正比，故需配备稳压装置。卤钨灯的发光强度比钨灯高且使用寿命长。

(二) 氢灯或氘灯

氢灯属气体放电发光，发射 150～400 nm 的连续光谱，使用范围为 200～360 nm。氘灯的发光强度比氢灯高 4～5 倍，寿命也比氢灯长，现在仪器多用氘灯。气体放电发光需先激发，同时应控制稳定的电流，故都配有专用的电源装置。

二、单色器

单色器(monochrometer)也称为分光系统(wavelength selector)，其功能是将光源发出的复合光分解并从中分出所需波长的单色光。单色器一般由入射狭缝、出射狭缝、准直透镜、色散元件等部件组成。其分光原理见图 11-5。

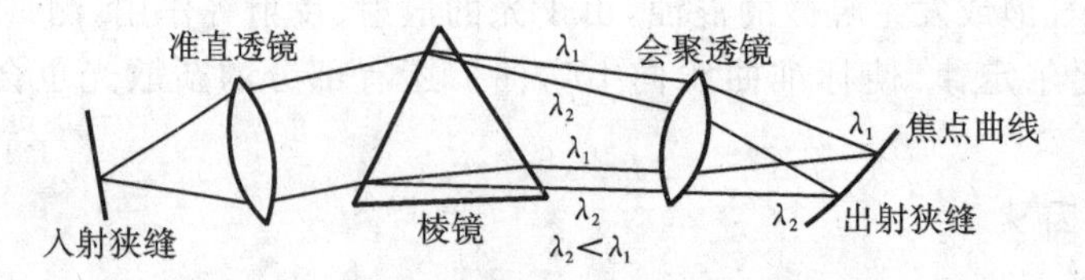

图 11-5 棱镜单色器示意图

(一) 色散元件

色散元件有棱镜和光栅两种。棱镜的色散作用是由于棱镜对不同波长的光有不同的折射率，使复合光色散为从长波长到短波长依次排列的连续光谱。这种光谱是非线性的，谱线间距长波长区密，短波长区疏。

光栅是在高度抛光的表面上密刻平行、等距条纹的光学元件(600～1200 条/mm)。照射到各条纹上的复合光经反射后，产生衍射和干涉作用，使不同波长的光有不同的方向而起到色散作用，产生按波长顺序排列的连续光谱。光栅的色散性能优于棱镜，其特点是色散波长范围宽、色散近似线性、谱线间距相等。

(二) 狭缝

狭缝有入射狭缝和出射狭缝之分。狭缝的作用是调节光的强度和单色光的纯度。狭缝的宽度有两种表示方法：一种用狭缝实际宽度表示，以 mm 为单位，一般为 0～2 mm；一种用谱带宽度表示，即分出的单色光的波长范围，以 nm 为单位。后者直接表达了单色光的纯度。普通仪器的狭缝宽度是固定的，不能随意改变。而大多数高精度仪器的狭缝宽度是可调的。

（三）准直透镜

准直透镜是以狭缝为焦点的凹球面镜。它将来自入射狭缝的光束反射变成平行光，投射于色散元件，再将色散后的平行单色光反射聚焦于出射狭缝。

三、吸收池

吸收池也称为比色皿，其功能是盛放样品溶液和确定液层的厚度。可见光区的测量用玻璃吸收池，紫外光区的测量必须用石英吸收池。测量时，盛放参比溶液和样品溶液的一组吸收池必须相互匹配，即有相同的厚度和透光性。

四、检测器

检测器的功能是通过光电转换元件检测透过光的强度，并将光信号转换成电信号。常用的光电转换元件有光电管、光电倍增管及光二极管阵列检测器。

（一）光电管

光电管由半圆筒形的阴极和丝状阳极构成，在两极间外加一电压。阴极的凹面涂一层对光敏感的碱金属或碱金属氧化物。当光照射时，光敏物质就发射出电子，在电场的作用下，电子射向阳极形成光电流。光越强，发出的电子越多，光电流越大。通常光电管产生的光电流较小，需经放大后才能检测，见图 11-6。

光电管在未受光照射时，可因电极的热电子发射而产生暗电流。在分光光度计中，都设有一个补偿电路（透过率调零），以消除暗电流。

（二）光电倍增管

光电倍增管的原理与光电管相似，它是在涂有光敏物质的阴极和阳极之间加上几个倍增光敏阴极（一般为 9 个），即二次发射极。阴极受光照射后即发射电子，电子在外电场的作用下轰击第一个倍增光敏阴极，使之发射更多的电子，更多的电子再去轰击下一级倍增光敏阴极，如此下去，经过若干个倍增光敏阴极的发射，倍增后的电子射向阳极形成电流。经多次倍增，电流可放大 n^d 倍（n 为每个光敏阴极发射电子的平均数，d 为光敏阴极个数），大大提高了检测器的灵敏度，见图 11-7。

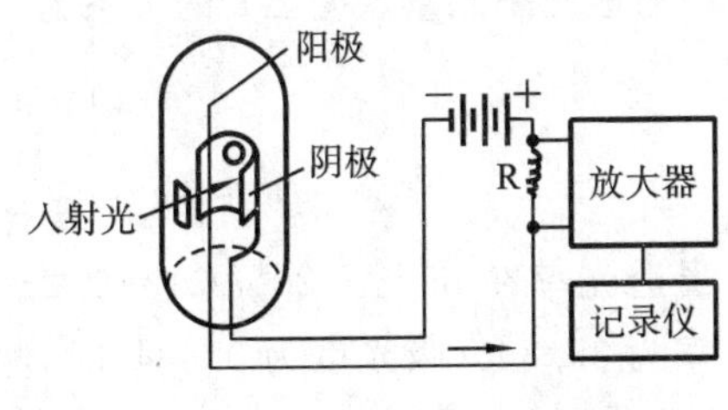

图 11-6　光电管线路示意图

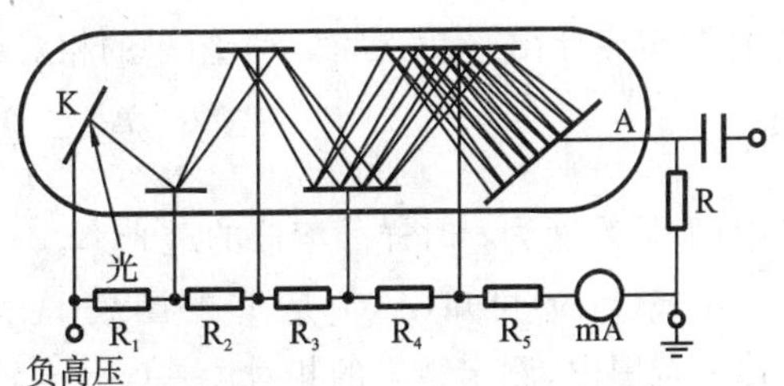

图 11-7　光电倍增管线路示意图

五、信号处理与显示器

光电管输出的信号很弱，须经过放大才能以某一种方式将测量结果以透过率 T、吸光度 A 或浓度等形式显示或记录下来。常用的显示器类型有指针显示、数字显示、荧光屏显示等。高性能的仪器还带有数据站，具有仪器校正、测量条件选择、吸收曲线自动扫描、测量数据的分析处理及结果打印等多种功能。

六、测量误差与分析条件的选择

仪器测量条件包括测定波长、狭缝宽度、吸光度读数范围。

1. 测定波长的选择

依据待测组分吸收光谱(A-λ 曲线)的特性可对物质进行定性分析；定量分析时则通过吸收光谱选择吸光系数大、干扰小、吸收峰较平坦的波长作测定波长，通常选 λ_{max}，这样可获得较高的测量灵敏度，选择干扰小、吸收峰较平坦的波长可减小对朗伯-比尔定律的偏离程度，提高测量的准确度。

[例 11-2] 如用 1-亚硝基-2-萘酚-3,6 磺酸显色剂显色法测定钴时，显色剂及其钴配合物在 420 nm 处均有最大吸收，如在此波长测定钴，则未反应的显色剂会发生干扰而降低测定的准确度。因此，必须选择在 500 nm 处测定，在此波长下显色剂无吸收，而钴配合物则有一吸收平台。用此波长测定，灵敏度虽有所下降，但可以消除干扰，提高测定的准确度和选择性。有时为测定高浓度组分，也选用灵敏度稍低的吸收波长作为入射波长，保证标准曲线有足够的线性范围。

2. 狭缝宽度的选择

高精度仪器的狭缝宽度是可调的。狭缝宽度直接影响测定的灵敏度和工作曲线的线性范围。狭缝宽度增大，入射光单色性变差，测定的灵敏度下降，工作曲线偏离朗伯-比尔定律，吸收光谱的精细结构消失。狭缝宽度过小，光通量减少，须对检测信号进行放大，但同时也放大了噪声，影响测定的准确度。合适的狭缝宽度，应以减小狭缝宽度时样品的吸光度不再增加为标准。通常，合适的狭缝宽度大约为吸收峰半宽度的 1/10。

3. 吸光度读数范围的选择

仪器的透光率测量误差 ΔT 来源于仪器的噪声，它取决于仪器的精度，不同精度的分光光度计有不同的 ΔT(1%～0.01%)。由于透光率与样品浓度的非线性关系，见图 9-2，因而在不同的透光率范围内，这一恒定误差所引起的分析结果的相对误差是不同的。根据朗伯-比尔定律导出，待测溶液分析结果的相对误差($\Delta c/c$)与透光率测量误差 ΔT 的关系为

$$\frac{\Delta c}{c}=\frac{0.434}{\lg T}\frac{\Delta T}{T} \tag{11-9}$$

式中：T 是浓度为 c 时样品溶液的透光率。

由式(11-9)可知，$\Delta c/c$ 是 T 的函数，见图 11-8。当透光率在 65%～20%(A=0.2～0.7)的范围内，测定结果的相对误差($\Delta c/c$)较小，透光率为 36.8%(吸光度为 0.434)时，测定结果的相对误差最小。在实际工作中，由于吸光度读数范围不同所引起的误差可通过稀释溶液、改变吸收池的厚度来减小。

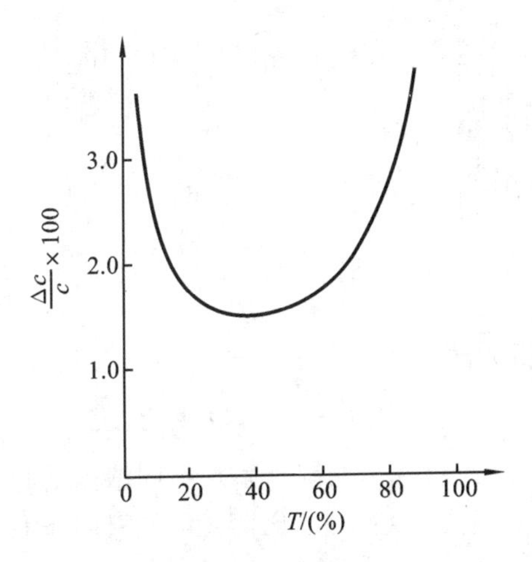

图 11-8 $\Delta c/c$-T 关系曲线($\Delta T=\pm 0.5\%$)

第四节 定性与定量分析方法

一、定性鉴别与纯度检测

(一) 物质定性鉴别

不同的分子有不同的紫外-可见吸收光谱,通常可用比较吸收光谱特性的一致性、比较吸光系数的一致性、比较吸光度比值的一致性等多种方法进行定性鉴别。

用分光光度计进行定性鉴别时,对仪器的准确度、精密度要求很高,须按要求严格校正合格后方可使用。对样品的纯度要求也很高,须进行多次重结晶。

用紫外-可见吸收光谱及特征参数进行定性鉴别时,给出的仅是官能团的信息,有一定的局限性。当两种纯化合物的吸收光谱有明显差别时,可以肯定两者不是同一化合物。但当两种纯化合物的吸收光谱完全相同时,只能得出两种化合物含有相同的官能团,有可能是同一种物质,但不能以此确定是同一种物质,必须结合其他的定性手段才能进一步确证。

[例 11-3] 维生素 B_{12} 的吸收光谱图上有三个吸收峰,分别是 278 nm、361 nm、550 nm,它们的吸光系数或吸光度比值为 $A_{361}/A_{278}=1.71\sim1.88$,$A_{361}/A_{550}=3.15\sim3.45$,《中国药典》(2010 年版)规定,如果测得样品的吸光系数或吸光度比值与上述值相近,则可确定此样品基本与维生素 B_{12} 的成分相同。

(二) 纯度检测

待测组分的吸收光谱与其所含杂质时的吸收光谱有显著差别时,可用紫外-可见分光光度法检测试样的纯度。杂质检测的灵敏度取决于待测组分与杂质两者之间吸光系数的差异程度。例如,乙醇中可能含有苯的杂质,苯的 λ_{max} 为 256 nm,而乙醇在此波长处几乎无吸收,乙醇中含苯量达 0.001%就能从光谱中被检测出来。

[例 11-4] 计算 2 mg/mL 肾上腺素中微量杂质——肾上腺酮的含量。用 0.05 mol/L 的 HCl 溶液,在 λ 为 310 nm 下测定,规定 $A_{310}\leqslant0.05$,即符合要求的杂质限量$\leqslant$0.06%。

$$c=\frac{A}{E_{1\text{cm}}^{1\%}L}=\frac{0.05}{435\times1}\ \text{g/(100 mL)}=1.1\times10^{-4}\ \text{g/(100 mL)}$$
$$=1.1\times10^{-3}\ \text{mg/mL}$$
$$w_{肾上腺酮}=\frac{1.1\times10^{-3}}{2}\times100\%=0.06\%$$

二、定量分析方法

单组分样品的定量分析方法如下。

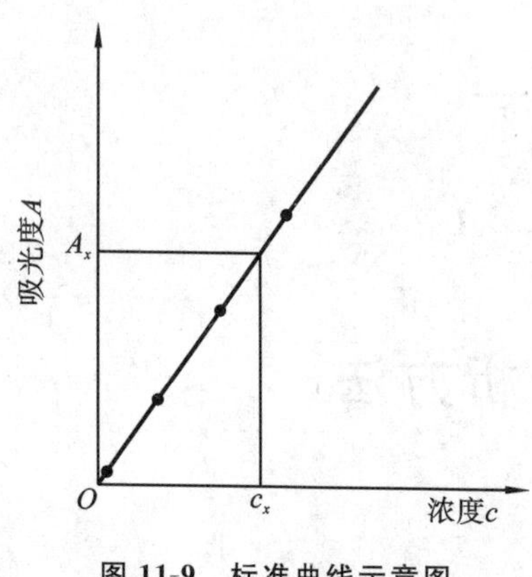

图 11-9　标准曲线示意图

（一）标准曲线法

配制一系列不同浓度的标准溶液（标准系列），选择合适的参比溶液，在相同条件下测定标准系列的吸光度。在完全相同的条件下测定样品溶液的吸光度，从标准曲线上查出样品溶液的对应浓度。见图 11-9。

标准曲线法适用于批量样品的测量和例行测定。标准曲线的绘制最好与样品测定同时进行，除非在各种测定条件完全不变的情况下，如仪器、测定方法及测定条件固定不变时，绘制好的标准曲线可重复使用。

（二）标准比较法

标准比较法也称为标准对照法。在相同条件下，制备标准溶液和样品溶液，分别测定两者的吸光度 A_s 和 A_x，根据光的吸收定律

$$A_s=\varepsilon_s c_s L_s$$
$$A_x=\varepsilon_x c_x L_x$$

因是同种物质，同一台仪器、同一套吸收池、同一测量波长，故 $\varepsilon_x=\varepsilon_s$，$L_x=L_s$，所以

$$\frac{A_x}{A_s}=\frac{c_x}{c_s}$$

$$c_x=\frac{A_x}{A_s}c_s \tag{11-10}$$

这种方法比较简便，适合个别样品的测定，但要求样品溶液与标准溶液的浓度相近，且在标准曲线的线性范围之内，标准曲线经过原点，方可获得准确的测定结果。

[例 11-5]　精密吸取维生素 B_{12} 注射液 2.50 mL，加水稀释至 10.00 mL；另配制对照液，精密称定对照品 25.00 mg，加水稀释至 1000 mL。在 361 nm 波长处，用 1 cm 吸收池，分别测定吸光度为 0.508 和 0.518，求维生素 B_{12} 注射液的浓度以及标示量的含量（该维生素 B_{12} 注射液的标示量为 100 μg / mL）。

解　由对照法知：

$$c_i\times\frac{2.5}{10}=\frac{25.00\times1000}{1000}\times\frac{0.508}{0.518}$$

得

$$c_i=98.1\ \mu\text{g/mL}$$

$$B_{12}标示量百分含量=\frac{c_i}{标示量}\times100\%=98.1\%$$

(三) 吸光系数法

吸光系数法是直接利用光的吸收定律的数学表达式进行计算的定量分析方法，不需要标准品，只需在手册中查得待测组分在最大吸收波长处的吸光系数，并在相同条件下测定样品溶液的吸光度。

物质的量浓度：

$$c=\frac{A}{\varepsilon L} \tag{11-11}$$

质量浓度：

$$\rho=\frac{A}{E_{1\text{cm}}^{1\%}L} \tag{11-12}$$

也可直接求出样品溶液的吸光系数，然后计算其与标准品吸光系数的比值，求出样品中待测组分的质量分数。

$$w=\frac{\varepsilon_{样}}{\varepsilon_{标}} \quad 或 \quad w=\frac{(E_{1\text{cm}}^{1\%})_{样}}{(E_{1\text{cm}}^{1\%})_{标}} \tag{11-13}$$

如用百分含量表示，则

$$w=\frac{\varepsilon_{样}}{\varepsilon_{标}}\times 100\% \quad 或 \quad w=\frac{(E_{1\text{cm}}^{1\%})_{样}}{(E_{1\text{cm}}^{1\%})_{标}}\times 100\% \tag{11-14}$$

[例 11-6] 精密称取某样品 20.00 mg，加盐酸 5 mL，吡啶 25 mL，用水溶液配成 250 mL。精密吸取 10.00 mL，又置于 100 mL 容量瓶中，加水至刻度。取此溶液放在 1 cm 的吸收池中，于 367 nm 波长处测定吸光度为 0.605。已知 $E=764.0$，求此样品的百分含量。

解 $c_i=\frac{A}{EL}=\frac{0.605}{764}\ \text{g/(100 mL)}=7.92\times10^{-4}\ \text{g/(100 mL)}=7.92\times10^{-6}\ \text{g/mL}$

$$w=\frac{c_i}{c_{样}}\times 100\%=\frac{7.92\times10^{-6}}{\frac{2.0\times10^{-2}}{250}\times\frac{10}{100}}\times 100\%=99.0\%$$

知识链接

计算分光光度法是应用数学、统计学与计算机科学的方法，在传统分光光度法的基础上，通过实验设计与数据的变换、解析和预测对物质进行定性、定量分析的方法。常见的方法有解线性方程组法、等吸收双波长测量法、导数光谱法等。可同时测定混合物中两种或多种组分的含量，不需化学分离，方法简便可靠。

三、光电比色法

当待测组分在紫外-可见光区无吸收，或吸光系数小不能满足测定的灵敏度要求时，通过加入适当的试剂，将待测组分转化为在可见光区有较强吸收的有色物质，通过测量该有色物质的吸光度间接测定待测组分的含量。这种分析方法称为比色分析法或可见分光光度法。

在比色分析法中，将待测组分转化为有色物质的反应称为显色反应；与待测组分反应生成有色物质的试剂称为显色剂。

(一) 对显色反应的要求

显色反应有各种类型，其中应用最广的是配位反应，显色剂的选择应考虑下列因素。

（1）显色反应定量进行，生成的有色物质组成恒定，具有准确的计量关系。

（2）显色反应灵敏度高，生成的有色物质在可见光区有较强的吸收，即摩尔吸光系数较大，$\varepsilon > 10^4$。

（3）显色反应有较高的选择性，显色剂仅与一个组分或少数几个组分发生显色反应，生成的有色物质与其他共存组分（包括显色剂）在测定波长处无明显吸收，试剂空白较小，可以提高测定的准确度。一般要求显色剂与有色化合物两者最大吸收波长之差 $\Delta\lambda_{max}$ 在 60 nm以上。

（4）显色反应产物应有足够的稳定性，在测量过程中吸光度保持恒定，有良好的重现性。

（二）显色反应条件的选择与控制

显色反应往往会受显色剂的用量、体系的酸度、显色反应温度、显色反应时间等因素影响。合适的显色反应条件一般是通过实验来确定的。

1. 显色剂用量

为保证显色反应进行完全，需加入过量显色剂，但也不能过量太多，因为过量显色剂的存在有时会导致副反应发生，从而影响测定。确定显色剂用量的具体方法是：保持其他条件不变仅改变显色剂用量，分别测定其吸光度，以显色剂浓度为横坐标，以吸光度为纵坐标，绘制 A-c_R 曲线，可得图 11-10 所示的几种情况。

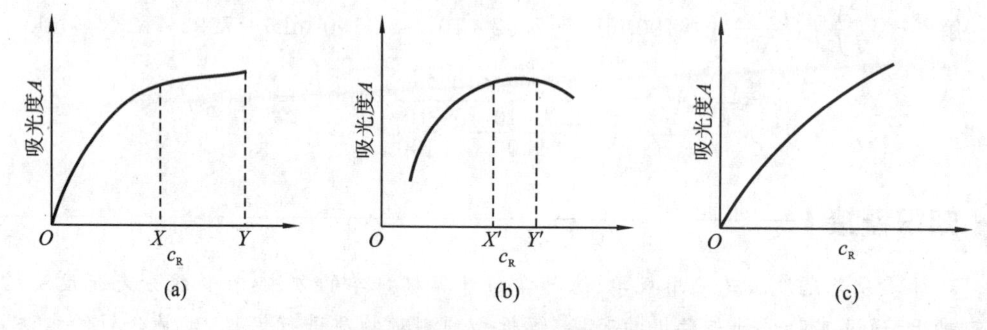

图 11-10 吸光度与显色剂用量关系曲线

图 11-10(a)所示是显色剂用量达到一定量后吸光度变化不大，显色剂用量可选范围（图中 XY 段）较宽；图 11-10(b)与图 11-10(a)所示不同的是显色剂过多会使吸光度变小，只能选择吸光度大且平坦的范围（$X'Y'$ 段）；图 11-10(c)所示的吸光度随显色剂用量的增加而增大，这可能是生成颜色不同的多级配合物造成的，这种情况下必须非常严格控制显色剂的用量。

2. 溶液的酸碱度

溶液的酸碱度对显色反应的影响是多方面的，如待测组分的存在形式、显色剂的存在形式及显色反应本身等都与溶液的酸碱度有密切关系。适宜的酸碱度可通过在不同的 pH 值条件下显色，分别测定吸光度 A，作 A-pH 图来选择。

3. 显色时间

不同的显色反应，反应速率不同，生成物的稳定性也不同。通过实验可以确定适宜的显色时间。

4. 温度

大多数显色反应都可在室温下进行，温度的变化对测定的结果影响不大。但有些显色反应速率慢，需加热才能迅速完成，而有些反应产物在加热条件下会发生分解。

5. 溶剂

由于溶质与溶剂分子的相互作用对可见吸收光谱有影响，因此在选择显色反应条件的同时需选择合适的溶剂。一般尽量采用水相测定。如果水相测定不能满足测定要求（如灵敏度差、干扰无法消除等），则应考虑使用有机溶剂。

（三）参比溶液的选择

测量样品溶液的吸光度之前，需用参比溶液或空白溶液调节吸光度零点 $A=0(T=100\%)$，这样不仅能抵消吸收池和溶剂对入射光的影响，还可以抵消溶液中其他共存组分（包括显色剂、基体成分、辅助试剂等）在测定波长处产生吸收所引起的干扰。所以，在测定吸光度时，应视样品溶液的性质选择合适的参比溶液。

1. 溶剂参比

当样品溶液中只有待测物质在测定波长下有吸收，其他共存物质均无吸收时，采用溶剂（通常为蒸馏水）作为参比溶液。

2. 试剂参比

若显色剂或其他辅助试剂在测定波长下有吸收，可按照与显色反应相同的条件，在没有样品存在的情况下，同样加入显色剂和其他辅助试剂作为参比溶液，消除各种试剂对测定的干扰。许多显色反应需采用试剂参比。

3. 样品参比

若样品基体有颜色，对待测组分测定有干扰，而显色剂无色，并且不与样品基体显色，在测定波长下也无吸收时，可按照与显色反应相同的条件，在样品溶液中加除显色剂以外的各种辅助试剂作为参比溶液，消除样品基体中共存组分对测定的干扰。如用硫氰酸盐为显色剂测钼时，取不加硫氰酸盐的样品溶液作参比，可消除共存铬离子、镍离子、铜离子等有色离子的干扰。

4. 平行操作参比

用不含待测组分的样品，按照与样品测定相同的条件与样品平行操作，以此为参比溶液进行测定，称为平行操作参比。例如，在临床检验中，将正常人的血液、尿液等不含待测组分的样品按相同的条件平行操作，所得的溶液即是平行操作参比。

（四）共存物质干扰的消除

溶液中的共存物质对待测组分的干扰主要有以下几种情况：一种情况是共存物质本身有颜色，干扰测定；另一种情况是共存物质与显色剂发生反应生成有色物质干扰测定，或共存物质与待测组分发生反应使待测组分浓度改变等。

消除干扰的方法通常如下。

(1) 加入掩蔽剂。如用光度法测定 Ti^{4+}，可加入 H_3PO_4 作掩蔽剂，使共存的 Fe^{3+}（黄色）生成无色的$[Fe(PO_4)_2]^{3-}$，消除干扰。又如用铬天青 S 光度法测定 Al^{3+}，加抗坏血酸作掩蔽剂，将 Fe^{3+} 还原为 Fe^{2+}，从而消除 Fe^{3+} 的干扰。掩蔽剂的选择原则是：掩蔽剂不与待测组分反应；掩蔽剂本身及掩蔽剂与干扰组分的反应产物不干扰待测组分的测定。

(2) 选择适当的显色条件,如酸度等以避免干扰。

(3) 分离干扰离子。在不能掩蔽的情况下,一般可采用沉淀、有机溶剂萃取、离子交换和蒸馏挥发等分离方法除去干扰离子,其中以有机溶剂萃取在分光光度法中应用最多。

另外,选择适当的光度测量条件(如合适的波长与参比溶液等)也能在一定程度上消除干扰离子的影响。如果以上方法都不能消除干扰,则需要进行分离。

小 结

一、基本概念

(1) 电磁辐射,又称为电磁波,是能量的一种形式。

(2) 电磁辐射的性质:波动性、粒子性。

(3) 电磁波谱:所有电磁辐射在本质上完全相同,它们之间的区别在于波长或频率不同,将电磁辐射按其波长顺序排列起来就构成了电磁波谱。

(4) 透光率:透射光强度与入射光强度的比值。

(5) 吸光度

$$A=-\lg T$$

二、基本理论

朗伯-比尔定律(Lambert-Beer's Law)是吸收光度法的基本定律,是描述物质对单色光吸收的强弱与吸光物质浓度和厚度之间关系的定律。

当溶液中同时存在两种或两种以上的吸光物质时,该溶液的总吸光度等于溶液中各组分吸光度之和,即

$$A_{总}=A_1+A_2+A_3+\cdots$$

这就是吸光度的加和性,利用此性质可进行多组分的含量测定。

三、基本计算

1. 朗伯-比尔定律

$$A=-\lg T=KcL$$

2. $$\frac{A_x}{A_s}=\frac{c_x}{c_s}$$

能力检测

一、选择题

1. 光具有二象性,其各参量的关系的数学表达式为(　　)。

A. $c=\lambda/T$　　B. $\nu=c/\lambda$　　C. $E=h\nu$　　D. $E=hc/\lambda$

2. 高锰酸钾显紫色是因为吸收了白光中的(　　)。

A. 红色光　　B. 绿色光　　C. 黄色光　　D. 紫色光

3. 可见光的波长范围是(　　)。

A. 200～400 nm　　B. 400～760 nm

C. 400～1000 nm　　D. 200～760 nm

4. 朗伯-比尔定律只适用于(　　)。

A. 白色光、均匀、非散射、低浓度溶液

B. 单色光、非均匀、散射、低浓度溶液

C. 单色光、均匀、非散射、低浓度溶液

D. 单色光、均匀、非散射、高浓度溶液

5. 用邻菲啰啉法测微量铁，显色反应时所加盐酸羟胺的作用是(　　)。

A. 还原剂　　B. 显色剂　　C. pH 值调节剂　　D. 氧化剂

6. 将复合光分解并从中分出测量所需单色光的元件是(　　)。

A. 光源　　B. 吸收池　　C. 单色器　　D. 检测器

7. 紫外-可见吸收光谱的产生是由于(　　)。

A. 物质分子内电子由基态跃迁到激发态

B. 物质分子内电子由激发态回到基态

C. 基态原子中电子由基态跃迁到激发态

D. 原子中电子由激发态回到基态

8. 下列说法不正确的是(　　)。

A. 吸收曲线与物质的性质无关

B. 吸收曲线是光谱定性分析的依据

C. 吸收曲线的形状与浓度无关

D. 从吸收曲线上可以找到最大吸收波长

9. 影响吸光系数的因素有(　　)。

A. 吸光物质的液层厚度　　B. 入射光波长

C. 吸光物质的浓度　　D. 吸光物质的性质

10. 有关显色剂的叙述正确的是(　　)。

A. 与待测组分反应生成有色物质的试剂

B. 本身具有颜色的试剂

C. 与待测组分定量作用的试剂

D. 与待测组分发生化学反应的试剂

二、名词解释

1. 电磁辐射

2. 吸光度

3. 摩尔吸光系数

4. 吸收曲线

5. 标准曲线

三、简答题

1. 什么是朗伯-比尔定律？写出其数学表达式及适用范围。

2. 简述紫外-可见分光光度计的主要部件及功能。

3. 影响显色反应的条件有哪些？如何选择？

四、计算题

1. 某试液用 3 cm 吸收池测量时，$T=10\%$，若用 1 cm 或 2 cm 的吸收池测量，则 A_{1cm} 及 A_{2cm} 各为多少？

2. 称取纯铁 0.5000 g，溶解后定容至 1 L，作为铁标准溶液。取此液 10.00 mL，稀释至 100.0 mL 后，取 5.00 mL 显色并定容至 50.0 mL，测得吸光度为 0.230。称取试样 1.50 g，溶解并定容至 250 mL。取 5.00 mL 进行显色后，在相同条件下，测得吸光度为 0.200，求试样中铁的含量。

（宁夏医科大学　田大年）

第十二章　红外分光光度法

学习目标

掌握：红外吸收光谱的基本原理。

熟悉：红外吸收光谱与有机化合物官能团结构的关系；能利用红外吸收光谱定性分析有机化合物的结构。

了解：色散型红外吸收光谱仪和傅里叶变换红外吸收光谱仪的工作原理。

红外分光光度法是以连续波长的红外光为光源照射样品，引起分子振动能级之间跃迁，从而研究红外光与物质之间相互作用的方法。所产生的分子振动光谱，称为红外吸收光谱。在引起分子振动能级跃迁的同时不可避免地要引起分子转动能级之间的跃迁，故红外吸收光谱又称为振-转光谱。红外分光光度法在化学领域中主要用于分子结构的基础研究（测定分子的键长、键角等）以及化学组成的分析（即化合物的定性、定量），但其中应用最广泛的还是化合物的结构鉴定，根据红外光谱的峰位、峰强及峰形，判断化合物中可能存在的官能团，从而推断出未知物的结构。有共价键的化合物（包括无机物和有机物）都有其特征的红外光谱，除光学异构体及长链烷烃同系物外，几乎没有两种化合物具有相同的红外吸收光谱，即所谓红外光谱具有"指纹性"，因此红外分光光度法用于有机药物的结构测定和鉴定是最重要的方法之一。

第一节　概　　述

一、红外光区的划分及主要应用

波长在 0.76～1000 μm（12800～10 cm^{-1}）的电磁辐射称为红外光（infrared ray），该区域称为红外光谱区或红外区。根据仪器及应用不同，习惯上又将红外光谱区划分为近红外区、中红外区、远红外区。每一个光区的大致范围及主要应用如表 12-1 所示。

1. 近红外光区

它处于可见光区与中红外光区之间。因为该光区的吸收带主要是由低能电子跃迁、含氢原子团（如 O—H、N—H、C—H、S—H）伸缩振动的倍频及组合频吸收产生，摩尔吸光系

表 12-1　红外光谱区的划分及主要应用

光区	波长范围 $\lambda/\mu m$	波数范围 $\sigma/(cm^{-1})$	测定类型	分析类型	试样类型
近红外	0.76～2.5	12800～4000	漫反射	定量分析	蛋白质、水分、淀粉、油、类脂、农产品中的纤维素等
			吸收	定量分析	气体混合物
中红外	2.5～50	4000～200	吸收	定性分析	纯气体、液体或固体物质
				定量分析	复杂的气体、液体或固体混合物
				与色谱联用	复杂的气体、液体或固体混合物
			反射	定性分析	纯固体或液体混合物
			发射	—	大气试样
远红外	50～1000	200～10	吸收	定性分析	纯无机或金属有机化合物

数较低，检测限大约为 0.1%。近红外辐射最重要的用途是对某些物质进行例行的定量分析。基于 O—H 伸缩振动的第一泛音吸收带出现在 7100 cm^{-1}(1.4 μm)，可以测定各种试样中的水，如甘油、肼、有机膜及发烟硝酸等，可以定量测定酚、醇、有机酸等。基于羰基伸缩振动的第一泛音吸收带出现在 3300～3600 cm^{-1}(2.8～3.0 μm)，可以测定酯、酮和羧酸。它的测量准确度及精密度与紫外、可见吸收光谱相当。

2. 中红外光区

绝大多数有机化合物和无机离子的基频吸收带出现在中红外光区。由于基频振动是红外光谱中吸收最强的振动，所以该区最适于进行定性分析。在 20 世纪 80 年代以后，随着红外光谱仪由光栅色散转变成干涉分光，明显地改善了红外光谱仪的信噪比和检测限，使中红外光谱的测定由基于吸收对有机物及生物质的定性分析及结构分析，逐渐转变为通过吸收和发射中红外光谱对复杂试样进行定量分析。随着傅里叶变换技术的出现，该光谱区也开始用于表面的显微分析，通过衰减全发射、漫反射以及光声测定法等对固体试样进行分析。由于中红外吸收光谱(IR)，特别是在 4000～670 cm^{-1}(2.5～15 μm)范围内，最为成熟、简单，而且目前已积累了大量该区的数据资料，因此它是红外光区应用最为广泛的光谱方法，通常简称为红外吸收光谱法。

3. 远红外光区

金属-有机键的吸收频率主要取决于金属原子和有机基团的类型。由于参与金属-配位体振动的原子质量比较大或由于振动力常数比较低，金属原子与无机及有机配体之间的伸缩振动和弯曲振动的吸收出现在小于 200 cm^{-1} 的范围，故该区特别适合研究无机化合物。对无机固体物质，可提供晶格能及半导体材料的跃迁能量。对仅由轻原子组成的分子，如果它们的骨架弯曲模式除氢原子外还包含有两个以上的其他原子，其振动吸收也出现在该区，如苯的衍生物，通常在该光区出现几个特征吸收峰。由于气体的纯转动吸收也出现在该光区，故能提供如 H_2O、O_3、HCl 和 AsH_3 等气体分子的永久偶极矩。过去，由于该光区能量弱，而在使用上受到限制。因此，除非在其他波长区间内没有合适的分析谱带，一般不在此范围内进行分析。然而随着傅里叶变换仪器的出现，该仪器具有高的输出，在很大程度上缓解了这个问题，使得化学家们又较多地注意这个区域的研究。

其中，中红外区是研究分子振动能级跃迁的主要区域。图 12-1 为乙酰水杨酸(阿司匹林)的红外光谱图。

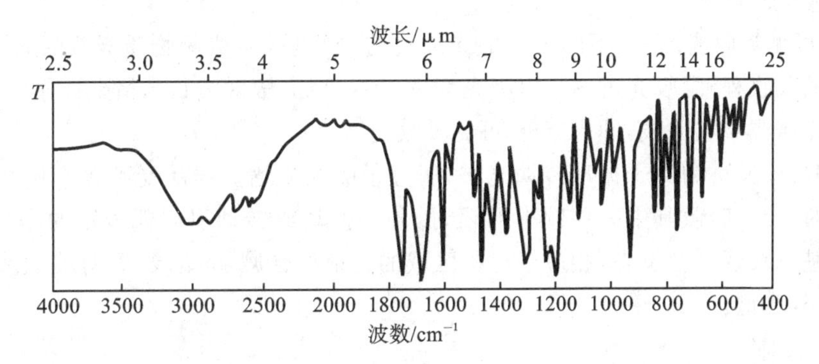

图 12-1 乙酰水杨酸(阿司匹林)的红外光谱图

二、红外吸收光谱法的特点

红外吸收光谱法主要研究在振动中伴随有偶极矩变化的化合物(没有偶极矩变化的振动在拉曼光谱中出现)。因此，除了单原子和同核分子，如 Ne、He、O_2 和 H_2 等之外，几乎所有的有机化合物在红外光区均有吸收。除光学异构体、某些高相对分子质量的高聚物以及在相对分子质量上只有微小差异的化合物外，凡是结构不同的两个化合物，一定不会有相同的红外光谱。通常，红外吸收带的波长位置与吸收谱带的强度，反映了分子结构上的特点，可以用来鉴定未知物的结构组成或确定其化学基团；而吸收谱带的吸收强度与分子组成或其化学基团的含量有关，可用以进行定量分析和纯度鉴定。

由于红外光谱分析特征性强，对气体、液体、固体试样都可测定，并具有用量少、分析速度快、不破坏试样的特点，因此，红外光谱法不仅与其他许多分析方法一样，能进行定性和定量分析，而且该法是鉴定化合物和测定分子结构的最有用方法之一。

三、红外光谱与紫外光谱的区别

紫外光谱是分子中某些价电子吸收了一定波长的电磁波，由低能级跃迁到高能级而产生的一种光谱，也称之为电子光谱。目前使用的紫外光谱仪波长范围是 200～800 nm，其基本原理是用不同波长的近紫外光(200～400 nm)依次照一定浓度的被测样品溶液时，就会发现部分波长的光被吸收。如果以波长 λ(nm)为横坐标，吸光度 A 为纵坐标作图，即得到紫外光谱，简称 UV。

红外光谱，简称 IR，是以波长或波数为横坐标，以强度或其他随波长变化的性质为纵坐标所得到的反映红外射线与物质相互作用的谱图。按红外射线的波长范围，可粗略地分为近红外光谱、中红外光谱和远红外光谱。对物质自发发射或受激发发射的红外射线进行分光，可得到红外光谱。物质的红外发射光谱主要取决于物质的温度和化学组成；对被物质所吸收的红外射线进行分光，可得到红外吸收光谱。每种分子都有由其组成和结构决定的独有的红外吸收光谱。分子的红外吸收光谱属于带状光谱。原子也有红外发射光谱和红外吸收光谱，但都是线状光谱。

红外光谱具有高度的特征性，不但可以用来研究分子的结构和化学键，如力常数的测定等，而且可广泛地用于表征和鉴别各种化学物质。

（一）基本概念

紫外-可见吸收光谱：让不同波长的光通过待测物质，经待测物质吸收后，测量其对不同波长光的吸收程度（吸光度 A），以吸光度 A 为纵坐标、辐射波长为横坐标作图，得到该物质的吸收光谱或吸收曲线，即为紫外-可见吸收光谱。

红外光谱：又称为分子振动转动光谱，属分子吸收光谱。样品受到频率连续变化的红外光照射时，分子吸收其中一些频率的辐射，分子振动或转动引起偶极矩的净变化，使振-转能级从基态跃迁到激发态，相应于这些区域的透射光强减弱，记录 T 对波数或波长的曲线，即为红外光谱。

（二）区别

1. 起源不同

（1）紫外吸收光谱由电子能级跃迁引起，紫外线波长短、频率高、光子能量大，能引起分子外层电子的能级跃迁。电子跃迁虽然伴随着振动及转动能级跃迁，但因后者能级差小，常被紫外线淹没。除某些化合物蒸气（如苯等）的紫外吸收光谱会显现振动能级跃迁外，一般不显现。因此，紫外吸收光谱属电子光谱，光谱简单。

（2）中红外吸收光谱由振-转能级跃迁引起，红外线的波长比紫外线长，光子能量比紫外线小得多，只能引起分子的振动能级并伴随转动能级的跃迁，因而中红外光谱是振动-转动光谱，光谱复杂。

2. 适用范围不同

紫外吸收光谱法只适用于芳香族或具有共轭结构的不饱和脂肪族化合物及某些无机物的定性分析，不适用于饱和有机化合物。红外吸收光谱法不受此限制，在中红外区，能测得所有有机化合物的特征红外光谱，用于定性分析及结构研究，而且其特征性远远高于紫外吸收光谱，除此之外，红外光谱还可以用于某些无机物的研究。

紫外分光光度法测定对象的物态以溶液为主，还有少数物质的蒸气；红外分光光度法的测定对象比紫外分光光度法广泛，可以测定气、液、固体样品，并以测定固体样品最为方便。

红外分光光度法主要用于定性鉴别及测定有机化合物的分子结构，紫外分光光度法主要用于定量分析及测定某些化合物的类别等。

3. 特征性不同

红外光谱的特征性比紫外光谱强。因为紫外光谱主要是分子的 π 电子或 n 电子跃迁所产生的吸收光谱。因此，多数紫外光谱比较简单，特征性差。而红外光谱有几个官能团，几种振动形式，光谱复杂，特征性强。

UV-Vis 主要用于分子的定量分析，紫外光谱为四大波谱之一，是鉴定许多化合物，尤其是有机化合物的重要定性工具之一。

红外光谱主要用于化合物的鉴定及分子结构的表征，亦可用于定量分析。

第二节 红外光谱分析的基本原理

与其紫外吸收曲线比较，红外吸收曲线具有如下特点：第一，峰出现的频率范围低，横坐标一般用波长（μm）或波数（cm^{-1}）表示；第二，吸收峰数目多，图形复杂；第三，吸收强度低。吸收峰出现的频率位置是由振动能级差决定的，吸收峰的个数与分子振动自由度的数目有关，而吸收峰的强度则主要取决于振动过程中偶极矩的变化以及能级的跃迁概率。

一、红外吸收光谱产生的条件

分子在发生振动能级跃迁时，需要一定的能量，这个能量通常由辐射体系的红外光来供给。由于振动能级是量子化的，因此分子振动将只能吸收一定的能量，即吸收与分子振动能量差 ΔE_{ν} 的相应波长的光线。如果光量子的能量为 $\Delta E_{\nu}=E_{\nu_2}-E_{\nu_1}=h\nu$（$\nu$ 是红外辐射频率），当发生振动能级跃迁时，必须满足以下两个条件。

1. 辐射光子具有的能量与发生振动跃迁所需的跃迁能量相等

红外吸收光谱是分子振动能级跃迁产生的。因为分子振动能级差为 0.05～1.0 eV，比转动能级差（0.0001～0.05 eV）大，因此分子发生振动能级跃迁时，不可避免地伴随转动能级的跃迁，因而无法测得纯振动光谱，但为了讨论方便，以双原子分子振动光谱为例说明红外光谱产生的条件。若把双原子分子（A—B）的两个原子看做两个小球，把连接它们的化学键看成质量可以忽略不计的弹簧，则两个原子间的伸缩振动，可近似地看成沿键轴方向的简谐振动。

在室温时，分子处于基态，此时，伸缩振动的频率很小。当有红外辐射照射到分子时，若红外辐射的光子所具有的能量恰好等于分子振动能级的能量差时，则分子将吸收红外辐射而跃迁至激发态，导致振幅增大。

只有当红外辐射频率等于振动量子数的差值与分子振动频率的乘积时，分子才能吸收红外辐射，产生红外吸收光谱。

2. 辐射与物质之间有耦合作用

为满足这个条件，分子振动必须伴随偶极矩的变化。红外跃迁是偶极矩诱导的，即能量转移的机制是通过振动过程所导致的偶极矩的变化和交变电磁场（红外线）的相互作用发生的。分子由于构成它的各原子的电负性的不同，也显示不同的极性，称为偶极子。通常用分子的偶极矩来描述分子极性的大小。当偶极子处在电磁辐射的电场中时，该电场作周期性反转，偶极子将经受交替的作用力而使偶极矩增加或减少。由于偶极子具有一定的原有振动频率，显然，只有当辐射频率与偶极子频率相匹配时，分子才与辐射相互作用（振动耦合）而增加它的振动能，使振幅增大，即分子由原来的基态振动跃迁到较高的振动能级。因此，并非所有的振动都会产生红外吸收，只有发生偶极矩变化的振动才能引起可观测的红外吸收光谱，该分子称为红外活性的，如 HCl。完全对称分子，没有偶极矩变化，辐射不能引起共振，无红外活性，则不能产生红外吸收光谱，如 N_2、O_2、Cl_2等。

当一定频率的红外光照射分子时，如果分子中某个基团的振动频率和它一致，两者就会产生共振，此时光的能量通过分子偶极矩的变化传递给分子，这个基团就吸收一定频率的红外光，产生振动跃迁。如果用连续改变频率的红外光照射某样品，由于试样对不同频率的红外光吸收程度不同，使通过试样后的红外光在一些波数范围内减弱，在另一些波数范围内仍然较强，用仪器记录该试样的红外吸收光谱，进行样品的定性和定量分析。

理论上计算的一个振动自由度，在红外光谱上相应产生一个基频吸收带。实际上，绝大多数化合物在红外光谱图上出现的峰数远小于理论上计算的振动数，原因有以下几点。

(1) 没有偶极矩变化的振动，不产生红外吸收，即非红外活性。

(2) 相同频率的振动吸收重叠，即简并，只有一个吸收峰。

(3) 仪器不能区别那些频率十分相近的振动，或因吸收带很弱，仪器检测不出或分辨不出。

(4) 有些吸收带落在仪器检测范围之外。

例如，线性分子 CO_2，理论上计算其基本振动数为 4。其具体振动形式如下：

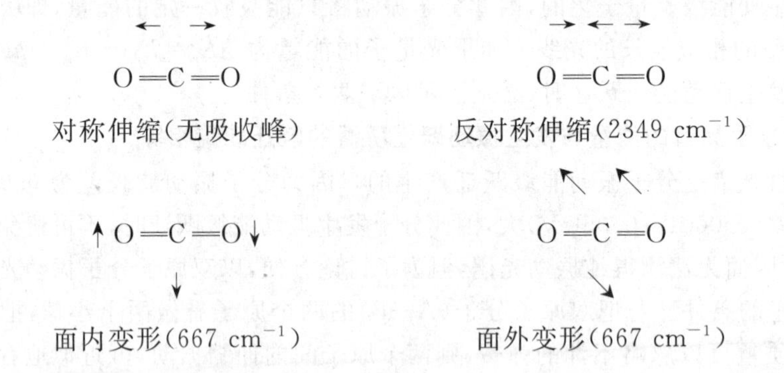

在红外光谱图上，只出现 667 cm^{-1} 和 2349 cm^{-1} 两个基频吸收峰。这是因为对称伸缩振动偶极矩变化为零，不产生吸收。而面内变形和面外变形振动的吸收频率完全一样，发生简并。

二、红外光谱产生的原理

(一) 双原子分子的振动

1. 谐振子振动

原子与原子之间通过化学键连接组成分子。分子是有柔性的，因而可以发生振动。我们把双原子分子的振动模拟为不同质量小球组成的谐振子振动，即把双原子分子的化学键看成是质量可以忽略不计的弹簧，把两个原子看成是各自在其平衡位置附近作伸缩振动的小球(图 12-2)。振动势能与原子之间的距离 r 及平衡距离 r_e 之间的关系如下。

$$U = \frac{1}{2}k\,(r - r_e)^2 \tag{12-1}$$

式中：k 为键的力常数，N/cm。

当 $r = r_e$ 时，$U = 0$；当 $r > r_e$ 或 $r < r_e$ 时，$U > 0$。振动过程势能的变化，可用势能曲线描述(图 12-3)。量子力学证明，分子振动总能量为

$$E = U = (\upsilon + \frac{1}{2})h\nu \tag{12-2}$$

式中：ν 为分子的振动频率；υ 为振动量子数，$\upsilon = 1,2,3,\cdots$；h 为普朗克(Planck)常量。

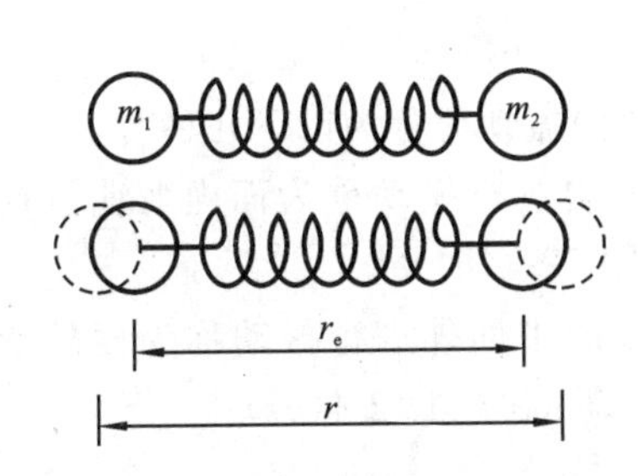

图 12-2 双原子分子伸缩振动示意图

r_e—平衡位置原子间距离；r—振动某瞬间原子间距离

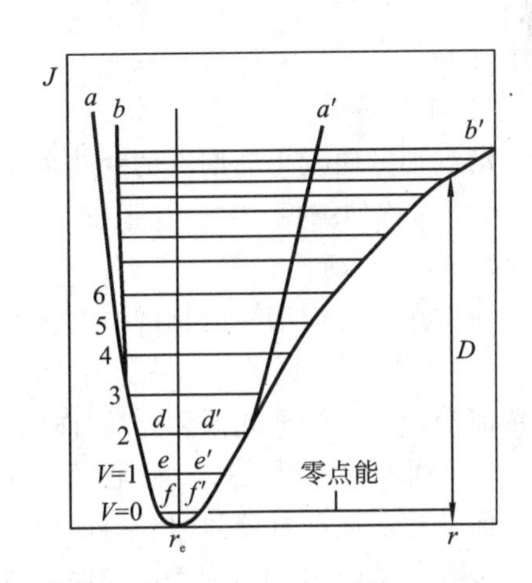

图 12-3 双原子分子振动势能曲线

根据胡克(Hooke)定律，其谐振子的振动频率

$$\nu = \frac{1}{2\pi}\sqrt{\frac{k}{\mu}} \tag{12-3}$$

若用波数 $\sigma(\mathrm{cm}^{-1})$ 表示，则式(12-3)可改写成

$$\sigma = \frac{1}{2\pi c}\sqrt{\frac{k}{\mu}} \tag{12-4}$$

或

$$\sigma = 1370\sqrt{\frac{k}{\mu}} \tag{12-5}$$

式中：μ 为原子的折合质量，$\mu=\frac{m_1 m_2}{m_1+m_2}$。化学键的力常数 k 越大，原子折合质量 μ 越小，则化学键的振动频率越高，吸收峰将出现在高波数区；相反，则出现在低波数区。例如，C—C、C═C、C≡C，这三种碳碳键的原子质量相同，但键的力常数的大小顺序是叁键>双键>单键，所以在红外光谱中，吸收峰出现的位置不同：C≡C(约 2222 cm^{-1})> C═C(约 1667 cm^{-1})>C—C(约 1429 cm^{-1})。又如，C—C、C—N、C—O 键的力常数相近，原子折合质量不同，其大小顺序为 C—C<C—N<C—O，故这三种键的基频振动峰分别出现在 1430 cm^{-1}、1330 cm^{-1}和 1280 cm^{-1}左右。

2. 非谐振子振动

由于双原子分子并非理想的谐振子，因此用式(12-5)计算 H—Cl 的基频吸收带时，得到的只是一个近似值。从量子力学得到的非谐振子基频吸收带的位置 σ' 为

$$\sigma' = \sigma - 2\sigma X \tag{12-6}$$

式中：X 为非谐振子常数。从式(12-6)可以看出，非谐振子的双原子分子的真实吸收峰位比按谐振子处理时低 $2\sigma X$。所以，用式(12-5)计算 H—Cl 的基频峰位，比实测值大。

量子力学证明，非谐振子的 $\Delta\upsilon$ 可以取±1，±2，±3，…，这样，在红外光谱中除了可以观察到强的基频吸收带外，还可能看到弱的倍频吸收峰，即振动量子数变化大于 1 的跃迁。

（二）多原子分子的振动

1. 多原子分子的振动形式

假设多原子分子(或基团)的每个化学键可以近似地看成一个谐振子，则其振动形式有

以下几种。

1）伸缩振动

沿键轴方向发生周期性的变化的振动称为伸缩振动。伸缩振动可分为对称伸缩振动（ν_s）和不对称伸缩振动（ν_{as}）（图 12-4(a)）。

2）弯曲振动

使键角发生周期性变化的振动称为弯曲振动。弯曲振动可分为以下几种。

(1) 面内弯曲振动(β)：在几个原子所构成的平面内进行振动称为面内弯曲振动。面内弯曲振动可分为剪式振动(δ)和面内摇摆振动(ρ)（图 12-4(b)）。

(2) 面外弯曲振动(γ)：在垂直于几个原子所构成的平面外进行振动称为面外弯曲振动。面外弯曲振动可分为面外摇摆振动(ω) 和卷曲振动 (τ)（图 12-4(c)）。

以次甲基（$=CH_2$）为例来说明各种振动形式。

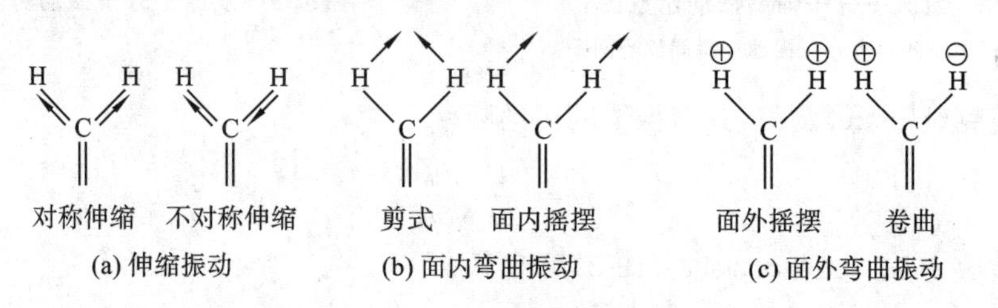

图 12-4 分子的振动形式

弯曲振动比伸缩振动容易；对称伸缩振动比不对称伸缩振动容易；面外弯曲振动比面内弯曲振动容易。即各振动形式的能量排列顺序为

$$\nu_{as} > \nu_s > \beta > \gamma$$

2. 振动的自由度

对于含有 N 个原子的分子，每个原子在三维空间的位置可用 x、y、z 三个坐标表示，故每个原子有三个自由度，分子自由度的总数为 $3N$ 个。分子总的自由度可表示为

$$3N = \text{平动自由度} + \text{转动自由度} + \text{振动自由度}$$

分子在空间的位置由三个坐标决定，所以有三个平动自由度。分子的转动自由度只有当分子转动时原子在空间的位置发生变化时才能产生。因此，分子的振动自由度等于分子总自由度减去平动自由度和转动自由度。

$$\text{振动自由度} = 3N - (\text{平动自由度} + \text{转动自由度})$$

(1) 线性分子：在三维空间中，线性分子以化学键为轴转动时原子的空间位置不发生变化，不能形成转动自由度。因而线性分子只有两个转动自由度。即

$$\text{线性分子的振动自由度} = 3N - (3+2) = 3N - 5$$

(2) 非线性分子：在三维空间中，以任一种方式转动，原子的空间位置均发生变化，因而非线性分子的转动自由度为 3。即

$$\text{非线性分子的振动自由度} = 3N - (3+3) = 3N - 6$$

三、基团频率和特征吸收峰

物质的红外光谱是其分子结构的反映，谱图中的吸收峰与分子中各基团的振动形式相对应。多原子分子的红外光谱与其结构的关系，一般是通过实验手段得到的。这就是通过

比较大量已知化合物的红外光谱，从中总结出各种基团的吸收规律。实验表明，组成分子的各种基团，如 O—H、N—H、C—H、C═C、C≡C、C═O 等，都有自己特定的红外吸收区域，分子其他部分对其吸收位置影响较小。通常把这种能代表基团存在、有较高强度的吸收谱带称为基团频率，其所在的位置一般又称为特征吸收峰。

根据化学键的性质，结合波数与力常数、折合质量之间的关系，可将红外（4000～400 cm^{-1}）划分为氢键区（4000～2500 cm^{-1}）、叁键区（2500～2000 cm^{-1}）、双键区（2000～1500 cm^{-1}）、单键区（1500～1000 cm^{-1}）四个区。按吸收的特征，又可划分为官能团区和指纹区。

（一）官能团区和指纹区

红外光谱的整个范围可分成 4000～1300 cm^{-1} 与 1300～600 cm^{-1} 两个区域。

1. 官能团区

4000～1300 cm^{-1} 区域的峰是由伸缩振动产生的。由于基团的特征吸收峰一般位于高频范围，并且在该区域内，吸收峰比较稀疏，因此，它是基团鉴定工作最有价值的区域，称为官能团区。

2. 指纹区

在 1300～600 cm^{-1} 区域中，除有单键的伸缩振动外，还有因变形振动产生的复杂光谱。当分子结构稍有不同时，该区的吸收就有细微的差异。这种情况就像每个人都有不同的指纹一样，因而称为指纹区。指纹区对于区别结构类似的化合物很有帮助。

指纹区可分为两个波段。

(1) 1300～900 cm^{-1} 为单键伸缩振动区域，包括 C—O、C—N、C—F、C—P、C—S、P—O、Si—O 等键的伸缩振动和 C═S、S═O、P═O 等双键的伸缩振动吸收。

(2) 900～600 cm^{-1} 这一区域的吸收峰是很有用的。例如，可以指示（—CH_2—）的存在。实验证明，当 $n \geqslant 4$ 时，—CH_2—的平面摇摆振动吸收出现在 722 cm^{-1}；随着 n 的减小，逐渐移向高波数。此区域内的吸收峰，还可以用于鉴别烯烃的取代程度和为构型提供信息。例如，烯烃为 $RCH═CH_2$ 结构时，在 990 cm^{-1} 和 910 cm^{-1} 出现两个强峰；为 RC═CRH 结构时，其顺、反异构分别在 690 cm^{-1} 和 970 cm^{-1} 出现吸收峰。此外，利用本区域中苯环的 C—H 面外变形振动吸收峰和 2000～1667 cm^{-1} 区域苯的倍频或组合频吸收峰，可以确定苯环的取代类型。

（二）有机药物各种官能团的特征吸收

在红外光谱中，每种红外活性的振动都相应产生一个吸收峰，情况十分复杂。例如，基团除在 3700～3600 cm^{-1} 有 O—H 的伸缩振动吸收外，还应在 1450～1300 cm^{-1} 和 1160～1000 cm^{-1} 分别有 O—H 的面内变形振动和 C—O 的伸缩振动。后面的这两个峰的出现，能进一步证明它的存在。因此，用红外光谱来确定化合物是否存在某种官能团时，首先应该注意在官能团区它的特征峰是否存在，同时也应找到它们的相关峰作为旁证。

四、影响基团频率的因素

尽管基团频率主要由其原子的质量及原子的力常数决定，但分子内部结构和外部环境的改变都会使其频率发生改变，因而使得许多具有同样基团的化合物在红外光谱图中出现在一个较大的频率范围内。为此，了解影响基团频率的因素，对于解析红外光谱和推断分子的结构是非常有用的。

影响基团频率的因素可分为内部及外部两类。

（一）内部因素

1. 电子效应

1）诱导效应(I 效应)

取代基具有不同的电负性，通过静电诱导效应，引起分子中电子分布的变化，改变了键的力常数，使键或基团的特征频率发生位移。例如，当有电负性较强的元素与羰基上的碳原子相连时，由于诱导效应，就会发生氧上的电子转移：导致 C═O 键的力常数变大，因而使得吸收向高波数方向移动。元素的电负性越强，诱导效应越强，吸收峰向高波数方向移动的程度越显著，如表 12-2 所示。

表 12-2 元素的电负性对 $\sigma_{C=O}$ 的影响

R—CO—X	X=R	X=H	X=Cl	X=F	R=F,X=F
$\sigma_{C=O}/cm^{-1}$	1715	1730	1800	1920	1928

2）中介效应(M 效应)

在化合物中，C═O 伸缩振动产生的吸收峰在 1680 cm^{-1}附近。若以电负性来衡量诱导效应，则比碳原子电负性大的氮原子应使 C═O 键的力常数增加，吸收峰应大于酮羰基的频率(1715 cm^{-1})。但实际情况正好相反，所以，仅用诱导效应不能解释造成上述频率降低的现象。事实上，在酰胺分子中，除了氮原子的诱导效应外，还同时存在中介效应 M，即氮原子的孤对电子与 C═O 上 π 电子发生重叠，使它们的电子云密度平均化，造成 C═O 键的力常数下降，使吸收频率向低波数侧位移。显然，当分子中有氧原子时，振动频率最后位移的方向和程度取决于这两种效应的净结果。当 I 效应比 M 效应强时，振动频率向高波数方向移动；反之，振动频率向低波数方向移动。

3）共轭效应(C 效应)

共轭效应使共轭体系具有共面性，且使其电子云密度平均化，造成双键略有伸长，单键略有缩短，因此双键的吸收频率向低波数方向位移。例如 R—CO—CH_2—的 $\nu_{C=O}$出现在 1715 cm^{-1}，而 CH═CH—CO—CH_2—的 $\sigma_{C=O}$则出现在 1685～1665 cm^{-1}。

2. 氢键的影响

分子中的一个质子给予体 X—H 和一个质子接受体 Y 形成氢键 X—H…Y，使氢原子周围力场发生变化，从而使 X—H 振动的力常数和其相连的 H…Y 的力常数均发生变化，这样造成 X—H 的伸缩振动频率往低波数侧移动，吸收强度增大，谱带变宽。此外，对质子接受体也有一定的影响。若羰基是质子接受体，则 $\sigma_{C=O}$也向低波数方向移动。以羧酸为例，当用其气体或非极性溶剂的极稀溶液测定时，可以在 1760 cm^{-1}处看到游离 C═O 伸缩振动的吸收峰；若测定液态或固态的羧酸，则只在 1710 cm^{-1}出现一个缔合的 C═ O 伸缩振动吸收峰，这说明分子以二聚体的形式存在。氢键可分为分子间氢键和分子内氢键。

分子间氢键与溶液的浓度和溶剂的性质有关。例如，以 CCl_4 为溶剂测定乙醇的红外光谱，当乙醇浓度小于 0.01 mol/L 时，分子间不形成氢键，而只显示游离 OH 的吸收(3640 cm^{-1})；随着溶液中乙醇浓度的增加，游离羟基的吸收减弱，而二聚体(3515 cm^{-1})和多聚体

(3350 cm^{-1})的吸收相继出现,并显著增加。当乙醇浓度为 1.0 mol/L 时,主要是以多缔合形式存在。

由于分子内氢键 X—H…Y 不在同一条直线上,因此它的 X—H 伸缩振动谱带位置、强度和形状的改变,均较分子间氢键小。应该指出,分子内氢键不受溶液浓度的影响,因此,采用改变溶液浓度的办法进行测定,可以与分子间氢键区别开来。

3. 振动偶合

振动偶合是指当两个化学键振动的频率相等或相近并具有一个公共原子时,由于一个键的振动通过公共原子使另一个键的长度发生改变,产生一个"微扰",从而形成了强烈的相互作用,这种相互作用的结果,使振动频率发生变化,一个向高频移动,一个向低频移动。

振动偶合常常出现在一些二羰基化合物中。例如,在酸酐中,由于两个羰基的振动偶合,$\sigma_{C=O}$的吸收峰分裂成两个峰,分别出现在 1820 cm^{-1} 和 1760 cm^{-1}。

4. 费米(Fermi)振动

当弱的倍频(或组合频)峰位于某强的基频吸收峰附近时,它们的吸收峰强度常常随之增加,或发生谱峰分裂。这种倍频(或组合频)与基频之间的振动偶合,称为费米振动。

例如,在正丁基乙烯基醚(C_4H_9—O—CH═CH_2)中,烯基 $\omega_{C=C}$ 810 cm^{-1} 的倍频(约在 1600 cm^{-1})与烯基的 $\sigma_{C=C}$ 发生费米共振,结果在 1640 cm^{-1} 和 1613 cm^{-1} 出现两个强的谱带。

(二)外部因素

外部因素主要指测定物质的状态以及溶剂效应等因素。

同一物质在不同状态时,由于分子间相互作用力不同,所得光谱也往往不同。分子为气态时,其相互作用很弱,此时可以观察到伴随振动光谱的转动精细结构。液态和固态分子间的作用力较强,在有极性基团存在时,可能发生分子间的缔合或形成氢键,导致特征吸收带频率、强度和形状有较大改变。例如,丙酮在气态时 $\sigma_{C=O}$ 为 1742 cm^{-1},而在液态时为1718 cm^{-1}。

在溶液中测定光谱时,由于溶剂的种类、溶液的浓度和测定时的温度不同,同一物质所测得的光谱也不相同。通常在极性溶剂中,溶质分子的极性基团的伸缩振动频率随溶剂极性的增加而向低波数方向移动,并且强度增大。因此,在红外光谱测定中,应尽量采用非极性溶剂。

第三节 红外光谱仪简介

一、红外光谱仪的类型

红外光谱仪是利用物质对不同波长的红外辐射的吸收特性,进行分子结构和化学组成分析的仪器。红外光谱仪通常由光源、单色器、探测器和计算机处理信息系统组成。根据分光装置的不同,分为色散型和干涉型两种。

在 20 世纪 80 年代以前,广泛应用光栅色散型红外光谱仪。随着将傅里叶变换技术引入红外光谱仪，使其具有分析速度快、分辨率高、灵敏度高以及波长精度高等优点。但因它的价格、仪器的体积及常常需要进行机械调节等问题而在应用上受到一定程度的限制。近年来，因傅里叶变换光谱仪体积的减小，使得操作更加稳定、易行，而且一台简易傅里叶变换红外光谱仪的价格与一般色散型的红外光谱仪相当。由于上述种种原因，目前傅里叶变换红外光谱仪已在很大程度上取代了色散型红外光谱仪。

（一）色散型红外光谱仪

色散型红外光谱仪和紫外光谱仪、可见光谱仪相似，也是由光源、单色器、试样室、检测器和记录仪等组成。由于红外光谱非常复杂，大多数色散型红外光谱仪一般都是采用双光束，这样可以消除 CO_2 和 H_2O 等大气气体引起的背景吸收。色散型红外光谱仪的结构如图 12-5 所示。自光源发出的光对称地分为两束：一束为试样光束，透过试样池；另一束为参比光束，透过参比池后通过减光器。两光束再经半圆扇形镜调制后进入单色器，交替落到检测器上。在光学零位系统里，只要两光的强度不等，就会在检测器上产生与光强差成正比的交流信号电压。由于红外光源的低强度以及红外检测器的低灵敏度，需要用信号放大器。

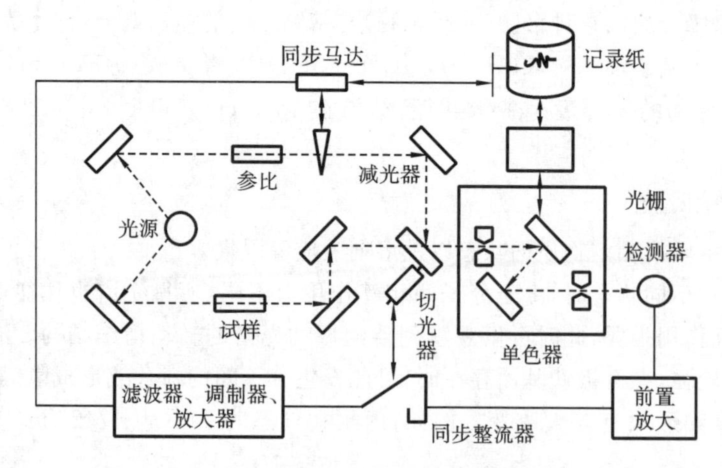

图 12-5 色散型红外光谱仪结构示意图

该类型仪器的优点是使用扫描型近红外光谱仪可对样品进行全谱扫描，扫描的重复性和分辨率较滤光片型仪器有很大程度提高，个别高端的色散型近红外光谱仪还可以作为研究级的仪器使用。化学计量学在近红外谱图中的应用是现代近红外谱图分析的特征之一。采用全谱分析，可以从近红外谱图中提取大量的有用信息；通过合理的计量学方法将光谱数据与试样的性质（组成、特性数据）相关联，可以得到相应的校正模型，进而预测未知样品的性质。

该类型仪器的缺点是光栅或反光镜的机械轴承长时间连续使用容易磨损，影响波长的精度和重现性；由于机械部件较多，仪器的抗震性能较差；谱图容易受到杂散光的干扰；扫描速度较慢，扩展性能差。由于使用外部标准样品校正仪器，其分辨率、信噪比等虽然比滤光片型仪器有了很大提高，但与傅里叶变换型仪器相比仍有质的区别。

（二）傅里叶变换红外光谱仪

傅里叶变换红外光谱仪（FTIR）是 20 世纪 70 年代问世的，被称为第三代红外光谱仪。图 12-6 是 SHIMADZU IRPresting-21 型傅里叶变换红外光谱仪实物图。傅里叶变换红外光谱仪是由红外光源、干涉仪、试样装入装置、检测器、计算机和记录仪等部分构成。图12-7是傅里叶变换红外光谱仪的工作原理图。其光源为硅碳棒和高压汞灯，与色散型红外光谱仪所用的光源是相同的。检测器为 TGS 和 PbSe。其中干涉仪是 FTIR 的核心部分，最常用的是迈克尔逊干涉仪，它包括光束分离器、定镜、动镜和动镜驱动结构，其光学示意和工作原理如图 12-8 所示。迈克尔逊干涉仪按其动镜移动速度不同，可分为快扫描型和慢扫描型。慢扫描型迈克尔逊干涉仪主要用于高分辨光谱的测定，一般的傅里叶变换红外光谱仪均采用快扫描型的迈克尔逊干涉仪。光源发出的红外辐射，经干涉仪转变为干涉图，通过试样后得到含试样信息的干涉图，由电子计算机进行采集，并经过快速傅里叶变换，得到吸收强度或透光率随频率或波数变化的红外光谱图。

图 12-6 SHIMADZU IRPresting-**21** 型傅里叶变换红外光谱仪

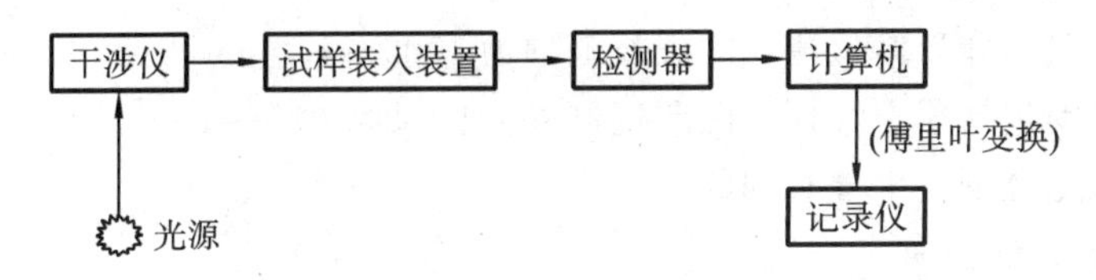

图 12-7 傅里叶变换红外光谱仪的工作原理图

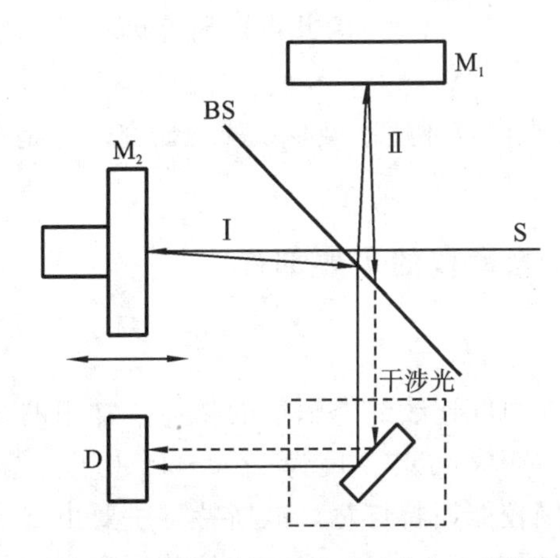

图 12-8 迈克尔逊干涉仪光学示意和工作原理图

M_1—固定平面镜(定镜)；M_2—动镜；S—光源；D—检测器；BS—光束分离器

傅里叶变换红外光谱仪有如下优点。

1）多路优点

傅里叶变换红外光谱仪在取得光谱信息上与色散型红外光谱仪不同的是采用干涉仪

分光。在带狭缝的色散型红外光谱仪以 t 时间检测一个光谱分辨单元的同时,干涉仪可以检测 M 个光谱分辨单元,显然后者在取得光谱信息的时间上比常规光谱仪节省 $(M-1)t$,即记录速度加快了 $(M-1)$ 倍,其扫描速度较色散型快数百倍。这样不仅有利于光谱的快速记录,而且还会改善信噪比。光谱的快速记录使傅里叶变换红外光谱仪特别适于与气相色谱仪、高效液相色谱仪联机使用,也可用来观测瞬时反应。

2) 辐射通量大

傅里叶变换红外光谱仪没有狭缝的限制,辐射通量只与干涉仪的表面积大小有关,因此在同样分辨率的情况下,其辐射通量比色散型仪器大得多,从而使检测器接收到的信号和信噪比增大,因此有很高的灵敏度,检测限可达 $10^{-9}\sim10^{-2}$ g。由于这一优点,傅里叶变换红外光谱仪特别适于测量弱信号光谱。此外,在研究催化剂表面的化学吸附方面具有很大的潜力。

3) 波数准确度高

由于将激光参比干涉仪引入迈克尔逊干涉仪,用激光干涉条纹准确测定光程差,从而使傅里叶变换红外光谱仪在测定光谱上比色散型测定的波数更为准确。波数精度可达0.01 cm^{-1}。

4) 杂散光低

在整个光谱范围内杂散光低于 0.3%。

5) 可研究很宽的光谱范围

一般的色散型红外光谱仪测定的波长范围为 4000~400 cm^{-1},而傅里叶变换红外光谱仪可以研究的范围包括了中红外光区和远红外光区,即 1000~10 cm^{-1}。这对测定无机化合物和金属有机化合物是十分有利的。

6) 具有高的分辨能力

一般色散型红外光谱仪的分辨能力为 1~0.2 cm^{-1},而傅里叶变换红外光谱仪一般能达到 0.1 cm^{-1},甚至可达 0.005 cm^{-1}。因此可以研究因振动和转动吸收带重叠而导致的气体混合物的复杂光谱。

此外,傅里叶变换红外光谱仪还适于微少试样的研究。它是近代化学研究不可缺少的基本设备之一。

二、傅里叶变换红外光谱仪的主要部件

(一) 光源

红外光源是能够发射高强度连续红外辐射的物体。常用的是能斯特(Nernst)灯或硅碳棒。硅碳棒由碳化硅烧结而成,工作温度为 1200~1400 ℃。硅碳棒发光面积大,价格便宜,操作方便,使用波长范围较能斯特灯宽。能斯特灯主要由混合的稀土金属(锆、钍、铈)氧化物制成,工作温度一般约在 1750 ℃。能斯特灯使用寿命较长,稳定性较好,在短波范围使用比硅碳棒有利。但其价格较贵,操作不如硅碳棒方便。

(二) 吸收池

因玻璃、石英等材料不能透过红外光,红外吸收池要用可透过红外光的 NaCl、KBr、CsI 等材料制成窗片,因为它们在 IR 区具有高透明度。固体试样常与纯 KBr 混匀压片,然后

直接进行测定。盐片窗容易吸潮模糊，因此，应注意防潮。

（三）单色器

单色器由色散元件、准直镜和狭缝构成。复制的闪耀光栅是最常用的色散元件，它的分辨本领高，易于维护。狭缝的宽度可控制单色光的纯度和强度。然而光源发出的红外光在整个波数范围内不是恒定的，在扫描过程中狭缝将随光源的发射特性曲线自动调节狭缝宽度，既要使达到检测器上的光的强度近似不变，又要达到尽可能高的分辨能力。

（四）检测器

红外光区的检测器一般有两种类型：热检测器和光电导检测器。红外光谱仪中常用的热检测器有热电偶、辐射热测量计、热电检测器等。热电偶和辐射热测量计主要用于色散型分光光度计中，而热电检测器主要用于傅里叶变换红外光谱仪中。

红外光电导检测器是由一层半导体薄膜，如硫化铅、汞/镉碲化物，或者锑化铟等沉积到玻璃表面组成，抽真空并密封以与大气隔绝。当这些半导体材料吸收辐射后，使某些价电子成为自由电子，从而降低了半导体的电阻。除硫化铅广泛应用于近红外光区外，在中红外和远红外光区主要采用汞/镉碲化物作为敏感元件，为了减小热噪声，必须用液氮冷却。在长波段的极限值和检测器的其他许多性质则取决于碲化汞、碲化镉含量的比值。以汞/镉碲化物作为敏感元件的光电导检测器提供了优于热电检测器的响应特征，广泛应用于多通道傅里叶变换红外光谱仪中，特别是在与气相色谱联用的仪器中。

（五）记录系统

目前，红外光谱仪都配有微处理机，以控制仪器操作、谱图的处理和检索等。

三、试样的制备

要获得一张高质量的红外光谱图，除了仪器本身的因素外，还必须有合适的试样制备方法。下面分别介绍气体、液体和固体试样制备。

（一）气体试样

气体试样一般都灌注于玻璃气槽内进行测定。它的两端黏合有能透过红外光的窗片。窗片的材质一般是 NaCl 或 KBr。进样时，一般先把气槽抽成真空，然后灌注试样。

（二）液体试样

1. 液体池的种类

液体池的透光面通常是用 NaCl 或 KBr 等晶体做成。常用的液体池有三种，即厚度一定的密封固定池，其垫片可自由改变厚度的可拆池以及用微调螺丝连续改变厚度的密封可变池。通常根据不同的情况，选用不同的试样池。

2. 液体试样的制备

1）液膜法

在可拆池两窗之间，滴上 1～2 滴液体试样，使之形成一薄层的液膜。液膜厚度可借助于池架上的固紧螺丝作微小调节。该法操作简便，适用于对高沸点及不易清洗的试样进行定性分析。

2）溶液法

将液体（或固体）试样溶在适当的红外溶剂中，如 CS_2、CCl_4、$CHCl_3$ 等，然后注入固定池中进行测定。该法特别适用于定量分析。此外，它还能用于红外吸收很强、用液膜法不能得到满意谱图的液体试样的定性分析。在采用溶液时，必须特别注意红外溶剂的选择。要求溶剂在较低范围内无吸收，试样的吸收带尽量不被溶剂吸收带所干扰。此外，还要考虑溶剂对试样吸收带的影响（如形成氢键等溶剂效应）。

（三）固体试样

固体试样的制备，除前面介绍的溶液法外，还有粉末法、糊状法、压片法、薄膜法、发射法等，其中尤以糊状法、压片法和薄膜法最为常用。

1. 糊状法

该法是把试样研细，滴入几滴悬浮剂，继续研磨成糊状，然后用可拆池测定。常用的悬浮剂是液体石蜡，它可减少散射损失，并且自身吸收带简单，但不适于用来研究与液体石蜡结构相似的饱和烷烃。

2. 压片法

这是分析固体试样应用最广的方法。通常用 300 mg 的 KBr 与 1～3 mg 固体试样共同研磨；在模具中用 5×10^{7}～10×10^{7} Pa 的油压机压成透明的片后，再置于光路进行测定。由于 KBr 在 400～4000 cm^{-1} 光区不产生吸收，因此可以绘制全波段光谱图。除用 KBr 压片外，也可用 KI、KCl 等压片。

3. 薄膜法

该法主要用于高分子化合物的测定。通常将试样热压成膜，或将试样溶解在沸点低、易挥发的溶剂中，然后倒在玻璃板上，待溶剂挥发后成膜。制成的膜直接插入光路即可进行测定。

四、光谱解析的一般程序

（一）了解样品的来源、性质

1. 了解样品的来源、性质及灰分

可帮助估计样品及杂质的范围，纯度不够的要进行纯化，混合物要进行分离，若有灰分则含无机物。

2. 物理常数

样品的沸点、熔点、折光率、旋光率等可作为光谱分析的旁证。

3. 确定化合物的不饱和度（Ω）

不饱和度又称为缺氢指数，是指分子结构中距离达到饱和时所缺一价元素的“对数”。它反映了分子中含环和不饱和键的总数，其计算公式为

$$\Omega = 1 + n_4 + \frac{n_3 - n_1}{2}$$

式中：n_4 为四价元素（C、Si）原子的个数；n_3 为三价元素（N、P）原子的个数；n_1 为一价元素（H、F、Cl、Br、I）原子的个数。需要指出的是，二价原子（如 O、S 等）不参加计算。

当 $\Omega=0$ 时，分子结构为链状饱和化合物；当 $\Omega=1$ 时，分子结构可能含有一个双键或一个

脂肪环；当分子结构中含有叁键时，$\Omega \geqslant 2$；当分子结构中含有一个苯环（或吡啶环）时，$\Omega \geqslant 4$。

4. 确定未知物的可能类别

进行初步化学反应实验确定未知物的可能类别。

（二）红外光谱解析程序

红外光谱解析程序没有固定的模式可循，各人根据自己的经验进行解析，但对于初学者来说，可首先根据以下的程序来熟悉谱图解析的基本方法。

首先根据红外谱图的特征，把红外谱图分为特征区（4000～1333 cm^{-1}）和指纹区（1333～400 cm^{-1}）两大部分。

其次根据“四先四后相关法”，即“先特征（区），后指纹（1250 cm^{-1}）；先最强（峰），后次强（峰）；先粗查，后细找；先否定，后肯定”，对一组相关峰的程序和原则进行谱图的解析。

“先特征，后指纹；先最强（峰），后次强（峰）”是指先由特征区第一强峰入手，因为特征区峰疏，易于辨认。

“先粗查，后细找”是指按上面强峰的峰位查找光谱的八大区域（表 12-3），初步了解该峰的起源与归属，这一过程称为粗查。然后根据这种可能的起源与归属，细找按基团排列的“典型有机化合物的重要基团频率”，根据此表提供的相关峰的位置和数目与被解析的红外谱图查找核对，若找到所有相关峰了，此峰的归属便可基本确定。

“先否定，后肯定”是指因为吸收峰的不存在对否定官能团的存在比吸收峰的存在对肯定一个官能团的存在要容易得多，根据也确凿得多。因此，在解析过程中，采取先否定的办法，以便逐步缩小未知物的范围。

表 12-3　红外光谱的八大区域

波数/(cm^{-1})	波长/μm	振动类型
3750～3000	2.7～3.3	ν_{OH}、ν_{NH}
3300～3000	3.0～3.3	$\nu_{\equiv CH} > \nu_{=CH} \approx \nu_{ArH}$
3000～2700	3.3～3.7	ν_{CH}（$-CH_3$、饱和 CH_2 及 CH、$-CHO$）
2400～2100	4.2～4.9	$\nu_{C\equiv C}$、$\nu_{C\equiv N}$
1900～1500	5.3～6.2	$\nu_{C=O}$（酸酐、酰氯、酯、醛、酮、羧酸、酰胺） $\nu_{C=C}$、$\nu_{=CN}$
1475～1300	6.8～7.7	δ_{CH}（各种面内弯曲振动）
1300～1000	7.7～10.0	ν_{C-O}（酚、醇、醚、酯、羧酸）
1000～650	10.0～15.4	$\gamma_{=CH}$（不饱和碳-氢面外弯曲振动）

总之，先识别特征区第一强峰的起源（由何种振动所引起）及可能的归属（属于什么基团），然后找出该基团所有或主要相关峰进一步确定或佐证第一强峰的归属。用同样的方法解析特征区的第二强峰及相关峰，第三强峰及相关峰等等。有必要再解析指纹区的第一强峰、第二强峰及其相关峰。无论解析特征区还是指纹区的强峰都应掌握：“抓住”一个峰解析一组相关峰的方法，它们可以互为佐证，提高谱图解析的可信度，避免孤立解析造成结论的错误。简单的谱图，一般解析三、四组谱图即可解析完毕。但结果的最终确定，还需与标准谱图进行对照。

另外，注意比较相同基团或相近基团在不同结构中的红外光谱，应当说是利用红外光谱确定结构的基本出发点，这一点应当引起足够的注意。

在解析谱图时，有时会遇到特征峰归属不清的问题，如化合物中含有若干个羰基(C═O)、碳碳双键(C═C)或芳环时，它们的吸收峰均出现在 1850～1600 cm^{-1} 区间内，此时需通过其他辅助手段来区别，如溶剂的影响、溶剂极性增加，极性的 $\pi\rightarrow\pi^*$ (C═O)跃迁的吸收向低频方向移动，而非极性的 $\pi\rightarrow\pi^*$ (C═C)跃迁的吸收不受影响。也可以利用化学手段判断一些官能团的归属及用酯化、酰化、水解、还原等方法对化合物的结构进行辅助测定。

上述解析谱图程序只适用于较简单的光谱的解析，复杂化合物的光谱，由于各种官能团间的相互干扰要与标准光谱对照。

五、红外吸收光谱法的应用

红外光谱在化学领域中的应用是多方面的。它不仅用于结构的基础研究，如确定分子的空间构型，求出化学键的力常数、键长和键角等，而且广泛地用于化合物的定性、定量分析和化学反应的机理研究等。但是红外光谱应用最广的还是未知化合物的结构鉴定。

（一）定性分析

1. 已知物及其纯度的定性鉴定

此项工作比较简单。通常在得到试样的红外谱图后，与纯物质的谱图进行对照，如果两张谱图各吸收峰的位置和形状完全相同，峰的相对强度一样，就可认为试样是该种已知物。相反，如果两谱图面貌不一样，或者峰位不对，则说明两者不为同一物质，或试样中含有杂质。

2. 未知物结构的确定

确定未知物的结构，是红外光谱法定性分析的一个重要用途。它涉及谱图的解析，下面简单予以介绍。

(1) 收集试样的有关资料和数据。在解析谱图前，必须对试样有透彻的了解，例如试样的纯度、外观、来源、试样的元素分析结果及其他物性(相对分子质量、沸点、熔点等)。这样可以大大节省解析谱图的时间。

(2) 确定未知物的不饱和度。

(3) 谱图解析。解析过程见上述红外光谱解析程序，在此不再赘述。

事实上，现在许多红外光谱仪都配有计算机检索系统，可从储存的红外光谱数据中鉴定未知化合物。

（二）定量分析

由于红外光谱的谱带较多，选择余地大，所以能较方便地对单组分或多组分进行定量分析。用色散型红外分光光度计进行定量分析时，灵敏度较低，尚不适用于微量组分的测定。用傅里叶变换红外光谱仪进行定量分析测定，其精密度和准确度均较高。红外光谱法定量分析的依据与紫外-可见光谱法一样，也是基于朗伯-比尔定律。但由于红外吸收谱带较窄，外加上色散型仪器光源强度较低，以及因检测器的灵敏度低，需用宽的单色器狭缝，造成使用的带宽常常与吸收峰的宽度在同一个数量级，从而出现吸光度与浓度间的非线性关系，即偏离朗伯-比尔定律。

红外光谱法能定量测定气体试样、液体试样和固体试样。在测定固体试样时，常常遇到光程长度不能准确测量的问题，因此在红外光谱定量分析中，除采用紫外-可见光谱法中常采用的方法外，还可采用其他一些定量分析方法。

小 结

一、红外光区的划分

波长在 0.76～1000 μm(12800～10 cm^{-1})的电磁辐射称为红外光，该区域称为红外光谱区或红外区。习惯上又将红外光谱区划分为近红外区、中红外区、远红外区。

二、红外光谱与紫外光谱的区别

（一）起源不同

(1) 紫外吸收光谱由电子能级跃迁引起，紫外线波长短、频率高、光子能量大，能引起分子外层电子的能级跃迁。紫外吸收光谱属电子光谱，光谱简单。

(2) 中红外吸收光谱由振-转能级跃迁引起，红外线的波长比紫外线长，光子能量比紫外线小得多，只能引起分子的振动能级并伴随转动能级的跃迁，因而中红外光谱是振动-转动光谱，光谱复杂。

（二）适用范围不同

紫外吸收光谱法只适用于芳香族或具有共轭结构的不饱和脂肪族化合物及某些无机物的定性分析，不适用于饱和有机化合物。红外吸收光谱法用于定性分析及结构研究，而且其特征性远远高于紫外吸收光谱，红外光谱还可以用于某些无机物的研究。

紫外分光光度法测定对象的物态以溶液为主，还有少数物质的蒸气；红外分光光度法的测定对象比紫外分光光度法广泛，可以测定气、液、固体样品，并以测定固体样品最为方便。

红外分光光度法主要用于定性鉴别及测定有机化合物的分子结构，紫外分光光度法主要用于定量分析及测定某些化合物的类别等。

（三）特征性不同

紫外光谱主要是分子的 π 电子或 n 电子跃迁所产生的吸收光谱。因此，多数紫外光谱比较简单，特征性差。而红外光谱有几个官能团，几种振动形式，光谱复杂，特征性强。

三、红外光谱产生的原理

（一）双原子分子的振动

原子与原子之间通过化学键连接组成分子。振动势能与原子之间的距离 r 及平衡距离 r_e 之间的关系如下：

$$U = \frac{1}{2}k(r - r_e)^2$$

当 $r = r_e$ 时，$U = 0$；当 $r > r_e$ 或 $r < r_e$ 时，$U > 0$。在 A、B 两原子距平衡位置最远时，有

$$E_v = U = (\upsilon + \frac{1}{2})h\nu$$

波数 σ 为

$$\sigma = \frac{1}{2\pi c}\sqrt{\frac{k}{\mu}}$$

或 $$\sigma=1370\sqrt{\frac{k}{\mu}}$$

（二）多原子分子的振动

1. 分子的振动形式

1)伸缩振动

沿键轴方向发生周期性的变化的振动称为伸缩振动。伸缩振动可分为对称伸缩振动(ν_s)和不对称伸缩振动(ν_{as})。

2)弯曲振动

使键角发生周期性变化的振动称为弯曲振动。弯曲振动可分为以下几种。

面内弯曲振动(β):在几个原子所构成的平面内进行的振动称为面内弯曲振动。面内弯曲振动可分为剪式振动(δ)和面内摇摆振动(ρ)。

面外弯曲振动(γ):在垂直于几个原子所构成的平面外进行的振动称为面外弯曲振动。面外弯曲振动可分为面外摇摆振动(ω) 和卷曲振动 (τ)。

弯曲振动比伸缩振动容易;对称伸缩振动比不对称伸缩振动容易;面外弯曲振动比面内弯曲振动容易。即各振动形式的能量排列顺序为

$$\nu_{as}>\nu_s>\beta>\gamma$$

2. 振动的自由度

$$线性分子的振动自由度=3N-5$$

$$非线性分子的振动自由度=3N-6$$

四、红外吸收光谱产生的条件

当发生振动能级跃迁时,必须满足以下两个条件。

(1) 辐射光子具有的能量与发生振动跃迁所需的跃迁能量相等。

只有当红外辐射频率等于振动量子数的差值与分子振动频率的乘积时,分子才能吸收红外辐射,产生红外吸收光谱。

(2) 辐射与物质之间有耦合作用。

当一定频率的红外光照射分子时,如果分子中某个基团的振动频率和它一致,两者就会产生共振,此时光的能量通过分子偶极矩的变化传递给分子,这个基团就吸收一定频率的红外光,产生振动跃迁。

五、基团频率和特征吸收峰

（一）官能团区和指纹区

4000～1300 cm^{-1}区域的峰是由伸缩振动产生的。基团的特征吸收峰一般位于高频范围,并且在该区域内,吸收峰比较稀疏,称为官能团区。

在 1300～600 cm^{-1}区域中,除单键的伸缩振动外,还有因变形振动产生的复杂光谱。当分子结构稍有不同时,该区的吸收就有细微的差异,称为指纹区。

（二）有机药物各种官能团的特征吸收

在红外光谱中,每种红外活性的振动都相应产生一个吸收峰,情况十分复杂。用红外光谱来确定化合物是否存在某种官能团时,首先应该注意在官能团它的特征峰是否存在,同时也应找到它们的相关峰作为旁证。

六、红外光谱解析程序

“四先四后相关法”:“先特征(区),后指纹(1250 cm^{-1});先最强(峰),后次强(峰);先粗查,后细找;先否定,后肯定”。

五、红外吸收光谱法的应用

(一) 定性分析

由于每一化合物各有自己特异的红外光谱,因此可以通过特征光谱分析其可能含有的基团,进而分析其结构。

(二) 定量分析

红外光谱法定量分析的依据和紫外、可见分子光谱法一样,也是基于朗伯-比尔定律。

能力检测

一、选择题

1. 用红外光谱法时,试样状态可以是(　　)。

A. 气体状态　　B. 固体状态

C. 固体、液体状态　　D. 气体、液体、固体状态都可以

2. 红外吸收光谱的产生是由于(　　)。

A. 分子外层电子、振动、转动能级的跃迁

B. 原子外层电子、振动、转动能级的跃迁

C. 分子振动-转动能级的跃迁

D. 分子外层电子的能级跃迁

3. 苯分子的振动自由度为(　　)。

A. 18　　B. 12　　C. 30　　D. 31

4. 红外光谱法试样可以是(　　)。

A. 水溶液　　B. 含游离水　　C. 含结晶水　　D. 不含水

5. 能与气相色谱仪联用的红外光谱仪为(　　)。

A. 色散型红外光谱仪　　B. 双光束红外光谱仪

C. 傅里叶变换红外光谱仪　　D. 快扫描红外光谱仪

二、判断题

1. 红外光谱法是利用物质对红外电磁辐射的选择性吸收特性来进行结构分析、定性和定量分析的一种分析方法。(　　)

2. 红外光谱区在可见光区和微波光区之间,其波长范围为 0.78～1000 μm。(　　)

3. 红外光谱是分子的振动光谱。(　　)

4. 面内变形振动分为剪式振动和面内摇摆振动。(　　)

5. 非线性分子的振动自由度=$3N-5$。(　　)

6. 吸收峰的位置(以波数 σ 表示)与化学键的力常数 K 的 1/2 次方成反比,而与分子的折合质量 μ 的 1/2 次方成正比。(　　)

7. 特征吸收峰是指具有高强度的能用于鉴定基团存在的吸收峰。 (　　)

8. 傅里叶变换红外光谱仪与色散型仪器不同,采用单光束分光元件。 (　　)

9. 水分子的 H—O—H 对称伸缩振动不产生吸收峰。 (　　)

10. 当分子受到红外光激发,其振动能级发生跃迁时,化学键越强,吸收的光子数目越多。 (　　)

三、填空题

1. 在分子的红外光谱实验中，并非每一种振动都能产生一种红外吸收带，常常是实际吸收带比预期的要少得多。其原因如下:①____________;②____________;③____________;④____________。

2. 在苯的红外吸收光谱图中

(1) 3300～3000 cm^{-1}处，是由____________振动引起的吸收峰。

(2) 1675～1400 cm^{-1}处，是由____________振动引起的吸收峰。

(3) 1000～650 cm^{-1}处，是由____________振动引起的吸收峰。

3. 在分子振动过程中,化学键或基团的____________不发生变化,就不吸收红外光。

4. 氢键效应使 OH 伸缩振动谱带向____________波数方向移动。

5. 一般多原子分子的振动类型分为____________振动和____________振动。

6. 在红外光谱中,通常把 4000～1500 cm^{-1}的区域称为____________区,把 1500～400 cm^{-1}的区域称为____________区。

7. 红外光谱仪可分为____________型和____________型两种类型。

8. 共轭效应使 C═O 伸缩振动频率向____________波数方向移动,诱导效应使其向____________波数方向移动。

四、简答题

1. 产生红外吸收的两个条件是什么?

2. 分子的振动自由度是如何计算的?

3. 红外光谱中官能团是如何进行分区的?

4. 红外光谱定性分析的基本依据是什么? 简要叙述红外光谱定性分析的过程。

5. 什么是“基团频率”和“指纹区”? 各有什么特点和作用?

6. 解析红外光谱的顺序是什么? 为什么?

五、指出下列各种振动形式中,哪些是红外活性振动? 哪些是非红外活性振动?

分子结构	振动形式
(1) $CH_3—CH_3$	γ_{C-C}
(2) $CH_3—CCl_3$	γ_{C-C}
(3) SO_2	γ_s,γ_{as}

（4） $H_2C{=}CH_2$

（a） ν_{CH}

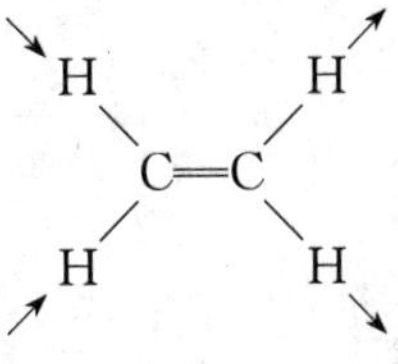

（b） ν_{CH}

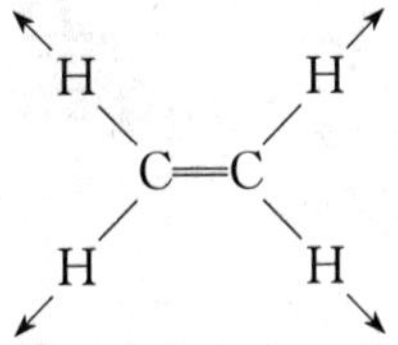

（c） δ_{CH}

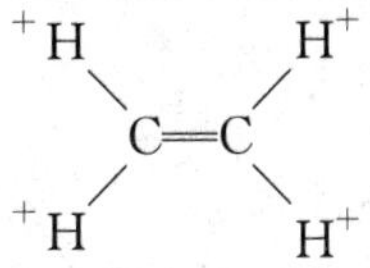

（d） γ_{CH}

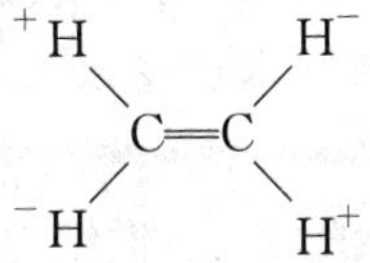

（鄂州职业大学　张和林）

第十三章　色谱法概论

学习目标

掌握:色谱分离的基本原理。

熟悉:色谱图及有关名词术语;经典液相色谱法的操作。

了解:色谱法的分类及基本色谱法的分离机理。

色谱分析法(以下简称色谱法)是20世纪60年代迅速发展起来的一门分离技术,它是利用物质的物理或物理化学性质将多组分的混合物进行分离,并测定其含量的一种分离分析方法。色谱法既可以作为分析工具,也可以用于制备纯物质。目前该方法已广泛应用于医药研究、食品化学、环境化学、临床化学、农业、石油工业、化学工业、宇宙航空等各个领域。

第一节　色谱法概述

一、色谱法的由来

色谱法最早源于俄国植物学家茨维特在1906年进行的植物色素分离实验,在一根玻璃管的狭小一端塞上棉花,在管中填充沉淀碳酸钙后将其与吸滤瓶连接,实验装置如图13-1所示。实验时,将植物叶的石油醚提取液从玻璃管上端加入,色素物质便被吸附在碳酸钙填料柱上,然后用石油醚自上而下冲洗,随着石油醚的加入,色素物质不断地向下移动,因不同色素被碳酸钙吸附的作用不同而逐渐分成几个不同颜色的谱带,继续冲洗可分别得到各种颜色的色素,并可分别进行鉴定,色谱法也由此得名。其中装填了填料的玻璃管称为色谱柱,柱中的填料称为固定相,相对于固定相运动流经固定相的空隙或表面的冲洗溶剂称为流动相。

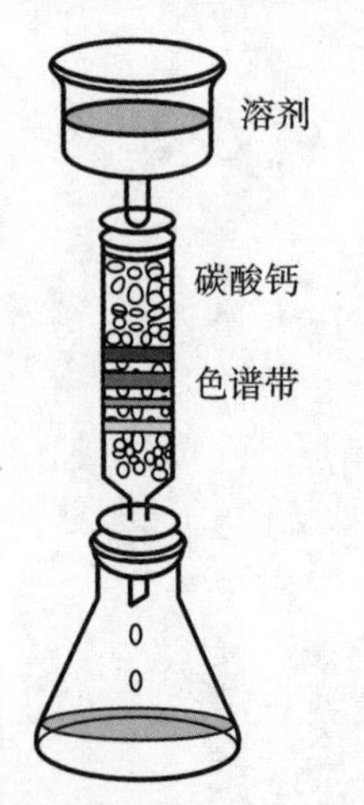

图13-1　茨维特植物色素分离实验装置

现今的色谱法早已不局限于色素的分离:分离的基础不再局限于吸附原理,流动相可以是液体也可以是气体，固定相也不仅仅限于碳酸钙，可以是固体也可以是液体。但其分离的实质仍然是一样的，所以仍然沿用了色谱法或色谱分析法的名称。

二、色谱分离过程

色谱分离过程是利用试样中各组分在固定相和流动相之间具有不同的溶解与分配，吸附与脱附或其他亲和性的差异来实现分离的。现以分离 A、B 两组分的液固色谱为例说明色谱的分离过程，如图 13-2 所示，试样由流动相携带进入色谱柱，试样中的 A、B 两组分被固定相吸附，随着流动相的极性改变与不断流入，被吸附的组分又从固定相中脱附，脱附的组分随着流动相向前移动时又再次被固定相吸附，由于 A、B 两组分的理化性质不同，与固定相和流动相之间的作用即吸附与脱附的能力有差异，结果表现为差速迁移，经过反复吸附、脱附与移动，最终使 A、B 两组分彼此分离。

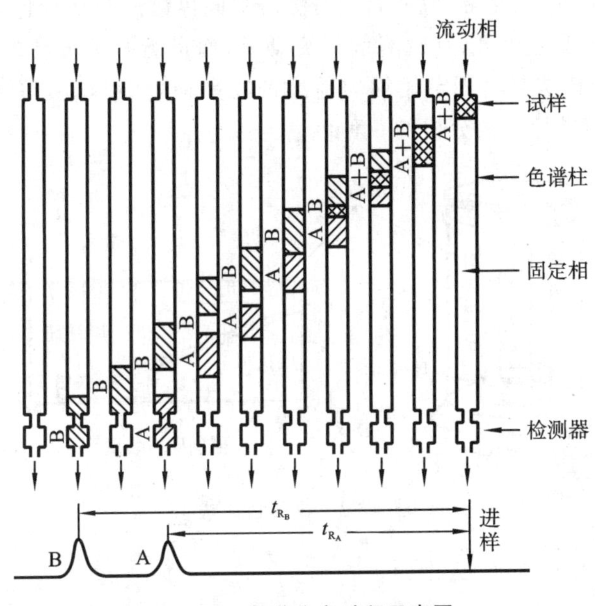

图 13-2 色谱分离过程示意图

三、色谱法的分类

色谱法有很多种类，从不同的角度出发可以有不同的分类方法。

（一）按两相所处的状态分类

1. 气相色谱法

以气体为流动相的色谱法称为气相色谱法（GC）。按照固定相的状态，又可将气相色谱法分为气固色谱法和气液色谱法，前者固定相为固体，后者固定相为涂渍在载体表面的液体。气相色谱法中的流动相常称为载气。

2. 液相色谱法

以液体为流动相的色谱法称为液相色谱法（LC）。按照固定相的状态，又可将液相色谱法分为液固色谱法和液液色谱法，前者固定相为固体，后者固定相为涂渍在载体表面的液体。

3. 超临界流体色谱法(SFC)

以超临界流体为流动相,以固体或液体为固定相的色谱法称为超临界流体色谱法(SFC)。超临界流体是指温度和压力在超临界温度和超临界压力之上的流体,这种流体因其密度不同,对各种物质具有不同的溶解能力。

(二) 按固定相的形式分类

1. 柱色谱法

固定相装在柱内的色谱法称为柱色谱法。柱色谱法分为填充柱色谱法和毛细管柱色谱法(或称为开管柱色谱法),固定相填充在玻璃柱或金属管中的称为填充柱色谱法;固定相涂敷在管内壁的称为毛细管柱色谱法或开管柱色谱法。

2. 平面色谱法

固定相呈平面状的色谱法称为平面色谱法。平面色谱法包括纸色谱法和薄层色谱法。纸色谱法是以滤纸作固定相,以有机溶剂作流动相,而进行分离分析的一种色谱方法。如图 13-3 所示,薄层色谱法是将固定相均匀地涂铺在平板(如玻璃板等)上,形成一薄层,以有机溶剂为流动相而进行分离分析的一种色谱方法。

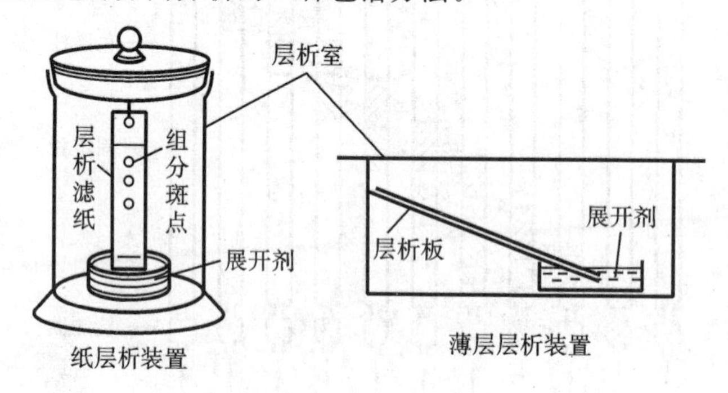

图 13-3 平面色谱法

(三) 按分离的原理分类

1. 吸附色谱法

用吸附剂作固定相的色谱法称为吸附色谱法,它是利用吸附剂(一般是固体)对不同组分吸附能力的不同而将组分分离的一种色谱方法,包括气固吸附色谱法和液固吸附色谱法。

2. 分配色谱法

分配色谱法是用液体作固定相,利用不同组分在液体固定相和流动相中的溶解度不同而进行分离的一种色谱方法,包括气液分配色谱法和液液分配色谱法。

3. 离子交换色谱法

离子交换色谱法的固定相为离子交换剂,利用离子交换剂与不同离子交换能力的不同而进行分离的色谱方法。

4. 空间排阻色谱法(凝胶色谱法)

空间排阻色谱法利用多孔性物质作固定相,因其对不同大小分子排阻能力不同而进行分离。

5. 电色谱

电色谱是利用带电物质在电场作用下移动速度不同而进行分离。

（四）按使用的目的分类

1. 分析型色谱法

分析型色谱法将待测组分从复杂的样品组分中分离，再进行定性与定量分析。其特点是色谱柱较细，样品用量少。

2. 制备型色谱法

制备型色谱法主要用于纯物质的分离与制备。如高纯度化学试剂的制备、蛋白质的纯化、手性药物的拆分和提纯等。其特点是色谱柱较粗，样品用量大。

3. 流程色谱法

流程色谱法是工业生产流程中在线连续使用的色谱法。如用于化肥、石油精炼、石油化工及冶金工业中的气相色谱法。

第二节　色谱法的基本概念

一、色谱流出曲线

试样中各组分经色谱柱分离后，按先后次序经过检测器，检测器将流动相中各组分浓度（或含量）的变化转变为相应的电信号，由记录仪记录的信号-时间曲线或信号-流动相体积曲线，称为色谱流出曲线（图 13-4），又称为色谱图。在色谱流出曲线上，检测器检测到的待测组分的浓度（或含量）表现为峰状，称为色谱峰，每一个分离出的组分表现为一个色谱峰。随着计算机技术在色谱分析中的广泛应用，目前的色谱流出曲线图是由色谱工作站（由一台微型计算机来实现色谱仪器的控制，并进行数据采集和处理的一个系统，由硬件和软件两部分组成）绘制的。

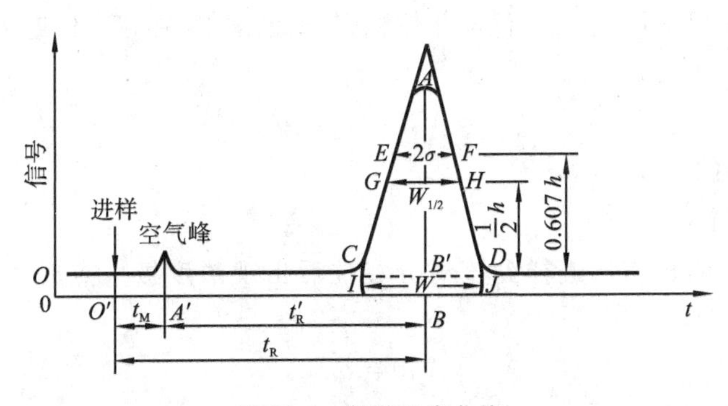

图 13-4　色谱流出曲线

二、色谱参数和术语

各种色谱法参数和术语的含义如图 13-4 所示，具体讲述如下。

（一）基线

当没有试样组分而仅有流动相进入色谱柱时，在实验操作条件下，反映检测器系统噪声随时间变化的线称为基线。稳定的基线应是一条直线，所以基线的平直与否可反映出仪器及实验条件的稳定情况。

（二）峰高(h)和峰面积(A)

色谱峰顶点到基线的垂直距离称为峰高，以 h 表示。色谱峰曲线与峰底基线所围成区域的面积称为峰面积，以 A 表示。峰高或峰面积的大小和每个组分在样品中的含量相关，因此色谱峰的峰高或峰面积是气相色谱法进行定量分析的主要依据。

（三）保留值

保留值表示试样中各组分在色谱柱中的滞留时间，通常用时间(也可用将组分带出色谱柱所需载气的体积)来表示。在一定的实验条件下，任何一种物质都有一定的保留值。保留值是色谱定性分析的依据。

1. 死时间(t_M)

不与固定相作用的物质从进样到出现峰极大值时的时间称为死时间。它与色谱柱的空隙体积有关。由于该物质不与固定相作用，因此，其流速与流动相的流速相近。

2. 保留时间(t_R)

试样中某组分的保留时间指从进样到出现其色谱峰极大值时的时间。它包括组分随流动相通过柱子的时间 t_M 和组分在固定相中滞留的时间 t'_R。

3. 调整保留时间(t'_R)

调整保留时间为扣除了死时间的保留时间，即组分在固定相上滞留的时间。

$$t'_R = t_R - t_M \tag{13-1}$$

t'_R反映了被分析的组分因与色谱柱中固定相发生相互作用，而在色谱柱中滞留的时间，它更确切地表达了被分析组分的保留特性，因而是色谱定性分析的基本参数。

4. 死体积(V_M)

死体积是不被保留的组分通过色谱柱所消耗的流动相的体积，又指色谱柱中未被固定相所占据的空隙体积，即色谱柱的流动相体积(包括色谱仪中的管路、连接头的空间以及进样器和检测器的空间)。

$$V_M = t_M F_c \tag{13-2}$$

式中：F_c 为流动相的流速。

5. 保留体积(V_R)

某组分的保留体积指从进样到该组分在柱后出现浓度极大点时所通过的流动相的体积。

$$V_R = t_R F_c \tag{13-3}$$

6. 调整保留体积(V'_R)

调整保留体积为某组分的保留体积扣除死体积后的体积。

$$V'_R = V_R - V_M = t'_R F_c \tag{13-4}$$

由于保留时间为色谱定性依据，同一组分的保留时间与流速有关，有时需用保留体积来表示保留值。

7. 相对保留值(r_{21})

相对保留值反映色谱柱的选择性，r_{21} 越大，分离越好，色谱柱选择性越好。

$$r_{21}=\frac{t'_{R_2}}{t'_{R_1}}=\frac{V'_{R_2}}{V'_{R_1}}\neq\frac{t_{R_2}}{t_{R_1}}=\frac{V_{R_2}}{V_{R_1}} \tag{13-5}$$

相对保留值只与柱温和固定相性质有关，与其他色谱操作条件无关，它表示了固定相对这两种组分的选择性。只要柱温、固定相不变，即使柱径、柱长、填充情况及流动相流速有所变化，r_{21} 值仍保持不变。

（四）区域宽度

色谱峰的区域宽度（图 13-4）是色谱流出曲线的重要参数之一，可用于衡量色谱柱的柱效能及反映色谱操作条件下的动力学因素。宽度越窄，其效率越高，分离的效果也越好。

区域宽度通常有三种表示方法。

标准偏差 σ：0.607 倍峰高处峰宽的一半。

半峰宽 $W_{1/2}$：峰高一半处的峰宽。

$$W_{1/2}=2.354\sigma$$

峰底宽 W_b：色谱峰两侧拐点上切线与基线的交点之间的距离。

$$W_b=4\sigma$$

（五）分配系数和分配比

色谱分离的实质是基于样品组分在固定相和流动相之间反复多次的分配平衡。这种分离过程经常用样品组分的分子在两相之间的分配来描述，而描述这种分配的参数称为分配系数（K）或分配比（k）。

1. 分配系数 K

分配系数是在一定温度和压力下，组分在两相之间分配达到平衡时的浓度比，即

$$K=\frac{\text{组分在固定相中的浓度}}{\text{组分在流动相中的浓度}}=\frac{c_s}{c_m} \tag{13-6}$$

当 $K=1$ 时，组分在固定相和在流动相中的浓度相等。

当 $K>1$ 时，组分在固定相中的浓度大于在流动相中的浓度。

当 $K<1$ 时，组分在固定相中的浓度小于在流动相中的浓度。

分配系数是色谱分离的基本参数之一，实际工作中常应用分配系数 K 来表征色谱分配过程。色谱柱中不同组分能够分离的先决条件是其分配系数不同。分配系数小的组分，在固定相中停留时间短，较早流出色谱柱；分配系数大的组分，在气相中的浓度较小，移动速度慢，在柱中停留时间长，较迟流出色谱柱；两组分分配系数相差越大，两峰分离就越好。

2. 分配比 k

分配比 k 也称为容量因子或容量比，指在一定温度和压力下，组分在两相之间分配达到平衡时的质量比，即

$$k=\frac{\text{组分在固定相中的质量}}{\text{组分在流动相中的质量}}$$

或

$$k=\frac{c_sV_s}{c_mV_m}=K\frac{V_s}{V_m}=\frac{K}{\beta} \tag{13-7}$$

式中：V_s、V_m 分别为色谱柱中固定相和流动相的体积。其中 V_s 在不同类型的色谱中有不同的含义，例如在气液色谱法中它为固定液的体积，在气固色谱法中为吸附剂表面容量。V_m 则为色谱柱的空隙体积。β 称为相比（$\beta=V_m/V_s$），是两相体积的比值，它反映了各种色

谱柱柱型及其结构特点，不同的柱型其 β 值相差较大，如填充柱的 β 值为 6～35，而毛细管柱的 β 值一般为 60～600。

分配比 k 与保留值之间的关系如下：

$$k=\frac{t'_R}{t_M}=\frac{V'_R}{V_M} \tag{13-8}$$

k 值大的组分，保留能力强，在柱中停留时间长，较迟流出色谱柱；k 值小的组分，保留能力弱，在柱中停留时间短，较早流出色谱柱；k 值为零的组分，其保留时间即为死时间。k 值一般在 1～5 的范围较适宜，k 值太大或太小（$k>20$ 或 $k<1$）都不利于色谱分析。k 值的大小可根据式(13-8)直接从色谱图中测得。

分配系数 K 和分配比 k 都与组分及固定相的热力学性质有关，并随温度的变化而变化。如温度升高 30 ℃，分配系数约下降一半。一般来说，在低温时，K 为常数。分配系数是组分在两相中的浓度比，取决于组分和两相的性质，与两相体积无关。分配比是组分在两相中的质量比，不仅取决于组分和两相的性质，而且与相比有关，即组分的分配比随固定相的量而改变。对于一给定的色谱体系，组分的分离最终取决于组分在每相中的相对量，而不是相对浓度。因此，分配比是衡量色谱柱对组分保留能力的重要参数。

（六）分离度

分离度是同时反映色谱柱效能和选择性的一个综合指标，也称为总分离效能指标或分辨率。定义为相邻两组分色谱峰保留值之差与两个组分色谱峰峰底宽度总和一半的比值。

$$R=\frac{(t_{R_2}-t_{R_1})}{\frac{1}{2}(W_{b_2}+W_{b_1})}=\frac{2(t_{R_2}-t_{R_1})}{(W_{b_2}+W_{b_1})} \tag{13-9}$$

式中：$R=0.8$ 时，两峰的分离程度可达 89%；$R=1.0$ 时，两峰的分离程度可达 98%；$R=1.5$时，分离程度可达 99.7%，是相邻两峰完全分离的标准。

第三节 几种基本色谱法的分离机理

一、吸附色谱法

（一）吸附与吸附平衡

吸附是吸附剂、溶质、溶剂分子三者之间的复杂相互作用。对每一种溶质而言，在给定的色谱条件（吸附剂、洗脱剂、温度）下，洗脱过程是洗脱剂分子与吸附剂的溶质分子发生竞争吸附的过程，存在着一个吸附和解吸的动态平衡，即有一吸附平衡常数（分配系数）K。K 值表示溶质在固定相和流动相中的浓度比。

不同的溶质有不同的 K 值，一个组分的色谱特性完全由 K 值决定。K 值越大，说明该物质被吸附得牢，在固定相中停留时间长，在柱中移动速度慢；如果 $K=0$，就意味着溶质不能进入固定相而随流动相迅速流出。要使混合物中各个组分分离，则它们的 K 值相差必须足够大，且 K 值相差越大，各组分越容易彼此分离。因此，应根据被分离物质的化学结构和性质（极性）选择适当的固定相和流动相，就可以使混合物中各组分完全分离。

（二）吸附剂

吸附色谱法对吸附剂有以下几点基本要求：①有较大的表面积，有足够的吸附能力，但对不同物质其吸附能力又不一样；②与洗脱剂、溶剂及试样不起化学反应，并在所用溶剂和洗脱剂中不溶解；③粒度均匀，粒度要细。

常用的吸附剂可分为有机类和无机类两大类。有机类有活性炭、淀粉、蔗糖、乳糖、聚酰胺以及纤维素等；无机类有氧化铝、硅胶、氧化镁、硫酸钙、碳酸钙、磷酸钙、滑石粉、硅藻土等。其中以硅胶和氧化铝较为常用。

1. 硅胶

硅胶呈微酸性，用于分离酸性和中性物质，如有机酸、氨基酸、甾体等。硅胶具有多孔性的硅氧交联（—Si—O—Si—）结构，其骨架表面有许多硅醇基（—Si—OH）。其吸附性能取决于硅胶表面的硅醇基，硅醇基作为质子给予体，通过氢键的形式将溶质吸附在硅胶表面。与其他吸附剂相比，硅胶对样品无催化作用，有较大的线性容量和较高的柱效能等优点，为首选吸附剂。水因能与硅胶表面的羟基结合形成水合硅醇基（—Si—OH · H_2O）而使硅醇基失去活性，不具有吸附性能。硅胶表面吸附的水为“自由水”，加热到 100 ℃左右时能可逆地除去。利用这一原理可对吸附剂进行活化（去水）和去活性（加水）处理。通常将硅胶在 105～110 ℃活化。如果将硅胶加热至 500 ℃，硅醇基变成硅氧烷，则吸附性能显著下降。

2. 氧化铝

氧化铝有碱性、中性和酸性三种，吸附能力略高于硅胶，以中性氧化铝使用最多。碱性氧化铝适用于碱性和中性化合物的分离。中性氧化铝适用于分离生物碱、甾体、苷类、醛、酮、醌、酯和内酯等化合物。凡是用酸性氧化铝、碱性氧化铝可分离的物质都可用中性氧化铝分离。酸性氧化铝适用于分离酸性化合物，如酸性色素、氨基酸及对酸稳定的中性物质。

硅胶和氧化铝的活性可分为五级（表 13-1），含水量越少，活度越大，其吸附能力越强。

Ⅰ级吸附剂活度最大，Ⅴ级吸附剂活度最小。分离极性小的物质，一般选用活度大些的吸附剂，以免保留程度太小，难以分离。分离极性大的物质，宜选用活度小些的吸附剂，以免吸附过牢，不易洗脱下来。常用硅胶和氧化铝的活度为Ⅱ～Ⅲ级。在一定温度下，加热除去水分，可降低活度级数，增加活度，反之加入一定量的水可使活度级数增加，活度降低。

（三）洗脱剂的选择

在液固吸附色谱法中，洗脱剂的选择对样品的洗脱起着极其重要的作用。因为洗脱剂的洗脱作用，实质上是溶剂分子与被分离的组分分子，竞争占据吸附剂表面活性点位的过程。极性越强的溶剂分子，占据吸附点位的能力越强，因而具有强的洗脱作用。极性越弱的溶剂分子，竞争占据吸附点位的能力越弱，洗脱作用就弱。在通常情况下，被分离组分的性质和吸附剂的活性均已固定，样品中各组分能否分离，关键就是如何选择洗脱剂了。洗脱剂的选择应从以下三个方面考虑。

1. 被分离组分的极性与被吸附力的关系

被分离组分的结构不同，其极性就有差异。烷烃系非极性化合物，一般不被吸附或吸附得很不牢固。但其结构中有官能团取代后，则极性发生变化。常见官能团的极性由小到

大的顺序为

烷烃＜烯烃＜醚类＜硝基化合物＜酯类＜酮类＜醛类＜硫醇＜胺类＜酰胺＜醇类＜酚类＜羧酸类

表 13-1 硅胶、氧化铝的含水率与活性的关系

活性级别	硅胶含水量/(%)	氧化铝含水量/(%)
Ⅰ	0	0
Ⅱ	5	3
Ⅲ	15	6
Ⅳ	25	10
Ⅴ	38	15

在判断被分离组分的极性大小时,有下述规律可循。

(1) 分子中官能团的极性越大或极性官能团越多,则整个分子的极性越大,被吸附力越强。

(2) 在同系物中,相对分子质量越小,极性越大,被吸附力越强。

(3) 分子中双键越多、共轭双键链越长,被吸附力越强。

(4) 分子中取代基的空间排列对被吸附力也有影响,当形成分子内氢键时,被吸附力弱于羟基不能形成分子内氢键的化合物。

2. 吸附剂的活性与被分离组分极性的关系

分离极性大的组分,宜选用吸附性能小的吸附剂,以免吸附过牢,不易洗脱。分离极性小的组分,一般选择吸附能力大的吸附剂,以免组分流出太快,难以分离。

3. 洗脱剂的极性与被分离组分极性的关系

一般按照极性物质易溶于极性溶剂,非极性物质易溶于非极性溶剂的相似相溶原则来选择洗脱剂。因此,当分离极性较大的组分时,宜选择极性较大的溶剂作洗脱剂,而分离极性较小的组分时,则宜选择极性较小的溶剂作洗脱剂。常用溶剂的极性由弱到强的顺序为

石油醚＜环己烷＜四氯化碳＜苯＜甲苯＜乙醚＜氯仿＜乙酸乙酯＜正丁醇＜丙酮＜乙醇＜甲醇＜水

在应用以上溶剂时应注意溶剂相互溶解性和相对密度的问题,其中丙酮、乙醇、甲醇与水能相互混溶,四氯化碳、氯仿的密度比水大。

总之,在选择色谱条件时,必须从被分离组分的极性、吸附剂的活性以及洗脱剂的极性这三个方面综合考虑。

二、分配色谱法

在实际应用中,有些极性强的组分,如有机酸、多元醇等能被吸附剂强烈吸附,即使用极性很强的洗脱剂也很难洗脱下来。可见,采用吸附色谱法分离此类强极性组分是很困难的,而采用分配色谱法则可获得良好的效果。

(一) 基本原理

分配色谱法是将某种溶剂涂布在吸附剂颗粒表面或纤维纸上,形成一层液膜,称为固

定相，吸附剂颗粒或纸纤维称为支持剂或载体、担体。溶质就在固定相和流动相之间发生分配。各组分因在两相中的分配不同而获得分离。

（二）载体

在分配色谱法中载体只起负载固定相的作用。对它的要求是有惰性，没有吸附能力，能吸留较大量的固定相液体。载体必须纯净，颗粒大小均匀，大多数的商品载体在使用之前需要精制、过筛。常用的载体如下。

1. 硅胶

它可以吸收相当于本身质量50%以上的水仍不显湿状。但其规格不同，往往使分离结果不易重现。

2. 硅藻土

硅藻土是现在应用最多的载体，由于硅藻土中氧化硅较为致密，几乎不发生吸附作用。

3. 纤维素

纤维素是纸色谱的载体，也是分配柱色谱常用的载体。

此外，还有用淀粉作载体的，也有采用有机载体的，如微孔聚乙烯粉等。

（三）固定相及其选择

分配色谱法根据固定相和流动相的相对极性，可以分为两类：一类称为正相分配色谱法，其固定相的极性大于流动相，即以强极性溶剂作为固定相，而以弱极性的有机溶剂作为流动相；另一类为反相分配色谱法，其固定相极性较小，而流动相极性较大。

在正相分配色谱法中，固定相有水、各种缓冲溶液、稀硫酸、甲醇、甲酰胺、丙二醇等强极性溶剂及它们的混合溶液等。按一定的比例与载体混匀后填装于色谱柱，用被固定相饱和的有机溶剂作洗脱剂进行分离。被分离成分中极性大的亲水性成分移动慢，而极性小的亲脂性成分移动快。

在反相分配色谱法中，常以硅油、液体石蜡等极性较小的有机溶剂作为固定液，而以水、水溶液或与水混合的有机溶剂作为流动相。此时，被分离成分的移动情况与正相分配色谱法相反，即亲脂性成分移动慢，在水中溶解度大的成分移动快。

（四）流动相及其选择

一般正相色谱法常用的流动相有石油醚、醇类、酮类、酯类、卤代烷类、苯等，或它们的混合物。反相色谱法常用的流动相则为正相色谱法中的固定液，如水、各种水溶液（包括酸、碱、盐及其缓冲溶液）、低级醇等。

固定相与流动相的选择，要根据被分离物中各组分在两相中的溶解度之比即分配系数而定。可先以对各组分溶解度大的溶剂为洗脱剂，再根据分离情况改变洗脱剂的组成，即在流动相中加入一些其他的溶剂，以改变各组分被分离的情况与洗脱速率。

三、离子交换色谱法

以离子交换剂为固定相，用水或与水混合的溶剂作为流动相，利用它在水溶液中能与溶液中离子进行交换的性质，根据离子交换剂对各组分离子亲和力的不同而使其分离的方法称为离子交换色谱法。离子交换剂可分为无机离子交换剂和有机离子交换剂，其中以有机离子交换剂在分离分析中应用最广泛，种类也较多。目前，国内生产和应用最多的是离子交换树脂。

（一）离子交换树脂的分类

离子交换树脂是一类具有网状结构的高分子聚合物。离子交换树脂的性质一般很稳定，不溶于有机溶剂，不与酸、碱和一般弱氧化剂反应，对热也比较稳定。离子交换树脂的种类很多。最常用的是聚苯乙烯型离子交换树脂。它是以苯乙烯为单体，以二乙烯苯为交联剂聚合而成的球形网状结构。如果在网状骨架上引入不同的可以被交换的活性基团，即成为不同类型的离子交换树脂。根据所引入的活性基团不同，可以将离子交换树脂分为两大类。

1. 阳离子交换树脂

如果在树脂骨架上引入的是酸性基团，如磺酸基（$—SO_3H$）、羧基（—COOH）、酚羟基（—OH）等。这些酸性基团上的氢可以和溶液中的阳离子发生交换，故称为阳离子交换树脂。由于不同酸性基团的树脂其电离度不同，故阳离子交换树脂又有强酸型阳离子交换树脂和弱酸型阳离子交换树脂之分。常用的阳离子交换树脂多为强酸型，例如磺酸型阳离子交换树脂，以 $R—SO_3H$ 表示，R 代表树脂的骨架部分。弱酸型阳离子交换树脂的交换能力受外界酸性影响较大，例如 R—COOH 要在 pH>4 时才具有离子交换能力，因此其应用受到一定的限制。阳离子交换反应为

$$R—SO_3^- H^+ + M^+ Cl^- \rightleftharpoons R—SO_3^- M^+ + H^+ Cl^-$$

在反应式中，M^+ 代表金属离子，当样品溶液加入色谱柱中时，溶液中阳离子便和氢离子交换，阳离子被树脂吸附，氢离子进入溶液。由于交换反应是可逆过程，已经交换的树脂，如果以适当浓度的酸溶液处理，反应逆向进行，阳离子就被洗脱下来，树脂又恢复原状。这一过程称为洗脱或树脂的再生。再生后树脂可继续使用。

2. 阴离子交换树脂

如果在树脂骨架上引入的是碱性基团，如季铵基（$—N(CH_3)_3^+$）、伯胺基（$—NH_2$）、仲胺基（$—NHCH_3$）等，则这些碱性基团上的 OH^- 可以和溶液中的阴离子发生交换反应，故称为阴离子交换树脂。同样，阴离子交换树脂也可分为强碱型阴离子交换树脂和弱碱型阴离子交换树脂。常用的阴离子交换树脂多为强碱型，例如季铵基阴离子交换树脂以 $RN(CH_3)_3^+ OH^-$ 表示。阴离子交换反应为

$$RN(CH_3)_3^+ OH^- + X^- \rightleftharpoons RN(CH_3)_3^+ X^- + OH^-$$

（二）离子交换平衡

如果将离子交换反应用下面的通式表示：

$$R^- B^+ + A^+ \rightleftharpoons R^- A^+ + B^+$$

当反应达到平衡时，可用交换平衡常数 $K_{A/B}$ 表示：

$$K_{A/B} = \frac{[A^+]_R [B^+]_M}{[B^+]_R [A^+]_M} = \frac{[A^+]_R / [A^+]_M}{[B^+]_R / [B^+]_M} = \frac{K_A}{K_B} \tag{13-10}$$

式中：$[A^+]_R$、$[B^+]_R$ 分别代表固定相树脂中 A^+、B^+ 浓度；$[A^+]_M$、$[B^+]_M$ 分别代表流动相水溶液中 A^+、B^+ 浓度；K_B 为 B^+ 的交换系数；K_A 为 A^+ 的交换系数。

当各离子的强度和树脂的填充状况一定时，则 $K_{A/B}$ 为常数。平衡常数 $K_{A/B}$ 定义为树脂对溶液中 A^+、B^+ 两种离子的相对选择性，称为选择性系数。在离子交换色谱法中，可用

选择性系数 $K_{A/B}$ 来衡量交换树脂对 A^+、B^+ 两种离子的选择交换能力，如果 $K_{A/B}$ 较大($K_{A/B}>1$)，说明树脂对 A^+ 结合得较牢靠。所以 A^+、B^+ 两种离子流出色谱柱的顺序应是 B^+ 在前，A^+ 在后。如果 $K_{A/B}$ 较小($K_{A/B}<1$)，说明树脂对 B^+ 结合得较牢靠。所以流出色谱柱的顺序应是 A^+ 在前，B^+ 在后。由此可见，不同的离子，交换系数不同，从而达到分离的目的。

（三）离子交换树脂的性能

1. 交联度

交联度是指离子交换树脂中交联剂(二乙烯苯)的含量，常以质量分数表示。树脂的孔隙大小与交联度有关，交联度大，形成的网状结构紧密，网眼就小，因而选择性就好。但是交联度也不宜过大，否则，网眼过小，会使交换速度变慢，甚至还会使交换容量下降。通常，阳离子交换树脂交联度以8%，阴离子交换树脂交联度以4%左右为宜。

2. 交换容量

理论交换容量是指每克干树脂中所含有的酸性或碱性基团的数目。实际交换容量是指在实验条件下，每克干树脂真正参加交换的基团数。实际交换容量往往低于理论值，交换容量的大小可用酸碱滴定法测定，其单位以 mmol/g 表示。树脂的交换容量一般为 1～10 mmol/g。

四、空间排阻色谱法

空间排阻色谱法又称为凝胶色谱法，主要用于蛋白质及其他物质的分离。其固定相为化学惰性的多孔性物质——凝胶。凝胶是一种由有机物制成的分子筛。该法可分为凝胶过滤色谱法和凝胶渗透色谱法。凝胶过滤色谱法所用凝胶为亲水性凝胶，如葡聚糖凝胶，以水为流动相，分离溶于水的样品。凝胶渗透色谱法以亲脂性凝胶为固定相，如甲基交联葡聚糖凝胶，以有机溶剂为流动相，分离不溶于水的样品。

凝胶在使用前，应在流动相溶剂中浸泡，使其充分溶胀，然后装入色谱柱中。凝胶不具有分配、吸附和离子交换作用。在洗脱过程中，组分的保留程度，取决于组分分子的大小。小分子可以完全渗透进入凝胶内部孔穴中而被滞留；中等分子可以部分进入较大的一些孔穴中；大分子则完全不能进入孔穴中，而只能沿凝胶颗粒之间的空隙随流动相向下流动。因此，大分子比小分子先流出柱，经过一定时间后，各组分按分子大小得到分离。

凝胶色谱法目前被广泛应用，是天然药物化学和生物化学研究中的常规分离方法。在天然药物有效成分的分离提纯工作中，它是水溶性大分子化合物分离上常用的方法之一，实践证明它对小分子物质的分离也是有效的。随着新的凝胶材料的不断问世，凝胶色谱法的应用范围也在不断扩大。几种色谱法归纳如表 13-2。

表 13-2 几种色谱法比较

	吸附色谱法	分配色谱法	离子交换色谱法	空间排阻色谱法
分离原理	吸附-解吸	两相溶剂萃取	离子交换	分子筛
固定相	吸附剂	与洗脱剂不相混溶的溶剂	离子交换树脂	凝胶
流动相	各种极性不同的溶剂	与固定相不相混溶的溶剂	酸、碱性溶剂	水或有机溶剂
主要分离对象	极性小的组分	极性大的组分	离子性组分	大分子组分

第四节 经典液相色谱法

经典液相色谱法包括经典柱色谱法和薄层色谱法，是在常压下靠重力或毛细作用输送流动相的色谱方法。经典色谱法与现代色谱法的区别主要在于输送流动相的方式、固定相的种类和规格、分离效能、分析速度和检测灵敏度等方面。现代色谱法灵敏度高，分离效率高。但经典色谱法也有许多优点，如设备简单、操作方便、分析速度快。在药物研究、食品化学、环境化学、临床化学、法检分析及化学化工等行业都有广泛的应用。特别是在天然药物的分离研究及定性鉴别等方面发挥着独特的作用，是鉴别中药的主要手段之一。

经典色谱法按其作用原理又可分为吸附色谱法、分配色谱法、离子交换色谱法和分子排阻色谱法等。以上各种色谱分析方法的分离机理已经在上一节详细列出，此处仅就柱色谱法和薄层色谱法的操作方法做讨论。

一、柱色谱法

（一）色谱柱的制备

常用的柱体有玻璃柱、石英柱及尼龙柱。其规格根据被分离物质的情况而定，内径与柱长的比例，一般在(1∶10)～(1∶20)，如有特殊需要，为了提高分离效率可采用细长型色谱柱，如欲从溶液中吸去某种成分或滤去不溶物以及使用活性炭脱色时滤去细微的活性炭颗粒，可采用短粗色谱柱。吸附剂的颗粒大小一般应在100～200目。吸附剂的用量应根据被分离的样品量而定，氧化铝用量为样品质量的20～50倍，对于难分离化合物氧化铝的用量可增加至100～200倍；如果用硅胶作固定相其比例一般为(1∶30)～(1∶60)，如为难分离化合物，可高达(1∶500)～(1∶1000)。

1. 玻璃柱的填装要求

玻璃柱的填装要求是填装均匀，且不能有气泡，若松紧不一致则分离物的移动速度不规则，影响分离效果。装柱时首先将玻璃柱垂直地固定于支架上(管下端塞有少量棉花或带有玻璃砂芯滤板)，以保持一个平整的表面，有助于分离。

2. 玻璃柱的填装方法

1）干装法

将吸附剂均匀地倒入柱内，中间不应间断，通常在管上端放一玻璃漏斗，使吸附剂经漏斗成一细流，慢慢加入管内。必要时轻轻敲打色谱柱使填装均匀，尤其在装较粗的色谱柱时更应细心。柱装好后，可剪一直径大小适合的滤纸放入吸附剂上面，防止倒入试样或洗脱剂时将吸附剂冲起，再打开下端活塞，沿管壁轻轻倒入溶剂，待吸附剂湿润后，要注意柱内必须没有气泡，如有气泡可再加溶剂并在上端通入压缩空气，使气泡随溶剂由下端流出。

2）湿装法

先将准备使用的洗脱剂装入管内，然后把吸附剂(或将吸附剂以相同洗脱剂拌湿后)慢慢连续不断地倒入柱内，此时应将管下端活塞打开，使洗脱剂慢慢流出。吸附剂慢慢沉于管的下端，待加完吸附剂后，继续使洗脱剂流出，直到吸附剂的沉降不再变动。此时吸附剂上面加少许棉花或直径与柱内径大小合适的滤纸片，将多余的洗脱剂放出，至吸附剂上面的洗脱剂将尽时，把被分离样品的溶剂轻轻加于柱顶部，开始洗脱。

（二）加样与洗脱

首先将被分离样品溶于一定体积的溶剂中，选用的溶剂极性应低，体积要小。

上样前，应将柱上端的溶剂放出至近吸附剂表面。沿管壁加入样品溶液，溶液加完后，打开活塞使液体慢慢放出，至液面与吸附剂表面相齐。必要时再用少量溶剂冲洗原来盛有样品的容器，全部加入色谱柱内，开始收集流出的洗脱液。

在洗脱时，用分液漏斗连续不断地加入洗脱剂，并保持一定高度的液面。在收集洗脱液时，应等份收集。将收集液用薄层色谱法或纸色谱法定性检查，根据检查结果，将成分相同的洗脱液合并，回收溶剂，得到某单一成分。如为几个成分的混合物，可再用其他方法进一步分离。

（三）检出

可以通过分段收集流出液，采用相应的物理和化学方法检出。常用的检出方法很多，如化学反应法、TLC 法及其他方法。

二、薄层色谱法

薄层色谱法和纸色谱法与前面讨论的柱色谱法不同，它们均在平面上进行分离。因此又被称为平面色谱法。

薄层色谱按其分离机理可分为吸附薄层色谱、分配薄层色谱、离子交换及排阻薄层色谱等，但使用得较多的是吸附薄层色谱。此处只讨论吸附薄层色谱法。

（一）薄层色谱法的分离原理

薄层色谱法是将吸附剂均匀地涂在玻璃板或其他硬板上成一薄层，将此吸附剂薄层作为固定相，把待分离的样品溶液点在薄层板的下端，然后用一定的溶剂（称为展开剂）作为流动相。将薄层板的下端浸入展开剂中，流动相通过毛细管作用由下而上逐渐浸润薄层板，此时流动相将带动试样在板上也向上移动，由于吸附剂对不同物质的吸附力大小的不同，试样中的组分在吸附剂和溶剂之间发生连续不断的吸附、解吸、再吸附、再解吸的过程。易被吸附的物质相对移动得慢一些，而较难吸附的物质则相对移动得快一些，从而使各组分有不同的移动速度而彼此分开，形成互相分离的斑点，从而进行混合物的分离和分析。各个斑点在薄层中的位置一般用比移值 R_f 来表示，即

$$R_f = \frac{\text{原点至斑点中心的距离}}{\text{原点至溶剂前沿的距离}} \tag{13-11}$$

式中：原点指样品点在薄层板上的位置；溶剂前沿（即展开剂前沿）指展开完毕后，展开剂到达的终点。

如图 13-5 所示为 A、B 混合物 R_f 值的测量示意图。A、B 组分的 R_f 按下式计算：

$$R_{f,A} = \frac{a}{c} \qquad R_{f,B} = \frac{b}{c}$$

若某组分 $R_f=0$；表示它不随展开剂移动，吸附剂吸附力太强。R_f 值的大小，取决于该组分的分配系数 K。由于不同组分具有不同的 R_f 值，所以可根据 R_f 值进行定性分析。

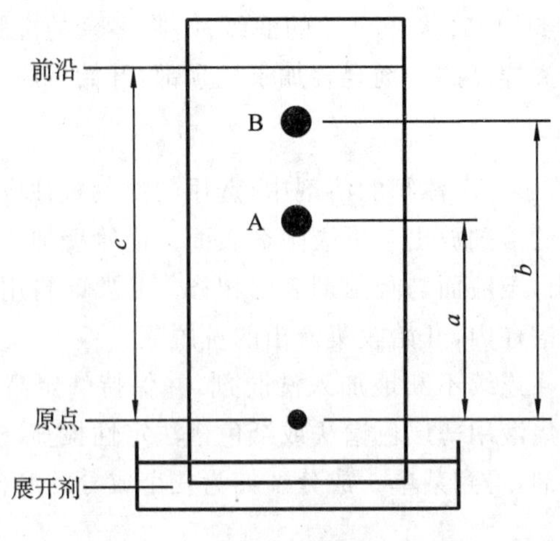

图 13-5 R_f 值的测量示意图

待测试样经薄层色谱法分离后，采用适当的手段，检测斑点，即可对样品中各组分进行定量分析。

一般影响 R_f 值的因素是很多的，如溶液 pH 值、展开时间、展开距离、温度、薄层厚度、吸附剂含水量等。在实验中，R_f 值的可用范围是 0.2～0.8，最佳范围是 0.3～0.7。为消除实验条件的影响，常用相对比移值 R_{st} 表示：

$$R_{st}=\frac{\text{原点至待测组分斑点中心的距离}}{\text{原点至参考(对照)物斑点中心的距离}} \tag{13-12}$$

所用的参考(对照)物可以是样品中的某一个组分，也可以是另外加的标准物质。

R_{st} 的值与 R_f 不同，$0<R_f<1$，而 R_{st} 可以大于 1 也可以小于 1。R_f 最大等于 1，此时该组分随展开剂一起上升，分配系数 K 最大；R_f 值最小(等于 0)时该组分基本留在原点不动，分配系数 K 最小。从原则上讲，只要两组分的 R_f 值有差别，就能将它们分开，R_f 值差别越大，分离效果就越好。

(二) 薄层色谱法的操作技术

薄层色谱法的一般操作程序可分为制板、点样、展开、斑点定位、定性分析和定量分析六个步骤。

1. 制板

将吸附剂涂铺在玻璃板上使成厚度均一的薄层的过程称为制板。制板所用的玻璃板必须表面光滑、平整清洁、不得有油污。否则，薄层板不易铺成，即使铺成，事后也容易发生薄层翘裂脱落现象。

玻璃板的大小根据实际需要而定，一般有 5 cm×20 cm、10 cm×20 cm、20 cm×20 cm 等几种规格。有时也可用载玻片代替。

1) 软板的制备

吸附剂中不加黏合剂制成的薄层板称为软板。其方法是先将吸附剂均匀地撒在玻璃板一端，取一根比玻璃板宽度长的玻璃棒。在两端包裹上适当厚度的橡皮膏，一头再套上塑料管或橡胶管。所铺薄层厚度视分离要求而定，一般应控制在 0.25～0.5 mm 范围。然后从撒有吸附剂的一端开始，两手均匀推动玻璃棒向前。推动速度不宜太快，也不应中途停顿，以免薄层厚度不均，影响分离效果。

该板制备方法简便、快速、随铺随用，展开速度快。缺点是所铺薄层不牢固，易被吹散，薄层板也只能放于近水平位置展开，分离效果也较差，现已较少使用。

2）硬板的制备

吸附剂中加黏合剂所制成的板称为硬板。所用的黏合剂有煅石膏（$CaSO_4 \cdot 1/2H_2O$）和羧甲基纤维素钠，分别用符号“G”、“CMC-Na”表示。硬板的制备通常用湿法铺板，湿法铺板的方法有三种：倾注法、平铺法和机械涂铺法。

（1）倾注法：取一定量的吸附剂，按一定比例加入 0.5%～1%的 CMC-Na 溶液，调成糊状倒在玻璃板上，用玻璃棒均匀摊开，轻轻振荡，使薄层均匀，置于水平台上晾干后，放入烘箱中在 110 ℃活化 1～2 h，取出，置于干燥器中备用。如果所用吸附剂是硅胶-G 或氧化铝-G，则可直接加水调成糊状进行铺板。本法是实验室中最常用的手工铺板方法。用含煅石膏制成的硬板，其机械强度较差，易脱落，但耐腐蚀，可用浓硫酸试液显色。硅胶-CMC 板，通常是在硅胶中加入 0.5%～1%的 CMC-Na 水溶液作黏合剂制成的薄层板。该板机械强度好，可用铅笔在上面做记号。但在使用强腐蚀性显色剂时，要注意显色温度和时间。

（2）平铺法：在水平台面上先放置适当大的玻璃平板，再在此板上放置准备好的玻璃板，另在玻璃板两边加上玻璃条做成框边（框边的厚度应略高于中间玻璃板 0.25～1 mm），将吸附剂糊倒在中间玻璃板上，用有机玻璃板或玻璃棒向一定方向均匀地将吸附剂刮平，然后逐块轻轻振动均匀，置于水平台上晾干后活化备用。本法可以一次平铺多块薄层板，简单易行。

（3）机械涂铺法：用涂铺器制板，操作简单，得到的薄层板厚度均匀一致，适合于定量分析，是目前广为应用的方法。由于涂铺器的种类较多，型号各不相同，使用时应按仪器的说明书操作。

用涂铺器铺的薄层板和上述手工铺板一样，应先在水平的台面上或薄层架上晾干，并置于烘箱中 110 ℃左右活化 1～2 h（氧化铝 G 板活化温度可高些），置于干燥器中备用。

常用的薄层板类型有软板（硅胶 H 板、氧化铝板）、硬板（硅胶 G 板、氧化铝 G 板、硅胶 CMC-Na 板、氧化铝 CMC-Na 板）、F 板（F_{254} 板、F_{365} 板）。F 板为在吸附剂中加有波长为 254 nm 或 365 nm 荧光物质的板。

2. 点样

点样就是将样品液和对照品液点到薄层上。点样时应注意以下几个问题。

1）样品溶液的制备

溶解样品的溶剂，对点样非常重要。尽量避免用水为溶剂，因水不易挥发，易使斑点扩散。一般都用甲醇、乙醇、丙酮、氯仿等挥发性有机溶剂，最好用与展开剂相似的溶剂。

2）点样量

点样量的多少与薄层的性能及显色剂的灵敏度有关。一般分析型薄层，点样量为几至几十微克，而制备型薄层可以点到数毫克。点样用的仪器常用管口平整的毛细管或平口微量注射器，条件好的可用各种自动点样装置。

3）点样方法

点样时必须小心操作。首先用铅笔在距薄层底边 1.5～2 cm 处画一条起始线，然后在起始线上做好点样记号，再用点样管吸取一定量的样品液。轻轻接触薄层板起始线上的点样记号，毛细管内的溶液就自动渗到薄层上。当一块薄层板上需点几个样品时，点样用的毛细管不能混用。原点与原点间距离为 1～1.5 cm。如果样品溶液较稀，可分数次点完，每点一次，应待溶剂挥干后再点。如连续点样，会使原点扩散。点样后所形成的原点直径越小越好，一般以 2～3 mm 为宜。

3. 展开

展开的过程就是混合物分离的过程，它必须在密闭的展开槽（多数是长方形展开槽）或直立型的单槽色谱缸或双槽色谱缸中进行。如图 13-6 所示。

1）展开方式

（1）近水平展开：近水平展开应在长方形展开槽内进行，如图 13-6(a)所示。将点好样的薄层板下端浸入展开剂约 0.5 cm（注意：样品原点不能浸入展开剂中），把薄层板上端垫高。使薄层板与水平板角度适当，为 15°～30°。展开剂借助毛细管作用自下而上进行。该方式展开速度快，适合于不含黏合剂的软板的展开。

（2）上行展开：目前薄层色谱法中最常用的一种展开方式。将点好样的薄层板放入已盛有展开剂的直立型色谱缸中，斜靠于色谱缸的一边壁上，展开剂沿下端借毛细管作用缓慢上升，待展开距离达薄层板长度的 4/5 或 9/10 时，取出薄层板，画出溶剂前沿，待溶剂挥发完后进行斑点定位。这种展开方式适合用于硬板的展开。

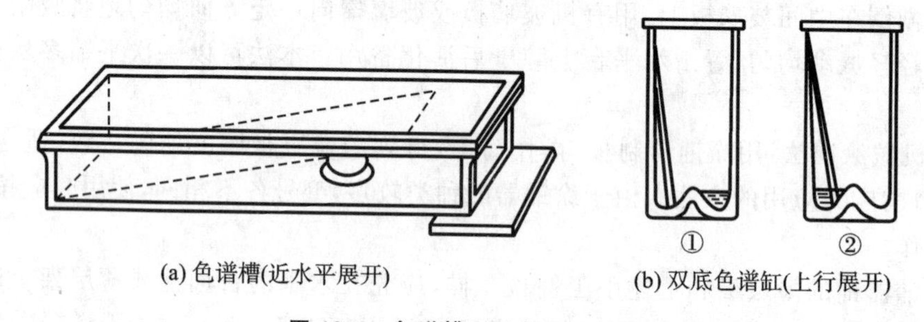

(a) 色谱槽(近水平展开)　　(b) 双底色谱缸(上行展开)

图 13-6　色谱槽(缸)与展开方式

① 展开剂蒸气预饱和过程；② 展开过程

2）注意事项

（1）色谱槽或色谱缸必须密闭良好：为使色谱槽内展开剂蒸气饱和并维持不变，应检查玻璃槽口与盖的边缘磨砂处是否严实。否则，应该涂甘油淀粉糊（展开剂为脂溶性时）或凡士林（展开剂为水溶性时）使其密闭。

（2）注意防止边缘效应：边缘效应是指同一组分的斑点在同一薄层板上出现的两边缘部分的 R_f 值大于中间部分的 R_f 值的现象。产生该现象的主要原因是由于色谱缸内溶剂蒸气未达到饱和，造成展开剂的蒸发速度在薄层板两边与中间部分不等。因此，在展开之前，通常将点好样的薄层板置于盛有展开剂的色谱缸内饱和约 15 min（此时薄层板不得浸入展开剂中）。待色谱缸内的空间以及内面的薄层板被展开剂蒸气完全饱和后，再将薄层板浸入展开剂中展开。如图 13-6(b)所示。

4. 斑点定位

对于有色物质斑点的定位可在日光下直接观察测定。而对于无色物质斑点，则必须采用以下方法。

1）荧光检出法

该法是在紫外灯下观察薄层板上有无荧光斑点或暗斑。如果被测物质本身在紫外灯下观察无荧光斑点，则可以借助 F 型薄层板来进行检出。荧光薄层板在紫外灯照射下，整个薄层板背景呈现黄绿色荧光，而被测物质由于吸收了 254 nm 或 365 nm 的紫外光而呈现出暗斑。

2）化学检出法

化学检出法是利用化学试剂（显色剂）与被测物质反应，使斑点产生颜色而定位。化学检出法是斑点定位应用最多的方法。显色剂可分为通用型显色剂和专属型显色剂两种。通用型显色剂有碘、硫酸溶液、荧光黄溶液、氨蒸气等。碘对许多有机化合物都可显色，如生物碱、氨基酸等衍生物。专属型显色剂是利用物质的特性反应显色。例如，茚三酮是氨基酸的专用显色剂，三氯化铁-铁氰化钾试剂是含酚羟基物质的显色剂，溴甲酚绿是酸性化合物的显色剂。

通常采用直接喷雾法或浸渍显色法使显色剂显色。硬板可将显色剂直接喷洒在薄层板上，喷洒的雾点必须微小、致密和均匀。软板则采用浸渍法显色，是将薄层板的一端浸入显色剂中，待显色剂扩散到整个薄层后，取出，晾干或吹干，即可呈现斑点的颜色。

在实际工作中，应根据被分离组分的性质及薄层板的状况来选择合适的显色剂及显色方法。各类组分所用的显色剂可从有关手册或色谱法专著中查阅。

5. 定性分析

薄层板上斑点位置确定之后，便可计算 R_f 值。然后，将该 R_f 值与文献记载的 R_f 值相比较来鉴定各组分。但由于影响 R_f 值的因素很多，主要外因如下。

1）吸附剂的性质

吸附剂的种类和活度对物质的 R_f 值有较大影响。由于吸附剂的表面性质、表面积、颗粒大小及含水量的多少，都会给吸附性能带来种种差异，从而影响 R_f 值的重现性。

2）展开剂的性质

展开剂的极性直接影响物质的移动距离和速度，故对 R_f 值影响很大。例如在流动相中增加极性溶剂的比例，则亲水性物质的 R_f 值就会增大。在色谱缸中，溶剂蒸气的饱和程度对 R_f 值也有影响。如果在展开前未预先让蒸气饱和，则在展开过程中溶剂将不断从表面蒸发，造成展开剂配比改变，致使 R_f 值发生变化。

3）展开时的温度

一般来说，温度对吸附色谱法的 R_f 值影响不大，但对分配色谱法则直接影响分离效果。因此，温度对纸色谱法的影响要比吸附色谱法大些。此外，展开方式、展开距离等因素也会给 R_f 值带来不同程度的影响。

因此要使测定的条件与文献规定的条件完全一致比较困难。通常的方法是用对照法，即在同一块薄层板上分别点上样品和对照品进行展开、定位。如果样品的 R_f 值与对照品的 R_f 值相同，即 R_s值为 1，则可认为该组分与对照品为同一物质。有时为了进一步可靠起见，还应采用多种不同的展开系统进行展开。如果所得到的 R_f 值与对照品均一致，才可基本认定是同一物质。

6. 定量分析

薄层色谱法的定量分析采用仪器直接测定较为方便、准确，也有采用薄层分离后再洗脱，得到的洗脱液用紫外-分光光度法或其他仪器分析法进行定量。但也有其他一些简易的定量或半定量的方法。

1）目视比较法

将对照品配成浓度已知的系列标准溶液，同样品溶液一起分别点在同一块薄层板上展开，显色后，目视比较样品色斑的颜色深度和面积大小与对照品中的哪一个最为接近，即可求出样品含量的近似值。本法的精度为±10%，适合于半定量分析或药物中杂质的限度检查。

2）斑点洗脱法

将样品液以线状点在薄层板的起始线上，展开后，用一块稍窄一点的玻璃板盖着薄层板的中间，用以上定位方法定位出薄层板两边的斑点。拿开玻璃板将待测组分斑点中间条状部分的吸附剂定量取下（如采用刀片刮下或捕集器收集），用合适的溶剂将待测组分定量洗脱，然后按照比色法或分光光度法测定其含量。

3）薄层扫描法

薄层扫描法是指用一定波长的光照射在薄层板上，对薄层色谱有吸收紫外光或可见光的斑点，或经激发后能发射出荧光的斑点进行扫描，将扫描得到的图谱及积分数据用于进行定量分析的分析方法。

薄层色谱扫描仪就是一种用于薄层色谱法定量的仪器，它由光源、单色器、样品台、检测器、记录仪等构成，其光学系统有单光束、双光束和双波长三种，一般都可直接测量薄层板上斑点的吸光度和荧光强度。测量荧光强度不仅选择性好，而且灵敏度高。测量方式可同时采用反射和透射两种方式，但反射法用得最多。

图 13-7 是一种双波长薄层色谱扫描仪示意图。从光源（氘灯、钨灯或氙灯）发射的光，通过两个单色器成为两束不同波长的光。经斩光器时，使两束光交替照射在薄层板上，如为反射法测定，则斑点表面的反射光由光电倍增管接收（如用透射法测定，则由光电倍增管接收透射光），检测器测得两波长的吸光度差值。由记录仪描绘出组分斑点吸收曲线，曲线呈峰形，如图 13-8 所示。在相同条件下，取测量标准物质时绘制斑点的峰面积与待测组分的峰面积比较，即可测得待测组分的含量。

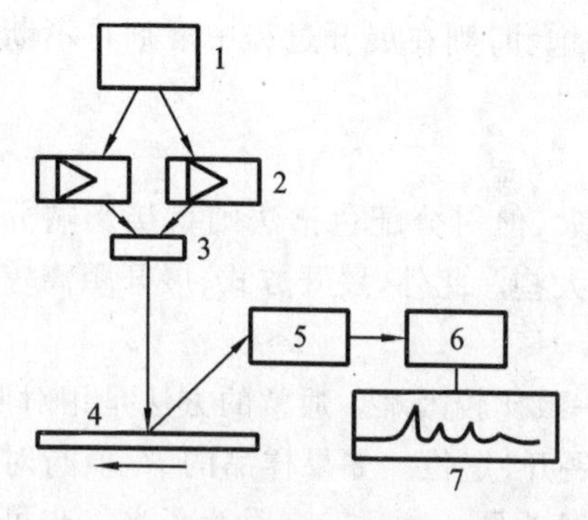

图 13-7 双波长薄层色谱扫描仪

1—光源；2—单色器；3—斩光器；4—薄层板；
5—光电倍增管；6—放大器；7—记录仪

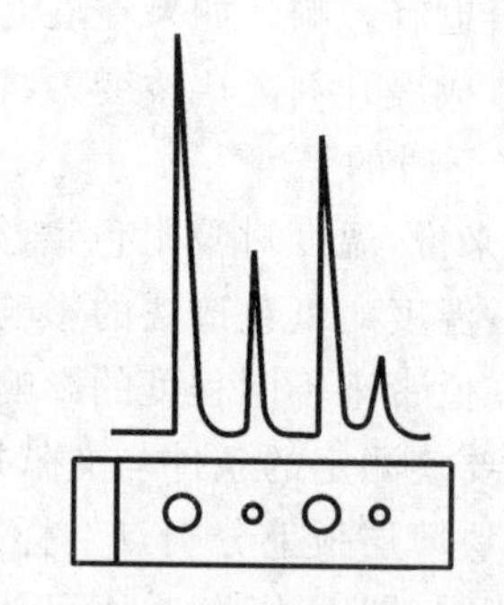

图 13-8 薄层色谱扫描仪曲线

三、纸色谱法

纸色谱法具有简单、分离效能较高、所需仪器设备价廉、应用范围广等特点，已在有机化学、分析化学、生物化学、药物分析等方面得到应用。

（一）基本原理

纸色谱法(PC)是以滤纸作为载体的色谱法，属于分配色谱法。它所使用的固定相一般为纸纤维上吸附的水(或水溶液)，而流动相为有机溶剂。

纸色谱和薄层色谱都属于平面色谱，其操作方法基本相似。取色谱滤纸一条，按薄层色谱的点样方法将样品点在滤纸条上，然后将滤纸条悬挂在装有展开剂的密闭色谱缸内。使滤纸被展开剂蒸气饱和后，再将滤纸点有样品的底端浸入展开剂中(勿将原点浸入展开剂中)，展开剂借助滤纸纤维毛细管作用缓缓流向另一端。在展开过程中，样品中各组分随流动相向前移动，即在两相间连续进行分配萃取。由于各组分在两相间的分配系数不同，经过一段时间后，各组分便被分开。取出滤纸条，画出溶剂前沿线，晾干，依照薄层斑点的检出方法进行定位后，便可进行定性、定量分析。

（二）操作步骤

纸色谱法的操作步骤与薄层色谱法相似，主要有色谱滤纸的选择、点样、展开、斑点定位、定性与定量分析。

1. 色谱滤纸的选择

(1) 对色谱滤纸的要求。①色谱滤纸杂质含量要少，无明显的荧光斑点；②色谱滤纸应质地均匀，平整无折痕，边缘整齐，有一定的机械强度；③纸纤维应松紧适宜，过于疏松易使斑点扩散，过于紧密则展开速度太慢。

(2) 对滤纸的选择。应结合分离对象、分离目的、展开剂的性质来选择滤纸。①混合物中各组分间 R_f 值相差很小，宜选用慢速滤纸；反之，则宜选用快速或中速滤纸。②用于定性鉴别，应选用薄型滤纸；用于定量分析或制备，则选用厚型滤纸。③展开剂是正丁醇等较黏稠的溶剂，可选用疏松的薄型快速滤纸，反之，宜选用结构紧密的厚型滤纸。

常用的国内滤纸产品有新华色谱滤纸，国外滤纸产品多为 Whatman 1 号。

2. 点样

点样方法基本上与薄层色谱法相似。点样量取决于纸的厚薄程度及显色剂的灵敏度。一般是几微克到几十微克。

3. 展开

1) 展开剂的选择。

展开剂主要根据待测组分在两相中的溶解度和展开剂的极性来考虑。多数情况下是采用含水的有机溶剂，最常用的是 BAW 展开系统：正丁醇、醋酸、水的配比为 4 ∶ 1 ∶ 5(上层)或 4 ∶ 1 ∶ 1。必须注意的是，展开剂应预先用水饱和，否则，在展开过程中，会把固定相中的水夺去，使分配过程难以进行。

2) 展开方式

应根据色谱纸的形状、大小，选用合适的密封容器。先用展开剂蒸气饱和容器内部，或预先浸有展开剂的滤纸条贴在容器的内壁上，下端浸入展开剂中，使容器内能很快为展开剂蒸气所饱和。然后，将点好样的色谱纸的一端浸入到展开剂中进行展开。

纸色谱法通常采用上行法展开，让展开剂借助纸纤维毛细管效应向上扩散。该法应用广泛，但展开速度慢，一般要 5～8 h。纸色谱法还可采用下行展开、多次展开、径向展开等多种方式。应注意的是，即使是同一物质，如果展开方式不同，其 R_f 值也不一样。

4. 斑点定位

纸色谱法的斑点定位方法基本上和薄层色谱法相似。但纸色谱法不能使用腐蚀性显色剂，也不能在高温下显色。

5. 定性与定量分析

纸色谱法的定性方法与薄层色谱法完全相同，都是依据 R_f 值来鉴定物质。而定量方法则有所不同。纸色谱法定量早期多采用剪洗法，与薄层色谱法的斑点洗脱法相似。近年来，将滤纸上的样品斑点置于薄层扫描仪上直接进行扫描，根据扫描的积分值，计算出样品中某一组分的含量。

纸色谱法比柱色谱法操作简便。应用范围上虽不及薄层色谱法广泛，但在生化、医药等方面仍不失为一个有用的方法。

小结

一、色谱法分类

(1) 按两相所处的状态分类：气相色谱法、液相色谱法。

(2) 按固定相的形式分类：柱色谱法、平面色谱法。

(3) 按分离的原理分类：吸附色谱法、分配色谱法、离子交换色谱法、空间排阻色谱法(凝胶色谱法)、电色谱。

(4) 按使用的目的分类：分析型色谱法、制备型色谱法、流程色谱法。

二、基本术语及公式

本章基本术语及测定计算公式见表 13-3。

表 13-3 本章基本术语及测定计算公式

基本术语	符号	测定或计算
峰高	h	色谱峰
峰面积	A	色谱峰
死时间	t_M	色谱峰
保留时间	t_R	色谱峰
调整保留时间	t'_R	$t'_R = t_R - t_M$
死体积	V_M	$V_M = t_M F_c$
保留体积	V_R	$V_R = t_R F_c$
调整保留体积	V'_R	$V'_R = V_R - V_M = t'_R F_c$
相对保留值	r_{21}	$r_{21} = \frac{t'_{R_2}}{t'_{R_1}} = \frac{V'_{R_2}}{V'_{R_1}} \neq \frac{t_{R_2}}{t_{R_1}} = \frac{V_{R_2}}{V_{R_1}}$
分配系数	K	$K = \frac{c_s}{c_m}$

续表

基本术语	符号	测定或计算
分配比	k	$k=\dfrac{c_s V_s}{c_m V_m}=K\dfrac{V_s}{V_m}=\dfrac{K}{\beta}$
分配比与保留值的关系		$k=\dfrac{t'_R}{t_M}=\dfrac{V'_R}{V_M}$
分离度	R	$R=\dfrac{(t_{R_2}-t_{R_1})}{\frac{1}{2}(W_{b_2}+W_{b_1})}=\dfrac{2(t_{R_2}-t_{R_1})}{(W_{b_2}+W_{b_1})}$

三、几种基本色谱法比较

基本色谱法比较见表 13-4。

表 13-4 基本色谱法比较

项目	吸附色谱法	分配色谱法	离子交换色谱法	空间排阻色谱法
分离原理	吸附-解吸	两相溶剂萃取	离子交换	分子筛
固定相	吸附剂	与洗脱剂不相混溶的溶剂	离子交换树脂	凝胶
流动相	各种极性不同的溶剂	与固定相不相混溶的溶剂	酸、碱性溶剂	水或有机溶剂
主要分离对象	极性小的组分	极性大的组分	离子性组分	大分子组分

四、经典液相色谱法比较

经典液相色谱法比较见表 13-5。

表 13-5 经典液相色谱法比较

项目	柱色谱法(CC)	薄层色谱法(TLC)	纸色谱法(PC)
操作步骤	装柱	铺板与活化	色谱滤纸的选择
	加样	点样	点样
	洗脱	展开	展开
	定性	斑点定位	斑点定位
	定量	定性与定量	定性与定量
特点	适用于混合组分的分离与提纯	快速、灵敏、简便,常用于定性与定量分析	适用于极性大的组分的定性与定量分析

能力检测

1. 名词解释

分配系数　比移值　分离度　边缘效应

2. 简述色谱法的分类方法及特点。

3. 化合物 A 在薄层板上从原点迁移 7.8 cm，溶剂前沿距原点 16.5 cm。(1)计算化合物 A 的 R_f 值；(2)在相同的薄层色谱展开系统中，溶剂前沿距原点 14.6 cm，化合物 A 的斑点应在此薄层板上何处？

（漳州卫生职业学院 高佳）

第十四章　气相色谱法

学习目标

掌握：气相色谱法定性依据；气相色谱法定量分析的原理及方法；气相色谱法定性分析与定量分析的应用。

熟悉：气相色谱法的特点及其分类；气相色谱仪的基本组成及流程；气相色谱法的基本理论；气相色谱法的固定相和流动相；气相色谱法中色谱柱及柱温的选择、载气及流速的选择、其他条件的选择。

了解：常用的检测器。

第一节　概　　述

气相色谱法是以气体为流动相，将样品汽化后经色谱柱分离，然后进行检测分析的方法。它是在经典的液相色谱法的基础上借助仪器技术而发展起来的一种新型分离分析方法。自 1952 年创立以来，气相色谱法发展迅速，目前已被广泛应用于石油化工、有机合成、医药卫生、环境检测、食品分析等领域。在药物分析中，原料药、制剂含量的测定、杂质检查以及重要的成分分析、纯化、制备等，都会使用气相色谱法。

一、气相色谱法的特点及分类

1. 气相色谱法的特点

1）分离效能高

运用气相色谱法能在较短的时间内对组成极为复杂、各组分性质极为相近的混合物同时进行分离和测定。例如，运用 60 cm 长的毛细管柱可将汽油中含 10 个碳以内的组分分离出 200 多个色谱峰。

2）选择性好

气相色谱法可以分离化学结构极为相似的化合物。例如，多环芳烃的异构体、二甲苯的三种异构体等，用其他方法分离相当困难，但用气相色谱法则比较容易。

3）灵敏度高

由于使用了高灵敏度的检测器，气相色谱法可检测 10^{-13} g 的物质，因此，该方法在生物化学、医学、农业、食品和环境检测等领域应用非常广泛。

4）样品用量少

一般进样几微升即能完成全分析，而且分离和检测能一次完成。

5）操作简单，分析速度快

一次色谱分析一般只需要几分钟或几十分钟便可以完成一个分析周期。特别是目前气相色谱仪大多配有微处理机及数字处理系统，速度就更快。

6）应用范围广

对于气体、液体和固体均可用此法分析。据统计，能用气相色谱法直接分析的有机物大约占 20%。

但是，气相色谱法也有其局限性。它适用于分析具有一定蒸气压且稳定性好的样品，但对难挥发、易分解的分离则受到一定的限制；另外它只能测定单一物质的量，不能测定某些同类物质的总量；在进行定性和定量分析时，需要以被测物质的标准品为对照，而标准品往往不易获得，给定性鉴定带来困难。

近年来，由于色谱-质谱、色谱-红外光谱等的联用，使气相色谱法的强分离能力、红外光谱的强定性能力得到了很好的结合，为色谱分析的应用开辟了新的途径。

2. 气相色谱法的分类

1）按固定相的状态分类

若固定相是固体，即以固体吸附剂作固定相，称为气固色谱法；若固定相是液体，即将固定相涂在载体的表面，称为气液色谱法。

2）按分离原理分类

气相色谱法按分离原理分为吸附色谱法和分配色谱法。如气固色谱法属于吸附色谱法，而气液色谱法属于分配色谱法。

3）按色谱柱内径的粗细分类

根据柱的粗细，可分为两种类型：填充柱色谱法（色谱柱内径多为 4～6 mm）和毛细管柱色谱法（色谱柱内径多为 0.1～0.5 mm）。

二、气相色谱仪的基本组成及流程

1. 基本组成

国内外厂家生产的气相色谱仪型号很多，常见的有美国的安捷伦（Agilent gc6890 系列）、日本的 GC2010、北京的 GC400A 等，虽然型号各异，性能各异，但基本结构大多相同，主要由载气系统、进样系统、分离系统、检测系统和记录系统五个主要部分组成。如图 14-1 所示。

（1）载气系统：它包括气源（高压钢瓶供气）、气体净化、气体流速控制和测量装置。常用的载气和辅助气体主要有氮气、氢气、氦气和氩气等。

（2）进样系统：它包括进样器、汽化室（将液体样品瞬间汽化为蒸气）和温度控制系统。

（3）分离系统：它包括色谱柱和柱室，是气相色谱仪的心脏，各组分在其中分离。

（4）检测系统：它包括检测器和温控装置。

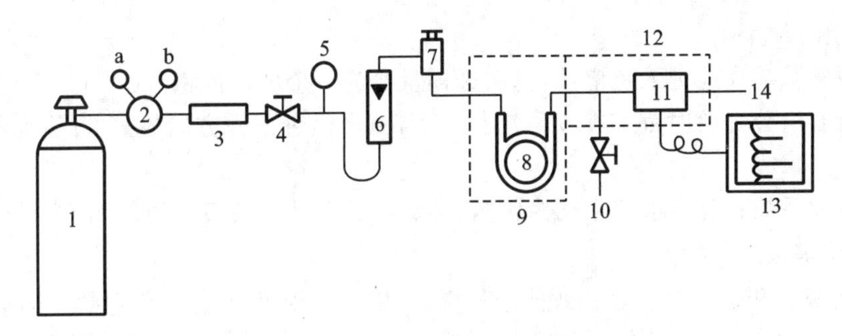

图 14-1 气相色谱仪示意图

1—载气瓶;2—压力调节器(a. 瓶压,b. 输出压);3—净化器;4—稳压阀;5—柱前压力表;
6—转子流量计;7—进样器和汽化室;8—色谱柱;9—色谱柱恒温箱;10—馏分收集口;
11—检测器;12—检测器恒温箱;13—记录仪;14—尾气出口

(5) 记录系统:它包括放大器、记录仪或数据处理装置。

2. 一般流程

气相色谱法的流动相称为载气,由高压钢瓶供给,经减压阀减压后,经过净化干燥,再用气流调节阀调节气体流速至所需值(流量计及压力表显示柱前流量及压力)。

当检测器、汽化室和色谱柱均升温至所需温度时,待测样品用注射器由进样口注入,在汽化室瞬间汽化后被载气带入到色谱柱中,试样各组分便在气、固或气、液相间进行反复分配。由于色谱柱内填充的固定相对各组分的分配系数不同,因此各组分向前移动的速度也就不同,经过色谱柱后,各组分彼此分离,分离后单个组分随着载气先后进入检测器。最后根据待测组分的化学性质、导热系数、电性能、光学性质等,用相应的检测器检测,并通过电子线路用记录仪将信号记录下来。从而得到一组随时间变化的峰形曲线,每一个色谱峰代表试样中的一个组分,这就是色谱流出曲线,或称为色谱图。

第二节 气相色谱法的基本理论

气相色谱法的基本理论包括热力学理论和动力学理论。热力学理论以塔板理论为代表,动力学理论以速率理论为代表。

一、塔板理论

塔板理论于 1941 年由马丁和辛格提出,该理论认为在气液色谱体系中,组分在气相和液相间的分配行为可看做是在精馏塔中的分离过程,柱中有若干想象的塔板。在每一小块塔板内一部分空间被涂在载体上的液膜占据,另一部分空间被充满的载气占据,载气占据的空间称为板体积 ΔV。当欲分离的组分随载气进入色谱柱后,气、液两相在每一块塔板内达成一次分配平衡,随着载气的不断流动,组分经过若干个假想的塔板(即经过多次分配)后,挥发度大的组分与挥发度小的组分彼此分开,依次流出色谱柱。虽然色谱柱中并没有实际的塔板,但这种半经验的理论处理基本上能与稳定体系的实验结果相一致。

1. 基本假设

(1) 气、液两相可以很快地达到分配平衡,这样达到分配平衡的一小段柱长称为理论塔板高度，用 H 表示。

(2) 载气脉动式地进入色谱柱，每次进样量恰为一个塔样体积。

(3) 所有组分开始时都加在 0 号塔板上，且试样沿色谱柱方向的扩散(纵向扩散)可忽略不计。

(4) 分配系数在各个塔板上均为常数，即与组分在某一塔板上的量无关。

2. 理论塔板数和板高

理论塔板数和板高是衡量柱效能的指标，由塔板理论可以导出塔板数和峰高的关系：

$$n=\left(\frac{t_R}{\sigma}\right)^2=5.54\left(\frac{t_R}{W_{1/2}}\right)^2$$

理论塔板高度(H)可由柱长(L)和理论塔板数 n 计算：

$$H=\frac{L}{n}$$

由于保留时间 t_R 包括死时间 t_M，而死时间并不参与柱内分配，所以为了真实反映色谱柱的分离效能，通常用扣除死时间后的调整保留时间 t'_R，并用相应的有效塔板数 n' 或有效塔板高度 H' 作为柱效能指标：

$$n'=5.54\left(\frac{t'_R}{W_{1/2}}\right)^2=16\left(\frac{t'_R}{W}\right)^2$$

$$H'=\frac{L}{n'}$$

塔板理论成功解释了色谱流出曲线的形状、浓度极大点的位置以及柱效能的评价，但它的某些假设与实际色谱过程不符，只能定性地给出塔板数和塔板高度的概念，不能解释柱效能和载气流速的关系，不能说明影响柱效能的因素。

二、速率理论

1956 年，范第姆特(Van Deemter)吸收了塔板理论的概念，并结合塔板高度的动力学因素，提出了色谱过程的动力学理论。该理论较好地解释了影响塔板高度的各种因素，对选择合适的操作条件具有指导意义。

速率理论方程也称为范氏方程：

$$H=A+\frac{B}{u}+Cu$$

式中：u 为载气的平均线速度，即一定时间里载气在柱中流过的距离；A、B、C 为三个常数，其中 A 为涡流扩散项，B 为分子扩散项，C 为传质阻力系数。塔板高度是载气流速 u 的函数，当 u 一定时，只有 A、B、C 三个常数越小，H 才能越小，柱效能越高，色谱峰越窄。反之，则柱效能越低，色谱峰越宽。下面分别讨论各项的意义。

1) 涡流扩散项 A

$$A=2\lambda d_P$$

式中：λ 为填充不规则因子，填充越不规则，λ 越大；d_P 为填料(固定相)颗粒直径。

组分在色谱中遇到填充物颗粒时，会改变原有的流动方向，从而使它们在气相中形成紊乱的涡流状的流动，如图 14-2 所示。

涡流扩散是因组分所经过的路径长短不同而引起色谱峰形的扩散。扩散的程度取决

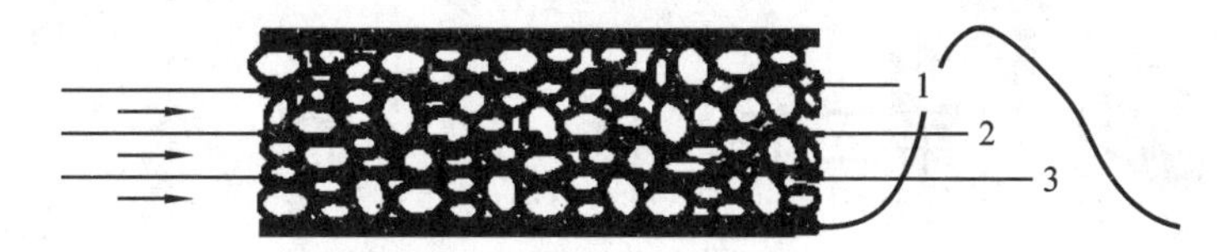

图 14-2 涡流扩散效应示意图

1—移动较慢的组分；2—移动较快的组分；3—移动快的组分

于填充物的平均颗粒直径 d_P 和固定相的填充不均匀因子 λ。A 与载气性质、线速度和组分无关。对于空心毛细管，A 项为零。

2）分子扩散项 $\frac{B}{u}$

由于样品组分被载气带入色谱柱后，是以“塞子”的形式存在于柱的很小一段空间内，在“塞子”的前后，样品组分由于存在着浓度差而形成浓度梯度，因而使运动着的分子产生向前或向后的由高浓度向低浓度的纵向扩散，所以 B/u 也称为纵向扩散。

$$B=2\gamma D_g$$

式中：γ 是与填充物有关的因数，称为弯曲因子；D_g 为组分在气相中的扩散系数，m^2/s。

分子扩散项与载气的线速度成反比，组分在柱内时间越长，分子扩散越严重。为了缩短组分分子在载气中停留的时间，可采用较高的载气流速，选择相对分子质量大的重载气（如氮气），可降低 D_g，增加柱效能。

3）传质阻力项 Cu

在气液填充色谱柱中，当试样被载气带入色谱柱后，试样组分在两相间溶解、扩散、平衡的过程称为传质过程，影响这个过程进行的阻力，称为传质阻力。由于传质阻力的存在，当达到分配平衡时，有些组分分子来不及进入固定液中就被载气推动，发生超前现象；而另一些分子在固定液中不能及时逸出而回到载气中，发生滞后现象，从而导致了色谱峰的扩张，降低了柱效能。

传质阻力项包括气相传质阻力 C_g 和液相传质阻力 C_l 两部分。即

$$Cu=(C_g+C_l)u$$

式中：C_g 是指组分流动相移动到固定相表面及从固定相表面回到流动相时所受的阻力；C_l 是指组分从固定相的气液界面到固定相内部，又返回到气液界面时所受到的阻力。因传质过程需要一定的时间，而流动相的部分组分分子不受传质阻力的影响随着载气流出色谱柱，从而引起峰形扩散。一般传质阻力越大，传质过程进行得越慢，峰形扩散越严重。

由于 C_g 较小，一般 $C\approx C_l$，有

$$C_l=\frac{2k}{3(1+k)^2}\frac{d_f^2}{D_l}$$

式中：d_f 为固定相液膜厚度；D_l 为组分在液相的扩散系数；k 为容量因子。

由以上的讨论可以看出，范第姆特方程对分离条件的选择具有指导意义。它可以说明填充均匀程度、载体粒度、载气种类、载气流速、柱温、固定相液膜厚度等对柱效能、峰扩张的影响。

第三节 色 谱 柱

在气相色谱分析中，首先就是混合组分的分离，然后通过检测器对分离出来的各组分依次进行检测，这个分离过程是在色谱柱中完成的，因此，色谱柱是气相色谱系统的核心部件。由固定相和柱管组成。按柱的粗细可将色谱柱分为一般填充柱和毛细管柱两类，一般填充柱的柱管多用内径为 2～6 mm 的不锈钢或硬质玻璃制成，呈螺旋管状，管内填充液态固定相(气液色谱法)或吸附剂(气固色谱法)，常用柱长 2～4 m；毛细管柱常用内径为 0.1～0.5 mm 的玻璃或石英毛细管，柱长几十米至几百米，填充方式又分为开管毛细管和填充毛细管。

按分离原理又可分为分配柱和吸附柱，区别主要在于固定相。固定相的选择是色谱分析的关键。

一、气液色谱填充柱

在气液色谱填充柱中，固定相由惰性的载体和涂在载体表面上的固定液组成。样品在色谱柱中于气、液两相间进行多次分配，最后各组分彼此分离。因此，在气液色谱法中，载体和固定液的性质对组分的分离起着决定性的作用。

1. 固定液

固定液是一种高沸点的有机化合物，在室温下为固态或液态，在色谱分配过程中为液态。

1）对固定液的要求

(1) 在操作温度下呈液态且有较低的蒸气压，蒸气压低的固定液流失慢，柱寿命长、检测信号本底低。

(2) 热稳定性好，在操作温度下不发生分解且呈液态。

(3) 化学稳定性好，不与被测试样发生化学反应，对试样各组分有适当的溶解度并且分配系数适当。

(4) 具有高的选择性，即对物理化学性质相近的不同物质有尽可能高的分离能力。

(5) 能牢固地附着于载体上，并形成均匀和结构稳定的薄膜。

2）固定液的作用

组分能否分离取决于各组分在固定液中的分配系数，而分配系数的大小是由组分和固定液分子之间的作用力所决定，它直接影响色谱柱的分离情况。分子间的作用力主要包括静电力、诱导力、色散力和氢键作用力。此外还可能存在形成化合物或配合物的键合力等。

3）固定液的分类

固定液按极性可分非极性固定液、中等极性固定液、极性固定液和氢键型固定液。常用的固定液见表 14-1。

表 14-1 气液色谱法常用的固定液

名称	极性	极性级别	最高使用温度/℃	适用范围
角鲨烷(SQ)	非	+1	140	标准非极性固定液
阿皮松(APL)	7～8	+1	300	各类高沸点化合物
甲基硅橡胶(SE－30、OV－1)	13	+1	350	非极性化合物
邻苯二甲酸二壬酯(DNP)	25	+2	100	中等极性化合物
三氟丙基聚硅氧烷(QF－1)	28	+2	300	中等极性化合物
甲苯基甲基聚硅氧烷(OV－17)		+2	350	中等极性化合物
氰基硅橡胶(XE－60)	52	+3	275	中等极性化合物
聚乙二醇(PEG－20M)	68	+3	250	氢键型化合物
己二酸二乙二醇聚酯(DEGA)	72	+4	200	极性化合物
β,β'-氧二丙腈(ODPN)	100	+5	100	标准极性固定液

4）固定液的选择

固定液按“相似相溶”的原则来选择，由于待测组分与固定液具有某些相似性，如官能团、化学键、极性等，因此它们相互间存在较强的作用力，待测组分在固定液中的溶解度也较大，分离效果较好。其一般规律可概括为以下几点。

(1) 分离非极性物质，一般选用非极性固定液，它对组分的保留作用主要靠色散力。分离时，试样中各组分基本上按沸点从低到高的顺序先后流出色谱柱。

(2) 分离中等极性物质，选用中等极性固定液，组分与固定液分子之间的作用力主要为诱导力和色散力。分离时，试样中各组分基本上按沸点从低到高的顺序先后流出色谱柱。

(3) 分离强极性物质、选用强极性固定液，此时，组分与固定液分子之间的作用力主要为静电力。试样中各组分一般按极性从小到大的顺序先后流出色谱柱。

(4) 分离非极性和极性混合组分时，一般选用极性固定液。由于分离时诱导力起主要作用，使极性组分与固定液的作用力加强，所以非极性组分先流出，极性组分后流出。

(5) 分离能形成氢键的试样，如醇、酚、胺和水的分离，一般选用氢键型固定液。

需要注意的是，固定液的选择往往根据实践经验或参考文献资料，并通过实验最后确定。

2. 载体

载体也称为担体，是一种有化学惰性的、多孔性固体颗粒。它的作用是提供一个具有较大表面积的惰性表面，使固定液以液膜状态均匀分布在其表面上。

1）对载体的要求

(1) 载体的表面应是化学惰性的，没有或只有很弱的吸附性，更不能与固定液或试样起化学反应。

(2) 热稳定性好，表面积要大，有多孔性的颗粒状。

(3) 机械强度好，不易破碎。

(4) 载体粒度适当,颗粒细小均匀,有利于提高柱效能,但颗粒也不能太细,否则柱压增大,不利于操作。

2) 载体的分类

气相色谱法所用的载体分为硅藻土和非硅藻土两类,常用的是硅藻土类载体。

硅藻土类载体是由天然硅藻土煅烧而成,具有一定粒度的多孔性颗粒,由于处理的方法不同,它又分为红色载体和白色载体两种。

红色载体因其中含有少量氧化铁,颗粒成红色,如国产 6201 型载体等。其优点是机械强度好,表面孔穴密集,孔径较小,比表面积大。其缺点是表面存在活性中心,分离强极性组分时色谱峰易拖尾。一般适宜涂非极性固定液,用来分离测定非极性组分。白色载体是在天然硅藻土煅烧前加入少量碳酸钠助溶剂,煅烧时氧化铁转变为无色铁硅酸钠,而呈白色多孔性颗粒状。白色载体机械强度差,比表面积小,但其表面活性中心少,吸附性小,有利于在较高柱温下使用。一般适宜涂极性固定液,用来分离测定极性组分。如国产 101 型、102 型载体等。

非硅藻土类载体有氟载体、玻璃微球载体、高分子多孔微球等。

氟载体常用的有聚四氟乙烯多孔性载体,多用于分析强极性组分和腐蚀性的气体。玻璃微球载体是一种用玻璃制成的有规则的颗粒小球。其主要优点是能在较低柱温下分析高沸点组分,而且分析速度较快。缺点是表面积小,只能用于低配比的固定液,柱效能不高。高分子多孔微球是苯乙烯与二乙烯苯的共聚物。它是 20 世纪 60 年代中期新发展起来的一种新型合成有机固定相。它既可直接作为固定相使用,也可以作为载体,涂以固定液后使用。

3) 载体的钝化

钝化是除去或减弱载体表面的吸附性能。钝化的方法有酸洗、碱洗、硅烷化及釉化等。酸洗能除去载体表面的铁、铝等金属氧化物,酸洗载体用于分析酸类和酯类化合物。碱洗能除去载体表面的三氧化铝等酸性作用点,碱洗载体用于分析胺类等碱性化合物。烷基化是将载体与硅烷化试剂反应,除去载体表面的硅醇基,消除形成氢键的能力,硅烷化载体主要用于分析具有形成氢键能力的化合物,如醇、酸、胺类等。

二、气固色谱填充柱

气固色谱法是 20 世纪 30 年代发展起来的。在气固色谱法中,通常采用固体吸附剂作为固定相。当样品随载气通过色谱柱时,因吸附剂对样品中各组分的吸附力不同,经过反复多次的吸附与脱附的分配过程,最后彼此分离而随载气流出色谱柱。

气固色谱法的固定相有硅胶、氧化铝、石墨化炭黑、分子筛、高分子多孔微球及化学键合相等。在药物分析中应用较多的高分子多孔微球(GDX)。

高分子多孔微球是一种人工合成的固定相,它既可作为载体,又可作为固定相,其分离机制一般认为具有吸附、分配及分子筛 3 种作用。高分子多孔微球的主要特点如下:①疏水性强,选择性好,分离效果好,特别适于分析混合物中的微量水分;②热稳定性好,最高使用温度达 200～300 ℃,且无流失现象,柱寿命长;③比表面积大,粒度均匀,机械强度高,耐腐蚀性好;④无有害的吸附活性中心,极性组分也能获得正态峰。

化学键合相也是新型固定相,具有分配与吸附两种作用,传质快,柱效能高,分离效果好，不流失，但价格较贵。

在气相色谱法中应用较为普遍的一类色谱柱是填充柱。由于填充色谱柱柱内填充了固定相颗粒或是附着有固定液的载体，载气携带组分通过色谱柱时所经的途径是弯曲与多径的，从而引起涡流扩散，传质阻力也较大，使柱效能降低，其理论塔板数最高为几千。目前，采用了毛细管色谱柱，较大地提高了气相色谱法的柱效能。

知识链接

毛细管气相色谱法

毛细管气相色谱法是由美国学者Golay在填充柱气相色谱法的基础上提出来的。它用内壁涂渍一极薄而均匀的固定液膜的毛细管代替填充柱，这种柱子分离能力远远高于填充柱。用于这种柱子的固定液涂在内壁上，中心是空的，故称为开管柱，习惯上称为毛细管柱。

毛细管柱具有高效、快速等特点，在医药卫生领域中有着较广的应用，如药代动力学研究、药品中有机溶剂残留、体液分析、病因调查以及兴奋剂检测等。

三、气相色谱法的流动相

气相色谱法的流动相是气体，称为载气。载气的种类很多，如氢气、氮气、氦气、氩气和二氧化碳等，其中氦气最理想，但价格较高，目前常用的有氮气和氢气。

1. 氮气

在气相色谱法中作为载气，纯度要求在99.99%以上。因它的扩散系数小，使得柱效能比较高，常用于除热导检测器外的几种检测器。

2. 氢气

氢气的纯度也要求在99.99%以上。因它的相对分子质量较小，导热系数较大，黏度小，在使用热导检测器时用做载气，在氢火焰离子化检测器中用做燃气。氢气易燃、易爆，使用时注意安全。

使用载气时要求进行净化，主要是“去水”、“去氧”和“去总烃”。在载气管路中加上净化管，内装硅胶和5A分子筛以“去水”；用装有活性铜胶体催化剂的柱管除去氮气和氩气中的氧，用装有105型钯催化剂的柱管去除氢气中的氧。

第四节 检 测 器

气相色谱检测器是将经色谱柱分离后的各组分浓度（或质量）的变化转换成电信号（电压或电流）的装置，它是气相色谱仪的主要组成部分。近年来，由于痕量分析的需要，高灵敏度的检测器不断出现，从而促进了气相色谱法的发展和应用。根据检测器原理的不同，检测器可分为浓度型检测器和质量型检测器两种。

1. 浓度型检测器

所谓浓度型检测器即检测器给出的信号强度与载气中组分的浓度成正比，它测量的是载气中某组分浓度的瞬间变化，当进样量一定时，峰面积与流速成反比。这类检测器有热导检测器、电子捕获检测器等。

2. 质量型检测器

质量型检测器给出的信号强度与单位时间内由载气引入检测器中组分的质量成正比，与组分在载气中的浓度无关。质量型检测器有氢火焰离子化检测器、氢离子化检测器及火焰光度检测器等。

一、检测器的性能指标

气相色谱检测器的主要技术指标有以下三项。

1. 灵敏度

灵敏度又称响应值，它是指单位物质的含量（质量或浓度）通过检测器时所产生的响应信号变化率。由于检测器有浓度型和质量型两种，故灵敏度的表示方法也有浓度型和质量型两种。

1）浓度型检测器灵敏度（S_c）

1 mL 载气中携带 1 mg 的某组分通过检测器时所产生的电压（mV）。S_c 单位为（mV · mL）/mg。

2）质量型检测器灵敏度（S_m）

每秒有 1 g 的某组分被载气携带通过检测器时所产生的电压（mV）。S_m 单位为（mV · s）/g。

2. 噪声和漂移

没有样品通过检测器时，由仪器本身和工作条件等偶然因素引起的基线起伏称为噪声（*N*）。噪声的大小用测量基线波动的峰对峰的最大宽度来衡量，如图 14-3 所示。漂移通常指基线在单位时间内单方向缓慢变化的幅度，单位为 mA/h。

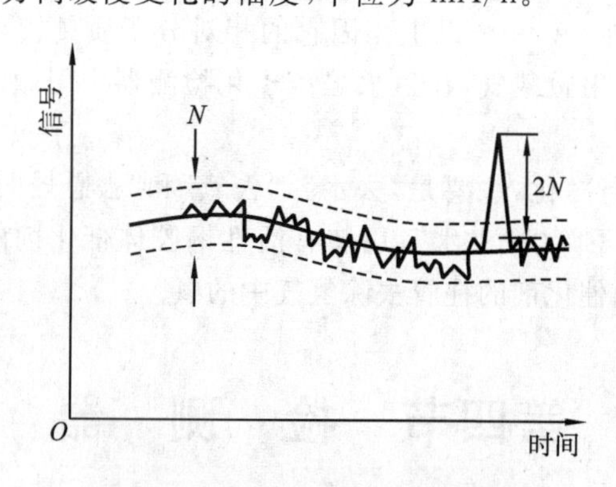

图 14-3 噪声和检测限示意图

3. 检测限 *D*

检测器的灵敏度只能表示检测器对某物产生信号的大小，但它没有反映检测器的噪声水平。由于信号可以被放大器任意放大，则灵敏度增大，但检测器及电子部件中固有的噪声也同时被放大，当噪声足够大时，就会掩盖掉检测器的响应信号。所以只用灵敏度还不能很好地评价一个检测器的质量，还需要引入另一些技术指标，如体积和单位时间内需向检测器进入的物质的质量(g)。一般认为,恰能辨别的响应信号最小应等于检测器噪声的两倍。

因此,评价一个检测器的灵敏度,不能光看灵敏度值的大小,还要考虑噪声的大小。S 值越大,D 值越小,则检测器的性能越好。

二、常用的检测器

1. 热导检测器

热导检测器是一种应用非常普遍的检测器,可分析许多有机物和无机气体,它具有结构简单、稳定性好、线性范围广、不破坏样品,并能与其他仪器联用等优点。缺点是灵敏度低,适用于常量分析以及含量在 1×10^{-3} 以上的组分的分析。

热导池的结构如图 14-4 所示,在金属池体上钻有两个大小相同、形状完全对称的孔道,每个孔道里各固定一根长短、粗细和电阻值都相等的金属丝(钨丝或铂丝),此金属丝称为热敏元件或热丝。为了提高检测器的灵敏度,一般选用电阻率高、电阻温度系数大的金属丝或半导体热敏电阻作为热导池的热敏元件。钨丝具有这些优点,而且价廉,容易加工,所以是目前广泛使用的热敏元件。

热导检测器主要是根据不同的物质具有不同的导热系数来检测组分的浓度变化。测量时,双臂热导池的一臂连接在色谱柱之前,只通过载气,称为参考臂。一臂接在色谱柱之后,通过载气和样品,称为测量臂。两臂钨丝的电阻分别为 R_1 和 R_2。将热导池的两臂 R_1 和 R_2 与惠斯顿电桥的两个臂 R_3 和 R_4 组成桥式电路,如图 14-5 所示。

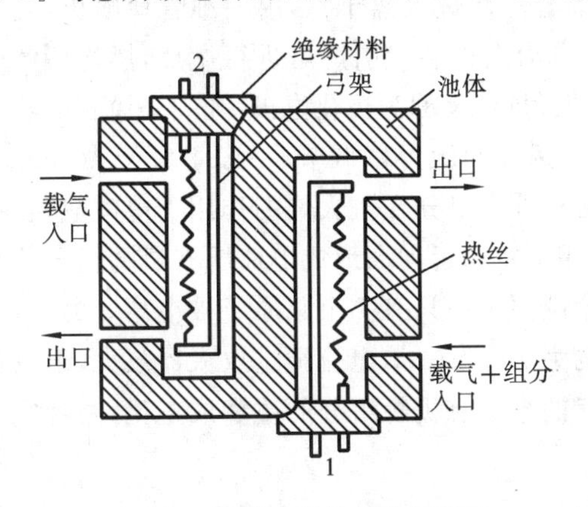

图 14-4 双臂热导池结构示意图

1—测量臂;2—参考臂

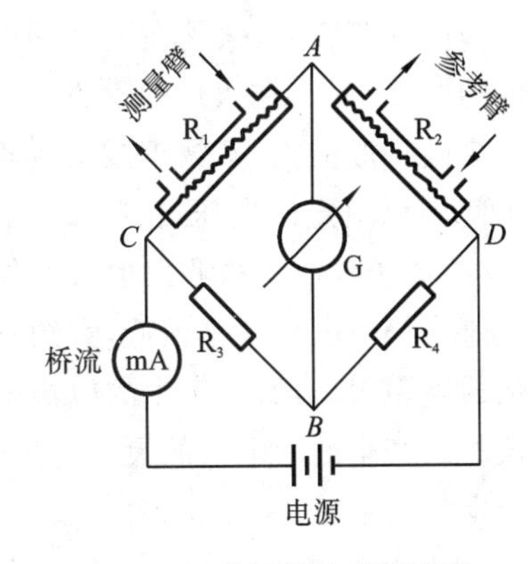

图 14-5 热导池电桥线路图

如果只有载气通过,则两热丝的温度、电阻值均相同,检流计中无电流通过。当有样品组分随载体进入测量臂时,组分与载气的导热系数不同,则测量臂中热丝的温度、电阻值改变,电桥平衡被破坏,检流计指针发生偏转,记录仪上就有信号产生。当组分完全通过测量臂后,电桥又恢复平衡状态。

2. 氢火焰离子化检测器

氢火焰离子化检测器简称为氢焰检测器,它是利用在氢焰的作用下,有机化合物燃烧而发生化学电离形成离子流,通过测定离子流强度进行检测。氢火焰离子化检测器能检测大多数有机化合物,并具有很高的灵敏度,一般比热导检测器的灵敏度高出近 3 个数量级,能够检测 6 个数量级的痕量有机物质，适于痕量有机物的分析。并且检测器对 N_2、H_2、He 等载气都不敏感，可得到稳定的基线。由于氢火焰离子化检测器具有结构简单、灵敏度高、响应快、稳定性好等优点，故成为应用广泛的检测器之一。

氢火焰离子化检测器的结构主要是一个由不锈钢制成的离子室，它包括气体入口、火焰喷嘴、一对电极和外罩，其结构如图 14-6 所示。

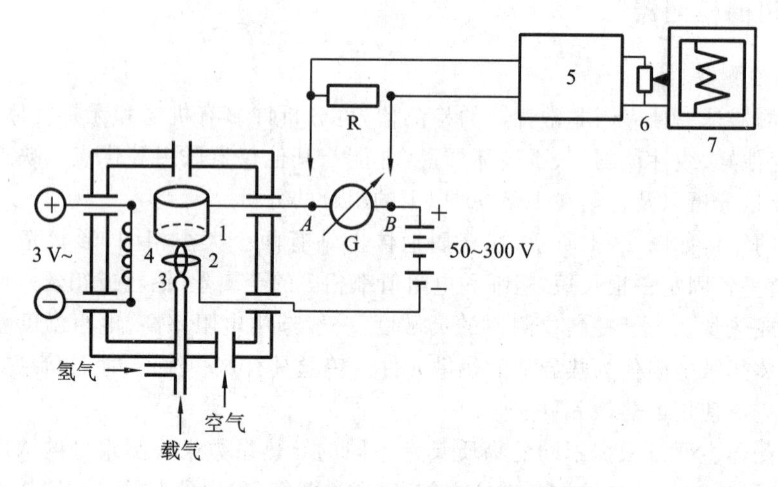

图 14-6　氢火焰离子化检测器结构示意图

1—收集极；2—极化环；3—氢火焰；4—点火线圈；5—微电流放大器；6—衰减器；7—记录器

从色谱柱流出的载气及试样组分与氢气混合一起进入离子室，由毛细管口喷出，空气（助燃气）由一侧引入，氢气在空气的助燃下经自动点火装置引燃后进行燃烧，燃烧所产生的温度约 2100 ℃。在火焰的上方有一个圆环发射极（又称为极化电极）和一个筒状的收集极。收集极一般由铂、不锈钢或其他金属做成，两极间距可以调节（一般不大于 10 mm）。在两极间施以恒定的电压，由喷嘴喷出的被测有机物组分在氢火焰的作用下电离成正、负离子，这些离子在收集极和发射极的外电场作用下定向运动而形成电流。有机物组分的碳原子在氢火焰中电离效率很低，大约每 50 万个碳原子中只有 1 个碳原子被电离。另外，由于火焰的电阻很高，所以产生的电流很微弱，约为 10^{-10} A，该电流经过放大器放大，记录在记录仪上。产生的微电流的大小与进入离子室的被测有机物组分的质量成正比，两者之间存在着定量关系。

3. 其他检测器

1）电子捕获检测器

电子捕获检测器是一种高灵敏度、高选择性的浓度型检测器。其选择性是指只对含电负性强的元素的物质，即含有卤素、硫、磷、氮、氧的物质有响应信号，元素的电负性越大，灵敏度越高。电子捕获检测器可以测出 10^{-14} g/mL 的电负性物质，因此，在医学、农药、大气及水污染等领域得到广泛的应用。

2）火焰光度检测器

火焰光度检测器是一种对含磷、含硫化合物具有高选择性、高灵敏度的检测器，因此也称为硫磷检测器，可用于 SO_2、H_2S、石油精馏物的含硫量及有机磷、有机硫农药痕量残留物的分析，并广泛用于环境监测分析中。

第五节　分离条件的选择

一、分离度

1. 分离度

分离度(R)也称为总分离效能指标。混合物中的不同组分能否在色谱柱中进行分离，除了要根据不同样品选择不同的固定相外，必须选择合适的操作条件。因为这对实现分离的可能性有很大的影响。

色谱分析首先要求混合物中各组分彼此分离。相邻的组分达到完全分离的条件有两个：一个是两组分色谱峰之间的距离必须相差足够大；另一个是峰必须窄。只有同时满足这两个条件，两组分才能完全分离。如图 14-7(a)所示，两峰间虽有一定的距离，但每一峰都很宽，彼此重叠，两组分不能分离。如图 14-7(b)所示，两峰间不仅有一定距离，而且两峰都很窄，两组分能够完全分离。

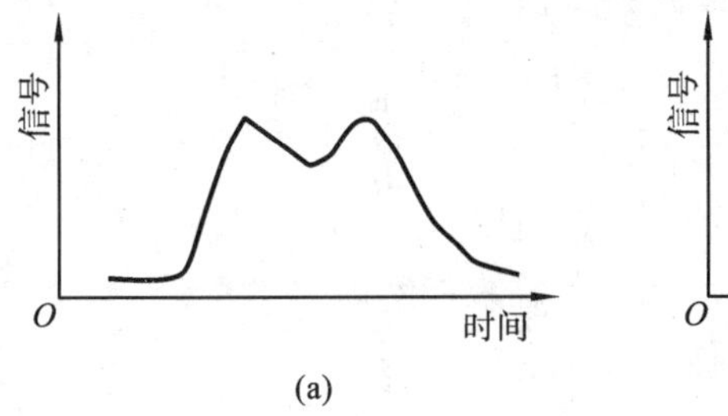

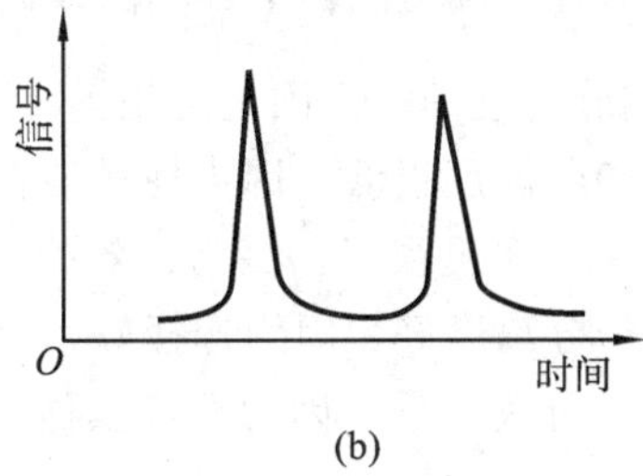

图 14-7　色谱分离的两种情况

由前述塔板理论可知，有效塔板数 $n_{有效}$ 是评价柱效能的一项指标。$n_{有效}$ 值越大，说明该物质在柱中进行分配平衡的次数越多。但它不能判断相邻两个组分在色谱柱中的分离情况，而分离度 R 则是综合衡量色谱柱的总分离效能的指标。分离度被定义为相邻两组分色谱峰保留时间之差与两个组分色谱峰峰底宽度总和一半的比值。即

$$R=\frac{t_{R_2}-t_{R_1}}{(W_1+W_2)/2}$$

式中：t_{R_2} 和 t_{R_1} 分别为两组分的保留时间(也可采用其他保留值)，W_1 和 W_2 分别为相应组分的色谱峰的峰底宽度，与保留值取相同的单位。R 值越大，说明两峰距离越远，相邻组分分离得越好。通常当 $R<1$ 时，两峰总有部分重叠；当 $R=1$ 时，分离程度可达 98%；当 $R=1.5$ 时，两峰可达到完全分离，分离程度可达到 99.7%。因而可用 $R=1.5$ 作为相邻两峰已完全分开的标志。如图 14-8 所示。

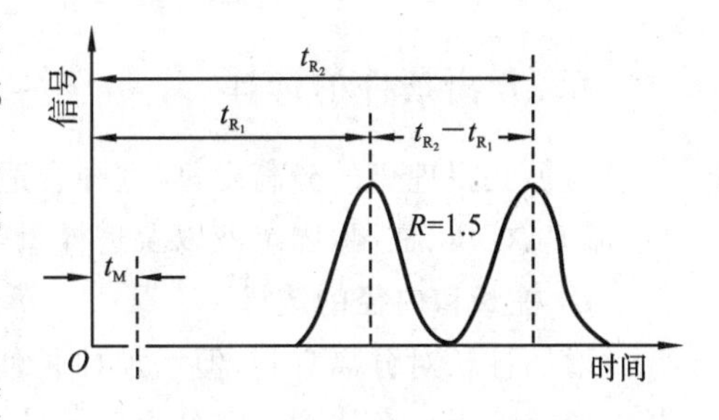

图 14-8　分离度 R 示意图

2. 影响分离度的因素

假设两组分峰宽近似相等，可推导出分离度这一重要的色谱参数与另外三个重要色谱参数

(理论塔板数 n、分配系数比 α、容量因子 k)之间的关系式:

$$R=\frac{\sqrt{n}}{4}\left(\frac{\alpha-1}{\alpha}\right)\left(\frac{k_2}{1+k_2}\right)$$

此式称为分离方程式,此式表明分离度 R 由 n、α、k 三个参数决定。

1) 理论塔板数

理论塔板数(n)可反映色谱柱的柱效能高低。n 越大,柱效能越高,色谱峰越窄。它主要是由色谱柱的性能,如固定相的粒度、填充均匀程度、固定液的厚度及柱长等因素决定。

2) 分配系数比

分配系数比(α)可反映固定液的选择性。它是决定分离度 R 的主要因素,其值主要受固定液的性质和柱温的影响。α 越大,分离度越大。当 $\alpha=1$ 时,$\frac{\alpha-1}{\alpha}=0$,即 $R=0$,说明无法分离。

3) 容量因子

容量因子(k)可反映色谱峰的峰位。其大小与分配系数比 α 相关,主要由组分及固定相的性质决定,同时也与柱温有关。k 值越大,其保留值越大,柱容量越大。当 $k\to 0$ 时,$\frac{k_2}{1+k_2}\to 0$,即 $R\to 0$,说明混合组分无法彼此分离。

上述影响分离度的三个因素可用图 14-9 说明。

图 14-9(a)分离度很低。因为柱效能低。

图 14-9(b)分离度很好。因为柱效能高,选择性好(α 大)。

图 14-9(c)分离度好。因为选择好(α 大),但柱效能不高。

图 14-9(d)分离度低。因为柱容量低(k 小)。

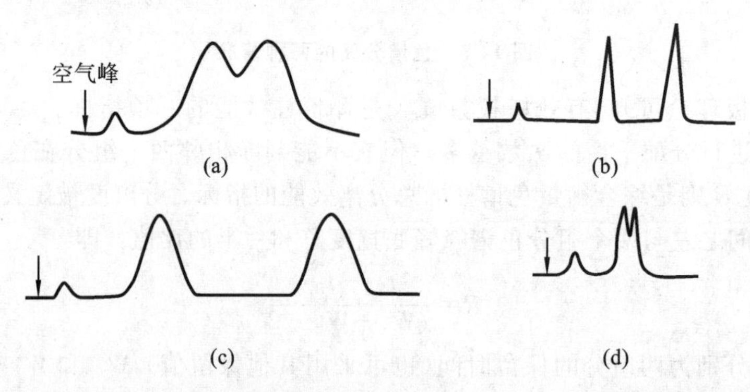

图 14-9 柱效能、容量因子(k)及分配系数比(α)对分离度的影响

二、分离条件的选择

为了获得理想的分离度,应选择合适的色谱柱和操作条件,这涉及载体、柱长、柱径、载气、流速、柱压、柱温、固定液以及进样量等因素。

1. 柱长和内径的选择

增加柱长对分离有利,但增加柱长使各组分的保留时间增加,延长了分析时间。故柱长应选择恰当。在达到一定分离度条件下尽可能使用较短的填充柱,一般填充柱的柱长为

1～6 m。色谱柱内径的增加，会使柱效能下降，常用填充柱的内径为 3～4 mm。

2. 柱温的选择

柱温直接影响分析速度和分离效能，在通常情况下，温度每增加 30 ℃，将使分配系数减小一半，从而使组分移动的速度增加一倍，缩短了分析时间。但柱温增加，会使各组分的挥发集中，不利于分离。因此，从分离的角度看，采用较低的柱温，有利于分离。较低的柱温可减小固定液的流失，延长色谱柱的寿命，但柱温太低，会使峰形变宽，柱效能下降，延长分析时间。因而在选择柱温时，要综合考虑，选择的原则是在使最难分离的组分有尽可能好的分离的前提下，尽可能采取较低的柱温，并考虑试样的沸点。

(1) 对于高沸点混合物(温度在 300～400 ℃)，为了能在较低柱温下分析，可用低固定液含量(1% ～3%)的色谱柱。使液膜薄一些，使用高灵敏度的检测器，在 200～250 ℃柱温下分析。

(2) 对于沸点在 200～300 ℃的混合物，柱温可比试样平均沸点低 100 ℃左右，固定液含量为 5%～10%，在 150～200 ℃柱温下分析。

(3) 对于沸点在 100～200 ℃的混合物，柱温可选在其平均沸点的 2/3 左右，固定液含量为 10%～15%。

(4) 对于气体、气态烃等低沸点混合物，柱温一般选在其沸点或沸点以上，固定液含量为 15%～25%。

(5) 对于沸点范围较宽的试样，则需采取程序升温法分析，即柱温按预定的加热速度，随时间作线性和非线性的增加。常用线性升温法，例如每分钟 2 ℃、4 ℃、6 ℃等。开始时柱温较低，使最早流出的低沸点组分分离得很好，随着柱温的升高，沸点较高的组分先后被"推出"，得到形状很好的峰形，使高沸点组分也获得良好的分离。如图 14-10 所示为宽沸程试样在等温和程序升温时分离效果的比较。图 14-10(a)为柱温恒定时的分离情况。可见，低沸点组分峰形密集，形成尖锐的重叠峰；而高沸点物质，则形成平顶峰，无法测量。而且有些高沸点组分不能流出。图 14-10(b)为程序升温的情况，从 50 ℃升温至 250 ℃，使得低沸点和高沸点的组分都获得了良好的分离。

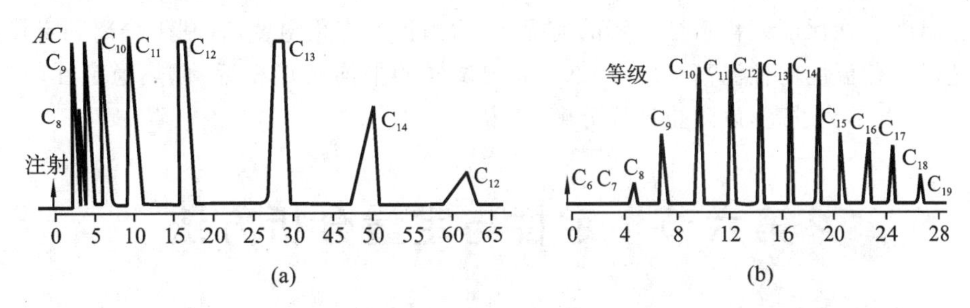

图 14-10 程序升温 50～250 ℃/min 等温和程序升温色谱比较

3. 载气和流速的选择

载气的物理性质会直接影响柱效能，它对 H 的影响主要表现在组分在载气流中的扩散系数 D_g，D_g 与载气相对分子质量的平方根成反比。在流速较低时，为了降低分子扩散项 B 的值，可采用相对分子质量大的 N_2 或 He 或 Ar 作载气，这样有利于减小分子扩散。在高流速时，采用相对分子质量小的 H_2 或 He，有利于降低气相传质阻力。当固定液含量较低或柱压较高时，选择相对分子质量较小的气体作载气，有利于提高柱效能。另外选择载气时，还应考虑检测器对载气的要求。如 H_2 或 He 的导热系数大于其他一切气体，故热导检测器用 H_2 或 He 作载气较好，氩火焰离子化检测器用 Ar 作载气。氢火焰离子化检测器用 H_2、N_2 作载气。

载气的流速对色谱柱的分离效率有很大影响，并且决定了分析所需的时间。根据范氏方程（$H=A+B/u+Cu$），对于一定的色谱柱和试样，流速 u 对柱效能 H 的影响如图14-11所示。该曲线上的最低点所对应的流速为最佳流速，此最佳流速对应的塔板高度最小。

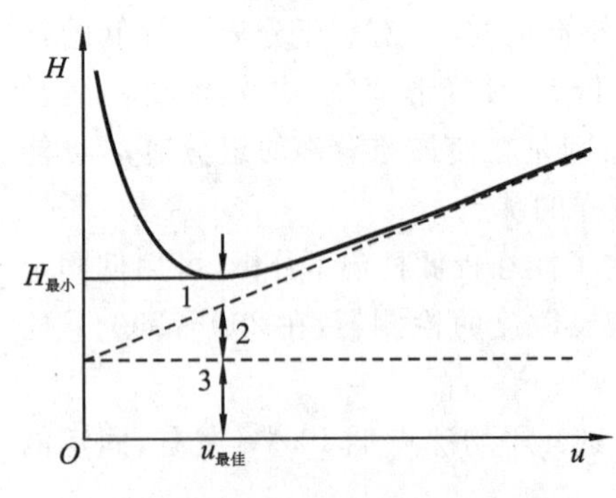

图 14-11 塔高与流速的关系

在实际分析中，为了缩短分析时间，常使流速稍高于最佳流速。对于填充柱以 N_2 作载气的最佳实用流速为 10～12 cm/s，以 H_2 作载气的最佳实用流速为 12～20 cm/s。若色谱柱内径为 3 mm，N_2 的流速一般为 40～60 mL/min，H_2 的流速一般为60～90 mL/min。

4. 进样量和进样时间的选择

色谱分析的进样量一般是比较小的，气体试样进样为 0.1～10 mL，液体试样进样为 0.1～5 μL。进样量太小，会因检测器的灵敏度不够而使微量组分无法检出（不出峰）。进样量太大，会使几个组分的色谱峰相互重叠，而影响分离。因此，应根据试样的种类、检测器的灵敏度等，通过实验确定进样量的多少，一般进样量应控制在峰面积或峰高与进样量的线性关系范围内。

进样必须很快，即以“塞子”的形式进入，这样有利于分离。如果进样速度慢，则试样起始宽度增大，会使色谱峰变宽，甚至改变峰形。一般用注射器或气体进样阀进样，可在 1 s 内完成。

5. 汽化温度的选择

液体试样进样后，要求能迅速汽化，并被载气带入色谱柱中，因此要求汽化室具有足够的汽化温度。在保证试样不被分解的前提下，适当提高汽化温度，有利于分离和定量测定。一般选择汽化温度比柱温高 30～70 ℃，而与试样的平均沸点相近，但热稳定性较差的试样，汽化温度不宜过高，以防止试样分解。

第六节 定性与定量分析方法

一、定性分析方法

定性分析就是鉴别每个色谱峰所代表的是何种组分。

1. 保留值定性法

1）直接定性法

在完全相同的分析条件下，同一种物质具有相同的保留值。对比样品色谱峰和纯组分的保留值，或将纯组分加入样品后进行色谱分析，来观察色谱峰高度的变化，都可以直接对色谱峰进行定性判断。

2）相对保留值定性法

相对保留值表示任意组分 i 与标准物质 s 的调整保留值的比值，用 r_{is} 表示。

$$r_{is}=\frac{t'_{R_i}}{t'_{R_s}}=\frac{V'_{R_i}}{V'_{R_s}}=\frac{k_i}{k_s}$$

相对保留值只与组分性质、柱温和固定相性质有关，与其他操作条件无关。因此，根据色谱手册或文献提供的实验条件与标准物质进行实验，然后将测得的相对保留值与手册或文献报道的相对保留值比对，即可对色谱进行定性判断。

3）保留指数定性法

保留指数又称为 Kovats 指数，用 I_x 表示。保留指数是一种重现性很好的参数。

$$I_x=100\left[z+n\frac{\lg t'_{R_x}-\lg t'_{R_z}}{\lg t'_{R_{z+n}}-\lg t'_{R_z}}\right]$$

式中：x 为待测组分；z 与 $z+n$ 分别表示正构烷烃的碳原子数目；n 为自然数，通常人为规定，正构烷烃的保留指数等于其碳原子数乘以 100。如正己烷、正庚烷、正辛烷的保留指数分别为 600、700 和 800。因此，欲求某物质的保留指数，只需将其与相邻的两个正构烷烃混合在一起，在给定条件下进行色谱实验，按上式计算保留指数，就可以按色谱手册或文献上的保留指数进行定性判断。

2. 官能团分类定性法

将色谱柱分离后的组分依次分别加入试剂中，观察是否发生反应（显色或产生沉淀），从而判断相应组分具有什么官能团。例如，鉴别胺类，可将分离后的组分分别通入亚硝酰铁氰化钠试剂中，若呈红色，则为伯胺；若呈蓝色，则为仲胺。此方法是化学方法的一种，经典的微量化学反应可用于色谱峰的鉴别。

3. 仪器联用定性法

气相色谱法具有分离能力强、分析速度快的特点，但难以对复杂化合物进行最终判断，而质谱（MS）、红外光谱（IR）、核磁共振谱（NMR）对化合物具有很强的判断能力。若将气相色谱仪作为其他色谱仪的进样和分离装置，而将其他色谱仪作为气相色谱仪的检测器，则构成联用气相色谱仪。目前，气相色谱-质谱联用（GC-MS）和气相色谱-傅里叶变换红外光谱联用（GC-FITR）最为成功。

二、定量分析方法

1. 定量分析的依据

气相色谱法定量分析的依据是在规定的操作条件下，待测组分的质量（m_i）与它在检测器上产生的响应信号（在色谱图上表现为峰面积 A_i 或峰高 h_i）成正比。即

$$m_i=f_iA_i$$

式中：f_i 为峰面积换算为被测物质量的比例常数，称为定量校正因子。显然要准确地进行定量分析就必须准确地测量出峰面积 A_i（或峰高 h_i）和比例常数 f_i，并根据上式选择适当的定量计算方法，将测得组分的峰面积换算为质量分数（%）。

2. 峰面积的测量

峰面积测量的准确度直接影响定量结果，对于不同组分有各种不同的峰形，因此在测

量峰面积时，必须针对色谱峰的形状，采用不同的测量方法，才能得到较准确的分析结果。常用的峰面积测量方法主要有如下几种。

1）峰高乘半峰宽法

当色谱峰为对称峰时;可采用此法。这时可把色谱峰看做一个等腰三角形，可近似地认为峰面积等于峰高乘以半峰宽。

$$A=hW_{1/2}$$

式中：h 为峰高；$W_{1/2}$ 为半峰宽。这样近似测得的峰面积为实际面积的 94%，因此面积应该为

$$A=1.065hW_{1/2}$$

此方法是最常用的近似测量方法，简单快速，但只适用于对称峰，对不对称峰、很窄或很小的峰，由于半峰宽测量误差太大，不能应用此法。

2）峰高乘平均峰宽法

当色谱峰的峰形不对称时，可采用此法测量面积，即在峰高 0.15 和 0.85 处分别测出峰宽，然后取其平均值，即为平均峰宽，则峰面积 A 为

$$A=h\frac{1}{2}(W_{0.15}+W_{0.85})$$

这种方法测量虽然有些麻烦，但对于不对称峰的测量可得较准确的结果。

3）峰高乘保留时间法

测量色谱峰的保留时间比测量半峰宽容易而且准确，在一定操作条件下，同系物的半峰宽与保留时间成正比，即

$$W_{1/2}=bt_R$$

$$A=hW_{1/2}=hbt_R$$

式中：b 为比例常数。这种方法只需用尺子测量峰高，用秒表测量保留时间或用尺子测量保留间距，操作方便，准确度比较高，常用于工厂控制分析，但只适用于狭窄的峰。

4）剪纸称重法

把色谱峰沿峰曲线剪下来称重，每个峰的质量代表峰的面积。这种方法的准确度取决于剪纸技术、纸质的均匀和湿度。这种方法可用于不对称峰或分离不完全的峰，但操作费时麻烦。

5）自动积分仪法

自动积分仪可自动测出某一曲线所围成的面积，有机械积分、电子模拟和数字积分等类型，是最方便的测量工具，精密度可达 0.2%～2%，对小峰或不对称峰也能给出较准确的数据。在使用积分仪时，要求每个色谱峰都有彻底的分离，同时要注意仪器的线性范围，避免测量时引入较大的误差。

3. 定量校正因子

色谱定量分析是基于被测物质的量与其峰面积成正比关系。但实验事实表明，同一检测器对不同的物质具有不同的响应值，因而使得两个相等量的物质得出的峰面积往往不相等。故不能用峰面积来直接计算物质的含量，因此引入定量校正因子。用定量校正因子校正后的峰面积或峰高可以定量地代表物质的量。

1）定义

相对校正因子分为绝对校正因子和相对校正因子。绝对校正因子是指单位峰面积所代表的物质的量。即

$$f=\frac{m_i}{A_i}$$

绝对校正因子主要由仪器的灵敏度决定，即不易准确测得也无法直接应用，故实际工作中一般采用相对校正因子。相对校正因子是待测物质与标准物质的绝对校正因子之比。即

$$f_{mi}=\frac{f'_{mi}}{f'_{ms}}=\frac{m_i/A_i}{m_s/A_s}=\frac{A_s m_i}{A_i m_s}$$

式中：m 表示质量；f_m 表示相对质量校正因子，若物质的量的单位用摩尔或体积表示，则称为相对摩尔校正因子或相对体积校正因子。

2）相对校正因子的测量

相对校正因子可以从手册或文献上查到，也可以自己测定。测定方法为：准确称取一定量的被测物质和基准物质，配成混合溶液，在样品实验条件下，取一定量混合溶液进行气相色谱分析，测得待测组分和基准物质的峰面积，按上式进行计算。

4. 定量分析方法

1）外标法

用待测组分的纯品作对照物，以对照物和试样中待测组分的响应信号相比较进行定量的方法称为外标法。此法分为标准曲线法及外标一点法。

标准曲线法是取对照品配制一系列浓度不同的标准溶液，以峰面积或峰高对浓度绘制标准曲线。再按相同的操作条件进行样品测定，根据待测组分的峰面积或峰高，从标准曲线上查出其浓度。

外标一点法是用一种浓度的 i 组分的标准溶液，与样品溶液在相同条件下多次进样，测得峰面积的平均值，用下式计算样品溶液中 i 组分含量：

$$c_i=\frac{A_i c_s}{A_s}$$

式中：c_i 与 A_i 分别为样品溶液中 i 组分的浓度及峰面积的平均值。c_s 与 A_s 分别为标准溶液的浓度及峰面积的平均值。

外标法的优点：操作计算简便，不必用校正因子，不必加内标物，但也因此不能抵消操作条件的影响，因而需要及时用标准样校验，以减少误差。本法分析结果的准确性主要取决于进样量的重复性和操作条件的稳定性程度。

2）归一化法

当样品中所有组分都能流出色谱柱，并在色谱图上产生相应的色谱峰时，可用此法进行定量计算。

归一化法就是把所有组分的含量之和按 100%计。假设试样中有 n 个组分，每个组分的量分别为 m_1、m_2、m_3、…、m_n，各组分含量的总和为 100%，其中组分 i 的质量分数可按下式计算：

$$w_i=\frac{A_i f_i}{A_1 f_1+A_2 f_2+A_3 f_3+\cdots+A_n f_n}\times 100\%$$

式中：f_i 为试样中任一组分的质量校正因子；w_i 为组分 i 的质量分数。

归一化法的优点是简便、结果比较准确，定量结果与进样量无关，操作条件稍有变化对结果影响较小。归一化法的缺点是样品中的所有组分都必须有相应的色谱峰。对微量杂质的定量不宜采用此法。

3）内标法

当样品中所有组分不能全部流出色谱柱，或检测器不能对每个组分都产生响应，或只需测定样品中某几个组分的含量时，可采用此法。内标法就是将一定量的纯物质作为内标物加入到准确称取的试样中，根据被测样品和内标物的质量比及其相应的色谱峰面积之比来计算待测组分的含量。例如，要测定样品中组分 i 的质量分数，首先准确称取一定量的样品(m)，再加入一定质量(m_s)的内标物，并混合均匀。然后将其在色谱柱中分离，分别测量待测组分和内标物的峰面积 A_i 和 A_s，则

$$m_i = f_i A_i$$
$$m_s = f_s A_s$$

两式相除并整理得

$$m_i = \frac{f_i A_i}{f_s A_s} m_s$$

组分 i 在样品中的质量分数为

$$w_i = \frac{m_i}{m} \times 100\% = \frac{f_i A_i}{f_s A_s} \frac{m_s}{m} \times 100\%$$

内标法是通过测量内标物及待测组分的峰面积的相对值来进行计算的，因而可以抵消由于操作条件变化而引致的误差，得到较准确的结果。

在此法中，内标物的选择是非常重要的，它应该满足以下要求。

(1) 内标物是试样中不存在的纯物质，否则将会使色谱峰重叠，无法准确测量内标物的峰面积。

(2) 加入的内标物的量应接近待测组分的量。

(3) 内标物的色谱峰应位于待测组分色谱峰附近，或几个待测组分色谱峰的中间，并与这些组分完全分离。

(4) 内标物与待测组分的物理及物理化学性质（如挥发度、化学结构、极性、溶解度）相近。

内标法的优点是定量准确，操作条件不必严格控制。缺点是每次分析都要准确称取试样和内标物的质量，因而内标法不宜作快速控制。

4）内标对比法

先称取一定量的内标物(s)，加入到标准溶液中，组成标准品溶液。再将相同量的内标物加入到同体积的样品溶液中，组成样品溶液。将两种溶液分别进样，按下式计算出样品溶液中待测组分的含量：

$$(w_i)_{样品} = \frac{(A_i/A_s)_{样品}}{(A_i/A_s)_{标准}} \times (w_i)_{标准}$$

《中国药典》规定可用此法测定药品中某个杂质或主成分的含量。对于正常峰，可用峰高 h 代替峰面积 A 计算含量。

第七节 应用与示例

气相色谱法是一种高分辨率、高灵敏度、高选择性和快速的分析方法。它不仅可以分析气态试样，也可以分析沸点在 500 ℃以下的易挥发或容易转化为易挥发的无机物或有机物(液体和固体)。随着计算机的应用，色谱的操作及数据处理可实现自动化，大大提高了分析的效率，尤其是近年来发展的高效毛细管色谱法、裂解气相色谱法、反应气相色谱法以及气相色谱法与其他分析方法的联用技术，使气相色谱法成为分离、分析复杂混合物的最有效的手段之一，也成为现代仪器分析方法中应用最广泛的一种分析方法。现举例介绍如下。

一、药物制剂中乙醇含量的测定

利用气相色谱法可以测定 20 ℃时各种制剂中乙醇(CH_3CH_2OH)的质量分数。

1. 色谱条件

色谱柱：用直径为 0.18～0.25 mm 的二乙烯苯-乙基乙烯苯型高分子多孔小球(GDX)作为固定相。

载气：N_2。

检测器：FID。

柱温：120～150 ℃。

2. 供试品的测定

(1) 标准溶液的制备：精密量取恒温至 20 ℃的无水乙醇和正丙醇(作内标)各 5 mL，加水稀释至 100 mL，混匀，即得。

(2) 供试品溶液的制备：精密量取恒温至 20 ℃的供试品适量(大约相当于乙醇 5 mL)和正丙醇 5 mL，加水稀释至 100 mL，混匀，即得。

(3) 供试品的测定：取标准溶液和供试品溶液各适量，分别连续进样 3 次，并计算出校正因子和供试品的乙醇含量。取 3 次计算的平均值作为结果。

二、维生素 E 含量的测定

1. 色谱条件与系统适用性试验

以硅酮(OV-17)为固定相，涂布浓度为 2%；柱温为 265 ℃；检测器：FID；载气：氮气。理论塔板数按维生素 E 计算应不低于 500，维生素 E 与内标物质峰的分离度应大于 2。

2. 校正因子的测定

取正十三烷适量，加正己烷溶解并稀释成每 1 mL 中含 1.0 mg 的溶液，摇匀，作为内标溶液。另取维生素 E 对照品 20 mg，精密称定，置棕色具塞锥形瓶中，精密加入内标溶液 10 mL，盖紧塞子，振摇使其溶解；取 1～3 μL 注入气相色谱仪，计算校正因子。

3. 样品测定

取测试品 20 mg，精密称定，置棕色具塞锥形瓶中，精密加入内标溶液 10 mL，盖紧塞子，振摇使其溶解；取 1～3 μL 注入气相色谱仪，测定校正因子。计算公式为

$$f=\frac{A_s m_j}{A_i m_s}$$

式中：A_s 为内标物质的峰面积或峰高；A_i 为对照品的峰面积或峰高；m_s 为加入内标物的量；m_i 为加入对照品的量。

4. 结果计算

根据校正因子和测定的峰面积，计算维生素 E 的含量为

$$w=f\frac{A_x}{A_s'}\frac{m_s}{m}\times 100\%$$

式中：A_x 为供品的峰面积或峰高；A_s'为内标物质的峰面积或峰高；m 为供试品的质量；m_s 为加入内标物的质量；f 为校正因子。

知识链接

白酒中甲醇含量的测定

在酿造白酒的过程中，不可避免地有甲醇产生。根据国家标准，食用酒精中甲醇含量应低于 0.1 g/L（优级）或 0.6 g/L（普通级）。利用气相色谱法可分离、检测白酒中甲醇含量。

色谱条件如下。

色谱柱：HP-5 石英毛细管柱（3.0 m×0.25 mm×0.25 μm）。载气：N_2（流速 40 mL/min）、H_2（流速 40 mL/min）、空气（流速 450 mL/min）。进样量：0.5 μL。柱温：100 ℃。检测器温度：150 ℃。汽化室温度：150 ℃。

测定时采用外标法。

小 结

1. 气相色谱法的特点

分析速度快、样品用量少、选择性好、分离效能高、灵敏度高、应用范围广。

2. 气相色谱法的分类

(1) 按固定相的聚集状态不同：气固色谱法、气液色谱法。

(2) 按色谱柱内径粗细不同：填充柱色谱法、毛细管柱色谱法。

(3) 按分离原理不同：吸附色谱法、分配色谱法。

3. 气相色谱仪的组成

载气系统、进样系统、分离系统、检测系统、记录系统。

4. 基本理论

(1) 塔板理论：由塔板理论假设，可导出理论塔板数(n)和理论塔板高度(H)与峰宽及柱长的关系为

$$n=\left(\frac{t_R}{\sigma}\right)^2=5.54\left(\frac{t_R}{W_{1/2}}\right)^2=16\left(\frac{t_R}{W}\right)^2$$

$$H=\frac{L}{n}$$

(2) 速率理论:塔板高度(H)与载气线速度(u)的关系为

$$H=A+\frac{B}{u}+Cu$$

5. 固定相与流动相

对固定液的要求、固定液的分类、气液色谱法的载体。

6. 检测器

浓度型检测器:热导检测器等。质量型检测器:氢火焰离子化检测器等。

7. 定性分析

已知物对照定性、相对保留值定性、保留指数定性、仪器联用定性。

8. 定量校正因子

绝对校正因子、相对校正因子。

9. 定量方法

归一化法、外标法、内标法、内标对比法。

能力检测

一、选择题

1. 在气相色谱分析中，用于定性分析的参数是(　　)。

A. 保留值　　B. 峰面积　　C. 分离度　　D. 半峰宽

2. 良好的气液色谱分析的固定液应该(　　)。

A. 蒸气压低、稳定性好

B. 化学性质稳定

C. 溶解度大,对相邻两组分有一定的分离能力

D. A、B 和 C

3. 在气液色谱分析中，良好的载体应该(　　)。

A. 粒度适宜、均匀，表面积大

B. 表面没有吸附中心和催化中心

C. 化学惰性、热稳定性好，有一定的机械强度

D. A、B 和 C

4. 使用氢火焰离子化检测器，选用下列哪种气体作载气最合适?(　　)。

A. H_2　　B. He　　C. Ar　　D N_2

5. 柱效能用理论塔板数 n 或理论塔板高度 h 表示,柱效能越高,则(　　)。

A. n 越大,h 越小　　B. n 越小,h 越大

C. n 越大,h 越大　　D. n 越小,h 越小

二、填空题

1. 在一定操作条件下,组分在固定相和流动相之间的分配达到平衡时的浓度比,称为________________。

2. 不被固定相吸附或溶解的气体(如空气、甲烷),从进样开始到柱后出现浓度最大值所需的时间称为________________。

3. 气相色谱分析的基本过程是往汽化室进样，汽化的试样经________分离，然后各组分依次流经________，它将各组分的物理或化学性质的变化转换成电量变化输给记录仪，描绘成色谱图。

4. 气相色谱法的检测仪器一般由________、________、________、________和________组成。

5. 描述色谱柱效能的指标是________，柱的总分离效能指标是________。

三、判断题

1. 试样中各组分能够被相互分离的基础是各组分具有不同的导热系数。 ( )

2. 组分的分配系数越大，表示其保留时间越长。 ( )

3. 分离温度提高，保留时间缩短，峰面积不变。 ( )

4. 气液色谱分离是基于组分在两相间反复多次的吸附与脱附，气固色谱分离是基于组分在两相间反复多次的分配。 ( )

5. 检测器性能的好坏将对组分分离度产生直接影响。 ( )

四、简答题

1. 简要说明气相色谱分析的基本原理。

2. 气相色谱仪的基本设备包括哪几个部分？各有什么作用？

3. 当下述参数改变时，是否会使色谱峰变窄？为什么？①增大分配比；②增加流动相速度；③减小相比；④提高柱温。

4. 色谱定性的依据是什么？主要有哪些定性方法？

5. 常用的色谱定量方法有哪些？试比较它们的优、缺点和使用范围。

（郑州铁路职业技术学院　夏河山）

第十五章　高效液相色谱法

学习目标

掌握：高效液相色谱法的基本原理、仪器组成及作用。

熟悉：高效液相色谱法条件的选择。

了解：高效液相色谱法的特点和应用。

高效液相色谱法（HPLC）是现代分析化学中最重要的分离分析方法之一。最初的色谱分析法就是经典的液相色谱法，采用大直径的玻璃管柱在室温和常压下用液位差输送流动相，但由于其分析效率低，时间长，因此很长时间没有得到发展。高效液相色谱法是在经典液相色谱法的基础上，于20世纪60年代后期引入了气相色谱理论而迅速发展起来的。1969年第一台高效液相色谱仪制成，20世纪70年代后期，新型填充剂、高压输送泵、梯度洗脱技术以及各种高灵敏度的检测器相继发明。它与经典液相色谱法的区别在于使用小而均匀的填料颗粒，小颗粒具有高柱效能，但会引起高阻力，需用高压输送流动相，故又称为高压液相色谱法。又因分析速度快而称为高速液相色谱法。

第一节　概　　述

自俄国植物学家 M. Tswett 提出经典液相色谱法后，色谱分析法取得了迅速的发展，在相当长的一段时间内，气相色谱法占据着色谱分离与分析的主导地位。但气相色谱法对高沸点有机物的分析有一定的局限性，因而随着色谱理论的不断完善与发展，色谱工作者经过大量的科学实验发现，以“三高”（高效微粒固定相、高压输液泵和高灵敏度检测器）为特征的 HPLC 迅速发展起来，并广泛应用于生物工程、制药工业、食品工业、环境监测、石油化工等领域。

一、高效液相色谱法与经典液相色谱法的比较

HPLC 与经典液相色谱法相比有以下优点：速度快、分辨率高、灵敏度高、柱子可反复使用、样品量少和容易回收等。HPLC 与经典液相色谱法的比较见表15-1。

表 15-1 HPLC 与经典液相色谱法的比较

项目	经典液相色谱法	HPLC	特点
柱效能	2～5	10^3～5×10^5	高效
分离时间/h	1～20	0.05～1	高速
试样用量/g	1～10	10^{-7}～10^{-2}	高灵敏度
柱入口压力/kPa	1～100	2×10^3～3×10^4	—
固定相粒度/μm	75～600	3～10	—
检测手段	洗出液定性分析	检测器柱后检测	—
仪器装置	手工操作	自动操作	高度自动化

二、高效液相色谱法与气相色谱法的比较

GC 的分析对象仅限于易挥发、沸点低的样品，试样必须能够汽化，仅占有机物总数的 20%，不适于高沸点有机物、高分子化合物、热稳定性差的有机物及生物活性物质的分离与分析；而 HPLC 不受此限制，能对 80%的有机物进行分离与分析，还可以分析离子和生物活性物质。GC 流动相为惰性气体，不能与待测组分发生作用；HPLC 流动相选择余地大，极性、非极性、弱极性、离子型等溶剂均可作为流动相，且可与待测组分发生作用，而且可通过改变流动相的组成改善分离的选择性。GC 通常在高温下进行，HPLC 可以在室温下进行分离与分析。HPLC 易于回收流出组分，可以进行样品的纯化和制备。

HPLC 设备、填充柱和流动相都比 GC 昂贵，因此它的普及受到一定的限制；两种色谱方法在定性分析上并不十分完美，需采用联用技术进行定性。

第二节 高效液相色谱法的主要类型及原理

一、主要类型

高效液相色谱法是根据试样组分在固定相和流动相之间的吸附能力、分配系数和其他表亲和作用性能的差异而实现分离的。HPLC 按照样品组分在固定相和流动相中的分离原理不同，可分为吸附色谱法、分配色谱法、化学键合相色谱法等主要类型。

（一）吸附色谱法

吸附色谱法又称为液固色谱法(LSC)，是利用吸附剂表面对混合物中不同组分的物理吸附力的差异进行分离的方法。它是以固体吸附剂为固定相，以不同极性的溶剂为流动相的色谱方法。固体吸附剂是一些多孔、具有较大的比表面积、吸附性较强的固体物质，如硅胶、氧化铝、活性炭及分子筛等，适用于分离相对分子质量为 200～1000 的组分，常用于分离同分异构体。

（二）分配色谱法

分配色谱法又称为液液色谱法（LLC），是将特定的液态物质均匀地涂到载体上而制成的固定相，分离原理是根据被分离的组分在流动相和固定相中溶解度不同而分离。

固定相由载体和固定液构成。根据固定相和流动相相对极性的差别，分配色谱法可分为正相色谱法（NPC）和反相色谱法（RPC）。正相色谱法是固定相的极性高而流动相极性低的色谱法。反相色谱法是固定相的极性低而流动相的极性高的色谱法。分配色谱法所采用的物理法浸渍的固定液易发生流失，导致色谱柱上保留行为发生改变。

（三）化学键合相色谱法

采用化学键合相的液相色谱法称为化学键合相色谱法（BPC）。化学键合相的固定相非常稳定，在使用中不易流失；键合到载体表面的官能团可以是各种极性的，适用于各种样品的分离分析。目前，化学键合相色谱法已逐渐取代分配色谱法，获得了日益广泛的应用，在高效液相色谱法中占有极其重要的地位。

化学键合相色谱法根据固定相与流动相相对极性的强弱，可分为正相键合相色谱法和反相键合相色谱法。正相键合相色谱法是指键合相的固定相的极性大于流动相的极性的色谱方法；反相键合相色谱法是指键合相的固定相的极性小于流动相的极性的色谱方法。据统计，在高效液相色谱法中，70%～80%的分析任务是由反相键合相色谱法来完成的。

正相键合相色谱法的分离机理属于分配色谱法。反相键合相色谱法的分离机理可用疏水性溶剂的作用理论来解释。化学键合相硅胶表面的非极性或弱极性基团具有较强的疏水特性，当用极性溶剂为流动相来分离含有极性官能团的有机化合物时，一方面，分子中的非极性部分与疏水基团产生缔合作用，相关反应式如下。

$$L+S \underset{\text{解缔}}{\overset{\text{缔合}}{\rightleftharpoons}} LS$$

式中：L 表示键合烷基；S 表示组分分子，缔合作用使组分保留在固定相中。

另一方面，被分离组分的极性部分受到极性流动相的作用，促使它离开固定相，并减小其保留作用，产生解缔过程（图 15-1）。反相键合相色谱法是利用键合相的固定相对每一种组分分子缔合和解缔能力的差异而实现分离的。

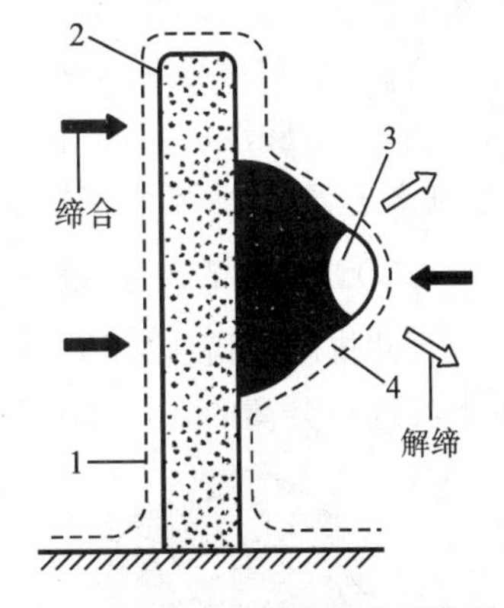

图 15-1 有机分子的疏水性溶剂缔合和解缔作用

1—溶剂膜；2—非极性烷基键合相；
3—溶质分子的极性官能团；
4—溶质分子的非极性官能团

化学键合相的固定相广泛使用全多孔或薄壳型硅胶微粒作为基体，然后在硅胶表面的硅羟基上键合不同类型的有机分子，制成各种性能的键合相的固定相。正相键合相色谱法使用的是极性键合相的固定相，适用于分离油溶性或水溶性的极性化合物与强极性化合物。反相键合相色谱法使用的是极性较小的键合相的固定相，适用于分离非极性化合物、极性化合物或离子型化合物，其应用范围比正相键合相色谱法广泛得多。

化学键合相色谱法中使用的流动相与液固吸附色谱法、液液分配色谱法中的流动相类似。正相键合相色谱法常采用和正相液液分配色谱法相似的流动相，正相色谱法的流动相通常采用烷烃，再加入适量极性调整剂。反相键合相色谱法的流动相通常以水作为基础溶剂，再加入一定量的能与水互溶的极性调整剂。

二、其他高效液相色谱法

HPLC 中除包括前面所述的吸附色谱法、分配色谱法和化学键合相色谱法外，还有离子交换色谱法、尺寸排阻色谱法和亲和色谱法等。

（一）离子交换色谱法

离子交换色谱法（IC）是以离子交换树脂为固定相，以具有 pH 值的缓冲溶液作为流动相。依据离子型化合物中各离子组分与离子交换剂上表面电荷基团进行可逆交换能力的差别而实现分离。目前，其广泛应用于无机离子、有机酸、糖醇类、氨基酸、多肽及核酸等物质的定性和定量分析。

离子交换色谱法的分离原理是树脂上可电离离子与流动相中具有相同电荷的离子及待测组分的离子进行可逆交换，根据各离子与离子交换基团具有不同的电荷吸引力而分离。组分在固定相上发生反复的离子交换反应。

阳离子交换：

$$R—SO_3H + M^+ \rightleftharpoons R—SO_3M + H^+$$

阴离子交换：

$$R—NR_4OH + X^- \rightleftharpoons R—NR_4X + OH^-$$

组分与离子交换剂之间亲和力的大小与离子半径、电荷、存在形式等有关。亲和力大，保留时间长。

离子交换色谱法常用的固定相为离子交换树脂，常用苯乙烯与二乙烯交联形成的聚合物骨架，在表面末端芳环上键合羧基和磺酸基等基团为阳离子交换树脂，键合季铵基等基团为阴离子交换树脂。

缓冲溶液常用作离子交换色谱的流动相。被分离组分在离子交换柱中的保留时间除跟组分离子与树脂上的离子交换基团作用的强弱有关外，还受流动相的 pH 值和离子强度影响。pH 值可改变化合物的解离程度，进而影响其与固定相的作用。阴离子交换树脂作固定相，采用酸性水溶液；阳离子交换树脂作固定相，采用碱性水溶液。流动相的盐浓度大，则离子强度高，不利于样品的解离，导致样品较快流出。

（二）尺寸排阻色谱法

尺寸排阻色谱法（SEC）的固定相是有一定孔径的多孔性填料，依据待测组分分子大小的差异进行分离的。尺寸排阻色谱法又称为凝胶色谱法、凝胶渗透色谱法，主要用于分离高分子化合物，如组织提取物、多肽、蛋白质、核酸等。尺寸排阻色谱法是按分子大小顺序进行分离的一种色谱方法，固定相凝胶是一种多孔性的聚合材料，有一定的形状和稳定性。当被分离的混合物随流动相通过凝胶色谱柱时，尺寸大的组分不发生渗透作用，沿凝胶颗粒间孔隙随流动相流动，流动速度快，先流出色谱柱；尺寸小的组分则渗入凝胶颗粒内，流动速度慢，后流出色谱柱（图 15-2）。

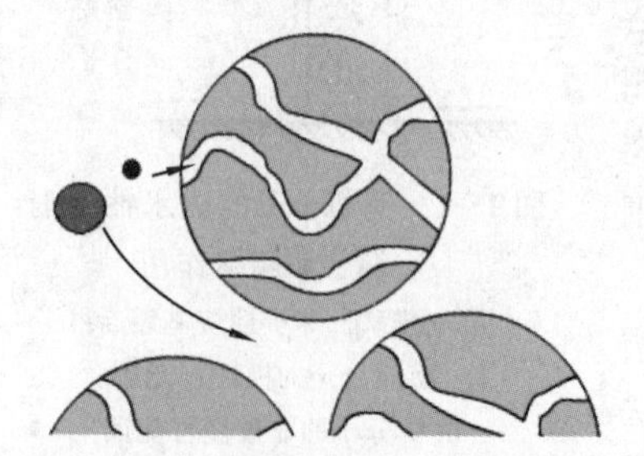

图 15-2 尺寸排阻色谱法原理示意图

固定相的性质是尺寸排阻色谱法分离的基础和核心。多孔性凝胶的种类很多，依据填料的强度可分为三类：软质凝胶，如聚葡糖和琼脂糖；半硬质凝胶，如交联聚苯乙烯；硬质凝胶，如硅胶和多孔玻璃。目前，分离生物大分子常采用微粒型交联亲水硅胶和亲水性键合硅胶等填料。

流动相的选择应与凝胶固定相的特性相匹配。软质凝胶常压下以水作为流动相；半硬质凝胶常以有机溶剂作为流动相；硬质凝胶既可使用水也可使用有机溶剂。所选择的流动相必须与凝胶固定相本身有相似性，这样才能浸润凝胶，防止产生吸附。此外，溶剂的黏度要小，对扩散系数很低的大分子尤其需要注意。

（三）亲和色谱法

亲和色谱法（AC）是依据生物分子与基体上键联的配位体之间存在的特异性亲和作用能力的差别，实现对具有生物活性的生物分子的分离。生物分子间的亲和力主要是指酶和底物、抗原和抗体、激素和受体之间的结合力。可将亲和的一对分子的一方配基键合到载体上作为固定相，这种键合到载体上的配基将只能和具有亲和力、特性吸附的生物大分子作用，被色谱柱保留。改变淋洗液，降低配基和亲和物之间的结合力，使亲和物从柱上洗脱下来。

亲和色谱法固定相又称为亲和吸附剂，由载体和配基构成。最常使用的载体是琼脂糖凝胶，琼脂糖凝胶经活化后才能结合配基。配基必须对亲和物有专一的亲和力，大分子配基可直接偶联，小分子配基需引入间隔臂，提高配基的空间利用度。

为使试样中的亲和物能紧密结合到配基上，应选择适当 pH 值、离子强度和化学组成一定的缓冲溶液，在适当的柱温下达到平衡。洗脱前在柱中平衡一段时间，然后用平衡缓冲溶液或较高强度的溶液淋洗除去非特异性吸附杂质，然后选择适当的洗脱液进行洗脱，得到纯化的亲和物。

高效液相色谱法除上述介绍的方法外，还有离子对色谱法、手性色谱法和超临界流体色谱法等多种方法，各种方法有其各自的特点和应用范围。应根据分析的目的、试样组分的性质、相对分子质量的大小、仪器的设备条件等，选择最适合的色谱分析方法。

第三节　固定相和流动相的选择

高效液相色谱分析方法的建立和优化，是色谱工作者的重要工作。在所有的色谱条件中，影响色谱分离的最主要因素就是固定相和流动相的组成。本节重点讨论化学键和固定相和流动相的性质和选择。

一、化学键合相的固定相

将有机官能团通过化学反应共价键合到硅胶表面的游离羟基上而形成的固定相称为化学键合相。这类固定相的突出特点如下：①耐溶剂冲洗，具有很好的化学性和热稳定性，且适于梯度洗脱；②柱效能高，选择性好，可以通过改变键合相的有机官能团的种类和流动相的组成来改变分离的选择性；③键合相表面均一性好，使用过程中不易流失，重现性好，柱寿命长；④键合相的载样量大。

化学键合相的固定相的制备中，由于硅胶的机械强度好、表面硅羟基反应活性高、表面积和孔结构易控制，常采用全多孔或薄壳型微粒硅胶作基体。在化学键合反应前，要对硅胶进行酸洗、中和、干燥、活化等处理，然后使用硅胶表面上的硅羟基与各种有机物起反应，制备化学键合相的固定相。pH值对以硅胶为基质的键合相的稳定性有很大的影响，一般来说，硅胶键合相应在pH值为2～8的介质中使用。

1. 固定相的键型

键合相可分为四种键型：硅酸酯型（≡Si—O—C）、硅烷化型（≡Si—O—Si—C）、硅碳型（≡Si—C）和硅氮型（≡Si—N）。其中以硅烷化型最为常用，常见的ODS柱，即是以十八烷基硅烷键合硅胶填料的色谱柱，填料也可简写为C_{18}（图15-3）。

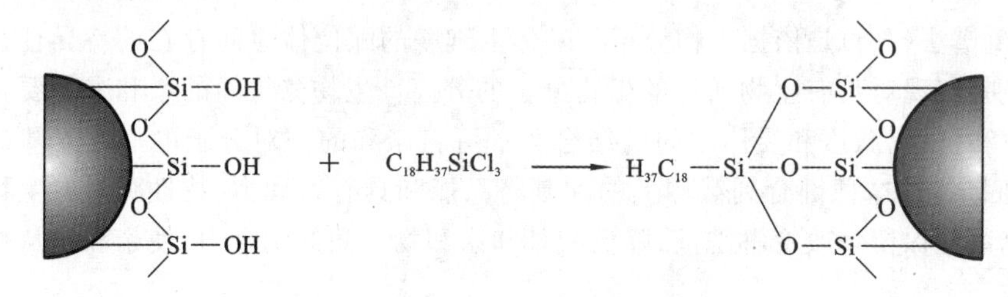

图15-3　十八烷基硅烷键合硅胶填料示意图

2. 固定相的分类

化学键合相按键合官能团的性质一般可分为三类。

(1) 正相键合相。常使用极性键合相，如氰基、氨基、醇和醚等，其分离主要是基于极性键合基团与溶质分子间的氢键作用，极性强的组分保留值较大。

(2) 反相键合相。常使用的非极性键合相主要有各种烷基（C_1～C_{18}）和苯基、苯甲基等，以C_{18}应用最广。非极性键合相的烷基链长对样品容量、溶质的保留值和分离选择性都有影响。苯基键合相与短链烷基键合相的性质相似。

(3) 离子型键合相。常采用化学键合阳离子交换基团和阴离子交换基团，如磺酸基、羧基和季铵基、氨基等。其分离原理与离子交换色谱一样，只是采用新型固定相。由于硅胶基质的键合相只能在pH值为2～8的范围内使用，而离子交换色谱法要求有更宽的pH值范围，因此其基质现在仍主要使用聚苯乙烯和二乙烯苯。

3. 固定相的选择

分离中等极性和极性较强的化合物可选择极性键合相。分离非极性和极性较弱的化合物可选择非极性键合相。利用特殊的反相色谱技术，例如反相离子抑制技术和反相离子对色谱法等，非极性键合相也可用于分离离子型或可离子化的化合物。化学键合相的固定相按极性大小可分为非极性、弱极性、极性化学键合相的固定相三种，具体类型及其应用范围见表15-2。

表15-2　化学键合相的类型及其应用范围

类型	性质	色谱分离方式	应用范围
烷基 C_8、C_{18}	非极性	反相、离子对	中等极性化合物，溶于水的高极性化合物（如多肽、蛋白质、甾族化合物、极性合成药物等）
苯基 —C_6H_5	非极性	反相、离子对	非极性至中等极性化合物（如脂肪酸、多核芳烃、脂类、脂溶性维生素、类固醇、衍生化氨基酸等）

续表

类型	性质	色谱分离方式	应用范围
酚基 $—C_6H_5OH$	弱极性	反相	中等极性化合物，与 C_8 性质相似，对多环芳烃、极性芳香族化合物、脂肪酸等具有不同的选择性
醚基 —CH—CH₂ 环氧（—O—）	弱极性	反相或正相	具有斥电子基团，适用于分离酚类、芳硝基化合物、其保留行为比 C_{18} 更强
二醇基 $—CH(OH)—CH_2(OH)$	弱极性	正相或反相	比未改性的硅胶具有更弱的极性，适用于分离有机酸及其聚合物，还可作为分离肽、蛋白质的凝胶过滤色谱的固定相
芳硝基 $—C_6H_5—NO_2$	弱极性	正相或反相	分离具有双键的化合物（如芳香族化合物、多环芳烃）
腈基 —CN	极性	正相（反相）	正相与硅胶吸附剂相似，适用于分离极性化合物，保留值比硅胶柱低；反相可提供与 C_8、C_{18} 和苯基柱不同的选择性
胺基 $—NH_2$	极性	正相（反相、阴离子交换）	正相可分离极性化合物（如芳胺取代物、脂类、甾族化合物等）；反相可分离单糖、双糖和多糖等碳水化合物；阴离子交换分离酚、有机羧酸和核苷酸
二甲胺基 $—N(CH_3)_2$	极性	正相、阴离子交换	正相与胺基柱的分离性能相似；阴离子交换可分离有机碱

化学键合相的固定相几乎对各种类型的有机化合物都有良好的选择性，特别适合有较宽范围 k 值的样品分离，它是 HPLC 较为理想的固定相。

二、化学键合相的流动相

高效液相色谱法中流动相又称为洗脱剂，是影响分离效果的主要因素。HPLC 理想的流动相应具有以下特点：①纯度高；②对固定相无溶解能力；③与检测器兼容性好；④对样品有足够的溶解能力；⑤具有较低的黏度；⑥安全且毒性低。

在化学键合相色谱法中，溶剂的洗脱能力直接与它的极性相关。在正相色谱法中，固定相为极性，溶剂的强度越强洗脱能力越强；在反相色谱法中，固定相为非极性溶剂的强度越弱洗脱能力越强。

正相键合相色谱法常用 Snyder 提出的溶剂极性参数 P' 来描述溶剂的洗脱能力。极性参数 P' 越大，则溶剂的极性越强，在正相色谱法中的洗脱能力就越强。极性参数 P' 反映了溶剂与乙醇（质子给予体）、二氧六环（质子受体）和硝基甲烷（强偶极体）三种物质之间相互作用的强度，常见溶剂的极性参数见表 15-3。

表 15-3 常见溶剂的极性参数

溶剂	P'	溶剂	P'
正戊烷	0.0	乙醇	4.3
正己烷	0.1	乙酸乙酯	4.4
苯	2.7	丙酮	5.1
乙醚	2.8	甲醇	5.1
二氯甲烷	3.1	乙腈	5.8
正丙醇	4.0	醋酸	6.0
四氢呋喃	4.0	水	10.2
氯仿	4.1		

反相键合相色谱法常用强度因子 S 来表示溶剂的洗脱强度，表 15-4 中列出常用溶剂的 S 值。强度因子 S 值越大，溶剂强度越大，洗脱能力越强。

表 15-4 反相键合相色谱法常用溶剂的强度因子(S)

水	甲醇	乙腈	丙酮	二噁烷	乙醇	异丙醇	四氢呋喃
0	3.0	3.2	3.4	3.5	3.6	4.2	4.5

为改善分离效果，实际工作中常使用混合溶剂进行洗脱。混合溶剂的极性参数 P'_{mix} 和 S_{mix} 可按下式进行计算：

$$P'_{mix} = \sum_{i=1}^{n} P'_i \varphi_i \quad 或 \quad S_{mix} = \sum_{i=1}^{n} S_i \varphi_i \tag{15-1}$$

式中：φ_i 为混合溶剂中某种纯溶剂的体积分数；P'_{mix} 和 P'_i 为混合溶剂和某种纯溶剂的极性参数；S_{mix} 和 S_i 为混合溶剂和某种纯溶剂的强度因子。

第四节　分离条件的选择

选择好色谱分析方法后，就需要进一步确定适当的分离条件，尽量采用优化的分离操作条件，以使样品中的不同组分获得完全的分离。速率理论是色谱动力学理论的代表，在范第姆特方程式的基础上 Giddings 和 Synder 等根据液体与气体的性质差异，提出了液相色谱法的速率方程：

$$H = A + \frac{B}{u} + C_s u + C_m u + C_{sm} u \tag{15-2}$$

式中：H 为理论塔板数；A 为涡流扩散系数；B 为分子扩散系数；C_s、C_m 和 C_{sm} 分别为固定相传质阻力系数、流动相传质阻力系数和静态流动相传质阻力系数；u 为流动相的线速度。

在高效液相色谱法中，液体的扩散系数仅为气体的万分之一，则速率方程中的分子扩散项 B/u 较小，可以忽略不计，故降低传质阻力是提高高效液相色谱法柱效能的主要途径。

高效液相色谱法中，分离柱的制备是一项技术要求非常高的工作，一般很少自行制备。固定相一定时，流动相的选择成为影响高效液相色谱法分离的主要因素。在分离极性差别较大的多组分样品时，为了使各组分均有合适的 k 值并分离良好，也需采用梯度洗脱技术。

一、正相键合相色谱法的分离条件

正相键合相色谱法一般选用极性固定相，流动相通常以正己烷为主体，常加入适量的乙醚或甲基叔丁基醚、氯仿和二氯甲烷等溶剂改善分离的选择性。梯度洗脱时，正相色谱法通常逐渐增大洗脱剂中极性溶剂的比例。

二、反相键合相色谱法的分离条件

反相键合相色谱法常采用 C_{18} 键合相的固定相，流动相通常以水为主体成分，常加入甲醇、乙腈和四氢呋喃等溶剂，改善分离的选择性。在实际使用中，一般采用甲醇-水体系已能满足多数样品的分离要求。由于甲醇的毒性比乙腈小很多，且价格便宜 6～7 倍，因此，反相键合相色谱法中应用最广泛的流动相是甲醇-水系统。此外，也经常采用乙醇、丙醇及二氯甲烷等作为流动相，其洗脱强度的强弱顺序依次为

水(最弱)＜甲醇＜乙腈＜乙醇＜四氢呋喃＜丙醇＜二氯甲烷(最强)

虽然实际上采用适当比例的二元混合溶剂就可以适应不同类型的样品分析，但有时为了获得最佳分离，也可以采用三元混合溶剂甚至四元混合溶剂作流动相。梯度洗脱时，反相色谱法通常逐渐增大洗脱剂中极性相对较低的溶剂的比例。

总之，通过适当地增大或降低流动相溶剂的极性，可将试样组分的 k 值调至适宜的范围内，或者说通过改变流动相的组成，使溶质各组分良好地分离开来。

第五节 高效液相色谱仪

HPLC 系统一般由输液装置、进样器、色谱柱、检测器、数据记录及处理系统等组成。其中输液泵、色谱柱、检测器是关键部件。有的仪器还有梯度洗脱装置、在线脱气机、自动馏分收集装置和微机控制系统等辅助系统。仪器的典型结构如图 15-4 所示。

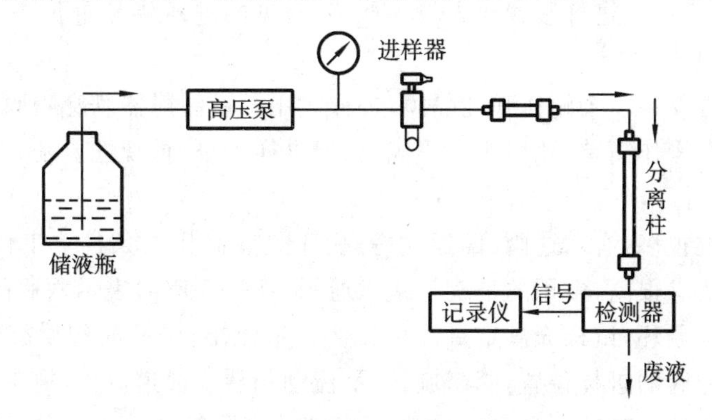

图 15-4 高效液相色谱仪结构图

一、输液装置

输液装置主要由储液器、脱气装置、高压输液泵、流量控制器和梯度洗脱装置等组成，其中高压输液泵是核心部件。

1. 高压输液泵

高压输液泵的性能好坏直接影响到整个系统的质量和分析结果的可靠性。它应该具备密封性好、输出流量恒定、压力平稳、可调范围宽、便于更换溶剂及耐腐蚀等条件。常用的输液泵有恒流泵和恒压泵两种，而恒流泵用得较多，因为它的输出流量能始终保持恒定，与色谱柱引起的阻力大小无关，而恒压泵用得较少。恒流泵又分为机械注射泵和机械往复泵，后者用得最多。机械往复泵的液缸容积小，易于清洗和更换流动相，特别适合于再循环和梯度洗脱；输出压力为 15～35 MPa；缺点是输出的脉冲性较大，现多采用双泵系统和压力脉动阻尼器来克服。

2. 梯度洗脱装置

HPLC 有等度洗脱和梯度洗脱两种方式。等度洗脱是在同一分析周期内流动相组成保持恒定的洗脱方式。适合于组分数目较少，性质差别不大的样品。梯度洗脱是在一个分析周期内连续地或阶段性地改变流动相组成配比的洗脱方式。梯度洗脱可以缩短分析时间，提高分离度，改善峰形，提高检测灵敏度，用于分析组分数目多、性质差异较大的复杂样品。梯度洗脱有两种实现方式：低压梯度（外梯度）洗脱和高压梯度（内梯度）洗脱。

(1) 低压梯度洗脱。先加压后混合，即按一定程序在常压下预先将溶剂混合后，再用泵加压输入色谱柱。其优点是只需要一台泵，价廉。

(2) 高压梯度洗脱。先加压后混合，即用几台泵分别将不同溶剂加压，按程序规定的流量比输入混合室混合，再输入色谱柱。其优点是能得到任意类型的梯度曲线，易于自动化；但需要多台高压泵，价格较高。

二、进样和分离装置

1. 进样系统

进样装置的作用是把分析试样有效地送入色谱柱进行分离，由于 HPLC 色谱柱比 GC 色谱柱短得多，HPLC 对进样装置要求较为严格，常见的进样装置如下。

1) 隔膜注射进样器

在色谱柱顶端安装一个耐压弹性隔膜，进样时用微量注射器刺穿隔膜将试样注入色谱柱。这种装置具有操作简单、死体积小等优点；但进样量小、重现性差是其“致命”的弱点。

2) 高压进样阀

进样阀的种类很多，有六通阀、四通阀等，由于是在高压的条件下工作，对其承受高压的能力和密封性要求很高，常用的是旋转式六通阀。图 15-5(a)表示六通阀的取样位置，试样从 1 通道注入定量环，试样充满定量环后从 2 通道流出；进样时阀瓣旋转 60°，如图 15-5(b)所示，表示六通阀的进样位置，阀瓣旋转后，流动相从 5 通道流入，携带定量环中的试样从 4 通道进入分离柱。其特点是进样准确，重现性好，易于自动化，可进较大量的试样；但此装置有一定的死体积，会引起峰形变宽。

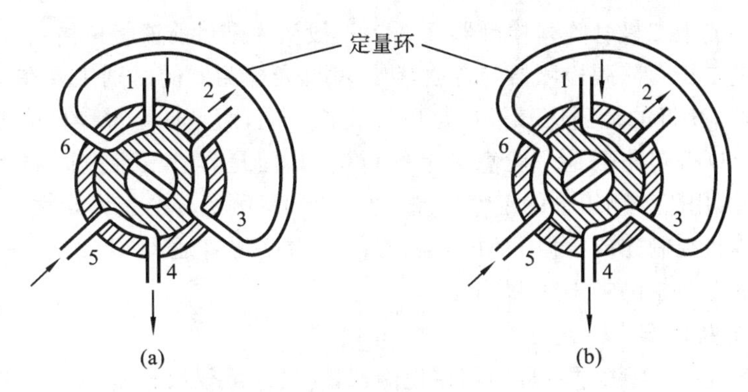

图 15-5 旋转式六通阀

2. 分离装置

色谱法是一种分离分析手段，担负分离作用的色谱柱是色谱仪的“心脏”，柱效能高、选择性好、分析速度快是对色谱柱的一般要求。HPLC 的色谱柱通常由不锈钢管制成，其内径为 4～5 mm，柱长为 5～30 cm，柱形多为直形，内装高效微粒固定相。柱温一般为室温或接近室温。色谱柱的价格较高，应注意使用和保存，某些 HPLC 仪器装有前置柱，其中的填充物与分析柱相同，可以防止分析柱被污染或堵塞。

三、检测器

HPLC 检测器是用于连续监测柱后流出物组成和含量变化的装置。其作用是将色谱柱后流出物中样品组成和含量的变化转化为可供检测的信号，以完成定性和定量分析的任务。在 HPLC 中，检测器有两种基本类型：一类是溶质型检测器，它仅对待测组分的物理或化学特性有响应，如紫外检测器、荧光检测器及电化学检测器等；另一类是总体检测器，它是对试样及洗脱液总的物理或化学性质有响应，如示差折光检测器、电导检测器等。在实际工作中，应根据具体情况来选择适宜的检测器。这里介绍几种常用的检测器。

1. 紫外-可见光检测器

紫外-可见光检测器(UVD)是目前液相色谱法中应用最广泛的检测器。它灵敏度高，噪声小，线性范围宽，对流速和温度均不敏感，可用于制备色谱，其使用率占 70% 左右。几乎所有的液相色谱装置都配有紫外-可见光检测器。

紫外-可见光检测器的基本结构与一般紫外-可见光分光光度计是相同的，均包括光源、分光系统、试样室和检测系统四大部分，其结构如图 15-6 所示。在紫外-可见光检测器中，与普通紫外-可见光分光光度计完全不同的部件是流通池，结构常采用 H 形。

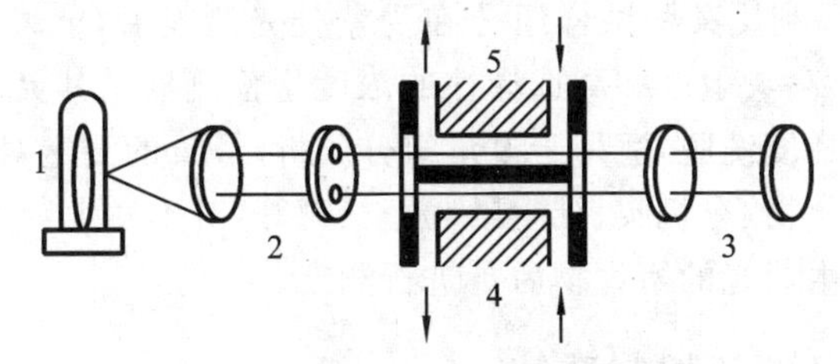

图 15-6 紫外-可见光检测器示意图

1—光源；2—单色器；3—检测器；4—测量池；5—参比池

最近出现的光电二极管阵列检测器(DAD)一般认为是目前液相色谱法最有发展、最好的检测器。光电二极管阵列检测器与普通紫外-可见光检测器的区别主要在于进入流通池的不再是单色光,获得的检测信号不再是单一波长上的,而是在全部紫外光波段上的色谱信号。因此,DAD得到的不是一般意义上的色谱图,而是具有三维空间的立体色谱光谱图。DAD不仅可用于待测组分的定性检测,还可得到待测组分的光谱定性信息,其全部检测过程均由计算机控制完成。但DAD检测器的灵敏度比普通UVD约低一个数量级,单纯的含量测定和杂质检测常采用UVD。

2. 示差折光检测器

示差折光检测器(RID)是一种通用型检测器,普及程度仅次于紫外-可见光检测器。它是通过连续监测参比池和样品池中溶液的折射率之差来测定试样浓度的检测器。折射率之差与试样浓度成正比,原则上凡是与流动相折射率有差别的样品都可用它来测定。折光指数检测器适用于流动相紫外吸收本底大,不适于紫外吸收检测的体系,在凝胶色谱中折光指数检测器是必不可少的,尤其是对聚合物的测定。但与其他方法相比该法灵敏度低、对温度敏感、不能用于梯度洗脱。

RID的类型分为反射式、偏转式、干涉式等几种。偏转式示差折光检测器常用于尺寸排阻色谱法,图15-7为这种检测器的光路示意图。检测器的参比池和样品池由玻璃片隔开,两溶液折光率有差别时,入射光束将偏转一定角度;光束聚焦的位置发生改变,光电倍增管输出信号,经放大得到色谱图。

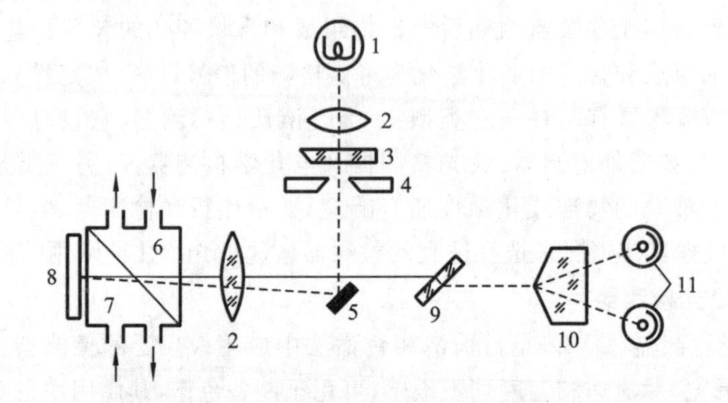

图15-7 偏转式示差折光检测器光路示意图

1—光源;2—透镜;3—滤光片;4—遮光板;5—反射镜;6—样品池;
7—参比池;8—平面反射镜;9—平面细调透镜;10—棱镜;11—光电管

3. 荧光检测器

荧光检测器(FD)是利用某些试样组分在受紫外光激发后,能发射荧光的性质来进行检测的。它是一种具有高灵敏度和高选择性的浓度型检测器。其灵敏度是紫外-可见光检测器的100倍,可用于梯度洗脱,适用于痕量组分分析。FD的测定对象是一些能够产生荧光的物质,如芳香族化合物、有机胺、维生素、激素、酶等,对不发生荧光的物质,可使其与荧光试剂反应,制成可发生荧光的衍生物后再进行测定。

四、数据记录和计算机控制系统

高效液相色谱法的分析结果除可用记录仪绘制谱图外,现已广泛使用色谱数据处理机和色谱工作站来记录和处理色谱分析的数据。色谱工作站能够对数据进行采集、处理和储存，按照设定程序自动计算并报告分析结果。

第六节 定性与定量方法

一、定性方法

由于采用液相色谱法时影响溶质迁移的因素较多，同一组分在不同色谱条件下的保留值相差很大，即便在相同的操作条件下，同一组分在不同色谱柱上的保留值也可能有很大差别，因此液相色谱法与气相色谱法相比，定性的难度更大。

常用的定性方法是利用纯物质对未知化合物定性，利用已知标准样品定性，如果在相同的色谱条件下被测化合物与标准样品的保留值一致，就可以初步认为被测化合物与标准样品相同。若流动相组成经多次改变后，被测化合物的保留值仍与标准样品的保留值一致，就能进一步证实被测化合物与标准样品为同一化合物。利用两检测器时，选择性定性。当某一被测化合物同时被两种或两种以上检测器检测时，两个检测器或几个检测器对被测化合物检测灵敏度比值是与被测化合物的性质密切相关的，可以用来对被测化合物进行定性分析，也可采用联用技术进行定性，如高效液相色谱-质谱联用仪。

二、定量方法

高效液相色谱法的定量方法与气相色谱法的定量方法类似，主要有归一化法、外标法和内 标法，简述如下。

1. 归一化法

归一化法要求所有组分都能分离并有响应，其基本方法与气相色谱法中的归一化法类似。由于液相色谱法所用检测器为选择性检测器，对很多组分没有响应，因此液相色谱法较少使用归一化法。

2. 外标法

外标法是以待测组分纯品配制标准试样和待测试样，同时作色谱分析来进行比较而定量的，可分为标准曲线法和直接比较法。

3. 内标法

内标法是比较精确的一种定量方法。它是将已知量的内标物加到已知量的试样中，那么试样中内标物的浓度为已知；在进行色谱测定之后，待测组分峰面积和内标物峰面积之比应该等于待测组分的质量与内标物质量之比，求出待测组分的质量，进而求出待测组分的含量。

三、应用示例

高效液相色谱法由于不受被分离物质的挥发性、热稳定性及相对分子质量的限制，在医药卫生领域有极为广泛的应用。在生命科学和生物工程研究中，经常涉及对氨基酸、多肽、蛋白质及核碱、核苷、核苷酸、核酸等生物分子的分离分析。在医药研究中，人工合成药物的纯化及成分的定性、定量测定，中草药有效成分的分离、制备及纯度测定，临床医药研究中人体血液和体液中药物浓度、药物代谢物的测定，新型高效手性药物中手性对映体含量的测定等，都可以用反相键合相色谱法予以解决。此外，其在食品分析、环境污染分析和工业分析等领域也有着广泛的应用。HPLC已成为我国医药卫生领域中必不可少的分离分析工具。

小结

一、概述

HPLC的特点：高压、高速、高效、高灵敏度。

HPLC与经典液相色谱法比较：速度快、灵敏度高、样品量少、易回收等。

HPLC与GC比较：可用于高沸点有机物、高分子化合物、热稳定性差的有机物及生物活性物质的分离分析。

二、高效液相色谱法的主要类型及原理

（一）主要类型

1. 吸附色谱法

固定相是固体吸附剂，流动相为不同极性的溶剂。

2. 分配色谱法

固定相为载体＋固定液，流动相为不同极性的溶剂，根据两相的相对极性差异进行分离。正相分配色谱法的固定相的极性大于流动相的极性；反相分配色谱法的固定相的极性小于流动相的极性。

3. 化学键合相色谱法

原理：正相键合相色谱法的分离机理属于分配色谱法；反相键合相色谱法的分离机理为疏水性溶剂的作用。

固定相以硅胶作为基体，在其表面键合有机分子；流动相为不同极性的溶剂。

（二）其他高效液相色谱法

1. 离子交换色谱法

依据离子型化合物中各离子组分与离子交换剂上表面电荷基团进行可逆交换能力的差别而实现分离。固定相为高效微粒离子交换剂；流动相是具有pH值的缓冲溶液。

2. 尺寸排阻色谱法

根据固定相对样品中各组分分子阻滞作用的差别来实现分离。固定相为具有化学惰性的多孔性凝胶；流动相为水和有机溶剂。

3. 亲和色谱法

依据生物分子与基体上键联的配位体之间存在的特异性亲和作用能力的差别，实现对具有生物活性的生物分子的分离。固定相为键合在不同的基体上的多种不同特性的配位体；流动相为不同pH值的缓冲溶液。

三、固定相和流动相的选择

1. 化学键合相的固定相

键型：硅酸酯型、硅烷化型、硅碳型和硅氮型。其中，以硅烷化型C_{18}最为常用。

分类：正相键合相(极性键合相)、反相键合相(非极性键合相)、离子型键合相(阳离子交换基团和阴离子交换基团)。

选择：中等极性和极性较强的化合物——正相键合相；非极性和极性较弱的化合物—反相键合相；离子型或可离子化的化合物——离子型键合相。

2. 化学键合相的流动相

洗脱能力直接与它的极性相关。正相键合相色谱法用溶剂极性参数 P' 描述溶剂的洗脱能力，P' 越大，溶剂的极性越强，洗脱能力就越强；反相键合相色谱法用强度因子 S 来表示溶剂的洗脱强度，S 值越大，溶剂强度越大，洗脱能力越强。实际工作中常使用混合溶剂。

$$P'_{\text{mix}} = \sum_{i=1}^{n} P'_i \varphi_i \quad \text{或} \quad S_{\text{mix}} = \sum_{i=1}^{n} S_i \varphi_i$$

四、分离条件的选择

(1) 正相键合相色谱法的分离条件：选用极性固定相，流动相通常以烷烃为主体，常加入适量的优选溶剂(乙醚等)改善分离的选择性。

(2) 反相键合相色谱法的分离条件：常选用 C_{18} 键合相的固定相，流动相通常以水为主体成分，常加入甲醇、乙腈和四氢呋喃等溶剂，改善分离的选择性。

五、高效液相色谱仪

(1) 输液装置：高压输液泵、梯度洗脱装置(高压梯度和低压梯度)。

(2) 进样和分离装置。

(3) 检测器：紫外-可见光检测器、示差折光检测器、荧光检测器。

(4) 数据记录和计算机控制系统。

六、定性与定量方法

(1) 定性方法：纯物质定性(保留值)和联机定性。

(2) 定量方法：归一化法、外标法和内标法。

能力检测

一、选择题

1. 液相色谱法适宜的分析对象是(　　)。

A. 低沸点小分子有机化合物　　B. 高沸点大分子有机化合物

C. 所有有机化合物　　D. 所有化合物

2. 在液相色谱法中，按分离原理分类，液固色谱法属于(　　)。

A. 分配色谱法　　B. 尺寸排阻色谱法

C. 离子交换色谱法　　D. 吸附色谱法

3. 在液相色谱法中，梯度洗脱适用于分离(　　)。

A. 异构体　　B. 沸点相近，官能团相同的化合物

C. 沸点相差大的试样　　D. 极性变化范围宽的试样

4. 在液相色谱法中，为了改变柱子的选择性，可以进行(　　)的操作。

A. 改变柱长　　B. 改变填料粒度

C. 改变流动相或固定相种类　　　　　　D. 改变流动相的流速

二、简答题

1. 简述高效液相色谱法和气相色谱法的主要异同点。

2. 何谓化学键合相？常用的化学键合相有哪几种类型？有何应用？

3. 什么是梯度洗脱？它与GC的程序升温有何异同？

4. 指出使用ODS色谱柱时，常用哪几种洗脱溶剂，它们的极性顺序怎样？其中以哪一种溶剂为本底？

三、计算题

1. 计算在反相色谱法中甲醇-水(80∶20)二元系统的强度因子 S 值。如改用四氢呋喃-水和乙腈-水，其比例分别为多少？

2. 利用HPLC内标法测定生物碱试样中黄连碱和小檗碱的含量，称取内标物、黄连碱和小檗碱对照品各0.2000 g配成混合溶液。测得峰面积分别为3.60 cm^2、3.43 cm^2 和4.04 cm^2。称取0.2400 g内标物和试样0.8560 g同法配制成溶液后，在相同的色谱条件下测得峰面积为4.16 cm^2、3.71 cm^2 和4.54 cm^2。计算试样中黄连碱和小檗碱的含量。

(大连医科大学　尹计秋)

第十六章　其他仪器分析法

学习目标

掌握：荧光分析法、核磁共振波谱法、质谱分析法的基本原理、特点及分析方法。

熟悉：上述仪器分析法的仪器组成及各部件的特殊功能。

了解：上述仪器分析法在药物分析及临床检验中的地位和作用。

第一节　荧光分析法

常温下某物质经一定波长范围的入射光的照射后，分子吸收光能进入不稳定的激发态，该激发态立即退激发并且发出比入射光的波长更长的出射光。一旦停止入射光的激发，光致发光现象立即消失（余辉时间$\leqslant 10^{-8}$ s），这种即激即发、停激停发的光致冷发光现象称为荧光现象，简称荧光。如中药秦皮的水溶液在365 nm的紫外线照射下，其有效成分七叶树内酯会产生亮蓝色（433～498 nm）荧光。

除了产生荧光之外，有些物质受激后，虽然激发光早已停止，但物质仍然持续发光（余辉时间$\geqslant 10^{-8}$s，达数秒或更长）。这种受激即发、停激仍发的光致冷发光现象称为磷光。

根据物质的不同，荧光分析法分为原子荧光光谱法和分子荧光光谱法。“荧光”一词衍生自萤石。

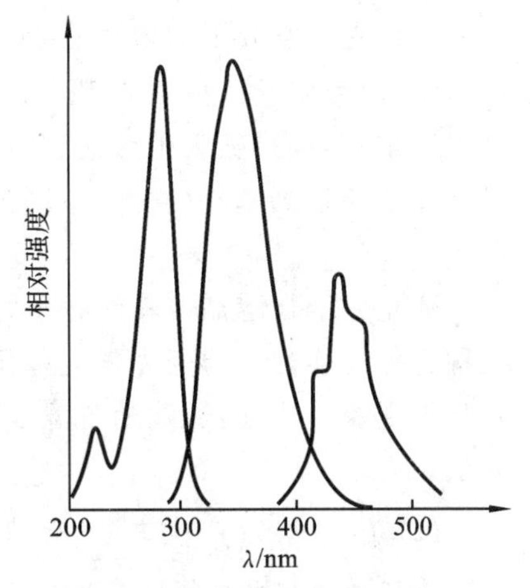

图 16-1　萘的激发光、荧光和磷光光谱

萘的激发光、荧光和磷光光谱参见图 16-1。

一、基本原理

（一）荧光（磷光）的发光原理

大多数分子在室温时均处在电子基态的最低振动能级（基态单重态 S_0，$v=0$、1、2、3、

4)，当物质分子吸收了与它所具有的特征频率相一致的光子时，由原来的能级跃迁至第一激发单重态（符号 S_1，v=0、1、2、3、4）或第二激发单重态中各个不同振动能级（第二激发单重态 S_2，v=0、1、2、3、4）。其后，大多数分子和周围的同类分子或其他分子撞击而消耗能量放出动能，并未发射出光子，分子能量渐渐降低却不发光的能级变化称为振动弛豫。最后大部分的分子能量迅速降落至第一激发单重态的最低振动能级（S_1，v=0），分子在第一激单重态的最低振动能级（S_1，v=0）停留约 10^{-9} s之后，直接下降至电子基态的各个不同振动能级（S_0，v=0、1、2、3、4），释放出多余的能量而产生该物质所特有的荧光。

荧光（磷光）光谱能级跃迁示意图参见图 16-2。

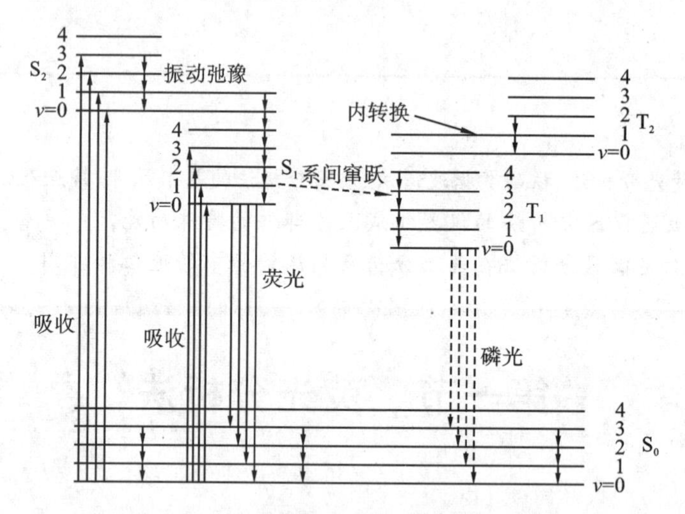

图 16-2 荧光（磷光）光谱能级跃迁示意图

如果受激发分子的电子在激发态发生自旋反转，当它所处单重态的较低振动能级（S_1，v=1）与激发三重态的较高能级（T_1，v=3）重叠时，就会发生系间窜跃（跨越），到达激发三重态，经过振动弛豫达到激发三重态的最低振动能级（T_1，v=0），然后以辐射形式发射光子跃迁到基态的各个不同振动能级（S_0，v=0、1、2、3、4）上。这时发射的光子称为磷光。

荧光分子与溶剂或其他分子之间相互作用，使荧光强度减弱的现象称为荧光猝灭，又称为外转换。引起荧光强度降低的物质称为猝灭剂，当荧光物质浓度过大时，会产生自猝灭现象。比如：通常随着温度的增高，荧光物质溶液的荧光量子产率及荧光强度将降低。

（二）荧光的产生与分子结构的关系

分子产生荧光必须具备两个条件：首先，分子必须具有与所照射的辐射频率相适应的结构，才能吸收激发光；其次，吸收了与其本身特征频率相同的能量之后，必须具有一定的荧光量子产率。因此，只有那些结构上具备了荧光产生条件的分子，才可能产生荧光。

1. 跃迁类型

实验证明，对于大多数荧光物质，首先经历 $\pi\rightarrow\pi^*$ 或 n（非键电子轨道）$\rightarrow\pi^*$ 激发，然后经过振动弛豫或其他无辐射跃迁，再发生 $\pi^*\rightarrow\pi$ 或 $\pi^*\rightarrow$n 跃迁而得到荧光。在这两种跃迁类型中，$\pi^*\rightarrow\pi$ 跃迁常能发出较强的荧光（较大的荧光效率）。这是由于 $\pi\rightarrow\pi^*$ 跃迁具有较大的摩尔吸光系数（一般比 $n \to \pi^*$ 大 100～1000 倍），其次，$\pi \to \pi^*$ 跃迁的寿命为 10^{-9}～10^{-7} s，比 $n \to \pi^*$ 跃迁的寿命 10^{-7}～10^{-5} s 要短。

在各种跃迁过程的竞争中，$\pi \to \pi^*$ 跃迁是有利于发射荧光的。此外，在 $\pi^* \to \pi$ 跃迁过程中，通过系间窜跃至三重态的速率常数也较小（$S_1 \to T_1$ 能级差较大），这也有利于荧光的发射。总之，$\pi \to \pi^*$ 跃迁是产生荧光的主要跃迁类型。

2. 共轭效应

实验证明，容易实现 $\pi \to \pi^*$ 激发的芳香族化合物容易产生荧光，能产生荧光的脂肪族和脂环族化合物极少（仅少数高度共轭体系化合物除外）。此外，增加体系的共轭度，荧光效率一般也将增大。例如，在多烯结构中，$Ph(CH{=}CH)_3Ph$ 和 $Ph(CH{=}CH)_2Ph$ 在苯中的荧光效率分别为 0.68 和 0.28。

共轭效应使荧光增强，主要是由于共轭效应增大了荧光物质的摩尔吸光系数，有利于产生更多的激发态分子，从而有利于荧光的发生。

3. 刚性平面结构

实验发现，多数具有刚性平面结构的有机分子具有强烈的荧光。

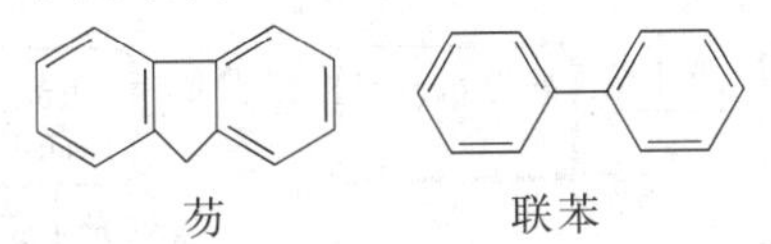

例如，在相似的测定条件下，联苯和芴的荧光效率 φ_f 分别为 0.2 和 1.0，两者的结构差别在于芴的分子中加入亚甲基成桥，使两个苯环不能自由旋转，成为刚性分子，共轭电子的共平面性增加，使芴的荧光效率大大增加。

这种具有刚性平面结构的有机分子结构可以减少分子的振动，使分子与溶剂或其他溶质分子的相互作用减少，也就减少了碰撞去活的可能性。

4. 取代基效应

芳香族化合物苯环上的不同取代基对该化合物的荧光强度和荧光光谱有很大的影响。

给电子基团，如—OH、—OR、—CN、$—NH_2$、$—NR_2$ 等，使荧光增强。因为产生了 p-π 共轭作用，增强了 π 电子共轭程度，使最低激发单重态与基态之间的跃迁概率增大。

吸电子基团，如—COOH、—NO、—C═O、卤素等，会减弱甚至会猝灭荧光。

卤素取代基随原子序数的增加而荧光降低。取代基的空间障碍对荧光也有影响。立体异构现象对荧光强度有显著的影响。

5. 金属螯合物的荧光

除过渡元素的顺磁性原子会发生线状荧光光谱外，大多数无机盐类金属离子，在溶液中只能发生无辐射跃迁，因而不产生荧光。但是，在某些情况下，金属螯合物却能产生很强的荧光，并可用于痕量金属元素分析。

1）螯合物中配位体的发光

不少有机化合物虽然具有共轭双键，但由于不是刚性结构，分子不处于同一平面，因而不发生荧光。若这些化合物和金属离子形成螯合物，随着分子的刚性增强，平面结构的增大，常会发生荧光。如 8-羟基喹啉本身有很弱的荧光，但其金属螯合物具有很强的荧光。

2）螯合物中金属离子的特征荧光

这类发光过程通常是螯合物首先通过配位体的 $\pi \to \pi^*$ 跃迁激发，接着配位体把能量转给金属离子，导致 $d \to d^*$ 跃迁和 $f \to f^*$ 跃迁，最终发射的是 $d \to d^*$ 跃迁和 $f \to f^*$ 跃迁光谱。

（三）荧光分析的定性、定量

1. 激发光谱与发射光谱

荧光分光光度计的原理如图 16-3 所示，光路行程如下。

光源→紫外线→激发单色器 1→激发光 λ_1→荧光样品池（90°侧向）→发射单色器 2→发射单色光 λ_2→检测器。

1）激发光谱

如图 16-3 所示，选发射单色器的波长 λ_2 为任意一固定值，调节激发单色器 1 连续改变激发光波长 λ_1，检测器测定不同波长激发光下荧光物质溶液发射的荧光强度（F），所得 F-λ_1 曲线即为激发光谱。

将激发光谱上荧光强度最强处的激发光波长记为 λ_{ex}，常与光谱上其他特征峰（谷）处的荧光强度数值一起作为荧光物质的定性依据。

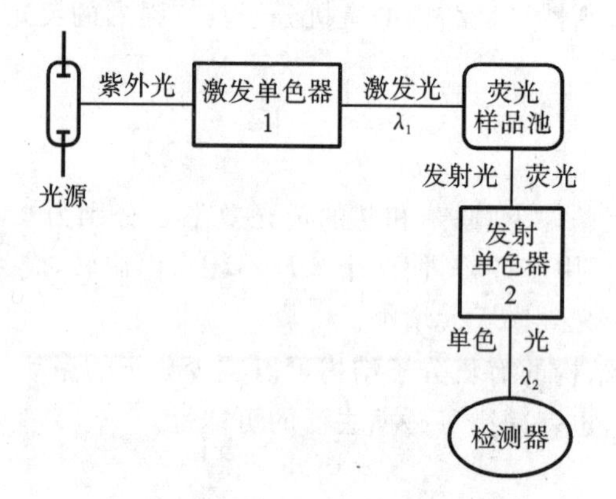

图 16-3　荧光分光光度计原理

2）发射光谱

如图 16-3 所示，选激发单色器 λ_1 为 λ_{ex}，连续改变发射单色器的波长 λ_2，检测器测定不同发射光波长所对应的荧光强度（F），所得 F-λ_2 曲线即为发射光谱。

将发射光谱上荧光强度最强处的发射光波长记为 λ_{em}，定量分析中一般以 λ_{em} 作为含量测定波长，此处荧光强度最大，信号最灵敏。与其他特征峰（谷）处的荧光强度数值一起亦可作为荧光物质的定性依据。

任何荧光分析仪都能得到激发光谱与发射光谱，这两种光谱的特征性与荧光物质结构的特殊性密切相关，可据此进行荧光物质的定性鉴定。同一物质的激发光谱与吸收光谱互为镜像关系，形状极其相似，将某一光谱倒过来后两者几乎可以完全重合。这是因为分子吸收光能的过程就是分子的激发过程。

2. 荧光效率

荧光量子产率也称为荧光效率或量子效率，它表示物质发射荧光的能力，通常用下式表示：

$$\varphi = \frac{\text{发射荧光分子数}}{\text{激发分子总数}}$$

或
$$\varphi=\frac{发射荧光量子数}{吸收光量子数}$$

若用数学式来表达这些关系，得到

$$\varphi=\frac{k_f}{k_f+\sum k_i}$$

式中：k_f 为荧光发射过程的速率常数；$\sum k_i$ 为其他有关过程的速率常数的总和。

凡是能使 k_f 值升高而使其他 k_i 值降低的因素，都可增强荧光。

荧光素水溶液的 $\varphi=0.65$，荧光素钠水溶液的 $\varphi=0.92$。对于强荧光分子(如荧光素)，其荧光效率在某些情况下接近1，说明 $\sum k_i$ 很小，可以忽略不计。一般来说，k_f 主要取决于化学结构，而 $\sum k_i$ 则主要取决于化学环境，同时也与化学结构有关。

3. 荧光强度及其与溶液浓度的关系

荧光强度 I_f 正比于吸收光强度 I_a 与荧光量子产率 φ。

$$I_f=\varphi I_a \tag{16-1}$$

式中：φ 为荧光量子产率，又根据朗伯-比尔定律

$$A=-\lg T=\varepsilon cl \tag{16-2}$$

$$T=\frac{I_t}{I_0}=\frac{I_0-I_a}{I_0}=10^{-\varepsilon lc}$$

$$I_a=I_0-I_t=I_0(1-10^{-\varepsilon lc}) \tag{16-3}$$

I_0 和 I_t 分别表示入射光强度和透射光强度。将式(16-3)代入式(16-1)得

$$I_f=\varphi I_0(1-10^{-\varepsilon lc}) \tag{16-4}$$

式中：ε 为摩尔吸光系数；l 为液池厚度；I_f 为发射出的荧光强度；φ 为荧光量子产率。该式表明荧光强度 I_f 与量子产率 φ 成正比，但荧光强度 I_f 与荧光物质浓度 c 并非线性响应的关系。在较浓的溶液中，是猝灭现象和自吸收等因素造成了荧光强度和浓度的非线性关系。

实验证明：当荧光物质浓度极稀时，上式可简化为

$$I_f=2.3\varphi I_0\varepsilon lc \tag{16-5}$$

实际测定时，一般只取空间分布以及光谱的一部分，且入射光强度 I_0 和 l 为一固定值，此时，上式简化为

$$I_f=Kc \tag{16-6}$$

此时，荧光强度 I_f 与荧光物质浓度 c 呈线性响应关系，这种线性关系只有在极稀的溶液中，当 $\varepsilon lc\leqslant 0.05$ 时才成立。

4. 荧光定量分析方法

根据前述原理，当荧光物质浓度极稀时，同一条件下对同一荧光物质的多次测定中，$2.3\varphi I_0\varepsilon l$ 为一常数 K。所以，$I_f=Kc$ 就是荧光定量分析的依据。

1) 标准校准曲线法

配制一系列不同含量的标准溶液，选用适宜的参比，在相同的条件下，测定系列标准溶液的吸光度，作 A-c 曲线，即标准曲线(又称为工作曲线)，也可用最小二乘法处理，得线性回归方程。再在相同条件下测定未知试样的吸光度，从标准曲线上就可以找到与之对应的

未知试样的浓度。

2）标准对比法

即将待测溶液与某一标准试样溶液，在相同的条件下，测定各自的吸光度，根据两个等比公式列出比例，从而求出未知试样浓度，进而求出其含量。

二、荧光分析仪

进行荧光分析的仪器称为荧光分光光度计，它主要由光源、单色器（两个）、样品池、检测器、显示装置五部分组成。

荧光分光光度计的结构基本与紫外分光光度计相似，但有两个部分不同，一是荧光分光光度计具有两个单色器，位置在前的激发单色器用以选择激发波长，后一个发射单色器用于分析发射光的波长，发射单色器大多位于激发光束的右方；二是进入发射单色器的入射光（即荧光）方向与激发单色器的激发光束成一定角度，一般为90°，这种设计可以最大限度地消除穿过样品池的透射光的干扰。

（一）光源

荧光分光光度计多采用氙灯作为光源，因它是从短波紫外线到近红外线基本上连续的光谱，具有性能稳定、寿命长等优点。近年来，激光荧光分析应用广泛，它采用激光器作为光源，有氮激光器、氩离子激光器、可调节染料激光器和半导体激光器等。染料激光器有连续波和脉冲两大类。

（二）单色器

单色器是从复合光色散出窄波带宽度光束的装置，由狭缝、镜子和色散元件组成。色散元件包括棱镜和光栅。荧光分光光度计有两个单色器：激发单色器和发射单色器。

（三）样品池

样品池通常由石英或合成石英制成。玻璃容器因会吸收波长 323 nm 以下的射线，不适用于波长 323 nm 以下的荧光分析。溶液试样的荧光分析中，光源、试样容器和探测器通常排成直角形，对于不透明的固体试样，则排成锐角形。

（四）检测器

通常采用光电倍增管作为检测器，灵敏度较高。三维荧光技术则用硅靶增强光导摄像管作检测器。

（五）显示装置

显示装置有表头显示、数字显示和记录器等。近年来，荧光分光光度计大多配有微处理机，其信号经处理后在荧光屏上显示，并输给记录器记录。某些型号的荧光分光光度计，按下电键即可得出三维荧光光谱。

荧光分光光度计可分为单光束与双光束两种。

在单光束荧光分光光度计（图16-4）中，光源发出的光经激发单色器单色化的光只有一束，照射在样品池上，样品发出的荧光经过发射单色器色散后照射在光电倍增管上，然后用光度表进行测量。

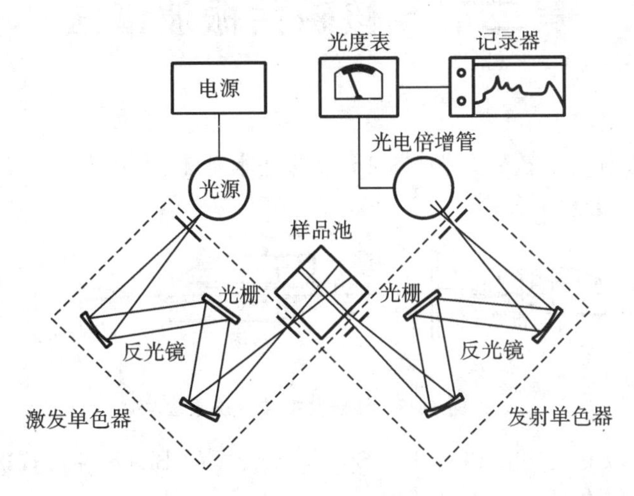

图 16-4 单光束荧光分光光度计

双光束荧光分光光度计经过激发单色器色散的单色光由旋转镜分为两束，在不同瞬间分别将光会聚于样品池和参比池上。样品溶液和参比溶液发出的荧光进入发射单色器，分别被检测器感应产生不同的电信号，再经过 A/D 转化显示成数字。

三、荧光分析法的特点及应用

（一）荧光分析法的特点和局限性

荧光分析法具有灵敏度高，特效性、选择性好，试样量少，方法简单，操作快速等优点，还可以提供比较多的物理参数。但是，本身能发出荧光的物质相对较少，虽然能用加入某种试剂的方法将非荧光物质转化为荧光物质进行分析，但其数量也不多。这就使得荧光分析法的应用范围比较局限。另一方面，荧光分析的高灵敏度也使得测定时仪器对环境因素十分敏感，外界干扰因素比较多。

（二）荧光分析法的应用

荧光分析法在生物化学分析、生理医学和临床检验等方面应用非常广泛。虽然大多数无机离子一般不发出荧光，但很多无机离子能和一些有机试剂形成荧光配合物，从而进行定量测定。目前，能进行荧光分析的无机离子现已达几十种；利用荧光法可以进行生物大分子定量、酶活性分析、荧光免疫分析、细胞学（细胞增殖、细胞毒理、细胞吸附等）分析和分子间相互作用分析等；荧光分析法还适用于生物体内微量的有机物和体内代谢产物的监测与定量；借助于酶的人工底物产生的荧光来测定酶的活性；临床上常用荧光光谱法测定葡萄糖、胆红素、叶胆原、胆汁酸和某些激素。另外，荧光分光光度计作为高效液相色谱法、薄层色谱法和高效毛细管电泳法等的检测器，使色谱技术这一有效的分离手段与高灵敏度、高选择性的定量检测方法结合起来，用于测定复杂混合体系中的多种药物成分。

第二节　核磁共振波谱法

1924 年，Pauli 预言了核磁共振（图 16-5）的基本理论：有些核同时具有自旋和磁量子数，这些核在磁场中会发生分裂。

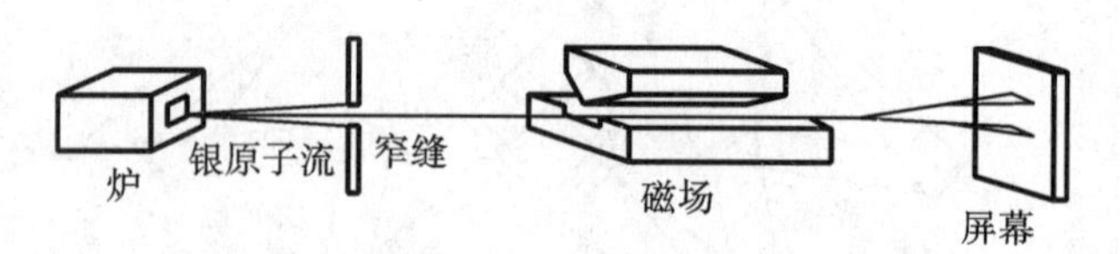

图 16-5　核磁共振波谱法原理

1946 年，Harvard 大学的 Purcel 和 Stanford 大学的 Bloch 各自首次发现并证实核磁共振现象，并于 1952 年分享了 Nobel 奖。

一、核磁共振的基本原理

当处于静磁场中的物质受到电磁波的激励时，如果射频电磁波的频率与静磁场强度的关系满足拉莫尔（Larmor）方程，则组成物质的一些原子核会发生共振，即所谓的核磁共振。原子核吸收射频电磁波的能量，当射频电磁波撤掉后，吸收了能量的原子核又会把这部分能量释放出来，即发射所谓的核磁共振信号。通过测量和分析这种共振信号，可以得到物质结构中的许多化学和物理信息。核磁共振现象是磁性原子核在强磁场中选择性地吸收了特定的射频能量，发生核能级跃迁。若将磁性核对射频能量的吸收产生的共振信号与射频频率对应记录下来，即得到核磁共振波谱。利用核磁共振波谱进行结构测定、定性及定量分析的方法称为核磁共振波谱法（NMR）。

（一）核自旋和核磁性

原子核在绕着自身轴旋转的同时，又沿主磁场方向 B_0 做圆周运动，这种运动称为旋进运动，简称进动。如图 16-6 所示。在主磁场中，宏观磁矩像单个质子磁矩那样做旋进运动，磁矩进动的频率符合拉莫尔方程：

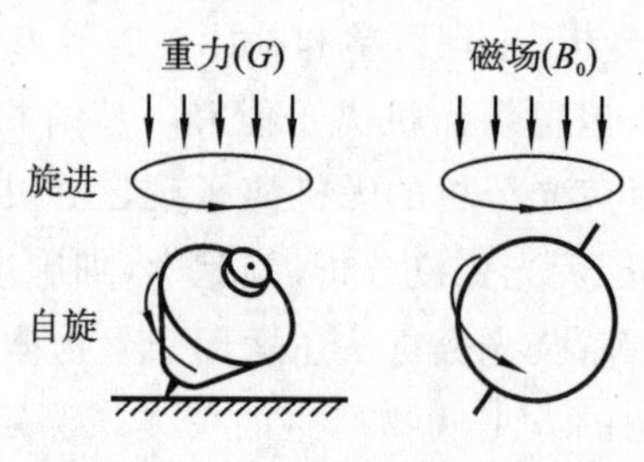

图 16-6　陀螺、质子的旋进运动

$$f=\frac{rB_0}{2\pi}$$

式中：f 为进动的频率；B_0 为主磁场强度；r 为旋磁比（对于每一种原子核是恒定的常数）。

在主磁场 B_0 一定的情况下，氢原子核的进动频率是一定的；同一氢原子核在不同磁场中的共振频率各有不同，存在多个核自旋磁能级。

核的磁性大小与其磁矩呈正相关。自旋核产生的磁场的磁矩用 $\boldsymbol{\mu}$ 表示，核自旋角动量用矢量 $\boldsymbol{P}$ 表示，则有

$$\boldsymbol{\mu} = \boldsymbol{r} \times \boldsymbol{P} \tag{16-7}$$

式中：$\boldsymbol{r}$ 为磁旋比，每种核有其固定值，它是磁性核的一个特征常数。

根据量子力学原理，原子核的自旋角动量 $\boldsymbol{P}$ 是量子化的，$\boldsymbol{P}$ 与核的自旋量子数 I 有下列关系：

$$P = \frac{h}{2\pi}\sqrt{I(I+1)} \tag{16-8}$$

结合式(16-7)和式(16-8)，磁矩的大小可表示为

$$\mu = r\frac{h}{2\pi}\sqrt{I(I+1)} \tag{16-9}$$

式中：h 为 Planck 常量；r 为磁旋比；I 为自旋量子数。自旋量子数 I 与核的质量数、质子数和中子数有关。如表 16-1 所示。

表 16-1　自旋量子数与质量数、质子数、中子数的关系

质量数(A)	质子数(Z)	中子数(N)	自旋量子数(I)	磁矩(μ)	实例
偶数	偶数	偶数	0	无	^{12}C、^{16}O、^{32}S
偶数	奇数	奇数	1,2,3	有	^{2}H、^{10}B、^{14}N
奇数	奇数或偶数	偶数或奇数	$\frac{1}{2},\frac{3}{2},\frac{5}{2},\cdots$	有	^{1}H、^{13}C、^{17}O、^{19}F、^{31}P、^{33}S

$I=0$ 的核没有磁矩，无自旋现象，称为非磁性核，不会发生核磁共振。I 不等于 0 的核称为磁性核，这类核会发生核磁共振。磁性核的 I 值可取整数和半整数，其中，$I=1/2$ 的原子核，核电荷球形均匀分布于核表面，如^{1}H、^{13}C、^{19}F、^{31}P，其核磁共振谱线窄，最适宜检测，是核磁共振研究的主要对象。目前，研究和应用最多的是^{1}H、^{13}C 核磁共振谱。

（二）核的自旋能级与核磁共振

有自旋的原子核在外磁场 B_0 中，由于磁矩 μ 和磁场的相互作用，核自旋取向数有$(2I+1)$个。各取向可以用一个磁量子数 m 表示，$m=I,I-1,I-2,\cdots,-I$。每个自旋取向代表自旋核某特定的能量状态(能级)，$I=1/2$ 的氢核和 $I=1$ 的核在 B_0 中的取向如图 16-7 所示。

P_z 为自旋角动量 P 在 z 轴上的分量，即

$$P_z = \frac{mh}{2\pi} \tag{16-10}$$

核磁矩在磁场方向上的分量，即

$$\mu_z = \frac{rmh}{2\pi} \tag{16-11}$$

根据经典电磁学理论，核磁矩与外磁场相互作用而产生的核磁场作用能 E，即各能级的能量为

$$E = -\mu z B_0 \tag{16-12}$$

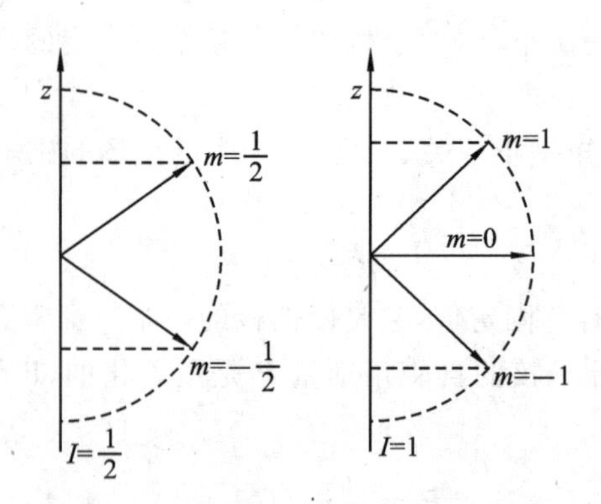

图 16-7 磁性核在磁场中的取向

如[1]H 核，$I=1/2$，它在外磁场中只能有两种取向，一种与外磁场平行，能量较低，以 $m=+1/2$，$E_1=-\mu z B_0$ 表示；另一种与外磁场方向相反，能量较高，以 $m=-1/2$，$E_2=\mu z B_0$ 表示。核磁矩总是力求与磁场方向平行。$I=1/2$ 的核自旋能级分裂与磁场强度 B_0 的关系如图 16-8 所示。

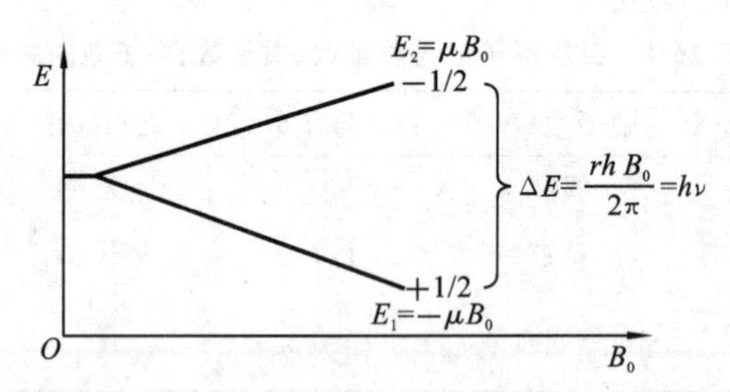

图 16-8 $I=1/2$ 的核自旋能级分裂与 B_0 的关系

[1]H 核在磁场中，由低能级(E_1)向高能级(E_2)跃迁时，所需能量为

$$\Delta E = E_2 - E_1 = \mu B_0 - (-\mu B_0) = 2\mu B_0 \tag{16-13}$$

ΔE 与核的磁矩及外磁场强度成正比，外磁场越强，能级分裂越大，即 ΔE 越大。

对处于外磁场(B_0)作用下的质子，用电磁波照射，当电辐射的能量等于质子两个自旋能级的能量差时，即 $h\nu_{照}=\frac{rhB_0}{2\pi}$，简化为 $\nu_{照}=\frac{rB_0}{2\pi}$，质子将吸收这份能量而从低自旋能级跃迁到高自旋能级，这称为氢核(质)磁共振。

这种共振可在专门设计的核磁共振仪中获得，并给出一个信号，记录下来，就是[1]H-NMR 谱图，亦即 PMR。通过解析核磁共振波谱图，可以知道[1]H 磁核的数目、种类、分布及其周围的化学环境。

二、核磁共振波谱仪

整个核磁共振实验装置主要由固定磁场(磁铁)及其电源、调制线圈及其电源、射频(边限)振荡器、探头(包括样品)、示波器、频率计、记录仪、样品管及附件等组成(图 16-9)。

(一) 磁铁

电磁铁、永磁铁、超导磁铁[60 MHz(1.409 T)、90 MHz(2.117 T)、100 MHz(2.447 T)、200 MHz(5.17 T)、300 MHz(7.05 T)、600 MHz(15.5 T)]等。

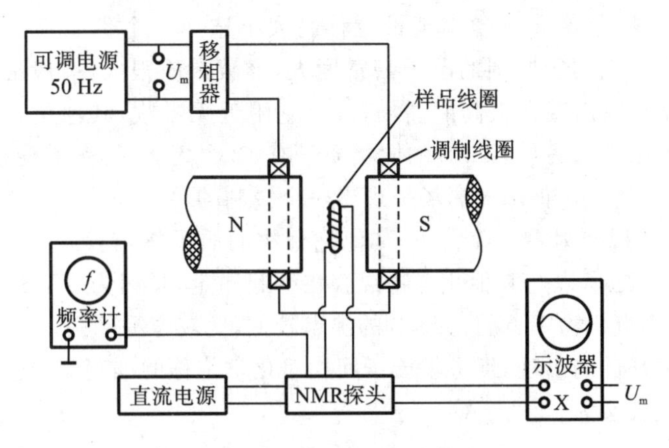

图 16-9 核磁共振实验装置

(二) 射频振荡器(其线圈垂直于磁场)

提供产生核磁共振所需的电磁波谱,扫频常用 60 MHz、90 MHz、100 MHz 电磁波。

(三) 射频接收器(垂直于射频振荡器)

可检测出核磁共振吸收。

(四) 扫描器

其主要作用是扫场。

(五)记录仪

(六) 样品管

(七) 附件

(1) 去偶仪,进行双照射去偶以简化谱图。

(2) 温度可变装置(高黏度样品,否则吸收峰宽)。

(3) 信号累计平均仪(提高灵敏度):重复扫描、累加信号、可测极稀试样。

三、核磁共振波谱与有机物结构的关系

1. 化学位移——^{1}H-NMR 谱图的横坐标

化合物分子中的质子都不同于“孤立”的质子。大多数情况下,化合物中的质子由于周围化学环境的不同,它们感受到的其他电子的屏蔽效应的强弱程度也各不相同。所以化学环境不同的质子,其共振吸收会出现在各自不同的外磁场强度上,这一重要现象称为化学位移(δ)。

质子屏蔽效应只有 H_0 的百万分之几(10^6 能量级),即不同质子的屏蔽效应之间的差别大约只有几赫兹到几十赫兹(换言之,各类质子取得共振的磁场强度相差很小),但通常应用的照射频率(无线电波)为 60 MHz 或 100 MHz,这样测得的共振位置的绝对值是不精确的。由于上述位置差异很小,化学位移(δ)的绝对值难以精确地测出。

四甲基硅，分子式为 $Si(CH_3)_4$，符号为 TMS，在样品中加 TMS，就为化学位移的大小提供了一个参比标准，就像物理学上衡量位移的大小选择一个参照物一样。Si 的电负性小，体积大，四个甲基上的氢周围的电子云密度大，屏蔽效应很大，一般常见的有机物都比它小，TMS 的共振吸收出现在很高的高场，且在它附近无吸收，其他化合物的共振吸收大多在远离它的低场出现。另外，TMS 的同类质子有 12 个之多，屏蔽效应很大，共振吸收给出一个强信号，共振信号在很高的高场呈现出一个锐利的单高峰。

以 TMS 的质子峰作为零点($\delta=0$)，其他化合物的质子峰与其距离($\nu_{样}-\nu_{TMS}$)就可以测准了。当然 TMS 之所以与其他化合物混合在一起测定，是因为 TMS 稳定，不易与样品发生作用，且能溶于有机物中；而且 TMS 的沸点较低，比较容易除去。

标准物质四甲基硅的出现，促进了质子间相对化学位移的准确测定。

化学位移一般表达为

$$\delta=\frac{\nu_{样}-\nu_{TMS}}{\nu_{照}}\times 10^6$$

式中：$\nu_{样}$ 为样品中质子的共振频率；ν_{TMS} 为 TMS 中质子的共振频率，它是与样品混在一起测得的；$\nu_{照}$ 为仪器所采用的固定照射频率。

2. ^{1}H-NMR 谱图

以高频能量的吸收强度(用面积或阶梯式积分曲线的高度表示)为纵坐标，不同质子的核磁共振吸收峰位置(用 δ 表示)为横坐标绘制出来的谱图称为质子核磁共振谱图。谱图的左边为低磁场，右边为高磁场。亦即自左往右，磁场低场→高场，频率由低频→高频，化学位移由大→小，图 16-10 列出了苯酚分子中不同质子的 δ 值。

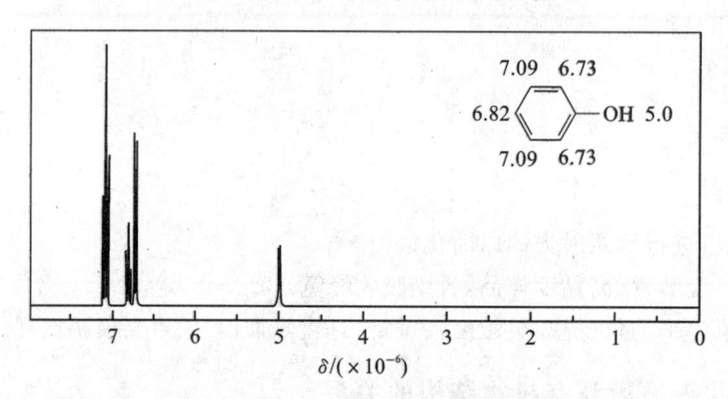

图 16-10 苯酚的 ^{1}H-NMR 谱图

由于 ^{1}H-NMR 谱图中 δ 的变化方向与一般习惯不同，所以也有采用 τ 值的，并规定 $\tau=10.0-\delta$。化学位移就是某一质子吸收峰离开参比物质 TMS 吸收峰的距离。

利用化学位移值可以初步分析物质分子中官能团的结构，氢原子的类型、个数、化学环境等，常作为物质结构分析和定性鉴定的依据。常见基团中质子的化学位移值见表 16-2。

3. 抗磁屏蔽效应

氢核周围自旋的电子，在外磁场的影响下，形成一个循环电流，其方向由左手定则确定。环电流又产生一个感应磁场，其方向由右手定则确定。例如：CH_4、HC≡CH。

表 16-2 常见基团中质子的化学位移值

氢核类型	$\delta/(\times10^{-6})$	氢核类型	$\delta/(\times10^{-6})$
RCH_3	0.8～1.0	RCH_2X	3.1～3.8
R_2CHR'	1.2～1.7	$R_2C=CHR$	4.6～5.7
$R_2C=CRCH_3$	1.6～1.9	ArH	6.0～9.5
$ArCH_3$	2.2～2.5	$RC\equiv CH$	2～3
$RCOCH_3$	2.1～2.6	醇、酚、胺活泼氢	＜7.7
$(H)ROCH_2R$	3.3～4.0	CHO	9～10
$RCOOCH_2R$	4.0～4.3	RCOOH	10～13

自旋核产生的感应磁场的方向与外磁场的方向恰好相反。

这样一来，势必抵消了部分(H')外磁场对质子的作用，实际作用于质子的磁场，即质子所“感觉”到的磁场就比外磁场 H_0 小大约百万分之几(H')，为 H_0-H'。这种现象或效应，即电子对外磁场的屏蔽作用，称为抗磁屏蔽效应。这时，质子并不发生共振，只有外磁场的强度再略微增加以补偿感应磁场，才能使分子中质子发生能级跃迁，即共振。所以 CH_4、$HC\equiv CH$ 的共振峰的位置较孤立质子出现在较高场。

若某分子中有化学环境和空间环境不同的质子，则它们周围因电子云密度不同而产生的屏蔽程度自然不同。某质子周围的电子云密度越大，屏蔽效应越强，该质子就要在较高的磁场强度下才能跃迁——外围电子云密度大的质子，在高场共振；反之，则抗磁屏蔽效应弱，就在低场共振。

例如，$\overset{b}{C}H_3\overset{a}{C}H_2—Cl$ 由于 Cl 的吸电子效应，致使氢核周围电子云密度 $H_a<H_b$，前者 H_a 的环电流小，感应磁场就弱，抗磁屏蔽效应就小；后者 H_b 的屏蔽效应就大些。所以 H_a 的共振发生在低场，H_b 的共振则发生在高场。

4. 顺磁去屏蔽效应

与抗磁屏蔽效应相反，假如核外电子产生的感应磁场的方向与外磁场的方向恰好一致，就等于在外磁场中再加一个小磁场(只有 H_0 的百万分之几)。此时，质子“感觉”到的磁场增加了，这个质子就可在较低的磁场发生共振吸收。通常说这种质子受到顺磁去屏蔽效应。

如图 16-11(a)所示，烯属质子 H 核自旋产生的感应磁场，在 C=C 之间与 H_0 反向，在 C—H 之间与 H_0 同向，所以 H 不但未受到抗磁屏蔽，反而受到去屏蔽，共振信号应出现在比 H_0 计算值还要小的低场。

如图 16-11(b)所示，苯环质子 H 核自旋产生的感应磁场与 H_0 反向，但在环外则与 H_0 同向，H 也受到去屏蔽效应，共振信号应出现在低场。烯属质子与苯环质子相比，由于大 π 键上的环电流比烯属小 π 键上的大，则苯环质子有大的去屏蔽效应，共振吸收出现在更低场。

如图 16-11(c)所示，醛基质子去屏蔽效应大；又因 O 电负性大，H 受抗磁屏蔽效应小。

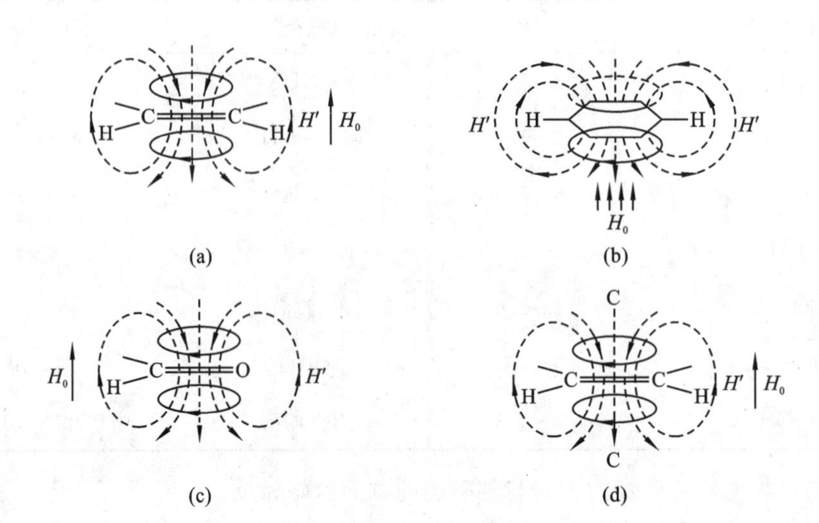

图 16-11 顺磁去屏蔽效应

所以共振吸收在低场。

如图 16-11(d)所示，烷烃质子与循环的 π 电子具有显著的各向异性，相反，C—C 键的 δ 电子产生一个很小的去屏蔽效应。这可以说明与 C 原子相连的氢连续被烷基取代后，所产生的去屏蔽效应依次增大，所以，按 RCH_3、R_2CH_2、R_3CH 的顺序，质子依次在低场下出现共振吸收。

根据上述抗磁屏蔽效应和顺磁去屏蔽效应的原理，不同质子和周围环境的关系可以归纳为以下几点。

(1) 和质子相连的碳上，若有电负性较大的原子，如 O、X 等时，都毫无例外地共振吸收向低场移动。

(2) 1°、2°、3°碳上的质子共振吸收依次由高场向低场移动。

(3) 和 sp^2 及 sp 碳原子相连的氢，由于 π 电子的循环流动，产生的感应磁场可以增加或减弱外界磁场的作用，但总体来说吸收都向低场移动。

5. 自旋-自旋耦合和自旋-自旋裂分

分子中仅有一个质子的化合物 $CHCl_3$($\delta=7.25$)，或只含有相同质子的化合物如(如 $Si(CH_3)_4$)($\delta=0$)和 CH_3COCH_3($\delta=2.07$)等，它们的核磁共振氢谱上只出现单峰。

若分子中相邻碳原子上具有不同类型的氢质子，质子间就发生磁性相互作用，使吸收峰出现分裂，这种现象称为自旋-自旋耦合。由于自旋-自旋耦合使吸收峰产生分裂的现象又称为自旋-自旋裂分。自旋-自旋耦合与自旋-自旋裂分是由于邻近质子在外磁场影响下也有顺磁和反磁两种取向，这些取向质子自旋的磁矩通过成键电子传递可影响所测质子周围的磁场，使之有微小的增加或减少：若磁场强度有所增加，则可在稍低场发生共振；若磁场强度有所减小，则在稍高场发生共振。这样就产生了峰的裂分。

裂分峰的数目等于相邻碳原子上的氢质子数 n 再加 1，即 $n+1$。裂分峰的吸收强度比等于二项式$(a+b)^n$展开式的各项系数比。见表 16-3。

表 16-3 裂分峰数和相对强度比

相邻等价氢的数目	峰的总数	峰的相对强度比	相邻等价氢的数目	峰的总数	峰的相对强度比
0	1	1	4	5	1∶4∶6∶4∶1
1	2	1∶1	5	6	1∶5∶10∶10∶5∶1
2	3	1∶2∶1	6	7	1∶6∶15∶20∶15∶6∶1
3	4	1∶3∶3∶1			

根据上述自旋-自旋耦合和自旋-自旋裂分规律，从丁酮（$CH_3CH_2COCH_3$）的核磁共振氢谱（图 16-12）中可看到 CH_2 的邻近碳上的氢质子数为 3，再加 1，为 4，即分裂峰为四重峰（受邻近甲基的影响），相对强度为 1∶3∶3∶1；其中一个 CH_3 出现三重峰（受邻近亚甲基的影响），强度比为 1∶2∶1；另一个 CH_3 为单峰。

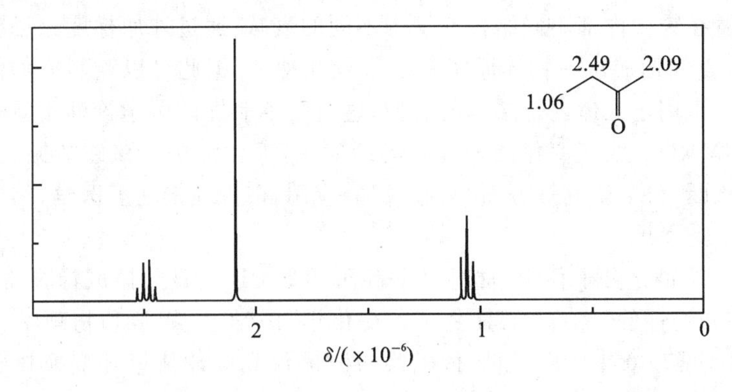

图 16-12 丁酮的 ^{1}H-NMR 谱图

裂分峰之间的间隔（裂距）称为耦合常数，用 J 来表示，以 Hz 为单位。互相耦合的质子，它们的耦合常数相等，如丁酮（$CH_3CH_2COCH_3$）的两组吸收峰中，三重峰和四重峰的耦合常数相等。因此，可以利用耦合常数判断质子之间的相互关系。

四、核磁共振技术的应用

（一）有机化合物分子结构分析

在有机化合物结构分析中得到比紫外、红外光谱分析更多的信息，这是核磁共振最经典的应用。基本步骤如下。

若已知一化合物（分子式为 C_8H_9Cl）的核磁共振氢谱图，推测该化合物的可能结构式。

（1）根据分子式计算不饱和度 Ω：

$$\Omega = n_C + 1 - \frac{n_H + n_X + n_N}{2}$$

$$C_8H_9Cl\text{ 的不饱和度} = 8 + 1 - 10/2 = 9 - 5 = 4$$

（2）根据积分曲线的相对峰面积比求出每组质子群的质子数。

各组峰的积分面积比为 4∶2∶3（从左到右），即每组质子群的质子数分别为 4、2、3。

（3）根据各种常见氢质子的化学位移值，求出每组峰代表的基团：

δ=1.2～1.6，含有 3 个质子，三重峰（受邻近亚甲基影响），为 CH_3；

$\delta=3.8\sim4.1$，含有 2 个质子，四重峰（受邻近甲基影响），为 CH_2—。

$\delta=6.7\sim7.2$，故有苯环存在，含有 4 个质子，且为苯环对位两取代。

（4）确定结构式：Cl—⬡—OCH_2CH_3 。

（二）高分子物质结构分析

可用核磁共振研究的化学元素数目众多，核磁共振分辨率和灵敏度均很高，可得到物质结构和特性等方面的很多信息。在研究复杂的生物大分子（甚至生物活体）时更有其优点，是其他科学方法难以得到的。例如，核糖核酸（RNA）、脱氧核糖核酸（DNA）和多种蛋白质的许多结构问题都是凭借核磁共振研究来解决的。

（三）核磁共振成像

核磁共振成像，又称自旋成像，也称磁共振成像（简称 MRI），是利用核磁共振原理，依据所释放的能量在物质内部不同结构环境中不同的衰减，通过外加梯度磁场检测所发射出的电磁波，即可得知构成这一物体原子核的位置和种类，据此可以绘制成物体内部的结构图像。将这种技术用于人体内部结构的成像，这就是革命性的医学诊断工具——磁共振成像技术（简称 NMRI）。快速变化的梯度磁场的应用，大大加快了核磁共振成像的速度，使该技术在临床诊断、科学研究等方面得到广泛的应用，极大地推动了医学、神经生理学和认知神经科学的迅速发展。

目前，NMR 波谱是分子科学、材料科学和医学 MRI（核磁共振成像技术）中研究不同物质结构、动态和物性的最有效工具之一。在化学、医学、生物学和物理学科领域均使用 NMR 方法。20 世纪 70 年代后，超导核磁共振波谱仪和脉冲傅里叶变换核磁共振仪的迅速发展，以及计算机和波谱仪的有机结合，使核磁共振技术取得了重要突破。

第三节 质谱法

最初的质谱仪是 1918 年由丹普斯特（Dempster）制造的，用于测量某些同位素的相对丰度和相对原子质量，20 世纪 40 年代起开始用于气体分析和化学元素稳定同位素分析，以后发现复杂的有机化合物分子可以产生可重复的质谱，从此开始成为测定有机化合物结构的重要手段之一。20 世纪 60 年代色谱-质谱联用技术的成功实现，以及计算机的应用，大大提高了质谱仪的效能，使之成为最有前途的分析技术之一。目前，质谱分析法已经成为现代物理与化学领域内一个极为重要的研究和分析手段。

质谱法的特点是分析范围广（无机物、有机物、同位素），样品用量少（1 mg 就可），速度快（数分钟），灵敏度高（10^{-9}）。缺点是测定过程中化合物必须汽化；仪器昂贵，维护复杂，不易普及。质谱法（MS）一般分为同位素质谱法、无机质谱法和有机质谱法。本节只简介有机质谱法。

一、质谱法的基本原理

根据经典电磁理论，不同大小的带电微粒在磁场中运动时受力的大小不同，且受力方向与前进方向垂直，其运动轨迹会发生不同程度的偏移。

质谱法正是利用了这一点，它先将电离室中样品分子碎裂成带正电的离子，再用电场将碎裂的分子离子（碎片离子）加速进入强磁场，再通过磁场将运动着的离子（分子离子、碎片离子或无机离子等）按它们的质荷比（m/Z）分离后予以检测，经过综合分析后得到有机化合物的相对分子质量、分子式、基团及特殊结构的信息。质谱仪原理图如图 16-13 所示。

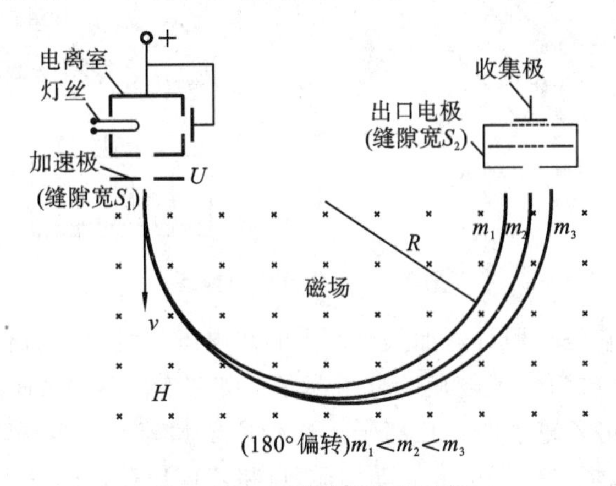

图 16-13　质谱分析仪原理图

离子在电场中受电场力作用而被加速，加速后动能等于其势能，即

$$\frac{1}{2}mv^2 = ZU \tag{16-14}$$

式中：m 为离子质量；Z 为离子电荷；v 为加速后离子速度；U 为电场电压。

经加速后离子进入磁场，运动方向与磁场垂直，受磁场力作用（向心力）产生偏转，同时受离心力作用。

向心力（洛伦兹力）$=ZvH$，离心力 $=mv^2/R$，离心力和向心力相等，即

$$ZvH = mv^2/R \tag{16-15}$$

式中：H 为磁场强度；R 为离子运动轨道曲率半径；v 为加速后离子的速度。

整理得

$$\frac{m}{Z} = \frac{H^2R^2}{2U} \tag{16-16}$$

亦即

$$R = \sqrt{\frac{2Um}{ZH^2}} \tag{16-17}$$

由此可见，R 取决于 U、H 和 m/Z，若 U、H 一定，则 R 正比于 $(m/Z)^{1/2}$，实际测量时控制 R、U 一定，通过调节 H（磁场扫描，简称扫场），或将 H、R 固定调节 U（电压扫描，简称扫压），就可使各种离子将按 m/Z 大小顺序到达出口狭缝，进入收集器，这些信号经放大器放大后输给记录仪，记录仪就会绘出质谱图。

二、质谱仪的构造

质谱仪由进样系统、离子化系统、质量分析器、离子检测器和记录系统组成，同时辅以电学系统和真空系统以保证仪器的正常运转，如图 16-14 所示。

样品经进样系统导入后进入处于高真空状态的离子化系统进行电离，常规的电离方法

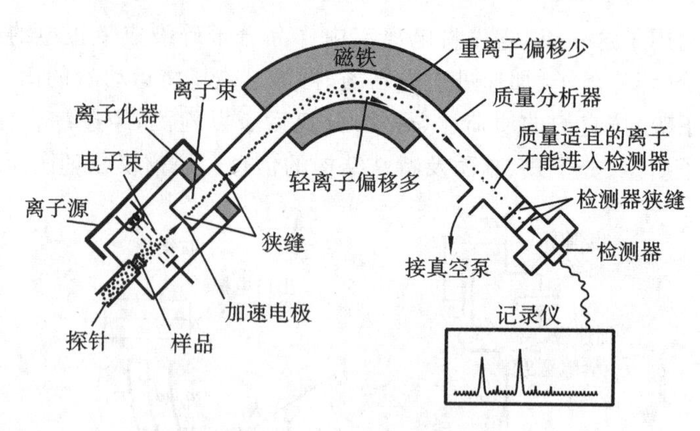

图 16-14　质谱仪的构造

是电子轰击电离法。它是利用灯丝加热时产生的热电子与气相中的有机分子相互作用,使分子失去价电子,电离成为带正电荷的分子离子。如果分子离子的内能较大,就可能发生化学键的断裂,生成 m/Z 较小的碎片离子。这些离子和碎片在电磁场的引导下进入质量分析器,利用离子在磁场或电场中的运动性质,可将不同质荷比的离子分开,然后由检测器分别测量离子流的强度,得到质谱图。在相同的实验条件下,每一种有机分子都有独特的、可以重复的碎裂方式,得到特定的质谱图,而分子结构不同,质谱图也不同,根据峰的位置可以进行定性和结构分析,而峰的强度是和离子数成正比的,可据此得到样品的定量信息。

三、质谱的表示

质谱常采用质谱图和质谱表来表示。

1. 质谱图

绝大多数质谱用线条图表示,如图 16-15 所示。

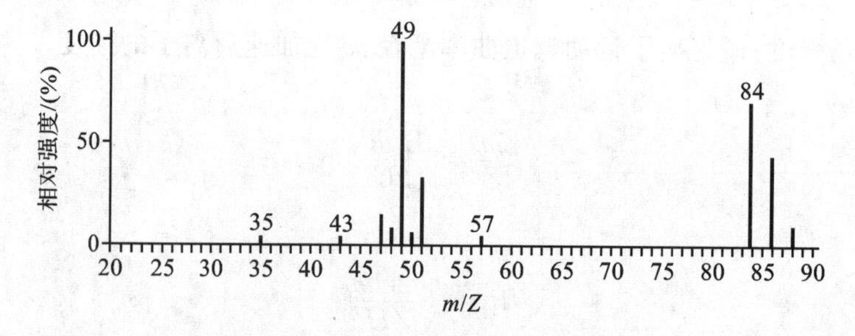

图 16-15　二氯甲烷的电子轰击质谱

在二氯甲烷的质谱图中:横坐标表示质荷比(m/Z),实际上指离子质量;纵坐标表示离子的相对丰度,也称为相对强度。相对丰度是以最强的峰(称为基峰)作为标准,它的相对强度定为 100%,其他离子峰以基峰的百分比表示其强度。图中 m/Z 为 49 的峰为基峰。质谱图比较直观,但丰度比不够精确。

2. 质谱表

化合物裂解后,碎片离子的质荷比(m/Z)、离子的相对丰度都以表格形式列出来,如表 16-4 所示。

表 16-4　苯甲酸丁酯的分子离子、碎片离子质荷比(m/Z)和相对丰度

m/Z	相对丰度/(%)	m/Z	相对丰度/(%)	m/Z	相对丰度/(%)	m/Z	相对丰度/(%)	m/Z	相对丰度/(%)
27	3.6	43	5.9	65	0.4	105	100.0	135	13.0
28	1.5	50	3.0	76	2.0	106	7.8	149	0.3
29	5.1	51	1.1	77	37.0	107	0.5	163	0.3
39	2.4	52	0.8	78	3.0	121	0.3	178	2.0
40	0.3	55	2.7	79	5.1	122	17.0	179	0.3
41	6.0	56	19.0	80	0.3	124	5.3	—	—
42	0.3	57	1.5	104	0.7	125	0.5	—	—

四、质谱的解析和应用

质谱在有机化合物结构鉴定中的作用主要是测定化合物的相对分子质量，以此确定准确的分子式；提供某些一级结构的信息；推导化合物的分子结构式。

（一）相对分子质量的确定

测定相对分子质量的根本问题是如何判断未知物的分子离子(M^+)峰，一旦分子离子峰在谱图中的位置被确定下来，它的 m/Z 值即给出了化合物的相对分子质量。

由分子离子形成的峰称为分子离子峰。一般位于质谱图质荷比最高位置的一端，它的质量数是化合物的相对分子质量。

(1) 利用氮规则确证分子离子峰。

由 C、H、O、N 组成的化合物中，若含奇数个氮原子，则分子离子的相对质量一定是奇数；若含偶数个氮原子或不含氮原子，则分子离子的相对质量一定是偶数。

(2) 准确的分子离子峰可通过寻找它和它的碎片峰的 m/Z 关系来证明。

初步确定的分子离子峰与邻近碎片离子峰之间的质量差若是合理的，那么被确定的分子离子峰可能成立；否则就是错误的。质量差为 15(CH_3)、18(H_2O)、31(OCH_3)、43(CH_3CO)等均是合理的质量差，而质量差为 4、14、21、23、37、38、50、53 时是不合理的。

（二）分子式的确定

质谱法是测定化合物分子式的方法之一，分子式的确定对物质结构的推测至关重要。

(1) 利用高分辨质谱仪的数据库检索，确定未知物的分子式。

质谱仪中的数据库已存有各种元素组成的精确相对质量，用初步确定的分子离子相对质量在谱库中用计算机对分子式进行检索，找到相对质量数最为接近的分子式。

(2) 利用分子离子峰的同位素峰簇的相对丰度和氮规则确定分子式。

组成有机化合物的元素一般都含有重同位素。因此，在质谱中会出现含这些同位素的离子峰。在自然界中，各种同位素的丰度比率是恒定的，这种比率称为同位素天然丰度比。它是重同位素丰度对最轻同位素丰度的百分比。如 ^{13}C 和 ^{12}C 的天然丰度比为 1.12%。常见元素的同位素天然丰度比见表 16-5。

表 16-5 常见元素的同位素天然丰度比

同位素	^{13}C	^{3}H	^{17}O	^{18}O	^{15}N	^{33}S	^{34}S	^{37}Cl	^{81}Br
丰度比/(%)	0.12	0.0145	0.037	0.204	0.366	0.80	4.44	31.96	97.92

1963 年，J. H. Beynon 等计算了相对分子质量在 500 以下只含 C、H、O、N 化合物的 M^+、$(M+1)^+$、$(M+2)^+$ 的相对丰度，并列成表。若每一个峰的丰度都和表中 $(M+1)^+$、$(M+2)^+$ 各丰度计算值相近，并符合氮规则，该式子即为未知物的分子式。

例如：已知下列质谱数据（表 16-6），确定其分子式。

表 16-6 已知的质谱数据

m/Z	相对丰度/(%)	*m/Z*	相对丰度/(%)	*m/Z*	相对丰度/(%)
150(M)	100	150(M+1)	9.9	150(M+2)	0.9

查 Beynon 表，相对分子质量为 150 的式子共 29 个，丰度比较接近的有 6 个（表 16-7）。

表 16-7 可能的分子式

分子式	M+1	M+2	分子式	M+1	M+2
$C_2H_{10}N_2$	9.25	0.38	$C_8H_{12}N_3$	9.98	0.45
$C_8H_8NO_2$	9. 23	0. 73	$C_9H_{10}O_2$	9. 96	0. 84
$C_8H_{10}N_2O$	9. 61	0. 61	$C_9H_{13}NO$	10. 34	0. 68

根据氮规则，相对分子质量为 150，应含偶数个氮或不含氮，这样又排除了 3 个分子式，在剩余的 3 个分子式中相对丰度最接近的分子式为 $C_9H_{10}O_2$。

（三）推导化合物的分子结构式

解析碎片离子的质荷比（*m/Z*），了解化合物的开裂类型，将各个碎片连接起来，推断化合物的结构式，或结合其他的光谱（紫外光谱、红外光谱、核磁共振谱）数据推导结构式。

液质联用（HLPC-MS）又称为液相色谱-质谱联用技术，它以液相色谱作为分离系统，质谱作为检测系统。样品在质谱部分和流动相分离，被离子化后，经质谱的质量分析器将离子碎片按质量数分开，经检测器得到质谱图。液质联用体现了色谱和质谱的优势互补，将色谱对复杂样品的高分离能力，与 MS 所具有的高选择性、高灵敏度及能够提供相对分子质量与结构信息的优点结合起来，在药物分析、食品分析和环境分析等许多领域得到了广泛的应用。例如：热不稳定大分子化合物（如生物药品、重组产物）分析；医药学方面的药物及体内药物分析，药物降解、药物动力学、临床医学、中药分析；生物化学领域的肽、蛋白质、寡核苷酸、糖等；环境化学分析方面（如有机污染物、土壤与水质分析）；农药、兽药残留量分析（如检测蔬菜、水果及肉类食品中的农药残留量）；法医学方面的滥用药物、爆炸物和兴奋剂检测；合成化学方面的有机金属化合物、有机合成物及表面活性剂、天然产物、复杂混合物分析；等等。

小结

一、荧光分析法

(一) 基本原理

1. 荧光(磷光)的发光原理

(1) 基态单重态→第一(或第二)激发单重态→振动弛豫→第一激发单重态→基态的各个不同振动能级→荧光。

(2) 基态单重态→第一(或第二)激发单重态→自旋反转→振动弛豫→低能级单重态与激发三重态的较高能级发生系间窜跃(跨越)→激发三重态→振动弛豫→激发三重态的最低振动能级→辐射发光(能级跃迁)→磷光。

2. 荧光的产生与分子结构的关系

(1) 跃迁类型:$\pi \rightarrow \pi^*$ 跃迁是产生荧光的主要跃迁类型。

(2) 共轭效应:增加体系的共轭度,荧光效率一般也将增大。

(3) 刚性平面结构:多数具有刚性平面结构的有机分子具有强烈的荧光。

(4) 取代基效应:给电子基团使荧光增强;吸电子基团会减弱甚至会猝灭荧光。

(5) 金属螯合物的荧光:共轭双键化合物和金属离子形成螯合物,使分子刚性增强,平面结构增大,常会发生荧光。

3. 荧光分析的定性、定量

(1) 激发光谱与发射光谱。

(2) 荧光效率或量子效率。

(3) 荧光强度及其与溶液浓度的关系。

(4) 荧光定量分析方法:标准校准曲线法和标准对比法。

(二) 荧光分析仪

荧光分析仪由光源、单色器(两个)、样品池、检测器、显示装置五部分组成。

(三) 荧光分析法的特点及应用

特点:灵敏度高,特效性、选择性好,试样量少,方法简单,操作快速;本身能发出荧光的物质相对较少(能设法转化为荧光物质进行分析的物质数量也很少)。

应用:大分子定量、酶活性分析、荧光免疫分析、细胞学分析等。

二、核磁共振波谱法

(一) 基本原理

磁性原子核在强磁场中选择性地吸收了特定的射频能量,发生核能级跃迁。利用核磁共振波谱进行结构测定、定性及定量分析的方法称为核磁共振波谱法(NMR)。

1. 核自旋和核磁性

(1) 在主磁场 B_0 一定的情况下,氢原子核的旋进频率是一定的;同一氢原子核在不同磁场中的共振频率各有不同,存在多个核自旋磁能级。

(2) $I=0$ 的核没有磁矩,无自旋现象,称为非磁性核,不会发生核磁共振。I 不等于 0 的核称为磁性核,这类核会发生核磁共振。

2. 核的自旋能级与核磁共振

对处于外磁场 B_0 作用下的质子，用无线电磁波照射，当无线电辐射的能量（$h\nu_{照}$）等于质子两个自旋能级的能量差时，即 $h\nu_{照}=\frac{rh}{2\pi}B_0$，简化为 $\nu_{照}=\frac{rB_0}{2\pi}$，质子将吸收这份能量而从低自旋能级跃迁到高自旋能级，这称为氢核（质）磁共振。

（二）核磁共振波谱仪

核磁共振波谱仪主要由固定磁场（电磁铁）及其电源、调制线圈及其电源、射频（边限）振荡器、探头（包括样品）、示波器、频率计、记录仪、样品管及附件等组成。

（三）核磁共振波谱与有机物结构的关系

化学位移是以 TMS 的质子峰作为零点（$\delta=0$）来测算化合物中的不同氢原子的共振强度，以此来揭示各质子化学环境的不同，为物质结构分析和氢原子数目、位置的确定提供依据。

$$\delta=\frac{\nu_{样}-\nu_{TMS}}{\nu_{照}}\times 10^6$$

^{1}H-NMR 谱图：以高频能量的吸收强度为纵坐标，不同质子的核磁共振吸收峰位置为横坐标绘制出来的谱图称为质子核磁共振谱图。

抗磁屏蔽效应：电子对外磁场的屏蔽作用。

顺磁去屏蔽效应：核外电子产生的感应磁场的方向与外磁场的方向恰好一致，就等于在外磁场中再加一个小磁场（只有 H_0 的百万分之几），质子将在较低的磁场发生共振吸收。

自旋-自旋耦合和自旋-自旋裂分：若分子中相邻碳原子上具有不同类型的氢质子，质子间就发生磁性相互作用，使吸收峰出现分裂，这种现象称为自旋-自旋耦合。由于自旋-自旋耦合使吸收峰产生分裂的现象又称为自旋-自旋裂分。

（四）核磁共振技术的应用

有机化合物分子结构分析；高分子物质结构分析；核磁共振成像（MRI）。

三、质谱法

（一）质谱的基本原理

$$R=\sqrt{\frac{2Um}{ZH^2}}$$

R 取决于 U、H 和 m/Z，若 U、H 一定，则 R 正比于 $(m/Z)^{1/2}$，实际测量时控制 R、U 一定，通过调节 H（磁场扫描，简称扫场），或将 H、R 固定调节 U（电压扫描，简称扫压），就可使各种离子将按 m/Z 大小顺序到达出口狭缝，进入收集器，这些信号经放大器放大后输给记录仪，记录仪就会绘出质谱图。

（二）质谱仪的构造

质谱仪由进样系统、离子化系统、质量分析器、离子检测器和记录系统五部分组成。

（三）质谱的表示

质谱常采用质谱图和质谱表来表示。

（四）质谱的解析和应用

测定相对分子质量、确定分子式并推导化合物的分子结构式。

能力检测

一、选择题

1. 荧光是指某些物质经入射光照射后，吸收了入射光的能量，辐射出比入射光（　　）。

A. 波长长的光线　　B. 波长短的光线

C. 能量大的光线　　D. 频率高的光线

2. 下列说法正确的是（　　）。

A. 荧光发射波长永远大于激发波长　　B. 荧光发射波长永远小于激发波长

C. 荧光光谱形状与激发波长无关　　D. 荧光光谱形状与激发波长有关

3. 荧光物质的荧光强度与该物质的浓度呈线性关系的条件是（　　）。

A. 单色光　　B. 物质浓度不大于 0.05 mol/L

C. 入射光强度 I_0 一定　　D. 样品池厚度一定

4. 在下列化合物中，用字母标出的 4 种质子，它们的化学位移（δ）从大到小的顺序是（　　）。

CH_3(a)—CH_2(b)—C_6H_4(c)—C(=O)—H(d)

A. a＞b＞c＞d　　B. b＞a＞d＞c　　C. c＞d＞a＞b　　D. d＞c＞b＞a

5. 核磁共振波谱法中，乙烯、乙炔、苯分子中质子化学位移（δ）值的大小顺序是（　　）。

A. 苯＞乙烯＞乙炔　　B. 乙炔＞乙烯＞苯　　C. 乙烯＞苯＞乙炔　　D. 三者相等

6. 随着氢核的酸性增加，其化学位移值将（　　）。

A. 增大　　B. 减小　　C. 不变　　D. 不一定

7. 下列化合物中，^1H 的化学位移值（δ）最大的是（　　）。

A. CH_3F　　B. CH_3Cl　　C. CH_3Br　　D. CH_3I

8. 下述原子核中，自旋量子数不为零的是（　　）。

A. F　　B. C　　C. O　　D. He

9. 下列化合物含 C、H 或 O、N，化合物的分子离子峰为奇数的是（　　）。

A. C_6H_6　　B. $C_6H_5NO_2$　　C. $C_4H_2N_6O$　　D. $C_9H_{10}O_2$

10. 用质谱法分析无机材料时，宜采用（　　）电离源。

A. 化学电离源　　B. 电子轰击源　　C. 高频火花源　　D. B 或 C

11. 一种酯类（$M=116$），质谱图上在 m/Z57（100%），m/Z29（27%）及 m/Z43（27%）处均有离子峰，初步推测其可能结构如下，该化合物的结构为（　　）。

A. $(CH_3)_2CHCOOC_2H_5$　　B. $CH_3CH_2COOCH_2CH_2CH_3$

C. $CH_3(CH_2)_3COOCH_3$　　D. $CH_3COO(CH_2)_3CH_3$

12. 在磁场强度保持恒定，而加速电压逐渐增加的质谱仪中，首先通过固定的收集器狭缝的离子是(　　)。

A. 质荷比最高的正离子　　B. 质荷比最低的正离子

C. 质量最大的正离子　　D. 质量最小的正离子

13. 某化合物用一个具有固定狭缝位置和恒定加速电位 E 的质谱仪进行分析，当磁场强度 H 慢慢地增加时，则首先通过狭缝的是(　　)。

A. 质荷比最高的正离子　　B. 质荷比最低的正离子

C. 质量最大的正离子　　D. 质量最小的正离子

14. 在质谱图上，产生 m/Z64 峰的离子是(　　)。

A. $C_2H_3O^+$　　B. $C_6H_{11}O^+$　　C. $C_{10}H_8{}^{2+}$　　D. $C_2H_4I^+$

15. 当用高能量电子轰击气体分子时，则分子中的外层电子可被击出成带正电的离子，并使之加速导入质量分析器中，然后按质荷比的大小顺序进行收集和记录，得到一些谱图，根据谱图峰而进行分析，这种方法称为(　　)。

A. 核磁共振法　　B. 电子能谱法　　C. X射线分析法　　D. 质谱法

二、填空题

1. 一般情况下，溶液的温度____，溶液中荧光物质的荧光强度或荧光量子产率越高。

2. 荧光分光光度计中光源与检测器呈______角度。这是因为____________________。

3. 荧光分光光度计中，第一个单色器的作用是____________，第二个单色器的作用是____________。

4. 紫外分光光度计与荧光分光光度计的主要区别如下：①______；②______。

5. 荧光量子产率______，荧光强度越大。具有____分子结构的物质有较高的荧光量子产率。荧光光谱的形状与激发光谱的形状，常形成______。

6. 任何荧光分析仪都能得到______光谱与______光谱，这两种光谱的特征性与荧光物质的______密切相关，可据此进行荧光物质的定性鉴定。

7. 标准物质______的出现，促成了质子间相对______的准确测定。

8. 外围电子云密度____的质子，在____场共振，抗磁屏蔽效应强。

9. 分子结构不同，质谱图也不同，根据峰的____可以进行定性和结构分析，而峰的强度是和离子数成____比的，可据此得到样品的定量信息。

10. 除同位素离子峰外，分子离子峰位于质谱图的______区，它是分子失去______生成的，故其质荷比是该化合物的________。

三、判断题

1. 在一定条件下，物质的荧光强度与该物质的任何浓度呈线性关系。即 $F=Kc$ 。(　　)

2. 荧光光谱的形状与激发光谱的形状常形成镜像对称。(　　)

3. 荧光光谱的形状与激发波长有关。选择最大激发波长，可以得到最佳荧光光谱。(　　)

4. 荧光分光光度计中光源发出光到检测器检测荧光，其光路为一条直线。(　　)

5. 荧光波长大于磷光波长，荧光寿命小于磷光寿命。(　　)

6. 四甲基硅，结构为 $Si(CH_3)_4$，符号为 TMS，在样品中加 TMS，就为化学位移的相对

大小提供了一个参比标准，实现了质子间相对化学位移的准确测定。(　　)

7. 在核磁共振波谱中，化学位移与外磁场强度有关，耦合常数与外磁场强度无关。(　　)

8. 测定相对分子质量的根本问题是如何判断未知物的分子离子(M^{+})峰，一旦分子离子峰在谱图中的位置被确定下来，它的质荷比值即给出了化合物的相对分子质量。(　　)

9. 质谱法是测定化合物分子式的唯一方法，分子式的确定对物质结构的推测至关重要。(　　)

10. 只有无法离子化的样品质谱才不能检测。(　　)

四、名词解释

1. 荧光
2. 激发光谱
3. 荧光效率
4. 荧光分析仪
5. TMS
6. 屏蔽效应
7. 化学位移
8. NMR 谱
9. 分子离子峰
10. 相对丰度

(宝鸡职业技术学院　宋克让)

第十七章　定量分析的一般步骤

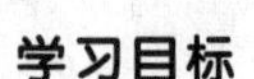

学习目标

掌握:测定方法的选择和分析结果的计算的评价。

熟悉:试样的分解、干扰组分的掩蔽和分离。

了解:试样的采取和制备。

试样定量分析全过程,一般包括以下步骤:试样的采取、试样的分解、干扰组分的掩蔽或分离、测定方法的选择和分析结果的计算和评价等。

第一节　试样的采取

试样的采取称为采样,是从大量的分析测定对象中抽出一小部分作为分析测定材料的过程。被分析测定对象的全体称为总体,从总体中抽出一部分作为分析测定的试样称为样本。试样采取要求分析试样的组成必须能代表全部被测物质的平均组成,即样本应该能充分代表总体。

一、气体试样的采取

对于气体试样的采取,需按具体情况,采用相应的方法。例如大气样品的采取,通常选择距地面 50～180 cm 的高度采样,应注明采样时间、地点和天气状况。对于烟道气、废气中某些有毒污染物的分析,可将气体样品采入空瓶或大型注射器中。大气污染物测定是使被测成分通过适当吸收剂,由吸收剂吸收、浓缩后再进行分析测定。

二、液体试样的采取

装在大容器里的物质,应在容器的不同深度取样后混合均匀作为分析试样。对于分装在小容器里的液体待测组分,应从每个容器里取样,然后混匀作为分析试样。

如采取水样时,应根据具体情况,采用不同的方法。当采取水管中或有泵水井中的水样时取样前需将水龙头或泵打开,先放水 10～15 min,然后用干净瓶子收集水样至满瓶即可。采取湖、池、江、河中的水样时,可将干净的空瓶盖上塞子,塞上系一根绳,瓶底系一铁砣或石头，沉入离水面一定深处，然后拉绳拔塞，让水流满瓶后取出，如此方法在不同深度取几份水样混合后，作为分析试样。

在采取液体或气体试样时，必须先洗涤容器及通路，再用要采取的液体或气体冲洗数次或使之干燥，然后取样以免混入杂质。

三、固体试样的采取

固体试样种类繁多，经常遇到的有矿石、合金、盐类、生物样品和药品等，它们的采样方法如下。

（一）矿石类试样

在取样时要根据存放情况，从不同的部位和深度选取多个取样点。采取的份数越多越有代表性。但是取样量不要过大。一般而言应取试样的量与矿石的均匀程度、颗粒大小等因素有关。通常试样的采取可按下面的经验公式（亦称采样公式）计算：

$$m=Kd^2$$

式中：m 为采取试样的最小质量，kg；d 为试样中最大颗粒的直径，mm；K 为经验常数。取值范围是 0.1～0.5。

（二）生物样品的采集

1. 植物样品的采集

采样遵循的原则是代表性、典型性和适时性，根据研究需要，要在植物不同部位，不同生长发育阶段，定时、定期、定点采样。一般要求植物样品干重 1 kg，新鲜样品则需 5 kg。

2. 动物样品的采集

血液样品用注射器抽取，加入抗凝剂，摇匀即可。毛发样品采集后，用中性洗涤剂处理，纯水冲洗，再用乙醚或丙酮等洗涤，室温下干燥备用。肉类样品则需用搅拌器搅拌均匀，然后匀浆备用。

（三）药品试样的采集

药物试样的采集，应按《药品生产管理条例实施指南》进行采集，药品采集的量按《中国药典》执行。

第二节　试样的分解

一、试样的缩分

制备试样分为粉碎、过筛、混匀和缩分四个步骤。

大块矿样先用压碎机粉碎成小的颗粒，再进行缩分。常用的缩分方法为“四分法”，将试样粉碎之后混合均匀，堆成锥形，然后略为压平，通过中心分为四等份，把任何相对的两份弃去，其余相对的两份收集在一起混匀，这样试样便缩减了一半，称为缩分一次。每次缩分后的最低质量也应符合采样公式的要求。如果缩分后试样的质量大于按计算公式算得的质量较多，则可继续进行缩分直至所剩试样稍大于或等于最低质量为止。然后进行粉碎、缩分,最后制成100～300 g的分析试样,装入瓶中,贴上标签供分析测定之用。

二、试样的分解

在一般分析工作中,通常先要将试样分解,制成溶液。试样的分解工作是分析工作的重要步骤之一。

分解试样时必须注意以下几点。

(1) 试样分解必须完全,处理后的溶液中不得残留原试样的组分。

(2) 试样分解过程中待测组分不应挥发。

(3) 不应引入待测组分和干扰物质。

试样的性质不同,分解的方法也有所不同。

(一) 无机试样的分解

1. 溶解法

采用适当的溶剂将试样溶解制成溶液,这种方法比较简单、快速。常用的溶剂有水、酸、碱和有机溶剂等。溶于水的试样一般称为可溶性盐类,如硝酸盐、醋酸盐、铵盐及绝大部分的碱金属化合物和大部分的氯化物、硫酸盐等。对于不溶于水的试样,则采用酸或碱作溶剂的酸溶法或碱溶法进行溶解,以制备分析试液。

1) 水溶法

可溶性的无机盐直接用水制成试液。

2) 酸溶法

酸溶法是利用酸的酸性、氧化还原性和形成配合物的作用,使试样溶解。钢铁、合金、部分氧化物、硫化物、碳酸盐矿物和磷酸盐矿物等常采用此法溶解。常用的酸溶剂如下:盐酸、硝酸、硫酸、磷酸、高氯酸、氢氟酸、混合酸。

3) 碱溶法

碱溶法的溶剂主要为NaOH和KOH。碱溶法常用来溶解两性金属铝、锌及其合金以及它们的氧化物、氢氧化物等。

在测定铝合金中的硅时,用碱溶解使Si以SiO_3^{2-}形式转到溶液中。如果用酸溶解则Si可能以SiH_4的形式挥发损失,影响测定结果。

2. 熔融法

将试样与固体熔剂混匀后置于坩埚中,在高温下熔解分解试样,再用水或酸碱浸出融块。

1) 酸熔法

碱性试样宜采用酸性熔剂。常用的酸性熔剂有$K_2S_2O_7$(熔点419 ℃)和$KHSO_4$(熔点219 ℃),后者经灼烧后亦生成$K_2S_2O_7$,所以两者的作用是一样的。这类熔剂在300 ℃以上可与碱或中性氧化物作用,生成可溶性的硫酸盐。分解金红石的反应如下:

$$TiO_2 + 2K_2S_2O_7 = Ti(SO_4)_2 + 2K_2SO_4$$

这种方法常用于分解Al_2O_3、Cr_2O_3、Fe_3O_4、ZrO_2、钛铁矿、铬矿、中性耐火材料(如铝砂、高铝砖)及磁性耐火材料(如镁砂、镁砖)等。

2) 碱熔法

酸性试样宜采用碱熔法,如酸性矿渣、酸性炉渣和酸不溶试样均可采用碱熔法,使它们转化为易溶于酸的氧化物或碳酸盐。常用的碱性熔剂有 Na_2CO_3(熔点 853 ℃)、K_2CO_3(熔点 891 ℃)、NaOH(熔点 318 ℃)、Na_2O_2(熔点 460 ℃)和它们的混合熔剂等。这些熔剂除具碱性外,在高温下均可起氧化作用(本身的氧化性或被空气中的氧氧化),可以把一些元素氧化成高价(Cr^{3+}、Mn^{2+} 可以氧化成 Cr(Ⅵ)、Mn(Ⅶ)),使试样充分分解。有时为了增强氧化作用还加入 KNO_3 或 $KClO_3$,使氧化作用更为完全。如:

$$Al_2O_3 \cdot 2SiO_2 + 3Na_2CO_3 = 2NaAlO_2 + 2Na_2SiO_3 + 3CO_2 \uparrow$$

$$BaSO_4 + K_2CO_3 = BaCO_3 + K_2SO_4$$

$$2FeO \cdot Cr_2O_3 + 7Na_2O_2 = 2NaFeO_2 + 4Na_2CrO_4 + 2Na_2O$$

熔块用水处理,溶出 Na_2CrO_4,同时 $NaFeO_2$ 水解生成 $Fe(OH)_3$沉淀。

$$NaFeO_2 + 2H_2O = NaOH + Fe(OH)_3 \downarrow$$

然后利用 Na_2CrO_4溶液和 $Fe(OH)_3$沉淀分别测定铬和铁的含量。NaOH(KOH)常用来分解硅酸盐、磷酸盐矿物、钼矿和耐火材料等。

3. 烧结法

此法是将试样与熔剂混合,小心加热至生成熔块(半熔物收缩成整块),而不是全熔,故称为半熔融法,又称为烧结法。

常用的半熔混合熔剂为:2 份 $MgO + 3Na_2CO_3$;1 份 $MgO + Na_2CO_3$ 或 1 份 $ZnO + Na_2CO_3$。

此法广泛地用来分解铁矿及煤中的硫。其中,MgO、ZnO 的作用在于其熔点高,可以预防 Na_2CO_3在灼烧时熔合,保持松散状态,使矿石氧化得更完全,反应产生的气体容易逸出。此法不易损坏坩埚,因此可在瓷坩埚中进行熔融,不需贵重器皿。

(二) 有机试样的分解

1. 干式灰化法

将试样置于马弗炉中加热(400~1200 ℃),以大气中的氧作为氧化剂使之分解,然后加入少量浓盐酸或浓硝酸浸取燃烧后的无机残余物。

2. 湿式消化法

用硝酸和硫酸的混合物与试样一起置于烧瓶内,在一定温度下进行煮沸,使之溶解,其中硝酸能破坏大部分有机物。在煮沸,使之溶解的过程中,硝酸逐渐挥发,最后剩余硫酸。继续加热产生浓厚的 SO_3白烟,并在烧瓶内回流,直到溶液变得透明为止。

第三节 干扰组分的掩蔽或分离

在选择分析方法时,必须考虑其他组分对测定的影响,尽量选择特效性较好的分析方法。如果没有适宜的方法,则应改变测定条件,加入掩蔽剂进行掩蔽,或通过分离除去干扰组分之后,再进行测定。

掩蔽的方法很多,如配位掩蔽法、氧化还原掩蔽法、沉淀掩蔽法和动力学掩蔽法等。分离除去干扰组分的方法有萃取分离法、沉淀分离法、挥发或蒸馏分离法以及色谱分离法。近年来,由于色谱和计算机的联用,大大提高了分离和测定的连续性和准确性。例如:用气相色谱仪、高效液相色谱仪、薄层扫描仪，不仅对样品各组分进行了分离，同时也进行了分析测定。

第四节　测定方法的选择

一、测定方法的选择原则

1. 测定方法与测定的具体要求适应

当遇到分析任务时，首先要明确分析目的和要求，确定测定组分、准确度以及要求完成的时间。如相对原子质量的测定、标准试样分析和成品分析，准确度是主要的。高纯物质的有机微量组分的分析灵敏度是主要的。而生产过程中的速度控制成了主要的问题。所以应根据分析的目的要求，选择适宜的分析方法。例如，测定标准钢样中硫的含量时，一般采用准确度较高的重量法。而炼钢炉前控制硫含量的分析，采用 1～2 min 即可完成的燃烧容量法。

2. 测定方法与待测组分的性质适应

一般来说，分析方法都基于待测组分的某种性质。如 Mn^{2+} 在 pH＞6 时可与 EDTA 定量配位，可用配位滴定法测定其含量；MnO_4^- 具有氧化性、可用氧化还原法测定；MnO_4^- 呈现紫红色，也可用比色法测定。对待测组分性质的了解，有助选择合适的分析方法。

3. 测定方法与待测组分的含量适应

测定常量组分时，多采用滴定分析法和重量分析法。滴定分析法简单迅速，在重量分析法和滴定分析法均可采用的情况下，一般选用滴定分析法。测定微量组多采用灵敏度比较高的仪器分析法。例如，测定磷矿粉中磷的含量时，则采用重量分析法或滴定分析法；测定钢铁中磷的含量时则采用比色法。

此外，还应根据本单位的设备条件、试剂纯度等，考虑选择切实可行的分析方法。

综上所述，分析方法很多，各种方法均有其特点和不足之处，一个完整无缺适宜于任何试样、任何组分的方法是不存在的。因此，必须根据试样的组成、组分的性质和含量、测定的要求、存在的干扰组分和本单位实际情况出发，选用合适的测定方法。

二、测定方法的选择示例

青霉素是抗生素的一种，是指从青霉菌培养液中提制的分子中含有青霉烷、能破坏细菌的细胞壁并在细菌细胞的繁殖期起杀菌作用的一类抗生素，是第一种能够治疗人类疾病的抗生素。青霉素类抗生素是 β-内酰胺类中一大类抗生素的总称。有以下测定方法。

1. 碘量法

碘量法是青霉素族的经典测定方法。青霉素或头孢菌素分子不消耗碘，其降解产物消耗碘。青霉素经水解生成的青霉噻唑酸可与碘作用，根据消耗的碘量计算青霉素的含量。头孢菌素族也可经碱水解，β-内酰胺开环后可与碘发生氧化还原反应，根据消耗的碘量计算含量。

测定方法：精密称取本品约 0.12 g，置于 100 mL 量瓶中，加水使之溶解并稀释至刻度，摇匀，精密量取 5 mL，置于碘瓶中，加 1 mol/L 氢氧化钠溶液 1 mL，放置 20 min，再加 1 mol/L盐酸溶液 1 mL 与醋酸-醋酸钠缓冲溶液（pH＝4.5）5 mL，精密加入碘滴定液（0.01 mol/L）15 mL，密塞，摇匀，在 20～25 ℃暗处放置 20 min，用硫代硫酸钠滴定液（0.01 mol/L）滴定，至近终点时加淀粉指示液，继续滴定并强力振摇，至蓝色消失；另精密量取供试品溶液 5 mL，置于碘量瓶中，加醋酸-醋酸钠缓冲溶液（pH＝4.5）5 mL，精密加入碘滴定液（0.01 mol/L）15 mL，密塞，摇匀，在暗处放置 20 min，用硫代硫酸钠滴定液（0.01 mol/L）滴定，作为空白。同时，已知含量的青霉素对照品用同法测定作对照，计算供试品的含量。

2. 汞量法

青霉素不与汞盐反应，而其碱性水解产物青霉噻唑酸及继续水解生成的青霉胺都能与汞盐定量反应，汞量法利用这一性质，采用碱水解后用硝酸汞进行滴定，根据消耗硝酸汞的量来计算青霉素的含量。由于样品中存在的降解杂质也会消耗硝酸汞，为消除干扰，可采用两次滴定法，即水解后滴定（总量）与直接滴定（降解杂质量），然后分别计算含量，两次测定所得含量差即为样品的含量。

3. 紫外-可见分光光度法

本法称为硫醇汞盐法。青霉素族分子的 β-内酰胺环无紫外吸收，而其在弱酸性条件下的降解产物青霉烯酸在 320～360 nm 处有强烈吸收。但此水解产物不稳定，可加入 Hg^{2+} 生成稳定的配位化合物，即青霉烯酸硫醇汞盐，在 324～345 nm 波长范围内有最大吸收，可用紫外-可见分光光度法测定其含量。

4. 高效液相色谱法

高效液相色谱法适用于本类药物的原料、各种制剂及生物样本的测定。各国药典采用本法测定的 β-内酰胺类抗生素数目越来越多。通常采用反相 HPLC 法测定，以外标法计算含量。

色谱条件与系统适用性试验：用十八烷基硅烷键合硅胶为填充剂；以 0.05 mol/L 磷酸二氢钾溶液（用 10 mol/L 氢氧化钠溶液调节 pH 值至 5.5）-乙腈（96∶4）为流动相；检测波长为 230 nm；取头孢羟氨苄对照品和 7-氨基去乙酰氧基头孢烷酸对照品各适量，加流动相溶解并稀释成每 1 mL 中含头孢羟氨苄 0.5 mg 及 7-氨基去乙酰氧基头孢烷酸 10 μg 的混合溶液，取 10 μL 注入液相色谱仪，记录色谱图，头孢羟氨苄与 7-氨基去乙酰氧基头孢烷酸的保留时间比值应不小于 2.0。

测定法：取本品适量，精密称定，用流动相溶解并定量稀释制成每 1 mL 中约含 0.3 mg 的溶液，精密量取 10 μL，注入液相色谱仪，记录色谱图；另取头孢羟氨苄对照品适量，同法测定。按外标法以峰面积计算供试品中 $C_{16}H_{17}N_3O_5S$ 的含量。

第五节　分析结果的计算和评价

样品分析总结果的计算和评价与取样的方法和测定的次数密切相关。若取样、混合、测定的程序和方式不同，分析结果和标准偏差的计算也不同。但多以多次测定结果的算术平均值作为整体的分析结果。

算术平均值的总方差 S_t^2 等于取样过程所产生方差 S_s^2 和其他分析操作所产生的方差 S_u^2 之和，即

$$S_t^2 = S_s^2 + S_u^2$$

取样操作带来的方差的计算：从大量均匀待测物质中，随机选取 n_1 个样本单元粉碎混合后，取其 $1/m$ 进行 n_2 次测定。设单元内的标准偏差为 S_1，各个单元之间的标准偏差是 S_2，由于 n 次测定平均值的标准偏差是一次测定的标准偏差的 $\frac{1}{\sqrt{n}}$，所以取样操作的方差为

$$S_s^2 = \frac{S_1^2}{n_2} + \frac{S_2^2}{n_1 m}$$

[例 17-1] 取 10 片头孢氨苄片剂完全粉碎混匀后，再取 1/4 合并后的标本，对组分进行三次测定，测得平均值为 10.00 mg，设分析单元内标准偏差 S_1 为 0.10 mg，各单元间的平均标准偏差 S_2 为 0.2 mg。若要求分析测定的相对误差不超过 1%。试通过计算说明取样操作是否符合要求。

解

$$\begin{aligned} S_s^2 &= \frac{S_1^2}{n_2} + \frac{S_2^2}{n_1 m} \\ &= \frac{0.10^2}{3} + \frac{0.2^2}{10 \times 4} \\ &= 0.0043 \end{aligned}$$

$$S_s = 0.065 \text{ mg}$$

$$\frac{0.065}{10.00} \times 100\% = 0.65\% < 1\%$$

故取样操作符合要求。

小 结

一、定量分析的步骤

试样的采取、分解、干扰组分的掩蔽或分离、测定方法的选择和分析结果的计算评价等。

二、试样的采取

试样采取的原则是样本能充分代表总体。

（一）气体试样的采取

气体试样的采取需按具体情况，采用相应的方法。大气样品的采取，选择距地面 50～80 cm 的高度采样、注明采样时间、地点和天气状况。烟道气、废气中某些有毒污染物气体样品采入空瓶或大型注射器中。

（二）液体试样的采取

对大容器应在容器的不同深度取样后混匀作为分析试样。对分装在小容器里的液体被测组分，应从每个容器里取样，然后混匀作为分析试样。

（三）固体试样的采取

1. 矿石类试样

通常试样的采取可按下面的经验公式（亦称采样公式）计算：

$$m=Kd^2$$

式中：m 为采取试样的最少质量(kg)；d 为试样中最大颗粒的直径(mm)；K 为经验常数，取值范围是 0.1～0.5。

2. 生物样品的采集

1) 植物样品采集

采样遵循的原则是：代表性、典型性和适时性。一般要求植物样品干重 1 kg，新鲜样品则需 5 kg。

2) 动物样品采集

血液样品用注射器抽取。毛发样品采集后，用中性洗涤剂处理，纯水冲洗，乙醚或丙酮等洗涤，室温干燥备用。肉类样品则需搅拌均匀，然后匀浆备用。

3. 药品试样的采集

药物样品采集，按《药品生产质量管理规范实施指南》进行采集，用量按《中国药典》执行。

三、试样的缩分和分解

试样分解的总体要求是：试样分解必须完全，处理后的溶液中不得残留原试样的组分；试样分解过程中待测组分不应挥发；操作中不应引入被测组分和干扰物质。

(一) 试样的缩分

常用的缩分方法为"四分法"。

(二) 试样的分解

1. 无机试样的分解

1) 溶解法

常用的溶剂有水、酸、碱和有机溶剂等。

2) 熔融法

将试样与固体熔剂混匀后置于坩埚中，高温下熔解分解试样，再用水或酸、碱浸出。

3) 烧结法

将试样与熔剂混合，小心加热至熔块，不是全熔，称为半熔融法又称烧结法。

2. 有机试样的分解

1) 干式灰化法

试样置马弗炉中加热，以空气中氧作为氧化剂使之分解，再加入少量浓盐酸或浓硝酸浸取燃烧后的无机残余物。

2) 湿式消化法

将硝酸和硫酸的混合物与试样置于烧瓶内，在一定温度下进行煮解。煮解过程中，硝酸逐渐挥发，最后剩下硫酸。继续加热使之产生浓厚的 SO_3 白烟，并在烧瓶内回流，直到溶液变得透明为止。

四、干扰组分的掩蔽或分离

1. 掩蔽方法

配位掩蔽法、氧化还原掩蔽法、沉淀掩蔽法和动力学掩蔽法等。

2. 分离方法

萃取分离法、沉淀分离法、挥发或蒸馏分离法以及色谱分离法等。

五、测定方法的选择原则

1. 测定方法与测定的具体要求适应

明确分析目的和要求，确定测定组分、准确度以及要求完成的时间。

2. 测定方法与被测组分的性质适应

分析方法都基于被测组分的某种性质进行确定。

3. 测定方法与被测组分的含量适应

测定常量组分时，常采用滴定分析法或重量分析法。滴定分析法简单快速，在重量分析法和滴定分析法均可采用的情况下，一般选用滴定分析法。测定微量组分多采用灵敏度比较高的仪器分析法。

六、分析结果的计算和评价

主要计算测定结果的标准偏差、算术平均值的总方差等。

能力检测

一、名词解释

1. 采样
2. 四分法
3. 熔融法
4. 干式灰化法
5. 湿式消化法

二、简答题

1. 定量分析的一般步骤有哪些？
2. 试样的分解有哪些方法？
3. 测定方法的选择原则是什么？

（山东滕州环保局监测站　卢鹏宇）

第二部分

分析化学实验

Fenxi Huaxue Shiyan

化学实验室规则

(1) 实验前应充分预习，写好实验预习方案，按时进入实验室。未预习者，不能进行实验。

(2) 在预习的基础上，取出实验中所需的仪器。

(3) 必须认真完成规定的实验项目。如果对实验及其操作有所改动，或者做自选实验，应先与指导老师商讨，经允许后方可进行。

(4) 药品和仪器应整齐地摆放在一定的位置，用后立即放回原处。腐蚀性或污染性的废物应倒入废液桶或指定容器内。火柴梗、碎玻璃及除药品外的固体废物等应倒入垃圾箱中，不得随意乱抛。

(5) 必须正确地使用仪器和实验设备。如发现仪器有损坏，应按规定的有关手续到实验预备室换取新的仪器，未经同意不得随意拿取别的位置上的仪器；如发现实验设备有异常，应立即停止使用，及时报告指导老师。

(6) 实验过程中要保持实验台面整洁。

(7) 实验结束后，经指导老师在实验记录上检查签字后方能离开实验室。

(8) 清理实验所用的仪器，将属于自己保管的仪器放在实验柜内锁好。负责各实验台的学生应轮流值日，必须检查水、电和煤气开关是否关闭，负责实验室内的清洁卫生。实验室的一切物品不得随意带离实验室。

实验室安全规则

进行化学实验会接触许多化学试剂和仪器，其中包括一些有毒、易燃、易爆、有腐蚀性的试剂以及玻璃器皿、电器设备、加压和真空器具等。如不按照使用规则进行操作就可能发生中毒、火灾、爆炸、触电或仪器设备损坏等事故。为了实现预期的教学目标而又不造成国家财产的损失和人身健康的损害，进行化学实验必须严格执行必要的安全规则。

(1) 不要用湿手、湿物接触电源，水、电、气使用完毕立即关闭。

(2) 加热试管时，不要将试管口对着自己或别人，也不要俯视正在加热的液体，以防液体溅出伤人。

(3) 嗅闻气体时，应用手轻拂气体，把少量气体扇向自己再闻，能产生有刺激性或有毒气体(如 H_2S、Cl_2、CO、NO_2、SO_2 等)的实验必须在通风橱内进行。

(4) 具有易挥发和易燃物质的实验，应在远离火源的地方进行。操作易燃物质时，加热应在水浴中进行。

(5) 有毒试剂(如氰化物、汞盐、钡盐、铅盐、重铬酸钾、砷的化合物等)不得进入口内或接触伤口。剩余的废液应倒在废液缸内。

(6) 若带汞的仪器被损坏、汞液溢出仪器外时，应立即报告指导老师，在老师的指导下进行处理。

(7) 洗液、浓酸、浓碱具有强腐蚀性，应避免溅落在皮肤、衣服、书本上，更应防止溅入眼睛内。

(8) 稀释浓硫酸时，应将浓硫酸慢慢注入水中，并不断搅动，切勿将水倒入浓硫酸中，以免迸溅，造成灼伤。

(9) 禁止任意混合各种试剂，以免发生意外。

(10) 废纸、玻璃等应扔入废物桶中，不得扔入水槽中，保持下水道畅通，以免发生水灾。

(11) 反应过程中可能生成有毒或有腐蚀性气体的实验应在通风橱内进行，使用后的器皿应及时洗净。

(12) 经常检查煤气开关和用气系统，如果有泄漏，应立即熄灭室内火源，打开门窗，用肥皂水查漏，若估计一时难以查出，应关闭煤气总阀，立即报告指导老师。

(13) 实验室内严禁吸烟、饮食，或把食具带进实验室。实验完毕，必须洗净双手。

(14) 禁止穿拖鞋、高跟鞋、背心、短裤(裙)进入实验室。

(郑州铁路职业技术学院　夏河山)

实验一　分析天平的使用

一、实验目的

(1) 了解电光分析天平的构造、使用方法、技巧、维护及保养。

(2) 测试分析天平的稳定性(示值变动性)和灵敏度。

(3) 学习直接法和减量法两种基本称量方法，正确使用称量纸和称量瓶。

(4) 练习用列表法表示实验数据。

二、实验内容

(一) 外观检查

(1) 取下天平罩，叠好置于适当位置，检查砝码盒中砝码是否齐全，夹砝码的镊子是否在盒内，圈码是否完好并是否将其正确地挂在圈码钩上，读数盘的读数是否在零位。

(2) 检查天平是否处于休止状态，天平梁和吊耳的位置是否正常。

(3) 检查天平是否处于水平位置，若不水平，可调节天平前部下方支脚底座上的两个水平调节螺丝，使水泡水准器中的水泡位于正中。

(4) 天平盘上如有灰尘或其他落入物体，应该用软毛刷轻扫干净。

(二) 零点调节

天平的零点是指天平空载时的平衡点，每次称量之前都要先测定天平的零点。天平的外观检查完毕后，接通电源，顺时针转动升降旋钮到底(即开启天平)，此时可以看到缩微标尺的投影在光屏上移动，当标尺指针稳定后，若光屏上刻度线与标尺的“0.00”刻线不重合，可拨动升降旋钮下方的调零拉杆移动光屏使其重合，零点即调好。若光屏移动到尽头还是不能与标尺“0.00”刻线重合，应请指导老师通过旋转天平梁上的平衡螺丝来调整。

(三) 示值变动性的测定

示值变动性是指在不改变天平状态的情况下，多次开启天平时其平衡位置的再现性，表示称量结果的可靠程度。其值越小，可靠性越高。

在天平空载的情况下，多次开启天平，记下每次开启天平稳定后平衡点的读数，反复四次，其最大值和最小值的差值即为该台天平的空载示值变动性。

$$空载示值变动性=L_0\text{ 的最大值}-L_0\text{ 的最小值}$$

在天平的左、右盘上各加 20 g 砝码，再测出天平的平衡点，如此反复测定四次，并计算出天平变动性的大小。

$$载重示值变动性=L\text{ 的最大值}-L\text{ 的最小值}$$

（四）灵敏度的测定

天平的灵敏度：为每增加 1 mg 砝码时引起的天平零点与停点之间所偏移的小格数，天平越灵敏，偏移的格数越多。灵敏度常用感量表示，感量是指针偏移一格时所需的质量。

$$\text{天平空载灵敏度}=\frac{\text{停点对应的小格数}-\text{零点对应的小格数}}{10\ \text{mg}}(\text{小格/mg})$$

$$\text{感量}=\frac{1}{\text{灵敏度}}(\text{mg/小格})$$

1. 空载灵敏度

轻轻旋开旋钮以放下天平梁，记下天平零点后，关上旋钮托起天平梁。用镊子夹取 10 mg 圈码，置于天平左盘的正中央。重新旋开旋钮，待指针稳定后，读取平衡点读数，关上旋钮，由平衡点和零点之差算出空载灵敏度（小格/mg）及感量（mg/小格）。

2. 载重灵敏度

天平左、右两盘各载重 20 g，用同样的操作测定载重时的灵敏度。天平的灵敏度是天平灵敏性的一种度量，指针移动的距离越大，天平的灵敏度越高。天平载重时，梁的重心将略向下移，故载重后的天平灵敏度有所下降。天平的灵敏度太高和太低都不好，其大小可通过天平背后上部的灵敏度调节螺丝（又称为感量调节螺丝）进行调节。

一般要求天平的灵敏度在 98～102 小格/(10 mg)范围内。若低于 98 小格/(10 mg)，应将灵敏度调节螺丝向上调，以升高天平梁重心，增加其灵敏度，若高于 102 小格/(10 mg)，应将灵敏度调节螺丝向下调，以降低天平梁重心，降低其灵敏度。

（五）称量练习

1. 直接法称量练习

要求：用直接法准确称取(0.3±0.02) g 给定固体试样（称准到小数点后第四位）。

提示：称量纸叠成凹形，放入天平左盘中央，先称称量纸（0.1～0.2 g），小心地加入试样到称量纸上，再称称量纸与试样总质量。

注意：不要将试样撒落在桌面。

2. 减量法称量练习

要求：用减量法准确称取两份 0.2～0.3 g 给定的固体试样（称准到小数点后第四位）。

提示：先在称量瓶中装入 1 g 左右的固体试样，盖上瓶盖后在台秤上粗称。然后放入天平左盘中央，准确称出其质量。再用纸条夹出称量瓶，小心倾斜称量瓶，轻碰瓶口，使试样落入干净的烧杯中，再放入天平左盘中央，准确称出其质量，两次称量的差值即为所称试样量。

注意：若从称量瓶中倒出的药品太多，不能再倒回称量瓶中，应重新称量。天平称量操作应耐心细致，不可急于求成。

三、思考题

(1) 分析天平的灵敏度主要取决于天平的什么零件？称量时如何保持天平的灵敏性？

(2) 在什么情况下用直接法称量？在什么情况下用减量法称量？

(3) 用半自动电光天平称量时，如何判断是该加码还是减码？

(4) 为什么要注意保护玛瑙刀刀口？保护玛瑙刀刀口要注意哪些问题？

(5) 准确进行减量法称量的关键是什么？用减量法称取试样时，若称量瓶内的试样吸湿，将对称量结果造成什么误差？若试样倾入烧杯内后再吸湿，对称量结果是否有影响？

附：基本知识——天平的结构与使用

一、天平的种类

天平是化学实验中不可缺少的重要的称量仪器，种类繁多，按使用范围大体上可分为工业天平、分析天平、专用天平。按结构天平可分为等臂双盘阻尼天平、机械加码天平、半自动机械加码电光天平、全自动机械加码电光天平、单臂天平和电子天平。按精密度天平可分为精密天平、普通天平。各类天平结构各异(实验图 1-1)，但其基本原理是一样的，都是根据杠杆原理制成的。现以目前广泛使用的半自动机械加码电光天平(TG328)为例说明其结构和使用方法。

(a) 半机械加码天平

(b) 全机械加码天平

(c) 电子天平

实验图 1-1　天平的种类

二、天平的结构

1. 天平的结构图示

天平的结构见实验图 1-2。

2. 天平的主要部件

1) 天平梁

天平梁是天平的主要部件之一，梁上左、中、右各装有一个玛瑙刀刀口和玛瑙平板。装在梁中央的玛瑙刀刀口向下，支承于玛瑙平板上，用于支撑天平梁，又称为支点刀。装在梁两边的玛瑙刀刀口向上，与吊耳上的玛瑙平板相接触，用来悬挂托盘。玛瑙刀刀口是天平很重要的部件，刀口的好坏直接影响到称量的精确程度。玛瑙硬度大但脆性也大，易因碰撞而损坏，故使用时应特别注意保护玛瑙刀刀口。

2) 指针

指针固定在天平梁的中央，指针随天平梁摆动而摆动，从光幕(实验图 1-3)上可读出指针的位置。

3) 升降钮

升降钮是控制天平工作状态和休止状态的旋钮，位于天平正前方下部。

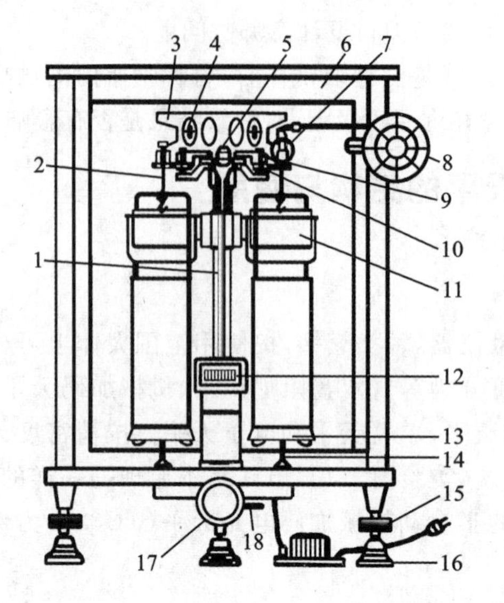

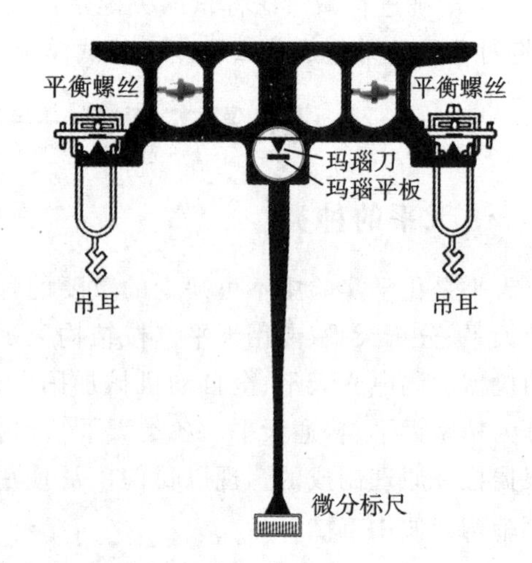

实验图 1-2 天平的结构示意

1—指针；2—吊耳；3—天平梁；4—调零螺丝；5—感量螺丝；6—橱门；7—圈码；
8—刻度盘；9—支柱；10—托梁架；11—阻力盒；12—光屏；13—天平盘；14—盘托；
15—垫脚螺丝；16—脚垫；17—升降钮；18—光屏移动拉杆

4）光幕

通过光电系统使指针下端的标尺放大后，在光幕上可以清楚地读出标尺的刻度。标尺的刻度代表质量，每一大格代表 1 mg，每一小格代表 0.1 mg。

5）天平盘和天平橱门

天平左、右有两个托盘，左盘放称量物体，右盘放砝码。光电天平是比较精密的仪器，外界条件的变化(如空气流动等)容易影响天平的称量，为减少这些影响，称量时一定要把橱门关好。

6）砝码与圈码

天平有砝码和圈码。砝码装在盒内，最大质量为 100 g，最小质量为 1 g。在 1 g 以下的是用金属丝做成的圈码(实验图 1-4)，安放在天平的右上角，加减的方法是用机械加码旋钮来控制，用它可以加 10～990 mg 的质量。10 mg 以下的质量可直接在光幕上读出。

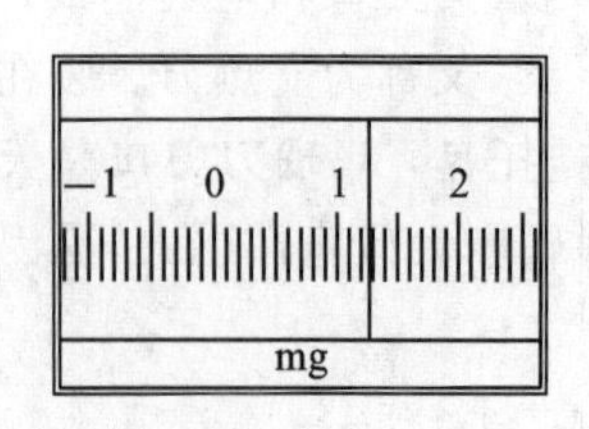

实验图 1-3 天平的光幕

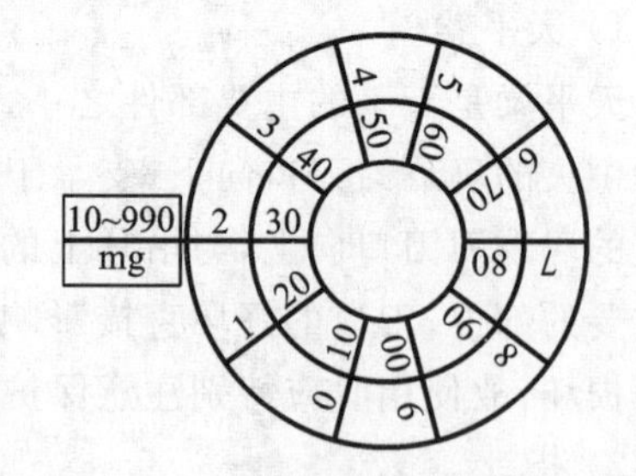

实验图 1-4 半机械加码天平圈码示意图

注意：全机械加码天平其加码装置在右侧，所有加码操作均通过旋转加码转盘实现，如实验图 1-5 所示。

三、天平的称量步骤

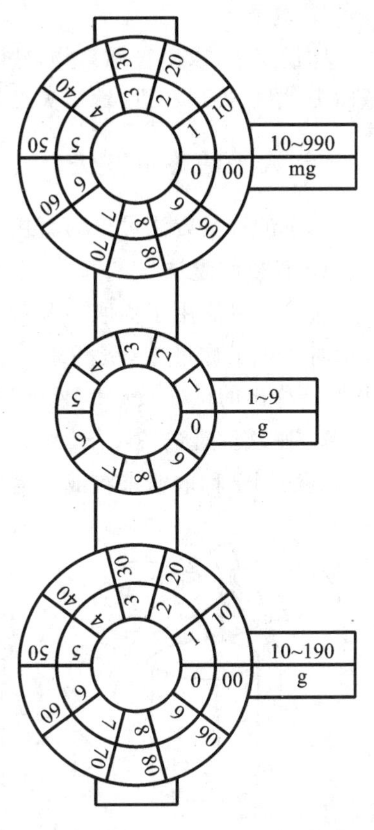

实验图 1-5　全机械加码天平加码转盘

1. 称前检查

使用天平前，应先检查天平是否水平；机械加码装置是否指示“0.00”位置；吊耳及圈码位置是否正确，圈码是否齐全，有无跳落、缠绕；两盘是否清洁，有无异物。

2. 零点调节

接通电源，缓缓开启升降旋钮，当天平指针静止后，观察投影屏上的刻度线是否与缩微标尺上的 0.00 mg 刻度相重合。如不重合，可调节升降旋钮下面的调屏拉杆，移动投影屏位置，使之重合，即调好零点。如已将调屏拉杆调到尽头仍不能重合，则需关闭天平，调节天平梁上的平衡螺丝(初学者应在老师的指导下进行)。

3. 称量

打开左侧橱门，把在台秤上粗称(为什么要粗称?)过的被称量物放在左盘中央，关闭左侧橱门；打开右侧橱门，在右盘上按粗称的质量加上砝码，关闭右侧橱门，再分别旋转圈码转盘外圈和内圈，加上粗称质量的圈码。缓慢开启天平升降旋钮，根据指针或缩微标尺偏转的方向，决定加减砝码或圈码。注意，如指针向左偏转(缩微标尺会向右移动)表明砝码比物体重，应立即关闭升降旋钮，减少砝码或圈码后再称，反之则应增加砝码或圈码，反复调整直至开启升降旋钮后，投影屏上的刻度线与缩微标尺上的刻度线为 0.00～10.0 mg 时停止。

4. 读数

当缩微标尺稳定后即可读数，其中缩微标尺上一大格为 1 mg，一小格为 0.1 mg，若刻度线在两小格之间，则按四舍五入的原则取舍，不要估读。读取读数后应立即关闭升降旋钮，不能长时间让天平处于工作状态，以保护玛瑙刀刀口，保证天平的灵敏性和稳定性。称量结果应立即如实记录在记录本上，不可记在手上、碎纸片上。

天平的读数方法：砝码＋圈码＋微分标尺，即小数点前读砝码，小数点后第一位、第二位读圈码(转盘前两位)，小数点后第三位、第四位读微分标尺(见实验图 1-6，W＝17.2313 g)。

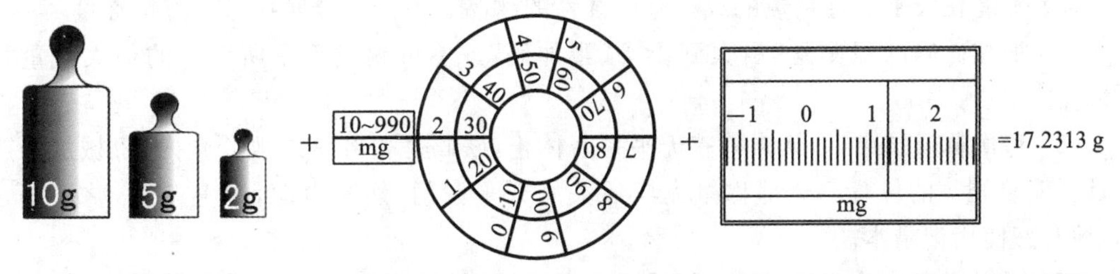

(a) 小数点前读砝码　(b) 小数点后第一位、第二位读圈码　(c) 小数点后第三位、第四位读微分标尺

实验图 1-6　天平称量步骤示意图

5. 复原

称量完毕，取出被称量物，砝码放回到砝码盒里，圈码指数盘回复到 0.00 位置，拔下电源插头，罩好天平布罩，填写天平使用登记本，签名后方可离开。

四、天平的称量方法

天平的称量方法可分为直接称量法(简称直接法)和递减称量法(简称减量法)。

1. 直接称量法

直接称量法用于称取不易吸水、在空气中性质稳定的物质，如称量金属或合金试样。称量时先称出称量纸(硫酸纸)的质量(W_1)，加上试样后再称出称量纸与试样的总质量(W_2)。称出的试样质量$=W_2-W_1$。

2. 递减称量法

此法用于称取粉末状或容易吸水、氧化、与二氧化碳反应的物质。减量法称量应使用称量瓶，称量瓶使用前须清洗干净，干净的称量瓶(盖)都不能用手直接拿取，而要用干净的纸条套在称量瓶上夹取。称量时，先将试样装入称量瓶中，在台秤上粗称之后，放入天平中称出称量瓶与试样的总质量(W_1)，用纸条夹住取出称量瓶后，按实验图 1-7 所示方法小心倾出部分试样后再称出称量瓶和余下的试样的总质量(W_2)，称出的试样质量$=W_1-W_2$。

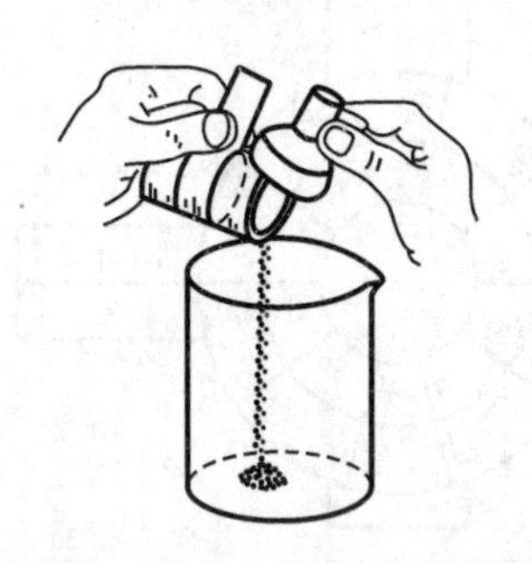

实验图 1-7　称量瓶中试剂倾倒法

减量法称量时，应注意不要让试样撒落到容器外，当试样量接近要求时，将称量瓶缓慢竖起，用瓶盖轻敲瓶口，使黏附在瓶口的试样落入称量瓶或容器中。盖好瓶盖，再次称量，直到倾出的试样量符合要求为止。初学者常常倾出超出要求的试样量，为此，可少量多次，逐渐掌握和建立起量的概念。

注意：在每次旋动指数盘和取放称量瓶时，一定要先关好旋钮，使天平梁托起。

五、天平的使用规则

(1) 处于承重工作状态的天平不允许进行任何加减砝码、圈码的操作。开启升降旋钮和加减砝码、圈码时应做到“轻、缓、慢”，以免损坏机械加码装置或使圈码掉落。

(2) 不能用手直接接触光电天平的部件及砝码，取砝码时要用镊子夹取。

(3) 不能在天平上称量热的或具有腐蚀性的物品。不能在金属托盘上直接称量药品。

(4) 加减砝码的原则是“由大到小，减半加码”。不可超过天平所允许的最大载重量(200 g)。

(5) 每次称量结束后，认真检查天平是否休止，砝码是否齐全地放入盒内，机械加码旋钮是否恢复到零的位置。全部称量完毕后关好天平橱门，切断电源，罩上布罩，整理好台面，填写好使用记录本。

(6) 不得任意移动天平位置。如发现天平有不正常情况或操作中出现故障，要报告指导老师。

六、实验数据的列表

科学研究结果常以列表的形式表示出来，这样的形式能使实验数据的规律性更加突出，看后使人一目了然，也便于后期对实验数据的处理和运算。列表时应注意以下几点。

(1) 每一个表都应有简明、完整、准确的名称。

(2) 表中的每一行和每一列的第一栏里应写出该行或该列的数据名称和单位。

(3) 表中的数据应以最简单的形式表示，公共的乘方因子应在第一栏的名称下注明。

(4) 数据排列要整齐，位数和小数点要对齐。

(5) 原始数据可与处理数据并列在一张表上，处理方法和运算公式应在表下方注明。

实验报告示例

实验名称：分析天平的使用

实验日期：　　年　月　日　室温：　℃　　天平名称：　　天平编号：

一、目的要求

(1) 熟悉天平的结构、使用和维护方法。

(2) 使用分析天平的直接法和减量法称量练习。

二、实验步骤

根据实际情况书写。

三、数据记录与结果处理

1. 天平检查结果

天平灵敏度：　　　空载灵敏度：　　　载重灵敏度：

天平变动性：　　　空盘变动性：　　　载重变动性：

2. 试样的称量

(按列表要求，以列表的形式表示)

四、问题讨论

(郑州铁路职业技术学院　夏河山)

实验二　氯化钡结晶水的测定

一、实验目的

(1) 进一步巩固分析天平的操作。

(2) 掌握干燥失重法测定水分的原理和方法。

(3) 明确恒重的意义。

二、实验原理

在一般情况下，$BaCl_2 \cdot 2H_2O$ 中两分子结晶水较稳定，当干燥温度高于 100 ℃时，失去结晶水，而无水氯化钡不挥发也不变质。在实际工作中，可在 105～110 ℃对 $BaCl_2 \cdot 2H_2O$ 加热干燥。

$$BaCl_2 \cdot 2H_2O \xlongequal{\triangle} BaCl_2 + 2H_2O\uparrow$$

$BaCl_2 \cdot 2H_2O$ 晶体含包藏水很少，因此失去的水分即为结晶水。

三、仪器与试剂

1. 仪器

分析天平、扁形称量瓶(直径约为 3 cm)、电热干燥箱、干燥器等。

2. 试剂

$BaCl_2 \cdot 2H_2O$ 样品(分析纯)等。

四、实验步骤

(1) 取扁形称量瓶 3 个，洗净。将瓶盖斜靠于瓶口上，置于电热干燥箱中 105 ℃干燥 1 h，取出，置于干燥器中冷却至室温(30 min)，取出，盖好瓶盖，准确称其质量。重复上述操作，直至连续两次干燥后的质量差不超过 0.3 mg，即达到了恒重。

(2) 取 $BaCl_2 \cdot 2H_2O$ 样品 3 份，每份约 1 g，平铺于已恒重的称量瓶中，盖好瓶盖，分别精密进行称定。然后将称量瓶瓶盖斜放于瓶口，置于电热干燥箱中 105 ℃干燥 1 h，取出，置于干燥器中冷却至室温(30 min)，盖好瓶盖，准确称其质量。重复上述操作直至恒重。

五、数据处理

1. 数据记录

请将本实验相关数据填入实验表 2-1 中。

实验表 2-1　氯化钡结晶水的测定数据记录

实验次数		Ⅰ	Ⅱ	Ⅲ
空称量瓶恒重 m_0/g	第一次干燥			
	第二次干燥			
	第三次干燥			
称量瓶加样品干燥后恒重 m_1/g	第一次干燥			
	第二次干燥			
	第三次干燥			
称量瓶加样品重 m_2/g				
样品重/g				
结晶水重/g				

2. 结果计算

$$w_{BaCl_2 \cdot 2H_2O}=\frac{m_{H_2O}}{m_s}\times 100\%$$

六、注意事项

(1) 称量瓶烘干后置于干燥器中冷却时，勿将盖子盖严，以防冷却后不易打开。

(2) 称量时速度要快，称量瓶瓶盖应盖好，以免吸潮而影响恒重。

(3) 称量瓶加样前后加热干燥的温度以及在干燥器中冷却的时间应保持一致。

七、思考题

(1) 空称量瓶为何要干燥至恒重？

(2) 如果样品第二次干燥后的质量是 20.94848 g，而第三次干燥后的质量为 20.94868 g，有这种可能吗？样品是否达到了恒重？

(郑州铁路职业技术学院　夏河山)

实验三　滴定分析基本操作练习

一、实验目的

(1) 练习滴定操作，初步掌握滴定管的使用方法及准确的确定终点的方法。

(2) 练习酸碱标准溶液的配制和浓度的比较。

(3) 熟悉甲基橙和酚酞指示剂的使用和终点颜色变化。初步掌握酸碱指示剂的选择方法。

二、实验原理

滴定分析是将一种已知浓度的标准溶液滴加到被测试样中，直到化学反应完全为止，然后根据标准溶液的浓度和体积求得被测试样中组分含量的一种方法。在进行滴定分析时：一方面要会配制滴定剂溶液并能准确测定其浓度；另一方面要准确测量滴定过程中所消耗的滴定剂体积。

滴定分析包括酸碱滴定法、氧化还原滴定法、沉淀滴定法和配位滴定法。本实验主要是以酸碱滴定法中酸碱滴定剂标准溶液的配制和测定滴定剂体积消耗的比值为例，来练习滴定分析的基本操作。

酸碱滴定中常用盐酸和氢氧化钠溶液作为滴定剂，由于浓盐酸易挥发，氢氧化钠易吸收空气中的水分和二氧化碳，故此滴定剂无法直接配制，只能先配制近似浓度的溶液然后用基准物质标定其浓度。

强酸 HCl 与强碱 NaOH 溶液的滴定反应，滴定突跃范围的 pH 值为 4～10，在这一范围中可采用甲基橙（变色范围 pH 值为 3.1～4.4）、甲基红（变色范围 pH 值为 4.4～6.2）、酚酞（变色范围 pH 值为 8.0～9.6）等指示剂来指示终点。本实验分别选取甲基橙和酚酞作为指示剂，通过自行配制的盐酸和氢氧化钠溶液相互滴定，来测定它们的体积比。

三、仪器与试剂

1. 仪器

台秤、烧杯、试剂瓶、量筒、酸式滴定管、碱式滴定管、锥形瓶、洗瓶等。

2. 试剂

NaOH 固体（分析纯）、原装盐酸（密度 1.19 g/cm^3，分析纯）、酚酞（1%乙醇溶液）、甲基橙（0.1%水溶液）等。

四、实验步骤

1. NaOH 溶液、HCl 溶液的配制

1) 0.25 mol/L NaOH 溶液

在台秤上称取固体 NaOH2 g,置于 300 mL 烧杯中,加入约 100 mL 蒸馏水,使 NaOH 全部溶解,稍冷后转入试剂瓶中,用量筒取蒸馏水稀释之,使其体积为 200 mL,用橡皮塞塞好瓶口,充分摇匀。

2) 0.25 mol/L HCl 溶液

用洁净的量杯(或量筒)量取浓盐酸 4.2 mL,倒入试剂瓶中,再用量杯取蒸馏水稀释之,使其体积为 200 mL,盖好玻璃塞,摇匀。注意浓盐酸易挥发,应在通风橱中操作。

注:所用标准溶液的浓度应根据测定试样时的要求来确定。此处用 0.25 mol/L。

2. 酸碱溶液的相互滴定

1) 酸标准溶液滴定碱标准溶液

(1) 用 0.25 mol/L NaOH 溶液润洗碱式滴定管 2～3 次,每次用 5～10 mL 溶液润洗。然后将 NaOH 溶液直接倒入碱式滴定管中,滴定管内液面调至“0.00”刻度。

(2) 用 0.25 mol/L HCl 溶液润洗酸式滴定管 2～3 次,每次用 5～10 mL 溶液润洗。然后将盐酸直接倒入酸式滴定管中,滴定管内液面调节至“0.00”刻度。

(3) 由碱式滴定管放出 15.00 mL NaOH 溶液于 250 mL 锥形瓶中(放出时以每分钟约 10 mL 的速度,即每秒 3～4 滴为宜)加入约 50 mL 蒸馏水,再加 1～2 滴甲基橙指示剂,摇匀。然后用 HCl 溶液滴定。滴定时不停地摇动锥形瓶,直至溶液由黄色变为橙色为止,即为滴定终点,再加入少量的碱标准溶液至溶液又变成黄色,然后用 HCl 溶液慢慢地滴定至溶液刚好由黄色变为终点时的橙色。如此反复进行,练习并掌握滴定操作和终点的观察。

(4) 另取一 250 mL 锥形瓶,加入 15.00 mL NaOH 溶液,加水 50 mL,以甲基橙作为指示剂,用 HCl 溶液滴定至溶液刚好由黄色变为橙色即为滴定终点(不能像上述那样反复进行),准确记录所消耗的 HCl 溶液体积。求出滴定时两溶液的体积比 V_{HCl}/V_{NaOH}。

平行滴定三份(注意每次终点的颜色尽量保持一致)。

2) 碱标准溶液滴定酸标准溶液

(1) 由酸式滴定管放出 15.00 mL HCl 溶液于 250 mL 锥形瓶中(放出时速度如前所述),加入约 50 mL 蒸馏水,再加入 2～3 滴酚酞指示剂,摇匀。然后用配好的 NaOH 标准溶液滴定至溶液由无色变为微红色,此微红色保持 30 s 不褪色即为终点。再加入少量的 HCl 溶液至溶液由微红色又变为无色,然后用 NaOH 溶液滴定至溶液变为微红色即为终点。如此反复进行,练习并掌握滴定操作和终点的观察。

(2) 另取一 250 mL 锥形瓶,加入 15.00 mL HCl 溶液,加水 50 mL,加入 2～3 滴酚酞指示剂,用 NaOH 溶液滴定至溶液呈微红色为滴定终点(不能反复进行),准确记录所消耗的 NaOH 溶液体积。求出滴定时两溶液的体积比 V_{NaOH}/V_{HCl}。

平行滴定三份(注意每次终点的颜色尽量保持一致)。

五、数据处理

1. HCl 溶液滴定 NaOH 溶液

请将用 HCl 溶液滴定 NaOH 溶液的相关数据填入实验表 3-1 中。

实验表 3-1　HCl 溶液滴定 NaOH 溶液数据记录

指示剂＿＿＿＿＿

滴定号码 记录项目	Ⅰ	Ⅱ	Ⅲ
NaOH 溶液/mL	15.00	15.00	15.00
HCl 溶液/mL			
V_{HCl}/V_{NaOH}			
平均值 V_{HCl}/V_{NaOH}			
相对偏差/(%)			
相对平均偏差/(%)			

2. NaOH 溶液滴定 HCl 溶液

请将用 NaOH 溶液滴定 HCl 溶液的相关数据填入实验表 3-2 中。

实验表 3-2　NaOH 溶液滴定 HCl 溶液数据记录

指示剂＿＿＿＿＿

滴定号码 记录项目	Ⅰ	Ⅱ	Ⅲ
NaOH 溶液/mL	15.00	15.00	15.00
HCl 溶液/mL			
V_{HCl}/V_{NaOH}			
平均值 V_{HCl}/V_{NaOH}			
相对偏差/(%)			
相对平均偏差/(%)			

六、思考题

(1) 配制 NaOH 溶液时，应该选择何种天平称取试剂？为什么？

(2) 能否直接配制准确浓度的 HCl 溶液和 NaOH 溶液呢？为什么？

(3) 在滴定分析中，滴定管为何要用滴定剂润洗几次？滴定中的锥形瓶是否也要用滴定剂润洗呢？为什么？

（郑州铁路职业技术学院　夏河山）

实验四　氢氧化钠标准溶液配制与标定

一、实验目的

（1）掌握氢氧化钠溶液的配制和标定方法。

（2）学习用减量法称量固体。

（3）熟悉滴定操作和滴定终点的判断。

二、实验原理

NaOH 易吸收空气中的 CO_2，使得溶液中含有 Na_2CO_3。

$$2NaOH + CO_2 \xlongequal{} Na_2CO_3 + H_2O$$

经过标定后的含有碳酸钠的标准溶液，用它测量酸含量时，若使用与标定时相同的指示剂，则含碳酸盐对测定并无影响，否则，会产生误差。因此应配制不含碳酸盐的标准溶液。

由于 Na_2CO_3 在饱和 NaOH 溶液中不溶解，因此可用饱和 NaOH 溶液（质量分数约为 52%，相对密度约为 1.56）配制不含 Na_2CO_3 的 NaOH 溶液。待沉淀后，量取一定量上清液，稀释至所需浓度，即得。用来配制氢氧化钠溶液的蒸馏水，应加热煮沸放冷，除去其中的 CO_2。

标定碱溶液的基准物质很多，如草酸（$H_2C_2O_4 \cdot 2H_2O$）、苯甲酸（$C_7H_6O_2$）、邻苯二甲酸氢钾（$KHC_8H_4O_4$）等，最常用的是邻苯二甲酸氢钾。

计量点时由于弱酸盐的溶解，溶液呈弱碱性，应采用酚酞为指示剂。

三、仪器与试剂

1. 仪器

碱式滴定管（50 mL）、锥形瓶（250 mL）、量筒（100 mL）、烧杯（400 mL）、试剂瓶（500 mL）、橡皮塞等。

2. 试剂

氢氧化钠（分析纯）、邻苯二甲酸氢钾（分析纯）、酚酞指示剂等。

四、实验步骤

1. NaOH 饱和水溶液的配制

取 NaOH 约 120 g，倒入装有 100 mL 蒸馏水的烧杯中，搅拌使之溶解成饱和溶液。冷却后，置于塑料瓶中，静置数日，澄清后备用。

2. NaOH 溶液(0.1 mol/L)的标定

用减量法精密称取 3 份于 105～110 ℃干燥至恒重的基准物邻苯二甲酸氢钾，每份约为 0.5 g，分别盛放于 250 mL 锥形瓶中，各加新煮沸冷却的蒸馏水 50 mL，小心振摇使之完全溶解。加酚酞指示剂 2 滴，用 NaOH 溶液(0.1 mol/L)滴定至溶液呈浅红色，记录所消耗的 NaOH 溶液的体积。根据所消耗的 NaOH 溶液的体积及邻苯二甲酸氢钾的质量计算 NaOH 的浓度。

五、数据处理

1. 数据记录

请将本实验相关数据填入实验表 4-1 中。

实验表 4-1　氢氧化钠标准溶液配制与标定数据记录

	Ⅰ	Ⅱ	Ⅲ
(基准物＋瓶)初重/g			
(基准物＋瓶)末重/g			
邻苯二甲酸氢钾质量/g			
NaOH 初读数/mL			
NaOH 终读数/mL			
V_{NaOH}/mL			

2. 结果计算

$$w_{C_7H_6O_2}=\frac{c_{NaOH}V_{NaOH}\dfrac{M_{C_7H_6O_2}}{1000}}{m_s}\times 100\%$$

六、注意事项

固体氢氧化钠应在表面皿上或小烧杯中称量，不能在称量纸上称量。

滴定之前，应检查橡皮管内和滴定管管尖处是否有气泡，如有气泡应排除。

盛装基准物的 3 个锥形瓶应编号，以免混淆。

七、思考题

(1) 配制标准碱溶液时，用台秤称取固体 NaOH 是否会影响浓度的准确度？能否用纸称取固体 NaOH，为什么？

(2) 用邻苯二甲酸氢钾为基准物质标定 NaOH 溶液的浓度，若希望消耗 NaOH 溶液(0.1 mol/L)约 25 mL，应称取多少邻苯二甲酸氢钾？

(郑州铁路职业技术学院　王洪涛)

实验五　盐酸标准溶液的配制与标定

一、实验目的

(1) 掌握用无水碳酸钠作基准物质标定盐酸溶液的原理和方法。

(2) 正确判断甲基红-溴甲酚绿混合指示剂的滴定终点。

二、实验原理

市售盐酸为无色透明的 HCl 水溶液，HCl 含量(质量分数)为 36%～38%，相对密度约为 1.18。由于浓盐酸易挥发出 HCl 气体，若直接配制准确度差，因此配制盐酸标准溶液时需用间接配制法。

标定盐酸的基准物质常用碳酸钠和硼砂等，本实验采用无水碳酸钠为基准物质，以甲基红-溴甲酚绿混合指示剂指示终点。

用 Na_2CO_3 标定时，反应为

$$2HCl + Na_2CO_3 \longrightarrow 2NaCl + H_2O + CO_2 \uparrow$$

反应本身由于产生 H_2CO_3 会使滴定突跃不明显，致使指示剂颜色变化不够敏锐，因此，接近滴定终点之前，最好把溶液加热煮沸，并摇动以赶走 CO_2，冷却后再滴定。

三、仪器与试剂

1. 仪器

酸式滴定管(50 mL)、锥形瓶(250 mL)、量筒(100 mL)、试剂瓶(500 mL)、电炉等。

2. 试剂

浓盐酸(分析纯)、基准无水碳酸钠(分析纯)、甲基红-溴甲酚绿混合指示剂等。

四、实验步骤

1. 0.1 mol/L 盐酸的配制

用小量筒取浓盐酸 3.6 mL，加水稀释至 400 mL，混匀即得。

2. 标定

取在 270～300 ℃干燥至恒重的基准无水碳酸钠 0.12～0.14 g，精密称定 3 份，分别置于 250 mL 锥形瓶中，加 50 mL 蒸馏水溶解后，加甲基红-溴甲酚绿混合指示剂 10 滴，用盐酸溶液(0.1 mol/L)滴定至溶液变为紫红色，煮沸约 2 min。冷却至室温(或旋摇 2 min)继续滴定至暗紫色，记下所消耗的标准溶液的体积。

五、数据处理

1. 数据记录

请将本实验相关数据填入实验表 5-1 中。

实验表 5-1　盐酸标准溶液的配制与标定数据记录

	Ⅰ	Ⅱ	Ⅲ
(基准物+瓶)初重/g			
(基准物+瓶)末重/g			
无水碳酸钠质量/g			
HCl 终读数/mL			
HCl 初读数/mL			
V_{HCl}/mL			
c_{HCl}/(mol/L)			
相对平均偏差/(%)			

2. 结果计算

$$c_{HCl}=\frac{m_{Na_2CO_3}}{V_{HCl}\frac{M_{Na_2CO_3}}{2\times 1000}}$$

$$M_{Na_2CO_3}=105.99$$

六、注意事项

(1) 无水碳酸钠经过高温烘烤后，极易吸水，故称量瓶一定要盖严；称量时动作要快些，以免无水碳酸钠吸水。

(2) 实验中所用锥形瓶不需要烘干，加入蒸馏水的量不需要准确。

(3) Na_2CO_3在 270～300 ℃加热干燥，目的是除去其中的水分及少量 $NaHCO_3$。但若温度超过 300 ℃则部分 Na_2CO_3分解为 NaO 和 CO_2。加热过程中(可在沙浴中进行)，要翻动几次，使受热均匀。

(4) 近终点时，由于形成 H_2CO_3-$NaHCO_3$ 缓冲溶液，pH 值变化不大，终点不敏锐，故需要加热或煮沸溶液。

七、思考题

(1) 为什么不能用直接法配制盐酸标准溶液？

(2) 实验中所用锥形瓶是否需要烘干？加入蒸馏水的量是否需要准确？

(郑州铁路职业技术学院　王洪涛)

实验六　苯甲酸的含量测定

一、实验目的

(1) 掌握用中合法滴定苯甲酸的原理和方法。

(2) 掌握酚酞指示剂的滴定终点的判断。

二、实验原理

苯甲酸属芳香羧酸类药物，电离常数 $K_a=6.3\times10^{-3}$，可用标准碱溶液直接滴定。

计量点时，生成物是强碱弱酸盐，溶液呈微碱性，应选用碱性区域变色的指示剂，本实验选用酚酞作指示剂。

三、仪器与试剂

1. 仪器

碱式滴定管(50 mL)、锥形瓶(250 mL)、量筒(100 mL)等。

2. 试剂

NaOH 标准溶液(0.1 mol/L)、酚酞指示剂(0.1%)、中性稀乙醇等。

四、实验步骤

精密称取本品 0.27 g，加中性稀乙醇(对酚酞指示剂显中性)25 mL 溶解后，加酚酞指示剂 2 滴，用 NaOH 标准溶液(0.1 mol/L)滴至淡红色。

五、数据处理

1. 数据记录

请将本实验相关数据填入实验表 6-1 中。

实验表 6-1　苯甲酸的含量测定数据记录

	Ⅰ	Ⅱ	Ⅲ
(苯甲酸+称量瓶)初重/g			
(苯甲酸+称量瓶)末重/g			
苯甲酸质量/g			
NaOH 初读数/mL			
NaOH 终读数/mL			
V_{NaOH}/mL			

2. 结果计算

$$w_{C_7H_6O_2}=\frac{c_{NaOH}V_{NaOH}\frac{M_{C_7H_6O_2}}{1000}}{m_s}\times 100\%$$

$$M_{C_7H_6O_2}=122.12$$

其中 m_s 为苯甲酸样品质量。

六、注意事项

(1) 苯甲酸在水中微溶，在乙醇中易溶，故用稀乙醇作溶剂。

(2) 中性稀乙醇的配制：取 95%的乙醇 53 mL，加水至 100 mL，加酚酞指示剂 3 滴，用 NaOH 标准溶液(0.1 mol/L)滴定至淡红色，即得。

七、思考题

(1) 每份样品称重 0.27 g，是如何求得的？

(2) 若实验需用 50%乙醇 75 mL，需取 95%乙醇多少毫升？

（郑州铁路职业技术学院　王洪涛）

实验七　枸橼酸钠样品的含量测定

一、实验目的

(1) 掌握用非水溶液酸碱滴定法测定有机酸碱。

(2) 掌握用高氯酸滴定液测定物质含量的原理和方法。

二、实验原理

在一般情况下，将枸橼酸钠样品置于锥形瓶中，加冰醋酸振摇溶解后，再加醋酐与结晶紫指示液，用高氯酸滴定液(0.1 mol/L)滴定至溶液显蓝绿色。读出高氯酸滴定液使用量，计算枸橼酸钠的含量。

三、仪器与试剂

1. 仪器

分析天平、称量瓶(直径约 3cm)、酸式滴定管等。

2. 试剂

高氯酸滴定液(0.1 mol/L)、结晶紫指示液、无水冰醋酸、醋酐、基准邻苯二甲酸氢钾等。

四、实验步骤

1. 高氯酸滴定液(0.1 mol/L)

1) 配制

取无水冰醋酸(按含水量计算，每 1 g 水加醋酐 5.22 mL)750 mL，加入高氯酸(70%～72%)8.5 mL，摇匀，在室温下缓缓滴加醋酐 23 mL，边加边摇，加完后再振摇均匀，放冷，加无水冰醋酸适量使成 1000 mL，摇匀，放置 24 h。若所测供试品易乙酰化，则须用水分测定法测定本液的含水量，再用水和醋酐调节至本液的含水量为 0.01%～0.2%。

2) 标定

取在 105 ℃干燥至恒重的基准邻苯二甲酸氢钾约 0.16 g，精密称定，加无水冰醋酸 20 mL使溶解，加结晶紫指示液 1 滴，用本液缓缓滴定至蓝色，并将滴定的结果用空白试验校正。每 1 mL 高氯酸滴定液(0.1 mol/L)相当于 20.42 mg 的邻苯二甲酸氢钾。根据本液的消耗量与邻苯二甲酸氢钾的取用量，算出本液的浓度，即可。

3) 储藏

置于棕色玻璃瓶中，密闭保存。

2. 结晶紫指示液

取结晶紫 0.5 g,加冰醋酸 100 mL,使溶解,即得。

3. 枸橼酸钠样品的含量测定

精密称取供试品约 80 mg,置于锥形瓶中,加冰醋酸 5 mL,加热溶解后,放冷,加醋酐 10 mL 与结晶紫指示液 1 滴,用高氯酸滴定液(0.1 mol/L)滴定至溶液显蓝绿色,并将滴定结果用空白试验校正。记录消耗高氯酸滴定液的体积(mL),每 1 mL 高氯酸滴定液(0.1 mol/L)相当于 8.602 mg 的枸橼酸钠。

五、数据处理

记录本实验相关数据并用下式进行计算。

$$w_{枸橼酸钠}=\frac{V_{高氯酸}T_{高氯酸/枸橼酸钠}\times 8.602\times 10^{-3}}{m_s}\times 100\%$$

六、注意事项

(1) 所用仪器均需洗净、干燥。

(2) 对终点的观察要注意其变色过程,掌握滴定速度。

七、思考题

(1) 为什么枸橼酸钠在水中不能直接滴定而在冰醋酸中能直接滴定?

(2) 枸橼酸钠的称取量是以什么为依据计算的?

(宁夏医科大学 李兆君)

实验八　可溶性氯化物中氯含量的测定

一、实验目的

(1) 进一步巩固分析天平(或电子天平)以及酸式滴定管的操作。

(2) 学会 $AgNO_3$滴定液的配制和标定。

(3) 掌握法扬司法测定可溶性氯化物中氯含量的原理和方法。

(4) 熟练掌握法扬司法滴定条件的控制。

(5) 学会用荧光指示剂确定滴定终点。

(6) 了解银量法的应用。

二、实验原理

法扬司法即吸附指示剂法,可以测定试样中的 Cl^-、Br^-、I^-、SCN^- 等离子的含量。由于 AgX(X 代表 Cl^-、Br^-、I^-、SCN^-)胶体沉淀具有强力的吸附作用,能选择性的吸附溶液中离子。若以 $AgNO_3$滴定液滴定 Cl^-时,首先析出 AgCl 白色沉淀。在化学计量点前由于 Cl^-过量,沉淀吸附 Cl^-使表面带负电荷;化学计量点后,溶液中存在过量的 Ag^+,沉淀则吸附 Ag^+使表面带正电荷。滴定终点可用荧光黄等有机染料来指示,它是一种有机弱酸(HFI),解离的阴离子(FI^-)为黄绿色,化学计量点后,表面带正电荷。AgCl 沉淀可吸附指示剂阴离子(FI^-),FI^-被吸附后结构发生改变而引起颜色变化,即由黄绿色变为淡红色,指示终点到达。

终点前:

$AgCl \cdot Cl^-$因胶粒带负电荷不吸附 FI^-,故溶液仍为黄绿色。

终点时:

$$AgCl \cdot Ag^+ + FI^- = AgCl \cdot Ag^+ \cdot FI^-$$

(微红色)

三、仪器与试剂

1. 仪器

分析天平(或电子天平)、酸式滴定管(25 mL)、移液管(25 mL)、容量瓶(250 mL)、锥形瓶(250 mL)等。

2. 试剂

NaCl 基准试剂(110 ℃干燥至恒重后置于干燥器中冷却备用)、固体 $AgNO_3$(分析纯级)、0.1%荧光黄指示剂、1%可溶性淀粉溶液、可溶性氯化物样品(粗食盐)等。

四、实验步骤

1. 0.1 mol/L $AgNO_3$**滴定液的配制**

称取 8.5 g 固体 $AgNO_3$ 置于小烧杯中，加适量的蒸馏水搅拌溶解后全部转入 500 mL 量筒并用蒸馏水稀释至 500 mL 刻线，混匀后储于棕色试剂瓶中，放置暗处保存备用。

2. 0.1 mol/L $AgNO_3$**滴定液的标定**

精确称取 NaCl 基准试剂 0.11～0.13 g 于 250 mL 锥形瓶中，加 50 mL 蒸馏水和 10 滴 0.1%荧光黄指示剂及 10 mL1%可溶性淀粉溶液，在不断摇动下，用 $AgNO_3$ 滴定液滴定溶液由黄绿色变为淡红色，指示终点到达。平行测定 3 份，计算 $AgNO_3$ 滴定液的准确浓度。

3. 粗盐中氯含量的测定

精确称取粗食盐 0.12 g 于 250 mL 锥形瓶中，加 50 mL 蒸馏水和 10 滴 0.1%荧光黄指示剂及 10 mL1%可溶性淀粉溶液，在不断摇动下，用 $AgNO_3$ 滴定液滴定溶液由黄绿色变为淡红色，指示终点到达。平行测定 3 份，计算试样中氯的含量。

五、数据处理

1. $AgNO_3$**滴定液的标定**

请将 $AgNO_3$ 滴定液标定的相关数据填入实验表 8-1 中。

实验表 8-1　$AgNO_3$ 滴定液标定的数据记录

实验次数	Ⅰ	Ⅱ	Ⅲ
NaCl 基准试剂的质量/g			
$AgNO_3$ 滴定液体积/mL			
$AgNO_3$ 滴定液浓度/(mol/L)			
平均浓度($\bar{c}$)			
绝对偏差(d)			
平均偏差($\bar{d}$)			
相对平均偏差($\overline{R_d}$)			

相关计算过程如下。

$c_{AgNO_3}=$

$(c_{AgNO_3})_1=$

$(c_{AgNO_3})_2=$

$(c_{AgNO_3})_3=$

$\bar{c}_{AgNO_3}=$

$\overline{R_d}=$

2. 粗食盐中氯含量的测定

请将粗食盐中氯含量测定的相关数据填入实验表 8-2 中。

实验表 8-2 粗食盐中氯含量测定的数据记录

实验次数	Ⅰ	Ⅱ	Ⅲ
粗食盐的质量/g			
$AgNO_3$滴定液体积/mL			
试样中氯的含量/(%)			
平均含量/(%)			
绝对偏差(d)			
平均偏差($\overline{d}$)			
相对平均偏差($\overline{R_d}$)			

相关计算过程如下。

$$(w_{Cl^-})_1 =$$
$$(w_{Cl^-})_2 =$$
$$(w_{Cl^-})_3 =$$
$$(w_{Cl^-})_4 =$$
$$\overline{R_d} =$$

六、注意事项

(1) 滴定前认真检查酸式滴定管是否漏水，以免滴定时渗漏污染实验台。

(2) $AgNO_3$遇光照射能分解析出金属银，使沉淀颜色变成灰黑色，影响滴定终点的观察，因此滴定时应避免强光直射。同时保存 $AgNO_3$溶液时应储存在棕色试剂瓶中。

(3) 实验结束后，盛装 $AgNO_3$的滴定管应先用蒸馏水冲洗 2～3 次，再用自来水冲洗，以免产生 AgCl 沉淀，难以洗净。含银废液应予以回收，不得随意倒入水槽。

(4) 滴定条件应控制在 pH 值为 7～10 范围，使荧光黄指示剂主要以阴离子(FI^-)的形式存在。

(5) 为了防止 AgCl 胶粒聚沉，应先加入可溶性淀粉溶液后，再滴定 $AgNO_3$滴定液。

七、思考题

(1) 用法扬司法测定试样中氯含量时，可以选用曙红指示终点吗？

(2) 用法扬司法测定试样中氯含量时，酸度过高或过低可以吗？为什么？

(3) 滴定前加入一定量的可溶性淀粉溶液，其作用是什么？

(4) 实验完毕应如何洗涤滴定管和锥形瓶？

(浙江医学高等专科学校 方苗利)

实验九　间接法配制 EDTA 标准溶液

一、实验目的

掌握用间接法配制 EDTA 标准溶液并准确标定。

二、实验原理

0.05 mol/L 的 EDTA 标准溶液是用其二钠盐配制的。本品为白色结晶或结晶性粉末，根据规定先将本品配成近似浓度的溶液，然后用基准物质 ZnO（$M=81.38$）标定其浓度。在 pH 值约为 10 时以铬黑-T 做指示剂指示滴定终点，到达终点溶液颜色由紫红色变为纯蓝色。滴定反应如下。

滴定前：

$$Zn^{2+} + HIn^{2-} \rightleftharpoons ZnIn^{-} + H^{+}$$

（纯蓝色）（紫红色）

终点前：

$$Zn^{2+} + H_2Y^{2-} \rightleftharpoons ZnY^{2-} + 2H^{+}$$

终点时：

$$ZnIn^{-} + H_2Y^{2-} \rightleftharpoons ZnY^{2-} + HIn^{2-} + H^{+}$$

（紫红色）（纯蓝色）

三、仪器与试剂

1. 仪器

酸式滴定管（50 mL）、量杯（500 mL）、烧杯（1000 mL）和高温电炉等。

2. 试剂

乙二胺四乙酸二钠盐、ZnO、铬黑-T 指示剂、稀盐酸、0.025%的甲基红乙醇溶液、氨试液、NH_3-NH_4Cl 缓冲溶液（pH=10）等。

四、实验步骤

1. 配制

称取乙二胺四乙酸二钠盐 19 g，再加适量的水溶解到 1000 mL，摇匀备用。

2. 标定

将 ZnO 基准物质放在高温电炉 800 ℃中灼烧至恒重后，精密称取 0.12 g，加稀盐酸 3 mL溶解，加水 25 mL，滴入 1 滴 0.025%的甲基红乙醇溶液，再滴加氨试液至溶液显微黄色，之后另加水 25 mL 和 NH_3-NH_4Cl 缓冲溶液（pH=10）10 mL，以铬黑-T 作为指示剂，用配好的 0.05 mol/L EDTA 标准溶液滴定至颜色由紫色变为蓝色。根据 EDTA 标准溶液消耗的体积和 ZnO 取用的量，可得出 EDTA 标准溶液的浓度。

滴定结果要用空白试验校正，每 1 mL 0.05 mol/L 的 EDTA 标准溶液相当于 4.069 mg ZnO。标定后的 EDTA 标准溶液应置于玻璃瓶中，避免与橡胶制品接触。

五、数据处理

1. 数据记录

请将本实验相关数据填入实验表 9-1。

实验表 9-1　直接法配制 EDTA 标准溶液数据记录

实验次数	Ⅰ	Ⅱ	Ⅲ
ZnO 质量 m_0/g			
EDTA 标准溶液消耗的体积 V_{EDTA}/mL			
c_{EDTA}			
c_{EDTA} 平均值			

2. 结果计算

$$c_{EDTA}=\frac{W_{ZnO}}{\frac{V_{EDTA}}{1000}M_{ZnO}}$$

六、注意事项

市售 EDTA-2Na 盐有粉末和结晶两种，粉末型比较容易溶解，结晶型在水中溶解较慢，需要加热或放置过夜才能溶解。

七、思考题

(1) 配制时为什么要使用 EDTA 的二钠盐而不用 EDTA 酸？

(2) 为什么 ZnO 溶解后要加甲基红的醇溶液并加入氨试液调节颜色至微黄色？

(3) 标定时已经用氨试液调节过碱性，为什么还要加入 pH=10 的缓冲溶液？

（安徽医学高等专科学校　周建庆）

实验十　乳酸钙含量的测定

一、实验目的

掌握用 EDTA 滴定液滴定乳酸钙的含量。

二、实验原理

通过 Mg^{2+} 间接测定 Ca^{2+} 含量，因为用 EDTA 标准溶液滴定 Ca^{2+} 后，EDTA 标准溶液会再夺取 Mg-铬黑 T 配合物中的 Mg^{2+}，所以终点时游离出铬黑 T 指示剂显蓝色。

另外，单独使用铬黑 T 指示剂将使终点过早到达，从而使终点提前。加入硫酸镁的作用主要是在测定中和 EDTA 标准溶液形成 MgY^{2-}，这样终点不会提前。

三、仪器与试剂

1. 仪器

锥形瓶、酸式滴定管（50 mL）、烧杯、分析天平等。

2. 试剂

乳酸钙、NH_3-NH_4Cl 缓冲溶液（pH＝10）、硫酸镁试液、铬黑 T 指示剂、0.05 mol/L 的 EDTA 标准溶液、蒸馏水等。

四、实验步骤

取乳酸钙约 1 g，精密称定后置于锥形瓶中，加蒸馏水 10 mL 微热溶解，放冷至室温。另取蒸馏水 10 mL，加 NH_3-NH_4Cl 缓冲溶液 10 mL 使溶液 pH＝10，另加稀硫酸镁试液 1 滴与铬黑 T 指示剂 2 滴，用 0.05 mol/L 的 EDTA 标准溶液滴定至溶液显纯蓝色。然后将配好的混合液倒入上述锥形瓶中，再用 EDTA 标准溶液滴定至溶液由酒红色变为纯蓝色，记下滴定乳酸钙用去的 EDTA 标准溶液的体积。

五、数据处理

1. 数据记录

请将本实验相关数据填入实验表 10-1 中。

实验表 10-1 乳酸钙含量的测定数据记录

实验次数	Ⅰ	Ⅱ	Ⅲ
乳酸钙质量 m_0/g			
消耗 EDTA 标准溶液的体积 V_{EDTA}/mL			
乳酸钙含量/(%)			
乳酸钙含量的平均值			

2. 结果计算

$$w_{乳酸钙}=\frac{c_{EDTA}\frac{V_{EDTA}}{1000}M_{乳酸钙}}{m_s}\times 100\%$$

六、思考题

(1) 加入硫酸镁试液的作用是什么?

(2) 通过实验比较 CaY^{2-} 和 MgY^{2-} 的稳定性。

(安徽医学高等专科学校 周建庆)

实验十一　维生素C样品的含量测定

一、实验目的

(1) 了解直接碘量法的操作步骤及注意事项。

(2) 熟悉直接碘量法的基本操作。

(3) 掌握碘标准溶液的配制与标定方法。

二、实验原理

电对电位低的较强还原性物质，可用碘标准溶液直接滴定，这种滴定方法称为直接碘量法。维生素 C($C_6H_8O_6$)又称为抗坏血酸，其分子中的烯二醇基具有较强的还原性，能被 I_2 定量氧化成二酮基，所以可用直接碘量法测定其含量。其反应式如下：

```
  ┌──O──┐     OH                          ┌──O──┐    OH
  │     │     │                           │     │    │
  C—C═C—C—C—CH₂OH  + I₂ ⇌  C—C—C—C—C—CH₂OH + 2HI
  ‖ │ │ │ │                               ‖ ‖ ‖ │ │
  O OHOHH H                               O O O H H
```

从反应式可知，在碱性条件下，反应向右进行。但由于维生素 C 的还原性很强，即使在弱酸性条件下，此反应也能进行得相当完全。在中性或碱性条件下，维生素 C 易被空气中的 O_2 氧化而产生误差，特别在碱性条件下，误差更大。故该滴定反应在酸性溶液中进行，以减慢副反应的速率。

三、仪器与试剂

1. 仪器

分析天平、酸式滴定管(25 mL，棕色)、吸量管(2 mL)、量筒(15 mL、5 mL)、锥形瓶(250 mL)等。

2. 试剂

维生素 C、I_2 标准溶液(0.05 mol/L)、稀醋酸、淀粉指示剂等。

四、实验步骤

1. I_2 标准溶液(0.05 mol/L)的配制

称取 KI 10.8 g 于小烧杯中，加水约 15 mL，搅拌使其溶解。再取 I_2 3.9 g，加入上述 KI 溶液中，搅拌至 I_2 完全溶解后，加盐酸 1 滴，转移至棕色瓶中，用蒸馏水稀释至 300 mL，摇匀，用垂熔玻璃滤器过滤。

2. I_2 标准溶液(0.05 mol/L)的标定

精密称取在105 ℃干燥至恒重的基准物质 As_2O_3 3份，每份为0.1080～0.1320 g，置于3个锥形瓶中，各加NaOH溶液(1 mol/L)4.00 mL使其溶解，加蒸馏水20 mL与酚酞指示剂1滴，滴加 H_2SO_4 溶液(1 mol/L)至粉红色褪去，再加 $NaHCO_3$ 2 g、蒸馏水30 mL及淀粉指示剂2 mL，用待标定的 I_2 标准溶液滴定至溶液显浅蓝紫色，即为终点，记录所消耗 I_2 标准溶液的体积。

3. 滴定

精密量取维生素C 0.2 g，置于250 mL锥形瓶中，加新煮沸并放冷至室温的蒸馏水15 mL，摇匀，放置5 min，加稀醋酸4 mL与淀粉指示液1 mL，用 I_2 标准溶液(0.05 mol/L)滴定，至溶液显蓝色并持续30 s不褪色，即为终点。记录所消耗的 I_2 标准溶液的体积。

4. 平行测定

平行测定三次，取平均值，并计算相对平均偏差。

五、数据处理

1. 数据记录

请将本实验相关数据填入实验表11-1中。

实验表11-1 维生素C样品的含量测定数据记录

实验次数	Ⅰ	Ⅱ	Ⅲ
维生素C的质量/g			
V_{I_2}/mL			
$V_{维生素C}$/(%)			
$V_{维生素C}$平均值			
相对平均偏差			

2. 结果计算

$$w_{维生素C}=\frac{c_{I_2}V_{I_2}M_{维生素C}\times 10^{-3}}{m_s}\times 100\%$$

六、注意事项

(1) 在配制 I_2 标准溶液时，将 I_2 加入浓KI溶液后，必须搅拌至 I_2 完全溶解后，才能加水稀释。若过早稀释，碘很难完全溶解。

(2) 碘有腐蚀性，应在干净的表面皿上称取。

(3) 维生素C被溶解后，易被空气氧化而引入误差。因此应溶解1份即滴定1份。

七、思考题

(1) 配制 I_2 标准溶液时为什么要加KI？将 I_2 和KI一次加水至300 mL再搅拌是否

可以？

(2) I_2 标准溶液为棕红色，装入滴定管中弯月面看不清楚，应如何读数？

(3) 测定维生素 C 的含量时，为何要用新煮沸并放冷的水溶解样品？为何要立即滴定？

（枣庄科技职业学院　卢庆祥、杨爱娟）

实验十二　用 $KMnO_4$ 滴定法测定 H_2O_2 含量

一、实验目的

(1) 了解 H_2O_2 的性质和液体样品的取样方法。

(2) 熟悉有色溶液的滴定管读数方法。

(3) 掌握用 $KMnO_4$ 滴定法测定 H_2O_2 含量的原理和滴定方法。

二、实验原理

H_2O_2 既可作为氧化剂又可作为还原剂，具有杀菌、消毒、漂白等作用，在工业、生物、医药等行业有广泛的作用，常需要测定它的含量。

H_2O_2 在酸性介质中遇 $KMnO_4$ 时，可发生下列反应：

$$2MnO_4^- + 5H_2O_2 + 6H^+ \xlongequal{} 2Mn^{2+} + 5O_2\uparrow + 8H_2O$$

开始反应慢，滴入第一滴溶液不容易褪色，待 Mn^{2+} 生成后，由于 Mn^{2+} 的催化作用，加快了反应速率，滴定至呈现稳定的微红色即为终点。根据 H_2O_2 摩尔质量和 c_{KMnO_4} 以及滴定中消耗 $KMnO_4$ 溶液的体积计算 H_2O_2 的含量。

如 H_2O_2 试样系工业产品，用上述方法测定误差较大，因产品中常加入少量乙酰苯胺等有机物作稳定剂，此类有机物也能消耗 $KMnO_4$。遇此种情况应采用碘量法等方法测定，利用 H_2O_2 和 KI 作用，析出 I_2，然后用 $S_2O_3^{2-}$ 溶液滴定。反应式为

$$I_2 + 2S_2O_3^{2-} \xlongequal{} S_4O_6^{2-} + 2I^-$$

三、仪器与试剂

1. 仪器

酸式滴定管(50 mL)、锥形瓶(250 mL)、吸量管(10 mL)、容量瓶(100 mL)等。

2. 试剂

0.02 mol/L $KMnO_4$ 标准溶液、市售 H_2O_2 溶液、3.0 mol/L H_2SO_4 溶液等。

四、实验步骤

(1) 市售 H_2O_2 溶液一般为3%或30%的 H_2O_2 水溶液，需要稀释后才能测定。用吸量管吸取约3% H_2O_2 溶液 6.00 mL 于 100 mL 容量瓶内，加蒸馏水稀释至刻度，充分摇动，混合均匀，即得稀释好的待测 H_2O_2 水溶液。

(2) 用干净的吸量管精密量取上述已稀释的 H_2O_2 水溶液 20.00 mL，置于 250 mL 锥形瓶中，加 3.0 mol/L H_2SO_4 溶液 4 mL，用 $KMnO_4$ 标准溶液滴定至溶液呈微红色且在

30 s内不褪色即为滴定终点，记下 $KMnO_4$ 标准溶液消耗的体积。平行测定三份。

五、数据处理

1. 计算 H_2O_2 含量的公式

$$w_{H_2O_2}=\frac{(c_{KMnO_4}V_{KMnO_4}\times\frac{5}{2})M_{H_2O_2}\times\frac{100}{20}}{6}\times 100\%$$

2. 数据记录及结果

请将本实验相关数据填入实验表 12-1 中。

实验表 12-1　$KMnO_4$ 滴定法测定 H_2O_2 含量数据记录

实验次数	Ⅰ	Ⅱ	Ⅲ
c_{KMnO_4}/(mol/L)			
H_2O_2 溶液体积/mL			
V_{KMnO_4} 终读数/mL			
V_{KMnO_4} 初读数/mL			
V_{KMnO_4}/mL			
H_2O_2 含量/(%)			
H_2O_2 平均含量/(%)			
$\overline{R_d}$(相对平均偏差)			

六、注意事项

(1) 用 $KMnO_4$ 滴定 H_2O_2 溶液的反应在室温下速度较慢，由于 H_2O_2 溶液不稳定，不能加热。生成的 Mn^{2+} 对反应有催化作用。滴定时，当第 1 滴 $KMnO_4$ 颜色褪去生成 Mn^{2+} 后再滴加第 2 滴。

(2) 过氧化氢溶液具有较强的腐蚀性，应防止溅洒在皮肤和衣物上。

(3) $KMnO_4$ 标准溶液颜色较深，液面的弯月面下面不易看出，读数时应以液面的上沿最高线为准。

七、思考题

(1) 过氧化氢有哪些性质和用途？

(2) 配制高锰酸钾标准溶液和测定过氧化氢时，为什么必须在硫酸介质中进行？能否用硝酸、盐酸和醋酸控制酸度？为什么？

(3) 用 $KMnO_4$ 滴定法测定 H_2O_2 时，能否通过加热提高反应速率？

(枣庄科技职业学院　卢庆祥、杨爱娟)

实验十三　磷酸的电位滴定

一、实验目的

(1) 掌握电位滴定法的操作及确定计量点的方法。

(2) 学习用电位滴定法测定弱酸的 pK_a 的原理及方法。

二、实验原理

电位滴定法对混浊、有色溶液的滴定有其独到的优越性，还可用来测定某些物质的电离平衡常数。

磷酸为多元酸，其 pK_a 可用电位滴定法求得。当用 NaOH 标准溶液滴定至剩余 H_3PO_4 的浓度与生成 $H_2PO_4^-$ 的浓度相等，即半中和点时，溶液中氢离子浓度就是电离平衡常数 K_{a_1}。

$$H_3PO_4 + H_2O \longrightarrow H_3O^+ + H_2PO_4^-$$

$$K_{a_1} = \frac{[H_3O^+][H_2PO_4^-]}{[H_3PO_4]}$$

当 H_3PO_4 的一级电离释放出的 H^+ 被滴定至一半时，$[H_3PO_4]=[H_2PO_4^-]$，则 $K=[H_3O^+]$，$pK_{a_1}=pH$。

同理，有

$$H_2PO_4^- + H_2O \longrightarrow HPO_4^{2-} + H_3O^+$$

$$K_{a_2} = \frac{[H_3O^+][HPO_4^{2-}]}{[H_2PO_4^-]}$$

当二级电离出的 H^+ 被中和一半时，$[H_2PO_4^-]=[HPO_4^{2-}]$，则 $K=[H_3O^+]$，$pK_{a_2}=pH$。绘制 pH-V 滴定曲线，确定化学计量点，化学计量点一半的体积(半中和点的体积)对应的 pH 值，即为 H_3PO_4 的 pK_a。

三、仪器与试剂

1. 仪器

pHS-3C 型精密 pH 计、电磁搅拌器、25 mL 滴定管、移液管、100 mL 烧杯等。

2. 试剂

0.1 mol/L 磷酸溶液，0.1 mol/L NaOH 标准溶液，pH 值分别为 4.00、6.86、9.18 的标准缓冲溶液等。

四、实验步骤

连接好滴定装置如实验图 13-1 所示。

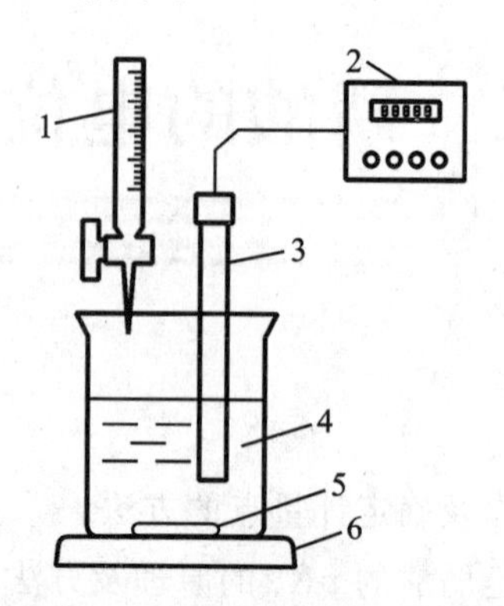

实验图 13-1　滴定装置连接示意图

1—滴定管；2—pH 计；3—复合 pH 电极；4—磷酸溶液；5—磁子；6—电磁搅拌器

(1) 用 pH＝4.00 的标准缓冲溶液校准 pH 计。

(2) 精密量取 0.1 mol/L 磷酸样品溶液 10 mL，置于 100 mL 烧杯中，加蒸馏水10 mL，插入甘汞电极与玻璃电极(或复合玻璃电极)。用 0.1 mol/L NaOH 标准溶液滴定，当 NaOH 标准溶液体积未达到 10.00 mL 之前，每加 2.00 mL NaOH 标准溶液记录一次 pH 值，在接近化学计量点(加入 NaOH 标准溶液时引起溶液的 pH 值变化逐渐增大)时，每次加入体积应逐渐减小，在化学计量点前后每加入一滴(如 0.05 mL)，记录一次 pH 值，尽量使滴加的 NaOH 标准溶液体积相等，继续滴定直至过了第二个化学计量点时为止。当被滴定溶液 pH 值达到 7 时，用 pH＝9.18 的标准缓冲溶液再校准一次酸度计。

五、数据处理

请将本实验相关数据填入实验表 13-1 中。

实验表 13-1　H_3PO_4 电位滴定数据处理表

滴定剂体积 V/mL	pH 计读数(pH)	ΔpH	ΔV	ΔpH/ΔV	平均体积

(1) 按 pH-V，ΔpH/ΔV-V 法作图及按 Δ^2pH/ΔV^2-V 法作图，确定计量点，并计算 H_3PO_4 溶液的准确浓度。

(2) 由 pH-V 曲线找出第一个化学计量点的半中和点的 pH 值，以及第一个化学计量点到第二个化学计量点间的半中和点的 pH 值，确定 H_3PO_4 溶液的 pK_{a_1} 和 pK_{a_2}。计算 H_3PO_4 溶液的 K_{a_1} 和 K_{a_2}。

六、注意事项

(1) 在安装仪器及滴定过程中搅拌溶液时，要防止碰破玻璃电极。

(2) 加入滴定剂后，要充分搅拌溶液，停止时再测定 pH 值，以得到稳定的读数。

(3) 在化学计量点前后，每次加入的体积以相等为好，这样在数据处理时较为方便。

(4) 滴定过程中尽量少用蒸馏水冲洗，防止溶液过度稀释，突跃不明显。

(5) 用玻璃电极测定碱溶液时，速度要快，测完后要将电极置于水中复原。

七、思考题

(1) 用 NaOH 溶液滴定 H_3PO_4 溶液，第一化学计量点和第二化学计量点所消耗的 NaOH 溶液的体积理应相等，为什么实际上并不相等？

(2) 如何根据滴定弱碱的数据求它的 K_b？

(3) 磷酸的第三级电离常数 K_{a_3} 可以从滴定曲线上求得吗？

（山东万杰医学院　牛学良）

实验十四 邻二氮菲分光光度法测定铁

一、实验目的

(1) 学会吸收曲线及标准曲线的绘制，了解分光光度法的基本原理。

(2) 掌握用邻二氮菲分光光度法测定微量铁的方法原理。

(3) 学会 721 型分光光度计的正确使用，了解其工作原理。

(4) 学会数据处理的基本方法。

(5) 掌握比色皿的正确使用。

二、实验原理

根据朗伯-比尔定律：$A=\varepsilon cl$，当入射光波长 λ 及光程 l 一定时，在一定浓度范围内，有色物质的吸光度 A 与该物质的浓度 c 成正比。只要绘出以吸光度 A 为纵坐标，浓度 c 为横坐标的标准曲线，测出试液的吸光度，就可以由标准曲线查得对应的浓度值，即未知样的含量。同时，还可应用相关的回归分析软件，将数据输入计算机，得到相应的分析结果。

用分光光度法测定试样中的微量铁，可选用的显色剂有邻二氮菲（又称邻菲啰啉）及其衍生物、磺基水杨酸、硫氰酸盐等。而目前一般采用邻二氮菲法，该法具有高灵敏度、高选择性，且稳定性好，干扰易消除等优点。

在 pH 值为 2～9 的溶液中，Fe^{2+} 与邻二氮菲（phen）生成稳定的橘红色配合物 $[Fe(phen)_3]^{2+}$。

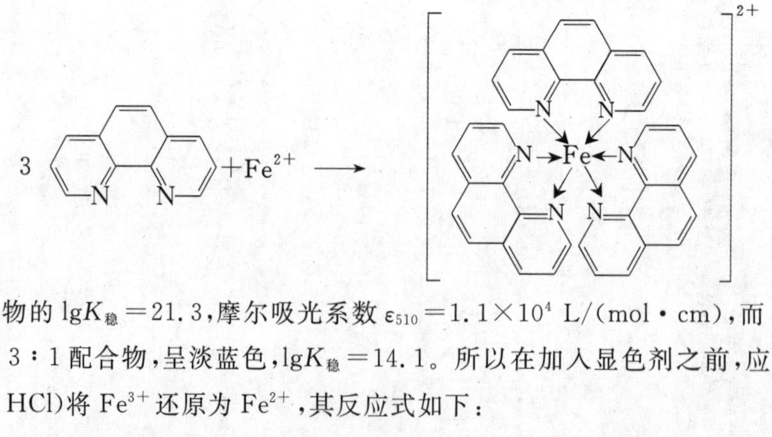

此配合物的 $\lg K_{稳}=21.3$，摩尔吸光系数 $\varepsilon_{510}=1.1\times10^4$ L/(mol · cm)，而 Fe^{3+} 能与邻二氮菲生成 3∶1 配合物，呈淡蓝色，$\lg K_{稳}=14.1$。所以在加入显色剂之前，应用盐酸羟胺（$NH_2OH\cdot HCl$）将 Fe^{3+} 还原为 Fe^{2+}，其反应式如下：

$$2Fe^{3+}+2NH_2OH\cdot HCl \longrightarrow 2Fe^{2+}+N_2+2H_2O+4H^{+}+2Cl^{-}$$

测定时控制溶液的酸度为 pH≈5 较为适宜。

三、仪器与试剂

1. 仪器

722 型分光光度计、容量瓶(100 mL、50 mL)、吸量管等。

2. 试剂

硫酸铁铵 $NH_4[Fe(SO_4)_2]\cdot 12H_2O(s)$(分析纯)、硫酸(3 mol/L)、盐酸羟胺(10%)、NaAc(1 mol/L)、邻二氮菲(0.15%)等。

四、实验步骤

1. 标准溶液配制

1) 10 μg/mL 铁标准溶液配制

准确称取 0.8634 g 硫酸铁铵 $NH_4[Fe(SO_4)_2]\cdot 12H_2O$ 于 100 mL 烧杯中,加 60 mL 3 mol/L H_2SO_4溶液,溶解后定容至 1 L,摇匀,得 100 μg/mL 储备液(可由实验室提供)。用时吸取 10.00 mL 稀释至 100 mL,得 10 μg/mL 工作液。

2) 系列标准溶液配制

取 6 个 50 mL 容量瓶,分别加入铁标准溶液 0.00 mL、2.00 mL、4.00 mL、6.00 mL、8.00 mL、10.00 mL,然后加入 1 mL 盐酸羟胺,2.00 mL 邻二氮菲,5 mL NaAc 溶液(为什么?),每加入一种试剂都应初步混匀。用去离子水定容至刻度,充分摇匀,放置 10 min。

2. 吸收曲线的绘制

选用 1 cm 比色皿,以试剂空白为参比溶液(为什么?),取 4 号容量瓶试液,选择 440~560 nm 波长,每隔 10 nm 测一次吸光度,其中在 500~520 nm,每隔 5 nm 测定一次吸光度。以所得吸光度 A 为纵坐标,以相应波长 λ 为横坐标,在坐标纸上绘制 A 与 λ 的吸收曲线。从吸收曲线上选择测定 Fe 的适宜波长,一般选用最大吸收波长 λ_{max} 为测定波长。

3. 标准曲线(工作曲线)的绘制

用 1 cm 比色皿,以试剂空白为参比溶液,在选定波长下,测定各溶液的吸光度。在坐标纸上,以铁含量为横坐标,吸光度 A 为纵坐标,绘制标准曲线。

4. 试样中铁含量的测定

从实验教师处领取含铁未知溶液一份,放入 50 mL 容量瓶中,按以上方法显色,并测其吸光度。此步操作应与系列标准溶液显色、测定同时进行。

依据试液的 A 值,从标准曲线上即可查得其浓度,最后计算出原试液中含铁量(以 μg/mL表示)。并选择相应的回归分析软件,将所得的各次测定结果输入计算机,得出相应的分析结果。

(郑州铁路职业技术学院 夏河山)

实验十五　维生素 B_{12} 注射液含量测定

一、实验目的

(1) 进一步掌握 1800 型分光光度计的使用方法。

(2) 掌握维生素 B_{12} 注射液的鉴别和含量测定的原理和操作。

(3) 熟悉含量的计算。

二、实验原理

维生素 B_{12} 是含钴的有机药物，为深红色吸湿性结晶，制成注射液用于治疗贫血等疾病。注射液的标示含量有每毫升含维生素 B_{12} 50 μg、100 μg 或 500 μg 等规格。维生素 B_{12} 吸收光谱上有三个吸收峰：(278±1) nm、(361±1) nm 与(550±1) nm，其相应的吸光系数亦已求出，故可用它们的比值来进行鉴定。维生素 B_{12} 在 361 nm 处的吸收峰干扰因素较少，吸收又最强，常以(361±1) nm 处吸收峰的比吸光系数 $E_{1\,cm}^{1\%}$ 值(207)为测定注射液实际含量的依据。

三、仪器与试剂

1. 仪器

1800 型分光光度计、石英比色皿等。

2. 试剂

维生素 B_{12} 注射液等。

四、实验步骤

1. 鉴别

取维生素 B_{12} 注射液样品，按照其标示含量，精密吸取一定量，用蒸馏水准确稀释 k 倍，使稀释液每毫升含量约为 25 μg。置于 1 cm 石英比色皿中，以蒸馏水为空白，分别在(278±1) nm、(361±1) nm 与(550±1) nm 处，测定吸光度，由测出数值求以下数据。

(1) $E_{1\,cm}^{1\%}$(361 nm)和 $E_{1\,cm}^{1\%}$(278 nm)的比值。

(2) $E_{1\,cm}^{1\%}$(361 nm)和 $E_{1\,cm}^{1\%}$(550 nm)的比值。

与药典规定值比较，得出结论。

(药典规定：吸光度 361 nm 与吸光度 278 nm 的比值应为 1.70～1.88；吸光度 361 nm 与吸光度 550 nm 的比值应为 3.15～3.45。)

2. 含量测定

设鉴别项下在(361±1) nm 波长测得的吸光度 $A_{样}$，样品液中维生素 B_{12} 的浓度 c(μg/mL)则可按下式计算：

$$c_{维生素B_{12}} = A_{样} \times 48.31$$

上面的计算公式，可由下法导出。

设样品液的浓度为 $c_{样}$(g/mL)，吸光度为 $A_{样}$。标准溶液的浓度为 $c_{标}$(g/mL)，吸光度为 $A_{标}$。则可得

$$A_{样} : A_{标} = c_{样} : c_{标}$$

$$c_{样} = \frac{A_{样}}{A_{标}} c_{标} = \frac{A_{样}}{\frac{A_{标}}{c_{标}}}$$

因测定时用的比色皿厚度为 1 cm，即 L=1 cm，故

$$\frac{A_{标}}{c_{标}} = 207$$

则

$$c_{样} = \frac{A_{样}}{207}$$

(郑州铁路职业技术学院　夏河山)

实验十六　磺胺类药物分离及鉴定的薄层色谱

一、实验目的

(1) 熟练掌握制作薄层硬板的方法。

(2) 熟悉用薄层色谱法分离鉴定混合物的原理。

(3) 熟练掌握 R_f 的计算方法。

二、实验内容

磺胺嘧啶、磺胺甲嘧啶、磺胺二甲嘧啶混合样品的薄层色谱分析。

三、仪器和试剂

1. 仪器

色谱槽(或矮形色谱缸)、玻璃片(5 cm×10 cm)、平口毛细管、显色用喷雾器、电吹风等。

2. 试剂

薄层色谱用硅胶 H 或硅胶 G(200～400 目)、0.1%羧甲基纤维素钠(CMC-Na)水溶液、氯仿-甲醇-水(体积比为 32∶8∶5)、0.1%的磺胺嘧啶、磺胺甲嘧啶、磺胺二甲嘧啶的对照品甲醇溶液、0.2%的对二甲氨基苯甲醛的 1 mol/L 盐酸溶液(显色剂)、三种磺胺类药物的混合甲醇溶液等。

四、实验步骤

1) 硅胶 CMC-Na 薄层板的制备

取 5 g 硅胶 H(200～400 目)置于乳钵中,加入 0.5% CMC-Na 约 15 mL。研磨成糊,置于三块洁净的玻璃片上,用玻璃棒将糊状物涂铺于整个玻璃片上,再在实验台上轻轻地振动玻璃片,使糊状物平铺于玻璃片上,形成均匀的薄层,然后置于水平台上自然晾干,再放入烘箱中于 110 ℃活化 1～2 h,取出置于干燥器中储存备用。

2) 点样

用铅笔在活化后的薄层板距底边 1.5～2 cm 处标记起始线,用平口毛细管或微量注射器分别将磺胺嘧啶、磺胺甲嘧啶、磺胺二甲嘧啶的对照品溶液和样品溶液点于相应位置。

3) 展开

将点好样的薄层板置于被展开剂饱和的密闭色谱槽中,待展开至 3/4～4/5 高度时取出,立即用铅笔标出溶剂前沿,晾干。

4）显色

用喷雾器将显色剂均匀地喷洒在薄层板上，即可见斑点，记录斑点的颜色。

5）定性鉴别

用铅笔框出各斑点，用直尺量出各斑点中心到原点的距离、溶剂前沿到原点的距离；计算各种磺胺类药物的 R_f 值，通过比较样品与对照品的 R_f 值进行定性鉴别。

$$R_f = \frac{\text{原点至斑点中心的距离}}{\text{原点至溶剂前沿的距离}}$$

五、实验提示

1. 方法提要

由于不同的磺胺类药物结构不同，其极性也不同，极性大的组分被极性吸附剂牢固吸附，不易被展开，R_f 值小；反之亦然。从而可将混合物中各种不同的磺胺类药物分离开来，经斑点定位后进行定性鉴别。

2. 注意事项

(1) 硅胶在乳钵中研磨时。应朝同一方向研磨，且要研磨均匀，待除去气泡后，方可铺板。

(2) 点样用的平口毛细管不能混用，点样量要适当，切忌损坏薄层板表面。

(3) 展开剂应预先倒入色谱槽，使之被展开剂的蒸气饱和，展开时色谱槽应密闭。

(4) 展开时样品原点不能浸入展开剂中。

(5) 显色时，喷雾要均匀，不可局部过浓。

六、思考题

(1) 薄层色谱法的操作可分为哪几步？每一步应注意什么？

(2) 若色谱槽没有预先用展开剂的蒸气饱和，将对实验有什么影响？

(3) 试述磺胺嘧啶、磺胺甲嘧啶、磺胺二甲嘧啶的 R_f 值存在差异的原因。

附：实验报告示例

[实验要求]

(1) 按要求涂铺好薄层板（表面平整、无裂痕），标记起始线，点好样。

(2) 正确展开、显色，标记溶剂前沿及斑点，并测量出它们到原点的距离。

(3) 计算各种磺胺类药物的 R_f 值。

[实验记录与数据处理]

请将本实验相关数据填入实验表 16-1 中。

实验表 16-1 磺胺类药物分离及鉴定的薄层色谱记录

溶液	对照品溶液	样品溶液
	磺胺嘧啶、磺胺甲嘧啶、磺胺二甲嘧啶	斑点 A、斑点 B、斑点 C
原点到斑点中心的距离/cm		
原点到溶剂前沿的距离/cm		
R_f 值		

［实验结论］

斑点 A 为________________。

斑点 B 为________________。

斑点 C 为________________。

（漳州卫生职业学院　高佳）

实验十七　气相色谱法测定藿香正气水中乙醇的含量

一、实验目的

(1) 掌握用气相色谱法测定药物含量的方法和特点。

(2) 掌握气相色谱仪的使用和操作步骤。

二、实验原理

气相色谱法是以气体作为流动相的一种色谱分析方法。待分析样品在汽化后被载气带入色谱柱。由于样品中各组分的沸点、极性或吸附性能不同,每种组分都倾向于在流动相和固定相之间分配平衡,经过多次分配平衡之后,在载气中分配浓度大的组分先流出色谱柱,从而实现不同组分之间的分离。

色谱通常用保留时间(或相对保留时间)来定性。在相同的色谱条件下,相同组分的保留时间是一样的,通过与标准物质比较保留时间是否一致即可确定哪个峰是要分析的组分。

所谓归一化法就是以样品中待测组分经过校正的峰面积占各组分经过校正的峰面积的总和的比例来表示样品中各组分含量的定量方法。采用归一化法需要样品中各组分均能流出色谱柱且完全分离,并在检测器上都能产生信号。

三、仪器与试剂

1. 仪器

气相色谱仪、容量瓶(100 mL)、吸量管等。

2. 试剂

藿香正气水、乙醇、正丙醇等。

四、实验步骤

1) 色谱条件与系统适用性试验

色谱柱:二乙烯苯-乙基乙烯苯型高分子多孔小球 0.18～0.25 mm;柱温:120～150 ℃;载气:氮气;检测器:氢火焰离子化检测器;按正丙醇峰计算的理论塔板数应大于 700,乙醇峰与正丙醇峰的分离度应大于 2。

2) 对照品溶液的制备

精密量取恒温至 20 ℃的无水乙醇和正丙醇各 5 mL,加水稀释成 100 mL,混匀,即得。

3）供试品溶液的制备

精密量取恒温至 20 ℃的供试品适量（相当于乙醇约为 5 mL）和正丙醇 5 mL，加水稀释成 100 mL，混匀，即得。

4）测定

取对照品溶液和供试品溶液适量，分别连续进样 3 次，计算校正因子和供试品中的乙醇含量，取 3 次计算的平均值。

（郑州铁路职业技术学院　夏河山）

实验十八　高效液相色谱法测定地西泮注射液的含量

一、实验目的

(1) 了解高效液相色谱仪结构。

(2) 掌握高效液相色谱仪的使用方法。

(3) 掌握用内标法测定组分含量的方法。

二、实验原理

地西泮注射液又名安定注射液，化学名称为1-甲基-5-苯基-7-氯-1,3-二氢-2H-1,4-苯并二氮杂卓-2-酮。注射液为无色至黄绿色的澄清液体，属镇静催眠药。

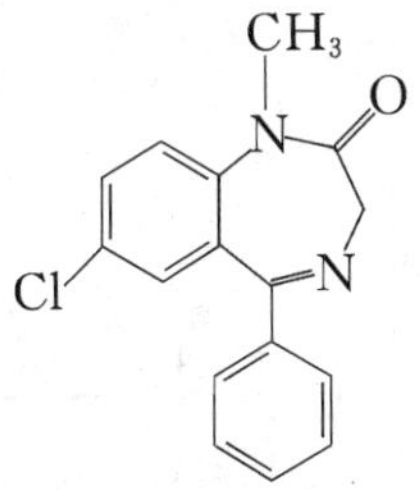

CH_3　O　N　N　Cl

地西泮

HPLC对大多数物质都有非常好的分离效果，常用于多组分体系中某组分的定性和定量分析。内标法可以消除仪器和操作带来的误差，精密称取样品后，加入一定量的内标物，然后制成适当的溶液，注入色谱仪进行分析。根据样品和内标物的质量及其相应的峰面积比，求出某组分的含量。

三、仪器与试剂

1. 仪器

HPLC色谱仪、紫外检测器、C_{18}柱、超声波振荡器、0.45 μm微孔滤膜、微量进样器(50 μL)、10 mL容量瓶(4个)、1 mL吸量管(3支)等。

2. 试剂

甲醇、萘、地西泮注射液、地西泮对照品、乙腈、异丙醇等。

(1) 1 mg/mL地西泮溶液：取地西泮对照品约25 mg，精密称定，置于25 mL容量瓶中，加甲醇溶解稀释至刻度，摇匀。

(2) 2 mg/mL萘溶液：精密称取萘50 mg，置于25 mL容量瓶中，加甲醇溶解稀释至刻度，摇匀，即得 2 mg/mL 萘溶液。

（3）乙腈-水（70∶30）。

四、实验步骤

1. 色谱条件

色谱柱：C_{18}柱。

流动相：乙腈-水（70∶30）。

柱温：室温。

流速：1.0 mL/min。

检测波长：254 nm。

2. 内标液和供试液的制备

精密量取 1 mg/mL 地西泮溶液和 2 mg/mL 萘溶液各 1 mL，置于 10 mL 容量瓶中，用甲醇稀释至 10 mL，作为内标液(1)。取样品适量（相当于地西泮 1 mg），置于 10 mL 容量瓶中，加入 2 mg/mL 萘溶液 1 mL，再加甲醇定容至刻度，作为供试液(2)。

3. 测定法

取内标液和供试液各 20 μL，注入液相色谱仪，记录色谱图，测量峰面积，按内标法计算含量。

五、实验结果

1. 结果记录

内标液：c_{i_1} ______；c_{s_1} ______；A_{i_1} ______；A_{s_1} ______；

供试液：c_{i_2} ______；c_{s_2} ______；A_{i_1} ______；A_{s_1} ______。

（c 为浓度，A 为峰面积，i 为地西泮，s 为萘。）

2. 校正因子及含量计算

$$\frac{f'_i}{f'_s}=\frac{A_{i_1}}{c_{i_1}}\frac{c_{s_1}}{A_{s_1}}$$

$$c_{i_2}=\frac{f'_i A_{i_2}}{f'_s A_{s_2}}=\frac{A_{i_2}}{A_{s_2}}\frac{A_{i_1}}{c_{i_1}}\frac{c_{s_1}}{A_{s_1}}$$

六、注意事项

（1）高效液相色谱法的流动相在不同的仪器上使用时得到的色谱图略有差异。因此上述方法规定的流动相可能需要调整。

（2）对于色谱手动进样系统，应注意六通阀的进样原理，为保证定量的准确，进样量应为定量环体积的 2～3 倍。

（3）HPLC 测定中流动相在使用前必须经过滤膜过滤和超声波脱气。

（4）HPLC 测定完毕后，必须用水冲洗系统 30 min 以上，然后用甲醇冲洗。更换流动相时必须先停泵，待压力降至零时，将滤头提出液面，置于另一流动相溶液中。

七、思考题

(1) HPLC 中常用的定量方法有几种？如何选择？

(2) HPLC 实验中气泡有哪些影响？如何排除？

（大连医科大学　尹计秋）

附录

FULU

附录 A　常用化合物相对分子质量

附表 A-1　常用化合物相对分子质量

分子式	相对分子质量	分子式	相对分子质量
AgBr	187.772	Al_2O_3	101.9612
AgCl	143.321	$Al(OH)_3$	78.0036
AgI	234.772	$Al_2(SO_4)_3 \cdot 18H_2O$	666.4288
$AgNO_3$	169.873	As_2O_3	197.8414
$BaCO_3$	197.336	H_2S	34.0819
$BaCl_2 \cdot 2H_2O$	244.263	H_2SO_4	98.0795
BaO	153.326	I_2	253.809
$Ba(OH)_2 \cdot 8H_2O$	315.467	$KAl(SO_4)_2 \cdot 12H_2O$	474.3904
$BaSO_4$	233.391	KBr	119.0023
$CaCO_3$	100.0872	$KBrO_3$	167.0005
$CaC_2O_4 \cdot H_2O$	146.1129	K_2CO_3	138.206
$CaCl_2$	110.9834	$K_2C_2O_4 \cdot H_2O$	184.231
CaO	56.0774	KCl	74.551
$Ca(OH)_2$	74.093	$KClO_4$	138.549
CO_2	44.01	K_2CrO_4	194.194
CuO	79.545	$K_2Cr_2O_7$	294.118
$Cu(OH)_2$	97.561	$KHC_4H_4O_6$	188.178
Cu_2O	143.091	$KHC_8H_4O_4$(邻苯二甲酸氢钾)	204.224
$CuSO_4 \cdot 5H_2O$	249.686	KH_2PO_4	136.086
$FeCl_2$	126.75	K_2HPO_4	174.176
$FeCl_3$	162.2051	$KHSO_4$	136.17
FeO	71.846	KI	166.003
Fe_2O_3	159.69	KIO_3	214.001
$Fe(OH)_3$	106.869	$KMnO_4$	158.034

续表

分子式	相对分子质量	分子式	相对分子质量
$FeSO_4 \cdot 7H_2O$	278.0176	KNO_3	101.103
$FeSO_4 \cdot (NH_4)_2SO_4 \cdot 6H_2O$	392.1429	KOH	56.106
H_3AsO_4	141.943	K_3PO_4	212.266
H_3BO_3	618.33	$KSCN$	97.182
HBr	80.9119	K_2SO_4	174.26
$HBrO_3$	128.9011	$K(SbO)C_4H_4O_6 \cdot 1/2H_2O$	333.928
$HC_2H_3O_2$（醋酸）	60.0526	（酒石酸锑钾）	
$H_4C_{10}H_{12}O_8N_2$（乙二胺四乙酸）	292.2457	$MgCO_3$	84.314
HCN	27.0258	$MgCl_2$	95.211
H_2CO_3	62.0251	$MgNH_4PO_4 \cdot 6H_2O$	245.407
$H_2C_2O_4$	90.0355	MgO	40.304
$H_2C_2O_4 \cdot 2H_2O$	126.066	$Mg(OH)_2$	58.32
HCl	36.4606	$Mg_2P_2O_7$	222.553
$HClO_4$	100.4582	$MgSO_4$	120.369
HNO_3	63.0129	$MgSO_4 \cdot 7H_2O$	246.476
H_2O	18.0153	NH_3	17.0306
H_2O_2	34.0147	NH_4Br	97.948
HF	20.0064	$(NH_4)_2CO_3$	96.0865
HI	127.9124	NH_4Cl	53.492
H_3PO_4	97.9953	NH_4F	37.037
NH_4OH	35.046	$Na_2HPO_4 \cdot 12H_2O$	358.143
$(NH_4)_3PO_4 \cdot 12MoO_3$	1876.35	$NaNO_3$	84.9947
NH_4SCN	76.122	Na_2O	61.979
$(NH_4)_2SO_4$	132.141	$NaOH$	39.9972
NO_2	45.0055	$Na_2SO_4 \cdot 10H_2O$	322.196
NO_3	62.0049	$Na_2S_2O_3$	158.11
$Na_2B_4O_7 \cdot 10H_2O$	381.372	$Na_2S_2O_3 \cdot 5H_2O$	248.186
$NaBr$	102.894	P_2O_5	141.945
Na_2CO_3	105.989	PbO_2	239.2
$Na_2CO_3 \cdot 10H_2O$	286.142	$PbSO_4$	303.26
$Na_2C_2O_4$	134.0	SO_2	64.065
$NaCl$	58.443	SO_3	80.064
$Na_2H_2C_{10}H_{12}O_8N_2 \cdot 2H_2O$	372.24	SiO_2	60.085
（EDTA 二钠二水合物）		ZnO	81.39
$NaHCO_3$	84.0071	$Zn(OH)_2$	99.40
$NaHC_2O_4 \cdot H_2O$	130.033	$ZnSO_4$	161.46
$NaH_2PO_4 \cdot 2H_2O$	156.008	$ZnSO_4 \cdot 7H_2O$	287.56

注：表中数据以 1991 年公布的相对分子质量计算。

附录 B 弱酸和弱碱的电离常数

附表 B-1 弱酸和弱碱的电离常数

化合物	分步	$K_a(K_b)$	$pK_a(pK_b)$值	化合物	分步	$K_a(K_b)$	$pK_a(pK_b)$值
砷酸	1	5.8×10^{-3}	2.24	氢氧化锌		9.52×10^{-4}	3.02
	2	1.10×10^{-7}	6.96	氨水		1.75×10^{-5}	4.756
	3	3.2×10^{-12}	11.50	氢氧化钙	1	3.98×10^{-2}	1.4
亚砷酸		5.1×10^{-10}	9.29		2	3.72×10^{-3}	2.43
硼酸	1	5.81×10^{-10}	9.236	羟胺		9.09×10^{-9}	8.04
	2	1.82×10^{-13}	12.74(20 ℃)	氢氧化铅		9.52×10^{-4}	3.02
	3	1.58×10^{-14}	13.80(20 ℃)	氢氧化银		1.10×10^{-4}	3.96
碳酸	1	4.30×10^{-7}	6.37	苹果酸	1	3.48×10^{-4}	3.459
	2	5.61×10^{-11}	10.25		2	8.00×10^{-6}	5.097
铬酸	1	1.6	−0.2(20 ℃)	甲酸		1.80×10^{-4}	3.745
	2	3.1×10^{-7}	6.51	乙酸(醋酸)		1.75×10^{-5}	4.757
氢氟酸		6.8×10^{-4}	3.17	丙烯酸		5.52×10^{-5}	4.258
氢氰酸		6.2×10^{-10}	9.21	苯甲酸		6.28×10^{-5}	4.202
氢硫酸	1	9.5×10^{-8}	7.02	一氯醋酸		1.36×10^{-3}	2.866
	2	1.3×10^{-14}	13.9	三氯醋酸	1	0.22	0.66
过氧化氢		2.2×10^{-12}	11.66	草酸	1	5.6×10^{-2}	1.252
次溴酸		2.3×10^{-9}	8.64		2	5.42×10^{-5}	4.266
次氯酸		3.0×10^{-8}	7.53	己二酸	1	3.8×10^{-5}	4.42
次碘酸		2.3×10^{-11}	10.64		2	3.8×10^{-6}	5.42
次磷酸		5.9×10^{-2}	1.23	丙二酸	1	1.42×10^{-3}	2.848
碘酸		0.17	0.77		2	2.01×10^{-6}	5.697
亚硝酸		7.1×10^{-4}	3.15	丁二酸	1	6.21×10^{-5}	4.207
高碘酸		2.3×10^{-2}	1.64		2	2.31×10^{-6}	5.636
磷酸	1	7.52×10^{-3}	2.12	马来酸	1	1.23×10^{-2}	1.910
	2	6.23×10^{-8}	7.21		2	4.66×10^{-7}	6.332
	3	2.2×10^{-13}	12.66	富马酸	1	8.85×10^{-4}	3.053
亚磷酸	1	3×10^{-2}	1.5		2	3.21×10^{-5}	4.494
	2	1.62×10^{-7}	6.79	邻苯二甲酸	1	1.12×10^{-3}	2.951
焦磷酸	1	0.16	0.8		2	3.90×10^{-6}	5.409
	2	6×10^{-3}	2.22	甘油磷酸	1	3.4×10^{-2}	1.47
	3	2.0×10^{-7}	6.70		2	6.4×10^{-7}	6.19
	4	4.0×10^{-10}	9.40	酒石酸	1	9.2×10^{-4}	3.036

续表

化合物	分步	$K_a(K_b)$	$pK_a(pK_b)$值	化合物	分步	$K_a(K_b)$	$pK_a(pK_b)$值
硅酸	1	2.2×10^{-10}	9.66(30 ℃)		2	4.31×10^{-5}	4.366
	2	2×10^{-12}	11.70(30 ℃)	水杨酸	1	1.07×10^{-3}	2.97
	3	1×10^{-12}	12.00(30 ℃)		2	1.82×10^{-14}	13.74
	4	1.02×10^{-12}	11.99(30 ℃)	柠檬酸	1	7.44×10^{-4}	3.129
硫酸	2	1.02×10^{-2}	1.99		2	1.73×10^{-5}	4.762
亚硫酸	1	1.23×10^{-2}	1.91		3	4.02×10^{-7}	6.396
	2	6.6×10^{-8}	7.18	二甲胺		5.95×10^{-4}	3.226
羟基乙酸		1.48×10^{-4}	3.830	乙胺		4.33×10^{-4}	3.364
对羟基苯甲酸	1	3.3×10^{-5}	4.48(19 ℃)	乙二胺	1	8.47×10^{-5}	4.072
	2	4.8×10^{-10}	9.32(19 ℃)		2	7.04×10^{-8}	7.152
甘氨酸	1	4.47×10^{-3}	2.350(NH_3)	三乙胺		5.18×10^{-4}	3.286
	2	1.67×10^{-10}	9.778(CO_2H)	六次甲基四胺		7.14×10^{-6}	5.15
丙氨酸	1	4.49×10^{-3}	2.348(NH_3)	乙醇胺		3.14×10^{-5}	4.503
	2	1.36×10^{-10}	9.867(CO_2H)	苯胺		3.98×10^{-10}	9.400
丝氨酸	1	6.50×10^{-3}	2.187(NH_3)	联苯胺	1	1.79×10^{-4}	3.75
	2	6.18×10^{-10}	9.209(CO_2H)		2	1.08×10^{-5}	4.97
苏氨酸	1	8.17×10^{-3}	2.088(NH_3)	α-萘胺		1.20×10^{-4}	3.92
	2	7.94×10^{-10}	9.100(CO_3H)	β-萘胺		6.94×10^{-5}	4.16
蛋氨酸	1	6.3×10^{-3}	2.20(NH_3)	对甲氧基苯胺		2.27×10^{-9}	8.644
	2	8.9×10^{-10}	9.05(CO_2H)	尿素		1.26×10^{-14}	13.9
乙二胺四乙酸	1	1.0	0(NH)	吡啶		1.69×10^{-9}	8.772
	2	0.032	1.5(NH)	马钱子碱		5.24×10^{-9}	8.28
	3	0.010	2.0	可待因		6.17×10^{-9}	8.21
	4	0.0022	2.66	黄连碱		3.98×10^{-7}	6.40
	5	6.7×10^{-7}	6.17	吗啡		6.17×10^{-9}	8.21
	6	5.8×10^{-11}	10.24	烟碱	1	7.58×10^{-4}	3.12
氨基磺酸		5.86×10^{-4}	3.232		2	9.52×10^{-9}	8.02
苦味酸		6.5×10^{-4}	3.19	毛果芸香碱		1.35×10^{-7}	6.87(30 ℃)
五味子酸		4.2×10^{-1}	0.38	8-羟基喹啉	1	6.45×10^{-5}	4.19(OH)
正丁胺		4.37×10^{-4}	3.360		2	8.13×10^{-10}	9.09(NH)
二乙胺		8.55×10^{-4}	3.068	奎宁	1	7.14×10^{-5}	4.13
士的宁		5.49×10^{-5}	8.26		2	3.02×10^{-9}	8.52

注:除另有说明外,温度均为 25 ℃。

附录 C　难溶化合物的溶度积

附表 C-1　难溶化合物的溶度积

难溶化合物	K_{sp}	难溶化合物	K_{sp}	难溶化合物	K_{sp}
Ag_3AsO_4	1.0×10^{-22}	$Co[Hg(SCN)_4]$	1.5×10^{-6}	$MgNH_4PO_4$	2.5×10^{-13}
AgBr	5.0×10^{-13}	Ag_2CO_3	8.1×10^{-12}	$Ag_4[Fe(CN)_6]$	1.6×10^{-41}
AgCl	1.56×10^{-10}	$Ag_3[Co(NO_2)_6]$	8.5×10^{-21}	AgI	1.5×10^{-16}
AgCN	1.2×10^{-16}	Ag_2CrO_4	1.1×10^{-12}	Ag_3PO_4	1.4×10^{-16}
$Ag_2C_2O_4$	2.95×10^{-11}	$Ag_2Cr_2O_7$	2.0×10^{-7}	Ag_2S	6.3×10^{-50}
AgSCN	1.0×10^{-12}	$CoHPO_4$	2×10^{-7}	$Mg(OH)_2$	1.8×10^{-11}
Ag_2SO_4	1.4×10^{-5}	$Co(OH)_2$（新）	1.6×10^{-15}	$Mg_3(PO_4)_2$	$10^{-28}\sim10^{-27}$
$Al(OH)_3$	1.3×10^{-33}	$Co_3(PO_4)_2$	2×10^{-35}	$Mn(OH)_2$	1.9×10^{-13}
$AlPO_4$	6.3×10^{-19}	CoS	3×10^{-26}	MnS	1.4×10^{-15}
As_2S_3	4.0×10^{-29}	$Al(OH)_3$	6.3×10^{-31}	$Ni(OH)_2$（新）	2.0×10^{-15}
$Ba_3(AsO_4)_2$	8.0×10^{-51}	$Cu_3(AsO_4)_2$	7.6×10^{-36}	NiS	1.4×10^{-24}
$BaCO_3$	8.1×10^{-9}	CuCN	3.2×10^{-20}	$Pb_3(AsO_4)_2$	4.0×10^{-36}
BaC_2O_4	1.6×10^{-7}	$Cu_2[Hg(CN)_6]$	1.3×10^{-16}	$PbCO_3$	7.4×10^{-14}
$BaCrO_4$	1.2×10^{-10}	$Cu_3(PO_4)_2$	1.3×10^{-37}	$PbCl_2$	1.6×10^{-5}
BaF_2	1.0×10^{-9}	$Cu_2P_2O_7$	8.3×10^{-11}	$PbCrO_4$	1.8×10^{-14}
$BaHPO_4$	3.2×10^{-7}	CuSCN	4.8×10^{-15}	PbF_2	2.7×10^{-8}
$Ba_3(PO_4)_2$	3.4×10^{-23}	CuS	6.3×10^{-36}	$Pb_2[Fe(CN)_6]$	3.5×10^{-15}
$Ba_2P_2O_7$	3.2×10^{-11}	$FeCO_3$	3.2×10^{-11}	$PbHPO_4$	1.3×10^{-10}
$BaSiF_4$	1×10^{-6}	$Fe_4[Fe(CN)_6]_3$	3.3×10^{-41}	PbI_2	7.1×10^{-9}
$BaSO_4$	1.1×10^{-10}	$Fe(OH)_2$	8.0×10^{-16}	$Pb(OH)_2$	1.2×10^{-15}

续表

难溶化合物	K_{sp}	难溶化合物	K_{sp}	难溶化合物	K_{sp}
$Bi(OH)_3$	4×10^{-31}	$Fe(OH)_3$	1.1×10^{-36}	$Pb_3(PO_4)_2$	8.0×10^{-48}
Bi_2S_3	1×10^{-97}	$FePO_4$	1.3×10^{-22}	PbS	8.0×10^{-28}
$BiPO_4$	1.3×10^{-23}	FeS	3.7×10^{-19}	$PbSO_4$	1.6×10^{-8}
$CaCO_3$	8.7×10^{-9}	Hg_2Cl_2	1.3×10^{-18}	Sb_2S_3	2.9×10^{-59}
CaC_2O_4	4×10^{-9}	$Hg_2(CN)_2$	5×10^{-40}	SnS	1.0×10^{-25}
$CaCrO_4$	7.1×10^{-4}	Hg_2I_2	4.5×10^{-29}	$SrCO_3$	1.6×10^{-9}
CaF_2	2.7×10^{-11}	Hg_2S	1×10^{-47}	SrC_2O_4	5.6×10^{-8}
$CaHPO_4$	1×10^{-7}	HgS(红色)	4×10^{-53}	$SrCrO_4$	2.2×10^{-5}
$Ca(OH)_2$	5.5×10^{-6}	HgS(黑色)	1.6×10^{-52}	SrF_2	2.5×10^{-9}
$Ca_3(PO_4)_2$	2.0×10^{-29}	$Hg_2(SCN)_2$	2.0×10^{-20}	$Sr_3(PO_4)_2$	4.0×10^{-28}
$CaSiF_6$	8.1×10^{-4}	$K[B(C_6H_5)_4]$	2.2×10^{-8}	$SrSO_4$	3.2×10^{-7}
$CaSO_4$	9.1×10^{-6}	$K_2Na[Co(NO_2)_6]\cdot$	2.2×10^{-11}	$Zn_2[Fe(CN)_6]$	4.0×10^{-16}
$Cd_2[Fe(CN)_6]$	3.2×10^{-17}	H_2O		$Zn[Hg(SCN)_4]$	2.2×10^{-7}
$Cd(OH)_2$(新)	2.5×10^{-14}	$K_2[PtCl_6]$	1.1×10^{-5}	$Zn(OH)_2$	1.2×10^{-17}
$Cd_3(PO_4)_2$	2.5×10^{-33}	$MgCO_3$	3.5×10^{-8}	$Zn_3(PO_4)_2$	9.0×10^{-33}
CdS	3.6×10^{-29}	MgC_2O_4	8.5×10^{-5}	ZnS	1.2×10^{-23}
$Co_2[Fe(CN)_6]$	1.8×10^{-15}	MgF_2	6.5×10^{-9}		

附录 D　标准电极电位(25 ℃)

附表 D-1　在酸性溶液中的标准电极电位

电极反应				φ/V
氧化型	电子数		还原型	
Li^+	$+e^-$	$\rightleftharpoons$	Li	−3.045
K^+	$+e^-$	$\rightleftharpoons$	K	−2.925
Ba^{2+}	$+2e^-$	$\rightleftharpoons$	Ba	−2.912
Si^{2+}	$+2e^-$	$\rightleftharpoons$	Sr	−2.89
Ca^{2+}	$+2e^-$	$\rightleftharpoons$	Ca	−2.87
Na^+	$+e^-$	$\rightleftharpoons$	Na	−2.714
Ce^{3+}	$+3e^-$	$\rightleftharpoons$	Ce	−2.48
Mg^{2+}	$+2e^-$	$\rightleftharpoons$	Mg	−2.37
$1/2H_2$	$+e^-$	$\rightleftharpoons$	H^-	−2.23
$[AlF_6]^{3-}$	$+3e^-$	$\rightleftharpoons$	$Al+6F^-$	−2.07
Be^{2+}	$+2e^-$	$\rightleftharpoons$	Be	−1.85
Al^{3+}	$+3e^-$	$\rightleftharpoons$	Al	−1.66
Ti^{2+}	$+2e^-$	$\rightleftharpoons$	Ti	−1.63
$[SiF_6]^{2-}$	$+4e^-$	$\rightleftharpoons$	$Si+6F^-$	−1.24
Mn^{2+}	$+2e^-$	$\rightleftharpoons$	Mn	−1.182
V^{2+}	$+2e^-$	$\rightleftharpoons$	V	−1.18
Te	$+2e^-$	$\rightleftharpoons$	Te^{2-}	−1.14
Se	$+2e^-$	$\rightleftharpoons$	Se^{2-}	−0.92
Cr^{2+}	$+2e^-$	$\rightleftharpoons$	Cr	−0.91
$Bi+3H^+$	$+3e^-$	$\rightleftharpoons$	BiH_3	−0.8
Zn^{2+}	$+2e^-$	$\rightleftharpoons$	Zn	−0.763
Cr^{3+}	$+3e^-$	$\rightleftharpoons$	Cr	−0.74
Ag_2S	$+2e^-$	$\rightleftharpoons$	$2Ag+S^{2-}$	−0.69
$As+3H^+$	$+3e^-$	$\rightleftharpoons$	AsH_3	−0.608
$Sb+3H^+$	$+3e^-$	$\rightleftharpoons$	SbH_3	−0.51
$H_3PO_3+2H^+$	$+2e^-$	$\rightleftharpoons$	$H_3PO_2+H_2$	−0.50
$2CO_2+2H^+$	$+2e^-$	$\rightleftharpoons$	$H_2C_2O_4$	−0.49
S	$+2e^-$	$\rightleftharpoons$	S^{2-}	−0.48

续表

电极反应				φ/V
氧化型	电子数		还原型	
$H_3PO_3+3H^+$	$+2e^-$	$\rightleftharpoons$	$P+3H_2O$	−0.454
Fe^{2+}	$+2e^-$	$\rightleftharpoons$	Fe	−0.440
Cr^{3+}	$+e^-$	$\rightleftharpoons$	Cr^{2+}	−0.41
Cd^{2+}	$+2e^-$	$\rightleftharpoons$	Cd	−0.403
$PbSO_4$	$+2e^-$	$\rightleftharpoons$	$Pb+SO_4^{2-}$	−0.3553
Cd^{2+}	$+2e^-$	$\rightleftharpoons$	$Cd(Hg)$	−0.352
$[Ag(CN)_2]^-$	$+e^-$	$\rightleftharpoons$	$Ag+2CN^-$	−0.31
Co^{2+}	$+2e^-$	$\rightleftharpoons$	Co	−0.277
$H_3PO_4+2H^+$	$+2e^-$	$\rightleftharpoons$	$H_3PO_3+H_2O$	−0.276
$PbCl_2$	$+2e^-$	$\rightleftharpoons$	$Pb(Hg)+2Cl^-$	−0.262
Ni^{2+}	$+2e^-$	$\rightleftharpoons$	Ni	−0.257
V^{3+}	$+3e^-$	$\rightleftharpoons$	V	−0.255
$[SnCl_4]^{2-}$	$+2e^-$	$\rightleftharpoons$	$Sn+4Cl^-$(1 mol/L HCl)	−0.19
AgI	$+2e^-$	$\rightleftharpoons$	$Ag+I^-$	−0.152
CO_2(气)$+2H^+$	$+2e^-$	$\rightleftharpoons$	$HCOOH$	−0.14
Sn^{2+}	$+2e^-$	$\rightleftharpoons$	Sn	−0.136
$CH_3COOH+2H^+$	$+2e^-$	$\rightleftharpoons$	CH_3CHO+H_2O	−0.13
Pb^{2+}	$+2e^-$	$\rightleftharpoons$	Pb	−0.126
$P+3H^+$	$+3e^-$	$\rightleftharpoons$	PH_3(气)	−0.063
$2H_2SO_3+H^+$	$+2e^-$	$\rightleftharpoons$	$2HS_2O_4^-+2H_2O$	−0.056
Ag_2S+2H^+	$+2e^-$	$\rightleftharpoons$	$2Ag+H_2S$	−0.0366
Fe^{3+}	$+3e^-$	$\rightleftharpoons$	Fe	−0.036
$2H^+$	$+2e^-$	$\rightleftharpoons$	H_2	0.0000
$AgBr$	$+e^-$	$\rightleftharpoons$	$Ag+Br^-$	0.0713
$S_4O_6^{2-}$	$+2e^-$	$\rightleftharpoons$	$2S_2O_3^{2-}$	0.08
$[SnCl_6]^{2-}$	$+2e^-$	$\rightleftharpoons$	$[SnCl_4]^{2-}+2Cl^-$(1 mol/L HCl)	0.14
$S+2H^+$	$+2e^-$	$\rightleftharpoons$	H_2S(气)	0.141
$Sb_2O_3+6H^+$	$+6e^-$	$\rightleftharpoons$	$2Sb+3H_2O$	0.152
Sn^{4+}	$+2e^-$	$\rightleftharpoons$	Sn^{2+}	0.154
Cu^{2+}	$+e^-$	$\rightleftharpoons$	Cu^+	0.159
$SO_4^{2-}+4H^+$	$+2e^-$	$\rightleftharpoons$	SO_2(水溶液)$+2H_2O$	0.172
SbO_2+2H^+	$+3e^-$	$\rightleftharpoons$	$Sb+2H_2O$	0.212
$AgCl$	$+e^-$	$\rightleftharpoons$	$Ag+Cl^-$	0.2223

续表

电极反应				φ/V
氧化型	电子数		还原型	
$HCHO+2H^+$	$+2e^-$	⇌	CH_3OH	0.24
$HAsO_2+3H^+$	$+3e^-$	⇌	$As+2H_2O$	0.248
Hg_2Cl_2(固)	$+2e^-$	⇌	$2Hg+2Cl^-$	0.2676
Cu^{2+}	$+2e^-$	⇌	Cu	0.337
$[Fe(CN)_6]^{3-}$	$+3e^-$	⇌	$[Fe(CN)_6]^{4-}$	0.36
$1/2(CN)_2+H^+$	$+e^-$	⇌	HCN	0.37
$[Ag(NH_3)_2]^+$	$+e^-$	⇌	$Ag+2NH_3$	0.373
$2SO_2$(水溶液)$+2H^+$	$+4e^-$	⇌	$S_2O_3^{2-}+2H_2O$	0.40
$H_2N_2O_2+6H^+$	$+4e^-$	⇌	$2NH_3OH^+$	0.44
Ag_2CrO_4	$+2e^-$	⇌	$2Ag+CrO_4^{2-}$	0.447
$H_2SO_3+4H^+$	$+4e^-$	⇌	$S+3H_2O$	0.45
$4SO_2$(水溶液)$+4H^+$	$+e^-$	⇌	$S_4O_6^{2-}+2H_2O$	0.51
Cu^+	$+e^-$	⇌	Cu	0.52
I_2(固体)	$+2e^-$	⇌	$2I^-$	0.5345
$H_3AsO_4+2H^+$	$+2e^-$	⇌	$HAsO_2+2H_2O$	0.559
Sb_2O_3(固)$+6H^+$	$+4e^-$	⇌	$2SbO^++3H_2O$	0.58
CH_3OH+2H^+	$+2e^-$	⇌	CH_4(气)$+H_2O$	0.58
$2NO+2H^+$	$+2e^-$	⇌	$H_2N_2O_2$	0.60
$2HgCl_2$	$+2e^-$	⇌	$Hg_2Cl_2+2Cl^-$	0.63
Ag_2SO_4	$+2e^-$	⇌	$2Ag+SO_4^{2-}$	0.653
$[PtCl_6]^{2-}$	$+2e^-$	⇌	$[PtCl_4]^{2-}+2Cl^-$	0.68
O_2+2H^+	$+2e^-$	⇌	H_2O_2	0.695
$[Fe(CN)_6]^{3-}$	$+e^-$	⇌	$[Fe(CN)_6]^{4-}$(1 mol/L H_2SO_4)	0.71
$H_2SeO_3+4H^+$	$+4e^-$	⇌	$Se+3H_2O$	0.740
$[PbCl_4]^{2-}$	$+2e^-$	⇌	$Pt+4Cl^-$	0.755
$(CNS)_2$	$+2e^-$	⇌	$2CNS^-$	0.77
Fe^{3+}	$+e^-$	⇌	Fe^{2+}	0.771
Hg_2^{2+}	$+2e^-$	⇌	$2Hg$	0.793
Ag^+	$+e^-$	⇌	Ag	0.7995

续表

电极反应				φ/V
氧化型	电子数		还原型	
$NO_3^- + 2H^+$	$+e^-$	$\rightleftharpoons$	$NO_2 + H_2O$	0.80
$OsO_4 + 8H^+$	$+8e^-$	$\rightleftharpoons$	$Os + 4H_2O$	0.85
Hg^{2+}	$+2e^-$	$\rightleftharpoons$	Hg	0.854
$2HNO_2 + 4H^+$	$+4e^-$	$\rightleftharpoons$	$H_2N_2O_2 + 2H_2O$	0.86
$Cu^{2+} + I^-$	$+e^-$	$\rightleftharpoons$	CuI	0.86
$2Hg^{2+}$	$+2e^-$	$\rightleftharpoons$	Hg_2^{2+}	0.920
$NO_3^- + 3H^+$	$+2e^-$	$\rightleftharpoons$	$HNO_2 + H_2O$	0.94
$NO_3^- + 4H^+$	$+3e^-$	$\rightleftharpoons$	$NO + 2H_2O$	0.96
$HNO_2 + H^+$	$+e^-$	$\rightleftharpoons$	$NO + H_2O$	0.983
$HIO + H^+$	$+2e^-$	$\rightleftharpoons$	$I^- + H_2O$	0.99
$NO_2 + 2H^+$	$+2e^-$	$\rightleftharpoons$	$NO + H_2O$	1.03
ICl_2^-	$+e^-$	$\rightleftharpoons$	$1/2I_2 + 2Cl^-$	1.06
Br_2(液)	$+2e^-$	$\rightleftharpoons$	$2Br^-$	1.065
$NO_2 + H^+$	$+e^-$	$\rightleftharpoons$	HNO_2	1.07
$IO_3^- + 6H^+$	$+6e^-$	$\rightleftharpoons$	$I^- + 3H_2O$	1.085
Br_2(水溶液)	$+2e^-$	$\rightleftharpoons$	$2Br^-$	1.087
$Cu^{2+} + 2CN^-$	$+e^-$	$\rightleftharpoons$	$Cu(CN)_2^-$	1.12
$IO_3^- + 5H^+$	$+4e^-$	$\rightleftharpoons$	$HIO + 2H_2O$	1.14
$SeO_4^{2-} + 4H^+$	$+2e^-$	$\rightleftharpoons$	$H_2SeO_3 + H_2O$	1.15
$ClO_3^- + 2H^+$	$+e^-$	$\rightleftharpoons$	$ClO_2 + H_2O$	1.15
$ClO_4^- + 2H^+$	$+2e^-$	$\rightleftharpoons$	$ClO_3^- + H_2O$	1.19
$IO_3^- + 6H^+$	$+5e^-$	$\rightleftharpoons$	$1/2I_2 + 3H_2O$	1.20
$ClO_3^- + 3H^+$	$+2e^-$	$\rightleftharpoons$	$HClO_2 + H_2O$	1.21
$O_2 + 4H^+$	$+4e^-$	$\rightleftharpoons$	$2H_2O$	1.229
$MnO_2 + 4H^+$	$+2e^-$	$\rightleftharpoons$	$Mn^{2+} + 2H_2O$	1.23
$2HNO_2 + 4H^+$	$+4e^-$	$\rightleftharpoons$	$N_2O + 3H_2O$	1.27
$HBrO + H^+$	$+2e^-$	$\rightleftharpoons$	$Br^- + H_2O$	1.33
$Cr_2O_7^{2-} + 14H^+$	$+6e^-$	$\rightleftharpoons$	$2Cr^{3+} + 7H_2O$	1.33
Cl_2(气)	$+2e^-$	$\rightleftharpoons$	$2Cl^-$	1.3595

续表

电极反应				φ/V
氧化型	电子数		还原型	
$ClO_4^- + 8H^+$	$+8e^-$	$\rightleftharpoons$	$Cl^- + 4H_2O$	1.389
$ClO_4^- + 8H^+$	$+7e^-$	$\rightleftharpoons$	$1/2Cl_2 + 4H_2O$	1.39
$2NH_3OH^+ + H^+$	$+2e^-$	$\rightleftharpoons$	$N_2H_5^+ + 2H_2O$	1.42
$HIO + H^+$	$+e^-$	$\rightleftharpoons$	$1/2I_2 + H_2O$	1.439
$BrO_3^- + 6H^-$	$+6e^-$	$\rightleftharpoons$	$Br^- + 3H_2O$	1.44
Ce^{4+}	$+e^-$	$\rightleftharpoons$	Ce^{3+}(0.5 mol/L H_2SO_4)	1.44
$PbO_2 + 4H^+$	$+2e^-$	$\rightleftharpoons$	$Pb^{2+} + 2H_2O$	1.455
$ClO_3^- + 6H^+$	$+6e^-$	$\rightleftharpoons$	$Cl^- + 3H_2O$	1.47
$ClO_3^- + 6H^+$	$+5e^-$	$\rightleftharpoons$	$1/2Cl_2 + 3H_2O$	1.47
Mn^{3+}	$+e^-$	$\rightleftharpoons$	Mn^{2+}(7.5 mol/L H_2SO_4)	1.488
$HClO + H^+$	$+2e^-$	$\rightleftharpoons$	$Cl^- + H_2O$	1.49
$MnO_4^- + 8H^+$	$+5e^-$	$\rightleftharpoons$	$Mn^{2+} + 4H_2O$	1.51
$BrO_3^- + 6H^+$	$+5e^-$	$\rightleftharpoons$	$1/2Br_2 + 3H_2O$	1.52
$HClO_2 + 3H^+$	$+4e^-$	$\rightleftharpoons$	$Cl^- + 2H_2O$	1.56
$HBrO + H^+$	$+e^-$	$\rightleftharpoons$	$1/2Br_2 + H_2O$	1.574
$2NO + 2H^+$	$+2e^-$	$\rightleftharpoons$	$N_2O + H_2O$	1.59
$H_3IO_6 + H^+$	$+2e^-$	$\rightleftharpoons$	$IO_3^- + 3H_2O$	1.60
$HClO_2 + 3H^+$	$+3e^-$	$\rightleftharpoons$	$1/2Cl_2 + 2H_2O$	1.611
$HClO_2 + 2H^+$	$+2e^-$	$\rightleftharpoons$	$HClO + H_2O$	1.64
$MnO_4^- + 4H^+$	$+3e^-$	$\rightleftharpoons$	$MnO_2 + 2H_2O$	1.679
$PbO_2 + SO_4^{2-} + 4H^+$	$+2e^-$	$\rightleftharpoons$	$PbSO_4 + 2H_2O$	1.685
$H_2O_2 + 2H^+$	$+2e^-$	$\rightleftharpoons$	$2H_2O$	1.77
Co^{3+}	$+e^-$	$\rightleftharpoons$	Co^{2+}(3 mol/LHNO_3)	1.84
Ag^{2+}	$+e^-$	$\rightleftharpoons$	Ag^+(4 mol/L $HClO_4$)	1.927
$O_3 + 2H^+$	$+2e^-$	$\rightleftharpoons$	$O_2 + H_2O$	2.07
F_2	$+2e^-$	$\rightleftharpoons$	$2F^-$	2.87
$F_2 + 2H^+$	$+2e^-$	$\rightleftharpoons$	$2HF$	3.06

附录 E　氧化还原电对的条件电位

附表 E-1　氧化还原电对的条件电位

电极反应	φ'/V	溶液成分
$Ag+e^- \rightleftharpoons Ag$	+0.792	1 mol/L $HClO_4$
	+0.77	1 mol/L H_2SO_4
$AgI+e^- \rightleftharpoons Ag+I^-$	−1.37	1 mol/L KI
$H_3AsO_4+2H^++2e^- \rightleftharpoons HAsO_2+2H_2O$	+0.577	1 mol/L HCl 或 $HClO_4$
$Ce^{4+}+e^- \rightleftharpoons Ce^{3+}$	+0.06	2.5 mol/L K_2CO_3
	+1.28	1 mol/L HCl
	+1.70	1 mol/L $HClO_4$
	+1.6	1 mol/L HNO_3
	+1.44	1 mol/L H_2SO_4
$Cr^{3+}+e^- \rightleftharpoons Cr^{2+}$	−0.26	饱和 $CaCl_2$
	−0.40	5 mol/L HCl
	−0.37	0.1～0.5 mol/L H_2SO_4
$CrO_4^{2-}+2H_2O+3e^- \rightleftharpoons CrO_3^-+4OH^-$	−0.12	1 mol/L NaOH
$Cr_2O_7^{3-}+14H^++6e^- \rightleftharpoons 2Cr^{3-}+7H_2O$	+0.93	0.1 mol/L HCl
	+1.00	1 mol/L HCl
	+1.08	3 mol/L HCl
	+0.84	0.1 mol/L $HClO_4$
	+1.025	1 mol/L $HClO_4$
	+0.92	0.1 mol/L H_2SO_4
	+1.15	4 mol/L H_2SO_4
$Fe(Ⅲ)+e^- \rightleftharpoons Fe(Ⅱ)$	+0.71	0.5 mol/L HCl
	+0.68	1 mol/L HCl
	+0.64	5 mol/L HCl

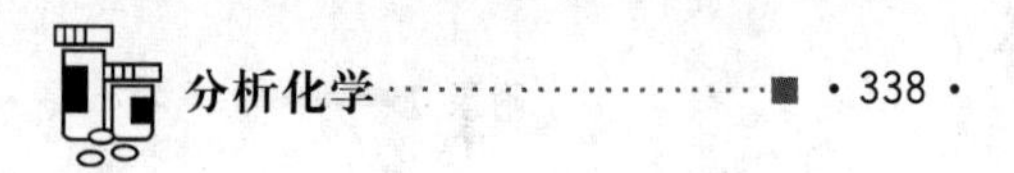

续表

电极反应	φ'/V	溶液成分
	+0.53	10 mol/L HCl
	−0.68	10 mol/L NaOH
	+0.735	1 mol/L $HClO_4$
	+0.01	1 mol/L $K_2C_2O_4$，pH=5
	+0.46	2 mol/L H_3PO_4
	+0.68	1 mol/L H_2SO_4
	+0.07	0.5 mol/L 酒石酸钠，pH=5～8
$[Fe(CN)_6]^{3-} + e^- \rightleftharpoons [Fe(CN)_6]^{4-}$	+0.56	0.1 mol/L HCl
	+0.71	1 mol/L HCl
$I_3 + e^- \rightleftharpoons 3I$	+0.545	0.5 mol/L H_2SO_4
$MnO_4^- + 8H^+ + 5e^- \rightleftharpoons Mn^{2+} + 4H_2O$	+1.45	1 mol/L $HClO_4$
Pb(Ⅱ)$+2e^- \rightleftharpoons$Pb	−0.32	1 mol/L NaAc
$SO_4^{2-} + 4H^+ + 2e^- \rightleftharpoons SO_2 + 2H_2O$	+0.07	1 mol/L H_2SO_4
Sb(V)$+2e^- \rightleftharpoons$Sb(Ⅲ)	+0.75	3.5 mol/L HCl
	+0.82	6 mol/L HCl
Sn(Ⅳ)$+2e^- \rightleftharpoons$Sn(Ⅱ)	+0.14	1 mol/L HCl
	−0.63	1 mol/L $HClO_4$

附录 F 常用溶剂的物理性质

附表 F-1 常用溶剂的物理性质

溶剂名称	介电常数(ε)	沸点/℃	闪点/℃	相对密度(d_4^{20})
石油醚	1.80	36～60	约－40	0.625～0.660
正己烷	1.89	69	－21	0.659
环己烷	2.02	81	－17	0.779
二氧六环	2.21	101	12	1.033
四氯化碳	2.24	77	不燃	1.595
苯	2.29	80	－10	0.879
甲苯	2.37	111	6	0.867
间二甲苯	2.38	139	27	0.868
二硫化碳	2.64	46	－30	1.264
乙醚	4.34	35	12	0.714
醋酸戊酯	4.75	149	34.5	0.876
氯仿	4.81	61	不燃	1.480
乙酸乙酯	6.02	77	7	0.901
醋酸	6.15	118	42	1.049
苯胺	6.89	184	71	1.022
四氢呋喃	7.58	66	－17.5	0.887
苯酚	9.78(60 ℃)	182	79	1.071
1,1-二氯乙烷	10	57	—	1.176
1,2-二氯乙烷	10.4	84	15	1.257
吡啶	12.3	115	20	0.982
异丁醇	—	108	28～29	0.803
叔丁醇	12.47	82	10	0.789
正戊醇	13.9	138	37.7	0.815

续表

溶剂名称	介电常数(ε)	沸点/℃	闪点/℃	相对密度(d_4^{20})
异戊醇	14.7	132	45.5	0.813
仲丁醇	16.56	100	24	0.806
正丁醇	17.5	118	35～36	0.810
环己酮	18.3	156	63	0.948
甲乙酮	18.5	80	2	0.806
异丙醇	19.92	82	15	0.787
正丙醇	20.3	97	22	0.804
醋酐	20.7	139	54	1.083
丙酮	20.7	56	−18	0.791
乙醇	24.6	78	12	0.791
甲醇	32.7	65	11	0.792
二甲基甲酰胺	36.7	153	62	0.950
乙腈	37.5	82	12.8	0.783
乙二醇	37.7	197	111	1.113
甘油	42.5	290	160	1.260
甲酸	58.5	100.5	—	1.220
水	80.4	100	不燃	1.000
甲酰胺	111	210.5	—	1.133

溶剂名称	折光率(n^d)	溶解度(20～25 ℃)		可选用的干燥剂
		溶剂在水中	水在溶剂中	
石油醚	—	不溶	不溶	$CaCl_2$
正己烷	1.375	0.00095%	0.0111%	Na
环己烷	1.426	0.010%	0.0055%	Na
二氧六环	1.422	任意混溶	任意混溶	$CaCl_2$、Na
四氯化碳	1.460	0.077%	0.010%	蒸馏、$CaCl_2$
苯	1.501	0.1780%	0.063%	蒸馏、$CaCl_2$、Na
甲苯	1.497	0.1515%	0.0334%	蒸馏、$CaCl_2$、Na
间二甲苯	1.498	0.0196%	0.0402%	蒸馏、$CaCl_2$、Na

续表

溶剂名称	折光率(n^d)	溶解度(20～25 ℃)		可选用的干燥剂
		溶剂在水中	水在溶剂中	
二硫化碳	1.623	0.294%	<0.005%	$CaCl_2$、P_2O_5
乙醚	1.350	6.04%	1.468%	$CaCl_2$、Na
醋酸戊酯	1.400	0.17%	1.15%	$CaCl_2$、P_2O_5
氯仿	1.445	0.815%	0.072%	$CaCl_2$、P_2O_5、K_2CO_3
乙酸乙酯	1.372	8.08%	2.94%	P_2O_5、K_2CO_3、$CaSO_4$
醋酸	1.372	任意混溶	任意混溶	P_2O_5、$Mg(ClO_4)_2$、$CuSO_4$
苯胺	1.585	3.38%	4.76%	KOH、BaO
四氢呋喃	1.407	任意混溶	任意混溶	KOH、Na
苯酚	1.543	8.66%	27.72%	—
1,1-二氧乙烷	1.417	5.03%	<0.2%	$CaCl_2$、P_2O_5
1,2-二氧乙烷	1.444	0.81%	0.15%	$CaCl_2$、P_2O_5
吡啶	1.510	任意混溶	任意混溶	KOH、BaO
异丁醇	1.396	4.76%	—	K_2CO_3、CaO、Mg
叔丁醇	1.388	任意混溶	任意混溶	K_2CO_3、CaO、Mg
正戊醇	1.410	2.19%	7.14%	K_2CO_2、CaO、Mg
异戊醇	1.408	2.67%	9.61%	K_2CO_3、CaO、Mg
仲丁醇	1.398	12.5%	44.1%	K_2CO_3、蒸馏
正丁醇	1.397	7.45%	20.5%	K_2CO_3、蒸馏
环己酮	1.451	2.3%	8.0%	K_2CO_3、蒸馏
甲乙酮	1.380	24%	10.0%	K_2CO_3、$CaCl_2$
异丙醇	1.378	任意混溶	任意混溶	CaO、Mg
正丙醇	1.386	任意混溶	任意混溶	CaO、Mg
醋酐	1.390	缓慢溶解生成醋酸	缓慢溶解生成醋酸	$CaCl_2$
丙酮	1.359	任意混溶	任意混溶	K_2CO_3、$CaCl_2$、Na_2SO_4
乙醇	1.361	任意混溶	任意混溶	CaO、Mg
甲醇	1.329	任意混溶	任意混溶	CaO、Mg、$CaCl_2$
二甲基甲酰胺	1.430	任意混溶	任意混溶	蒸馏

续表

溶剂名称	折光率(n^d)	溶解度(20～25 ℃)		可选用的干燥剂
		溶剂在水中	水在溶剂中	
乙腈	1.344	任意混溶	任意混溶	硅胶、分子筛
乙二醇	1.432	任意混溶	任意混溶	蒸馏、Na_2SO_4
甘油	1.473	任意混溶	任意混溶	蒸馏
甲酸	1.371	任意混溶	任意混溶	—
水	1.333	任意混溶	任意混溶	—
甲酰胺	1.448	任意混溶	任意混溶	Na_2SO_4、CaO

注:溶剂极性的大小,及其在色谱中洗脱力的大小,在大多数情况下可用介电常数来比较。

参考文献

CANKAOWENXIAN

[1] 应武林,顾国耀.分析化学[M].5版.青岛:中国海洋大学出版社,2003.
[2] 谢庆娟,杨其绛.分析化学[M].北京:人民卫生出版社,2009.
[3] 谢庆娟.分析化学[M].北京:人民卫生出版社,2003.
[4] 张其河.分析化学[M].北京:中国医药科技出版社,1996.
[5] 李发美.分析化学[M].6版.北京:人民卫生出版社,2007.
[6] 谢庆娟,杨其绛.分析化学实践指导[M].北京:人民卫生出版社,2009.
[7] 张小玲.化学分析实验[M].北京:北京理工大学,2007.
[8] 邹学贤.分析化学实验[M].北京:人民卫生出版社,2006.
[9] 孙毓庆.分析化学[M].北京:人民卫生出版社,2000.
[10] 冯务群.分析化学[M].郑州:河南科技出版社,2007.
[11] 周建庆.无机及分析化学[M].合肥:安徽科技出版社,2010.
[12] 韩立露.分析化学[M].西安:第四军医大学出版社,2007.
[13] 胡琴,黄庆华.分析化学[M].北京:科学出版社,2009.
[14] 曾照芳,洪秀华.临床检验仪器[M].北京:人民卫生出版社,2007.
[15] 杨根元.实用仪器分析[M].北京:北京大学出版社,2007.
[16] 刘燕娥.分析化学[M].西安:第四军医大学出版社,2011.
[17] 韩立路,吕方军,段文军.分析化学[M].西安:第四军医大学出版社,2007.
[18] 华中师范大学等.分析化学[M].2版.北京:高等教育出版社,1998.
[19] 王世渝.分析化学[M].北京:中国医药科技出版社,2000.
[20] 黄世德.分析化学[M].北京:中国中医药出版社,2005.
[21] 丁兴华.仪器分析[M].北京:中国轻工业出版社,2011.
[22] 赵艳霞.仪器分析应用技术[M].北京:中国轻工业出版社,2011.
[23] 丁明杰.仪器分析[M].北京:化学工业出版社,2009.
[24] 潘国石.分析化学[M].北京:人民卫生出版社,2005.
[25] 李吉学.仪器分析[M].北京:中国医药科技出版社,2006.